教育部高等学校计算机类专业教学指导委员会-华为ICT产学合作项目

数据科学与大数据技术专业系列规划教材

**华为信息与网络
技术学院指定教材**

云计算
原理与实践

王伟 ◉ 主编

郭栋 张礼庆 邱娟 张静轩 张东启 谭一鸣 ◉ 编著

人民邮电出版社
北京

图书在版编目（CIP）数据

云计算原理与实践 / 王伟主编. -- 北京 : 人民邮
电出版社，2018.8（2024.7重印）
数据科学与大数据技术专业系列规划教材
ISBN 978-7-115-48303-4

Ⅰ．①云… Ⅱ．①王… Ⅲ．①云计算－教材 Ⅳ．
①TP393.027

中国版本图书馆CIP数据核字(2018)第157780号

内 容 提 要

本书系统地讲解了云计算的知识框架，包括云计算的三大认识角度（商业模式、计算范式、实现方式）、四个关键技术（计算、存储、网络、安全）、四种开发运维维度（云原生应用、云操作系统、云端软件、云计算运维），以及三大应用场景（桌面云、软件开发云、大数据与人工智能）。

本书在大部分的章中安排了一个或多个基于开源软件的实训内容，以帮助读者更有效地动手实践，包括 GitHub、Hadoop、OpenStack、KVM、Docker、Ceph、Mininet、Mesos、Kubernetes 等。

本书适合作为高等院校本科生、研究生的云计算及其相关课程的教材，也可作为相关研究人员和工程技术人员的参考资料。

♦ 主　　编　王　伟
　　编　著　郭　栋　张礼庆　邱　娟　张静轩
　　　　　　张东启　谭一鸣
　　责任编辑　张　斌
　　责任印制　沈　蓉　彭志环
♦ 人民邮电出版社出版发行　北京市丰台区成寿寺路 11 号
　　邮编　100164　电子邮件　315@ptpress.com.cn
　　网址　http://www.ptpress.com.cn
　　固安县铭成印刷有限公司印刷
♦ 开本：787×1092　1/16
　　印张：26　　　　　　　　　　　2018 年 8 月第 1 版
　　字数：679 千字　　　　　　　2024 年 7 月河北第 15 次印刷

定价：65.00 元

读者服务热线：(010)81055256　印装质量热线：(010)81055316
反盗版热线：(010)81055315
广告经营许可证：京东市监广登字20170147号

教育部高等学校计算机类专业教学指导委员会-华为 ICT 产学合作项目
数据科学与大数据技术专业系列规划教材

编 委 会

毫无疑问，我们正处在一个新时代。新一轮科技革命和产业变革正在加速推进，技术创新日益成为重塑经济发展模式和促进经济增长的重要驱动力量，而"大数据"无疑是第一核心推动力。

当前，发展大数据已经成为国家战略，大数据在引领经济社会发展中的新引擎作用更加突显。大数据重塑了传统产业的结构和形态，催生了众多的新产业、新业态、新模式，推动了共享经济的蓬勃发展，也给我们的衣食住行带来根本改变。同时，大数据是带动国家竞争力整体跃升和跨越式发展的巨大推动力，已成为全球科技和产业竞争的重要制高点。可以大胆预测，未来，大数据将会进一步激起全球科技和产业发展浪潮，进一步渗透到我们国计民生的各个领域，其发展扩张势不可挡。可以说，我们处在一个"大数据"时代。

大数据不仅仅是单一的技术发展领域和战略新兴产业，它还涉及科技、社会、伦理等诸多方面。发展大数据是一个复杂的系统工程，需要科技界、教育界和产业界等社会各界的广泛参与和通力合作，需要我们以更加开放的心态，以进步发展的理念，积极主动适应大数据时代所带来的深刻变革。总体而言，从全面协调可持续健康发展的角度，推动大数据发展需要注重以下五个方面的辩证统一和统筹兼顾。

一是要注重"长与短结合"。所谓"长"就是要目标长远，要注重制定大数据发展的顶层设计和中长期发展规划，明确发展方向和总体目标；所谓"短"就是要着眼当前，注重短期收益，从实处着手，快速起效，并形成效益反哺的良性循环。

二是要注重"快与慢结合"。所谓"快"就是要注重发挥新一代信息技术产业爆炸性增长的特点，发展大数据要时不我待，以实际应用需求为牵引加快推进，力争快速占领大数据技术和产业制高点；所谓"慢"就是防止急功近利，欲速而不达，要注重夯实大数据发展的基础，着重积累发展大数据基础理论与核心共性关键技术，培养行业领域发展中的大数据思维，潜心培育大数据专业人才。

三是要注重"高与低结合"。所谓"高"就是要打造大数据创新发展高地，要结合国家重大战略需求和国民经济主战场核心需求，部署高端大数据公共服务平台，组织开展国家级大数据重大示范工程，提升国民经济重点领域和标志性行业的大数据技术水平和应用能力；所谓"低"就是要坚持"润物细无声"，推进大数据在各行各业和民生领域的广泛应用，推进大数据发展的广度和深度。

四是要注重"内与外结合"。所谓"内"就是要向内深度挖掘和深入研究大数据作为一门学科领域的深刻技术内涵，构建和完善大数据发展的完整理论体系和技术支撑体系；所谓"外"就是要加强开放创新，由于大数据涉及众多学科领域和产业行业门类，也涉及国家、社会、个人等诸多问题，因此，需要推动国际国内科技界、产业界的深入合作和各级政府广泛参与，共同研究制定标准规范，推动大数据与人工智能、云计算、物联网、网络安全等信息技术领域的协同发展，促进数据科学与计算机科学、基础科学和各种应用科学的深度融合。

五是要注重"开与闭结合"。所谓"开"就是要坚持开放共享，要鼓励打破现有体制机制障碍，推动政府建立完善开放共享的大数据平台，加强科研机构、企业间技术交流和合作，推动大数据资源高效利用，打破数据壁垒，普惠数据服务，缩小数据鸿沟，破除数据孤岛；所谓"闭"就是要形成价值链生态闭环，充分发挥大数据发展中技术驱动与需求牵引的双引擎作用，积极运用市场机制，形成技术创新链、产业发展链和资金服务链协同发展的态势，构建大数据产业良性发展的闭环生态圈。

总之，推动大数据的创新发展，已经成为了新时代的新诉求。刚刚闭幕的党的十九大更是明确提出要推动大数据、人工智能等信息技术产业与实体经济深度融合，培育新增长点，为建设网络强国、数字中国、智慧社会形成新动能。这一指导思想为我们未来发展大数据技术和产业指明了前进方向，提供了根本遵循。

习近平总书记多次强调"人才是创新的根基""创新驱动实质上是人才驱动"。绘制大数据发展的宏伟蓝图迫切需要创新人才培养体制机制的支撑。因此，需要把高端人才队伍建设作为大数据技术和产业发展的重中之重，需要进一步完善大数据教育体系，加强人才储备和梯队建设，将以大数据为代表的新兴产业发展对人才的创新性、实践性需求渗透融入人才培养各个环节，加快形成我国大数据人才高地。

国家有关部门"与时俱进，因时施策"。近期，国务院办公厅正式印发《关于深化产教融合的若干意见》，推进人才和人力资源供给侧结构性改革，以适应创新驱动发展战略的新形势、新任务、新要求。教育部高等学校计算机类专业教学指导委员会、华为公司和人民邮电出版社组织编写的《教育部高等学校计算机类专业教学指导委员会-华为 ICT 产学合作项目——数据科学与大数据技术专业系列规划教材》的出版发行，就是落实国务院文件精神，深化教育供给侧结构性改革的积极探索和实践。它是国内第一套成专业课程体系规划的数据科学与大数据技术专业系列教材，作者均来自国内一流高校，且具有丰富的大数据教学、科研、实践经验。它的出版发行，对完善大数据人才培养体系，加强人才储备和梯队建设，推进贯通大数据理论、方法、技术、产品与应用等的复合型人才培养，完善大数据领域学科布局，推动大数据领域学科建设具有重要意义。同时，本次产教融合的成功经验，对其他学科领域的人才培养也具有重要的参考价值。

我们有理由相信，在国家战略指引下，在社会各界的广泛参与和推动下，我国的大数据技术和产业发展一定会有光明的未来。

是为序。

中国科学院院士　郑志明

2018 年 4 月 16 日

在500年前的大航海时代，哥伦布发现了新大陆，麦哲伦实现了环球航行，全球各大洲从此连接了起来，人类文明的进程得以推进。今天，在云计算、大数据、物联网、人工智能等新技术推动下，人类开启了智能时代。

面对这个以"万物感知、万物互联、万物智能"为特征的智能时代，"数字化转型"已是企业寻求突破和创新的必由之路，数字化带来的海量数据成为企业乃至整个社会最重要的核心资产。大数据已上升为国家战略，成为推动经济社会发展的新引擎，如何获取、存储、分析、应用这些大数据将是这个时代最热门的话题。

国家大数据战略和企业数字化转型成功的关键是培养多层次的大数据人才，然而，根据计世资讯的研究，2018年中国大数据领域的人才缺口将超过150万人，人才短缺已成为制约产业发展的突出问题。

2018年初，华为公司提出新的愿景与使命，即"把数字世界带入每个人、每个家庭、每个组织，构建万物互联的智能世界"，它承载了华为公司的历史使命和社会责任。华为企业BG将长期坚持"平台+生态"战略，协同生态伙伴，共同为行业客户打造云计算、大数据、物联网和传统ICT技术高度融合的数字化转型平台。

人才生态建设是支撑"平台+生态"战略的核心基石，是保持产业链活力和持续增长的根本，华为以ICT产业长期积累的技术、知识、经验和成功实践为基础，持续投入，构建ICT人才生态良性发展的使能平台，打造全球有影响力的ICT人才认证标准。面对未来人才的挑战，华为坚持与全球广大院校、伙伴加强合作，打造引领未来的ICT人才生态，助力行业数字化转型。

一套好的教材是人才培养的基础，也是教学质量的重要保障。本套教材的出版，是华为在大数据人才培养领域的重要举措，是华为集合产业与教育界的高端智力，全力奉献的结晶和成果。在此，让我对本套教材的各位作者表示由衷的感谢！此外，我们还要特别感谢教育部高等学校计算机类专业教学指导委员会副主任、北京大学陈钟教授以及秘书长、北京航空航天大学马殿富教授，没有你们的努力和推动，本套教材无法成型！

同学们、朋友们，翻过这篇序言，开启学习旅程，祝愿在大数据的海洋里，尽情展示你们的才华，实现你们的梦想！

华为公司董事、企业BG总裁　阎力大
2018年5月

　　"云计算"在 2006 年时还是个未知概念，到今天"云计算"已经家喻户晓、落地生根，并快速地发展壮大，"像用电一样使用信息服务"的云计算理想虽然还未完全实现，但距离这个目标已经非常接近了。

　　在 IT 领域，基本上每 2～3 年就会进行一次产品技术的更新换代，云计算经过多年发展，无论在技术深度还是在技术广度上均会有显著的延展。可以明显感受到云计算技术这些年来的发展和进步，以及云计算技术在整个信息基础设施重构中所起到的作用。

　　云计算可以看作是分布式计算、并行计算和网格计算等计算范式的集大成者。云计算的发展借鉴了这些不同计算模式的优点。以并行计算为例，并行计算求解问题的大致过程为：对于一个给定的应用问题，首先，计算科学家将这个应用转化为一个数值或非数值的计算问题；然后计算机科学家对此计算问题设计并行算法，并通过某种并行编程语言实现它；最后应用领域的专家在某台具体的并行计算机上运行应用软件求解此问题。而云计算在解决大数据的问题上同样如此：首先，科学家将实际应用问题转化成一个大数据的计算问题；然后对该问题进行并行算法设计（例如 MapReduce），并通过某个具体语言或软件进行实现（例如 Hadoop）；最后在具体的计算系统上（如数据中心）运行该算法求解该问题。

　　计算机技术的发展使得"计算科学"已经与传统的"理论科学"和"实验科学"并列成为推动科技发展和社会文明进步的三大科学，并朝着第四范式的"数据科学"迈进。云计算作为一种研究的工具，已经逐渐越来越深度地融入传统的"理论科学""实验科学""计算科学"，以及新兴的"数据科学"中。如化学家哈姆佛雷·戴维爵士（Sir Humphrey Davy）曾经明智地指出："没有什么比应用新工具更有助于知识的发展。在不同的时期，人们的业绩不同，与其说是天赋智能所致，倒不如说是他们拥有的工具特性和软资源（非自然资源）不同所致。"

　　美国总统信息技术咨询委员会（PITAC）在致总统的《计算科学：确保美国竞争力》的报告中，有这样一段描述："虽然计算本身也是一门学科，但其具有促进其他学科发展的作用。21 世纪科学上最重要的和经济上最有前途的研究前沿，有可能通过熟练掌握先进的计算技术和运用计算科学得到解决"。云计算就是这一论断的最好注解，是本世纪目前能够对其他学科产生重要影响的前沿技术，通过云计算，很多以往无法想象的问题都将迎刃而解。

　　我本人长期从事并行计算研究，并行计算"结构—算法—编程—应用"一体化的研究方法是我在不断实践的过程中逐渐总结出来的。虽然并行计算技术不断得到发展，但一体化的研究方法依然具有其指导价值。很高兴看到王伟老师所编写的这本云计算教材正是这一方法论在云计算教学中的应用。该教材从云计算的基本概念入手，通过云计算的计算、存储、网络和安全四个关键技术来阐述云计算的结构，然后通过云原生应用、云操作系统和云端软件来叙述云计算时代的算法和编程，最后通过桌面云、开发云以及大数据与人工智能来阐述云计算的应用场景。

我相信这本书会使许多人受益，希望本书的出版能够对云计算乃至计算机学科的发展起到好的促进作用！

中国科学院院士　陈国良
2018 年 5 月

云计算自 2006 年出现至今已经 12 年，按照中国传统文化正好是一个生肖的轮转。在过去的 12 年，云计算的应用模式、核心技术与实践方式都发生了飞速的发展，正是需要全面梳理过去 12 年云计算发展的时候。在"教育部高等学校计算机类专业教学指导委员会-华为 ICT 产学合作项目"的资助下，王伟老师等编写的《云计算原理与实践》一书恰到好处地满足了这方面的需要。作为计算机系统领域的教育工作者、研究者与实践者，我从教育、研究与实践三个方面谈一下对本书的感受。

我是一名从事过"操作系统""计算机系统工程""分布式系统"与"计算机系统设计与实现"等计算机系统本科生与研究生核心课程教学的高校教师。从计算机系统教学的视角来看，该书源于王伟等老师在同济大学 5 年多的课堂教学课件整理而来，从概念与基础、原理与技术、开发与运维以及应用与案例等方面系统性地阐述了云计算的相关知识。本书的介绍深入浅出，便于理解，对于希望系统性了解云计算的原理与实践的师生具有很好的帮助。

正如本书总结的，云计算作为一种新的商业模式、计算范式与实现方式，涵盖了计算机系统的各个方面的支撑技术，包括操作系统、系统虚拟化、分布式系统、软件定义网络、系统安全与编程模型等。从一名从事计算机系统领域研究者的角度来看，本书的内容不仅概括了计算机系统领域的经典知识与最新研究成果，并且以云计算为纲领将各个领域的知识与成果进行了有机组织，对于有志于开展计算机系统领域研究的科研工作者也能提供很好的参考作用。

云计算的成功在于实践。因此，本书着重突出实践的重要性。通过 Docker 容器、分布式存储系统 Ceph、软件定义网络 Openflow、全同态加密算法 HElib、Node.js、Mesos、大视频运维、OpenStack 与 DevCloud 等主流软件与系统的实践介绍，本书对于有志于在云计算领域开展工作的实践者也有很强的参考价值。

云计算仍在快速的发展中。王伟老师等作者通过在云计算领域多年教育、研究与实践的经验，通过《云计算原理与实践》的分享，必将对云计算的推广与深入发展起到重要的推动作用。希望本书对各位读者有所帮助，在学习与工作中更上一层楼！

上海交通大学教授、并行与分布式系统研究所所长

华为操作系统首席科学家、操作系统内核实验室主任

陈海波

2018 年 5 月

"云计算"一词出现在 2006 年左右。当时谷歌（Google）公司的 CEO 施密特（Eric Schmidt）在一次会议上提出了"云计算"这个概念。如果说是谷歌为云计算命名，那么亚马逊（Amazon）公司则为云计算明确了商业模式。亚马逊在谷歌提出云计算的概念后不久，就正式推出了 EC2 云计算服务模式。从此之后各种有关云计算的概念层出不穷，"云计算"开始流行。

所有科学的认识都是以一种层次递进、螺旋上升的方式发展的，每一种技术都有其适用的场景和范围。云计算糅合了各种技术，并不代表云计算比其他技术更优秀，而是说明云计算技术确实是针对"大用户""大数据""大系统"，甚至"大智能"发展出来的一种新的实现机制。

云计算的一个特别之处，在于从技术上创造性地给出了一种灵活可靠的组织机制，通过将各种资源进行快速调度和组合，来满足不同业务应用的需求。这种不但适用于业务模块，而且适用于底层硬件资源的"积木式重组"思想，重新定义了反映在上层的计算资源的使用方式、服务的提供方式，以及社会化大生产的协作过程，为我们解决互联网带来的"大"问题和创新服务模式提供了一种全新的思路。

云计算技术使大量的硬件资源通过虚拟化技术结合成一个有机整体，再通过数据传输、负载均衡等技术来相互依赖、相互作用，完成预设功能，形成一个标准概念上的"系统"。这个系统的特征，是在物理上分散，在逻辑上集中，即所谓的分布式集中。

数年前，亚马逊 EC2 云基础设施平台就分布在全球 8000 多个机架上，而当时的谷歌在全球有将近 100 万台服务器。依靠大规模分布式软件架构的支持，这种大量资源的逻辑集中，一是意味着通过技术手段充分利用这些资源，我们可以满足"大用户"的需求，解决"大数据"的问题；二是通过对不同资源（硬件、应用）进行调度，我们可以基于一个云平台提供多种服务，即各种 IaaS、PaaS 和 SaaS，以及 XaaS（一切皆为服务），满足各类用户的需求。

从服务的角度说，云计算的落地是已然确定的，大家使用的 Saleforce.com 的在线 CRM 应用、苹果的 iCloud、谷歌的 App Engine、亚马逊的 S3 和 EC2、阿里云、腾讯云、华为云、UCloud 等都是云计算服务。作为互联网服务的一种延伸，云计算服务或许可被称为 Internet 2.0。云计算服务很自然带有一些互联网服务的特征，但它也有自己的特点，形成了新的商业模式，如"按需使用""多租户支持"等。

从技术应用的角度看，云计算平台是一种新的计算资源的使用和管理思路。在云计算之前，企业应对大用户、大数据问题时的唯一选择是购买更多更高性能的服务器。而云计算的出现，创新性地以"分布式集中"的方式，将分散的廉价计算资源组合在一起，发挥"群体"的功能，来应对大用户和大数据的压力，从而形成了新的"机器管理机器"的思路，在技术实现上有完整的体系架构。

分布式系统通过网络将物理上分散的计算资源连接起来解决问题，用网络技术就可以解决分布式系统中的"距离"问题。然后，在网络协同的基础之上建立资源的调度、存储体系，为上层开发打基础。这样，我们就可以针对"计算""通信""存储"和"管理"提供一个实现云计算的"通用"方案。

因此，云计算既是一种商业模式，也是一种计算范式，还是一种实现方式。本书就是这样一种尝试，希望通过一种多维的角度将云计算相关的原理与实践方法传递给读者。

我们希望这本书首先能作为一本供大专院校和相关研究机构使用的云计算入门教材，其次也尽量使其成为能引起普通读者共鸣的一本读物。

本节提出了"三四四三"的云计算知识框架，包括云计算的三大认识角度（商业模式、计算范式、实现方式），四个关键技术（计算、存储、网络、安全），四种开发运维维度（云原生应用、云操作系统、云端软件、云运维），三大应用场景（桌面云、开发云、大数据与人工智能）。

本书共分四大部分：第一部分概念与基础主要包括云计算概述、分布式计算和云计算架构；第二部分原理与技术主要包括虚拟化技术、分布式存储、云计算网络以及云计算安全；第三部分开发与运维主要包括云原生应用的开发、云操作系统、云端软件以及云计算运维；第四部分应用与案例包括桌面云、软件开发云、大数据与人工智能三个云计算重要的应用领域。全书总体结构如下图所示：

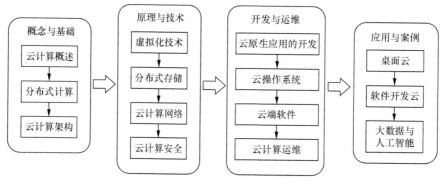

云计算的知识框架全景图

本节是作者所开设的"云计算原理与实践"这门课程的实践成果，特别感谢 2012 年至 2017 年期间选修该门课程的学员，每次开课教室都坐得满满的，你们对新知识的热情与渴望是推动本课程建设的原动力，同时也为本课程提出了很多好的建议。

本节的另一大特点就是采用了众多的开源软件作为实践基础。所谓"云起之时，开源有道"。回顾历史，在 2000 年左右，国内软件开发领域最热门的操作系统、语言、开发工具、数据库等基本都是大型商业公司的产品。尽管当时 Linux 已经存在，但是还不算主流。我们当时所工作的 IT 环境，大部分服务器使用的是 Windows Server 或者 Sun Solaris 这样的操作系统。市场上需求最火爆的开发平台是 Visual C++、Visual Basic 和已经基本消失不见的 Delphi。然而近 20 年后的今天，当再次审视当前所处的环境时，我们会惊讶地发现，开源社区的产品已出现在各个领域：从操作系统、开发工具、编程语言，到中间件、数据库，再到虚拟化、基础架构云、应用平台云等。

可以说当前的时代是名副其实的开源的时代，企业可以通过开源社区的创新构建一个完全开源的企业架构堆栈，个人也可以通过开源软件获得云之力。

为此，在整本书系统讲述云计算原理的同时，我们还在大部分章中安排一个或多个相关的开源软件，以帮助读者进行有效的实践，这些开源项目包括了：GitHub、Hadoop、OpenStack、KVM、Xen、Docker、Ceph、Mininet、Mesos、Kubernetes、CloudwareHub 等。可以说当下的云计算生态中，开源软件已经成为一个不可或缺的部分。

同时，我们在每章内容后配套了丰富的辅导材料帮助读者进行复习、思考和实践等活动，主要包括下面四个类型的材料：

- 课内复习：帮助读者复习本章的一些基本核心概念，从章节内容中基本上就可以找到对应答案；
- 课外思考：围绕本章核心内容的相关问题，一方面引发读者的思考，另一方面需要读者查找一些课外资料才能找到答案，甚至包括一些开放问题；
- 动手实践：围绕本章内容，结合对应的开源软件和工具，开展动手实践的活动，这也是本书的特色之一，动手实践已经成为新工科背景之下课程内容的必要组成部分；
- 论文研习：阅读所推荐的学术论文，深度调研与本章内容相关的话题，培养读者学术论文阅读与理解的能力，从中也可以找到很多云计算领域的最新前沿内容。

本书的写作、出版是在"教育部高等学校计算机类专业教学指导委员会-华为 ICT 产学合作项目"专家组的大力支持下完成的，感谢教育部高等学校计算机类专业教学指导委员会专家陈钟教授、周傲英教授、杜小勇教授、马殿富教授在本书成书过程中的指导。本书在编写过程中，参考和引用了大量国内外的著作、论文和研究报告。由于篇幅有限，本书仅仅列举了主要的参考文献。作者向所有被参考和引用相关文献的作者表示由衷的感谢，他们的辛勤劳动成果为本书提供了丰富的资料。如果有的资料没有查到出处或因疏忽而未列出，请原作者见谅，并请告知我们，以便再版时补上。

衷心感谢人民邮电出版社的所有工作人员，从本书的策划开始，正是在他们无数次的帮助下，多次满足我在书稿上的各种苛刻要求，才使本书顺利出版。还要感谢华为公司的技术人员，他们的帮助和指导使得该书能够更加接地气。

苏轼在《稼说》一文中提出学习的主张"博观而约取，厚积而薄发"，这是我们多年教育工作的共鸣，其精髓就是勤于积累和精于应用。一个好的教育，是一个灵魂对另一个灵魂的呼唤；一门好的课程，是一个生命对另一个生命的碰撞。

最后，欢迎读者关注我们的公众号（嘉数汇，微信号 Datahui），获取配套的课件、扩展阅读材料和实践信息等。

编者

2018 年 3 月于上海

数字课程资源与实训平台的使用说明

与本书配套的数字课程资源与实训平台发布在我们自建的课程网站上，请登录网站后开始使用配套的课程资源 https://github.com/willtongji/ppcloudcomputing。

1. 注册/登录

访问课程平台网站，单击"注册"按钮，在注册页面输入用户名、密码及常用的邮箱进行注册。已经注册的用户直接输入用户名和密码登录即可进入"我的课程"页面。

2. 课程绑定

单击"所有课程"页面找到本书对应课程《云计算原理与实践》配套课程资源"，按照网站提示输入本书封底防伪标签上的密码，单击"确定"按钮完成课程绑定。

3. 访问课程

完成课程绑定后即可在"我的课程"页面访问与本书配套的课程资源和实训，根据网页提示进行使用。账号自登录之日起一年内有效，过期作废。

4. 实训平台

课题组自主开发了一套基于 Web 的实训平台，为本书相关章节配套了实训，避免读者安装复杂的环境。读者只需浏览器，就可以一键生成对应的实训环境，在网页上对照教程即可一步步体验目前主流的不同开源云计算软件的安装、配置、使用、应用等实训任务。让读者轻松地就可以和云计算进行亲密接触，大大增加了读者的学习实践体验。目前主要的实训任务如下。

- Git 实训任务（分布式版本控制系统）
- Hadoop 实训任务（分布式实例）
- OpenStack 实训任务（云计算架构）
- KVM 实训任务（虚拟化技术）
- Docker 实训任务（轻量级虚拟化技术）
- Ceph 实训任务（分布式存储技术）
- Mininet 实训任务（云计算网络）
- Kubernetes 实训任务（云原生）
- Mesos 实训任务（云操作系统）
- Spark 实训任务（大数据应用）
- TensorFlow 实训任务（人工智能应用）

如有账号问题，请发邮件至 ppcc2018@sina.com。

目 录 CONTENTS

1

第 1 章　云计算概述

　　云计算（Cloud Computing）是一种新兴的共享基础架构的方法，可以将巨大的系统池连接在一起以提供各种 IT 服务。云计算被视为"革命性的计算模型"，因为它通过互联网自由流通使超级计算能力成为可能。本章主要内容如下：1.1 节介绍云计算的基本内容，1.2 节介绍云计算的公共特征和分类，1.3 节介绍云计算的商业模式、计算范式和实现方式，1.4 节介绍开源方法论，1.5 节介绍 GitHub 实践。

1.1 初识云计算

"云计算"是近年来信息技术领域受关注最多的主题之一。实际上，云计算的理论和尝试已经有多年历史，从 J2EE 和.net 架构，到"按需计算"（On-demand computing）、"效能计算"（Utility computing）、"软件即服务"（Software as a service）等新理念、新模式，其实都可看作是对云计算的不同解读或云计算发展的不同阶段。

"云计算"一词最早被大范围的传播应该是在 2006 年，距今已有十多年的历史了。2006 年 8 月，在圣何塞举办的 SES（搜索引擎战略）大会上，时任谷歌（Google）公司首席执行官（CEO）的施密特（Eric Schmidt）在回答一个有关互联网的问题时提出了"云计算"这个概念。在施密特态度鲜明地提出"云计算"一词的几周后，亚马逊（Amazon）公司推出了 EC2 计算云服务。云计算自此出现，从此之后各种有关"云计算"的概念层出不穷，"云计算"开始流行。

实际上，云计算本身无论是商业模式还是技术都已经发展了很长时间，并在实践的过程中逐步演进。云计算最初源于互联网公司对公司成本的控制。早期不少互联网公司都起源于学生宿舍，费用的捉襟见肘使这些公司尽可能合理利用每一个硬件，最大程度地发挥机器的性能。所以早期的互联网公司都会自己选主板、硬盘等配件，然后进行组装，完成服务器硬件的设计。这种传统沿袭下来，就是现在硬件定制化日趋流行的原因。如今谷歌、脸书（Facebook）等公司都会自己动手设计和生产服务器，以最少的配件最大可能地支持特定功能需求，并降低服务器的能耗。

为了支撑业务运转，满足用户需求，服务器的整体性能在不断上升，相应地，服务器的数量也在不断增加。这自然会引出一个问题，数十台机器可以手动组装维护，上千台机器如何处理？如果是上万台机器呢？人能管理的机器数量始终有限，即使劳作不休，所能承受的负荷也有一定的极限。每一个大型互联网公司，都曾遇到过如何管理和维护成千上万台服务器的问题。

谷歌公司在 1998 年时的访问量约为每天 1 万次，但到 2007 年时，日访问量已达到 5 亿多次，服务器数量也已经超过 50 万台。对于大多数互联网企业而言，虽然服务器规模不至于如此庞大，但随着用户规模的增加，少则数百台、多则上千台的服务器仍然对企业的运维管理能力提出了挑战。对于企业来说，随着系统越来越大，维护人员却不能对应成比例增长，因为企业要考虑人力成本，还要顾及运维效率的问题。即便如此，公司在某一阶段有大量的成本耗在旧有设备和系统的维护上，而无法把大部分资金投入到新业务的开拓中。公司能创造新价值的部分越来越少，创新也越来越少，只能求变。

除了大规模系统的维护之外，海量数据的存储问题同样是互联网公司遇到的棘手问题，随着网络技术和服务的快速发展，用户平均在线时间的延长和用户网络行为的多样化，导致各类数据不断涌现，移动终端的出现更是扩充了网络服务的内容与范围，这些都大大增加了互联网公司需要承载的数据量。大量的用户数据对每一个公司而言都是宝贵的信息财富，如何有效地利用这些信息财富开始成为互联网公司的首要任务。因此，在流量和服务器数量都高速增长的情况下，"一个能够与网页增长速度保持同步的系统"必不可少，这也是谷歌三篇有关分布式的论文（分别为 Google File System 分布式存储系统、MapReducefen 分布式处理技术和 BigTable 分布式数据库）之所以具有重要指导意义的原因：一切均出自实践。

业界有一种很流行的说法，将云计算模式比喻为发电厂集中供电的模式。也就是说，通过云计算，用户可以不必去购买新的服务器，更不用去部署软件，就可以得到应用环境或者应用本身。对于用户来说,软硬件产品也就不再需要部署在用户身边,这些产品也不再是专属于用户自己的产品,而是变成了一种可利用的、虚拟的资源,图 1.1 所示为几种模式。

图 1.1 超市模式、电厂模式和云计算模式

1.1.1 云计算的定义

由于云计算是一个概念,而不是指某项具体的技术或标准,于是不同的人从不同的角度出发就会有不同的理解。业界关于云计算定义的争论也从未停止过,并不存在一个权威的定义。大家都像盲人摸象一样,给出各自对云计算的理解。

1. 分析师和分析机构对云计算的理解

早期的美林证券(Merrill Lynch)认为,云计算是通过互联网从集中的服务器交付个人应用(E-mail、文档处理和演示文稿)和商业应用(销售管理、客户服务和财务管理)。这些服务器共享资源(如存储和处理能力),通过共享,资源能得到更有效的利用,而成本也可以降低 80%~90%。

而《信息周刊》(Information Week)的定义则更加宽泛:云计算是一个环境,其中任何的 IT 资源都可以以服务的形式提供。

媒体对云计算也很感兴趣。美国最畅销的日报《华尔街日报》(The Wall street Journal)也在密切跟踪云计算的进展。它认为云计算使企业可以通过互联网从超大数据中心获得计算能力、存储空间、软件应用和数据。客户只需在必要时为其使用的资源付费,从而避免建立自己的数据中心并采购服务器和存储设备。

2. 不同 IT 厂商对云计算的理解

IBM 公司认为,云计算是一种计算风格,其基础是用公共或私有网络实现服务、软件及处理能力的交付。云计算的重点是用户体验,核心是将计算服务的交付与底层技术相分离。云计算也是一种实现基础设施共享的方式,利用资源池将公共或私有网络连接在一起为用户提供 IT 服务。

Google 公司的前 CEO 施密特认为,云计算把计算和数据分布在大量的分布式计算机上,这使计算力和存储获得了很强的可扩展能力,并使用户可通过多种接入方式(例如计算机、手机等)方便地接入网络获得应用和服务。其重要特征是开放式的,不会有一个企业能控制和垄断它。Google 公司前全球副总裁李开复认为,整个互联网就是一片美丽的云彩,网民们需要在"云"中方便地连接任何设备、访问任何信息、自由地创建内容、与朋友分享。云计算就是要以公开的标准和服务为基础,以互联网为中心,提供安全、快速和便捷的数据存储和网络计算服务,让互联网这片"云"成为每一个网民的数据中心和计算中心。云计算其实就是 Google 公司的商业模式,Google 公司也一直在不遗余力地推广这个概念。

相比于 Google 公司,微软公司对于云计算的态度就要矛盾许多。如果未来计算能力和软件全集中在云上,那么客户端就不需要很强的处理能力,Windows 也就失去了大部分的作用。因此,微软的提法一直是"云 + 端"。微软认为，未来的计算模式是云端计算，而不是单纯的云计算。这里的"端"是指客户端，也就是说云计算一定要有客户端来配合。微软公司前全球资深副总裁张亚勤博士认为："从经济学角度来说，带宽、存储和计算不会是免费的，消费者需要找到符合他们需要的模式，因而端的计算一定是存在的。从通信的供求关系来说，虽然带宽增长了，但内容也在同步增长，例如视频、图像等，带宽的限制总是存在的。从技术角度来说，端的计算能力强，才能带给用户更多精彩的应用。"微软对于云计算本身的定义并没有什么不同，只不过是强调了"端"在云计算中的重要性。时至今日，随着 Azure 云的崛起，微软已经全面拥抱云计算了。

云计算在整个商业市场中的全局视角如图 1.2 所示。

图 1.2　云计算的全局视角

3. 学术界对云计算的理解

在学术界，"网格计算之父"伊安·福斯特（Ian Foster）认为，云计算是一种大规模分布式计算的模式，其推动力来自规模化所带来的经济性。在这种模式下，一些抽象的、虚拟化的、可动态扩展和被管理的计算能力、存储、平台和服务汇聚成资源池，通过互联网按需交付给外部用户。他认为云计算的几个关键点是：大规模可扩展性；可以被封装成一个抽象的实体，并提供不同的服务水平给外部用户使用；由规模化带来的经济性；服务可以被动态配置（通过虚拟化或者其他途径），按需交付。

来自加州大学伯克利分校的一篇技术报告指出，云计算既是指透过互联网交付的应用，也是指在数据中心中提供这些服务的硬件和系统软件。前半部分是 SaaS（Software as a Service），而后半部分则被称为 Cloud。简单地说，他们认为云计算就是"SaaS + 效用计算（Utility computing）"。如果这个基础架构可以按照按使用付费的方式提供给外部用户，那么这就是公共云，否则便是私有云。公共云即是效用计算。SaaS 的提供者同时也是公共云的用户。

根据以上这些不同的定义，不难发现，大家对于云计算基本看法是一致的，只是在某些范围的划定上有所区别。来自维基百科（Wikipedia）的定义基本涵盖了各个方面的看法："云计算是一种计算模式，在这种模式下，动态可扩展而且通常是虚拟化的资源通过互联网以服务的形式提供出来。终端用户不需要了解'云'中基础设施的细节，不必具有相应的专业知识，也无须直接进行控制，而只需关注自己真正需要什么样的资源，以及如何通过网络来得到相应的服务。"

曾在 IBM 任职的朱近之在《智慧的云计算：物联网的平台》一书中给出一个相对宽泛的定义，以便能够更加全面地涵盖云计算。该定义如下："云计算是一种计算模式：把 IT 资源、数据和应用作为服务通过网络提供给用户。"其实用"云"来定义是一种比喻手法。在计算机流程图中，互联网常以一个云状图案来表示，用来表示对复杂基础设施的一种抽象。云计算正是对复杂的计算基础设施的一个抽象，因此选择了用"云"来比喻，如图 1.3 所示。

云计算是以"软件即服务"为起步，进而将所有的 IT 资源都转化为服务来提供给用户。这种思路正是美国国家标准技术学院（NIST）给云计算提供的定义："云计算是一种模型，这个模型可以方便地通过网络访问一个可配置的计算资源（例如网络、服务器、存储设备、应用程序以及服务等）的公共集。这些资源可以被快速提供并发布，同时最小化管理成本以及服务供应商的干预。"

图 1.3　云计算是对复杂基础设施的抽象

上述定义应该算是比较清晰和恰当的，也是本书所采用的定义。不过，也许会有读者对该定义不能完全理解，这是因为正式的定义通常都比较抽象，为的是自身的陈述没有矛盾或问题，不会因人不同而产生争议。

接下来对上面的定义进行进一步的阐述，我们可以从计算发生的地方和资源供应的形式两个角度来看待云计算。

从计算发生的地方来看，最简单地回答是：云计算将软件的运行从平常情况下的个人计算机（或桌面计算机）搬到了云端，也就是位于某个"神秘"地理位置上的服务器或服务器集群上。这些服务器或集群可以在本地，也可以在异地，甚至距离遥远。这似乎是客户机/服务器模式，不过，云计算并不是传统的客户机/服务器模式，而是在该模式上进行了巨大的提升。

从资源供应的形式来看，云计算是一种服务计算，即所有的 IT 资源，包括硬件、软件、架构都被当作一种服务来销售并收取费用。对于云计算来说，其提供的主要服务是三种：基础设施即服务（IaaS），提供硬件资源，类似于传统模式下的 CPU、存储器和 I/O；平台即服务（PaaS），提供软件运行的环境，类似于传统编程模式下的操作系统和编程框架；软件即服务（SaaS），提供应用软件功能，类似于传统模式下的应用软件。在云计算模式下，用户不再购买或者买断某种硬件、系统软件或应用软件而成为这些资源的拥有者，而是购买资源的使用时间，按照使用时长付费的计费模式进行消费。

由此可以看出，云计算将一切资源作为服务，按照所用即所付的方式进行消费正是主机时代的特征。在主机时代，所有用户通过显示终端和网线与主机连接，按照消费的 CPU 时间和存储容量进行计费。所不同的是，在主机模式下，计算发生在一台主机上；在云计算下，计算发生在服务器集群或者数据中心。

所以，云计算既是一种新的计算范式，又是一种新的商业模式。说它是新的计算范式，因为所有的计算都作为服务来组织；说它是新的商业模式，因为用户付费的方式与以往非常不同，按照"所用即所付"的方式缴纳费用,从而大幅降低资源使用者的运行成本。不难看出,云计算的这两个方面互为依托,缺一不可。因为将资源作为服务,才能支持随用随付的付费模式;因为要按照用多少付多少来计费,资源只能作为服务来提供(而无法作为打包的软件或硬件来兜售)。事实上,可以说云计算"是一种计算范式,但这里的计算边界不是由技术限制来决定,而是由经济因素所决定"。

概括来说,云计算是各种虚拟化、效用计算、服务计算、网格计算、自动计算等概念的混合演进并集大成之结果。它从主机计算开始、历经小型机计算、客户机/服务器计算、分布式计算、网格计算、效用计算进化而来,它既是技术上的突破(技术上的集大成),也是商业模式上的飞跃(用多少付多少,没有浪费)。对于用户来说,云计算屏蔽了 IT 的所有细节,用户无须对云端所提供服务的技术基础设施有任何了解或任何控制,甚至根本不用知道提供服务的系统配置和地理位置,只需要"打开开关"(接上网络),坐享其成即可。

由此可见,云计算描述的是一种新的补给、消费、交付 IT 服务的模式,该模式基于互联网协议,且不可避免地涉及动态可伸缩且常常是虚拟化了的资源的配置。从某种程度上说,云计算是人们追求对远程计算资源的易访问性的一个副产品。

云计算在技术和商业模式两个方面的巨大优势,确定了其将成为未来的 IT 产业主导技术与运营模式。

1.1.2 计算模式的演进过程

云计算并不是突然出现的,而是以往技术和计算模式发展和演变的一种结果,它也未必是计算模式的终极结果,而是适合目前商业需求和技术可行性的一种模式。下面通过分析计算机的发展历程,介绍云计算的出现过程。图 1.4 从计算模式的角度展现了云计算的发展。

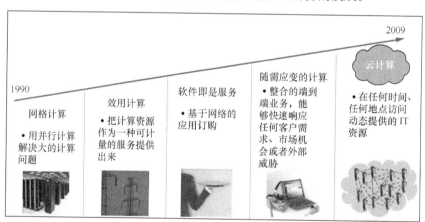

图 1.4 从计算模式的角度看云计算的发展历史

云计算是多种计算技术和范式的集大成,因此,其与现有的很多计算范式都存在类似之处。例如,应用程序运行在云端,客户通过移动终端或客户机访问云端服务的方式类似客户机/服务器模式;云资源的自动伸缩又与自动计算有些相似;云计算将资源集聚起来给客户使用,与曾经红极一时的网格计算有些相似;云计算中的大量计算节点同时开动,似乎又和并行计算有几分相像;构成云的节点遍布多个位置又有分布式计算的感觉;而按照用量进行计费的云计费模式又与效用计算有些相似。

虽然云计算与我们所熟知的各种计算范式确实存在某种类似,但并不完全一样。事实上,云计算与某些计算范式之间存在着非常巨大的不同。

1. 主机系统与集中计算

其实早在几十年前，在计算机刚刚发明不久，那时的计算模式就有了云计算的影子。1964 年，世界上第一台大型主机 System/360 诞生，引发了计算机和商业领域里的一场革命。

主机面向的市场主要是企业用户，这些用户一般都会有多种业务系统需要使用主机资源，于是 IBM 公司发明了虚拟化技术，将一台物理服务器分成许多不同的分区，每个分区上运行一个操作系统或者一套业务系统。这样每个企业只需要部署一套主机系统就可以满足所有业务系统的需要。由于该系统已经经历了几十年的发展，因此其稳定性也是业界最高的，具有"永不停机"的美誉。IBM 大型主机在金融、通信、能源和交通等支柱产业承担着最为广泛和最为重要的信息和数据处理任务。云计算出现之前，全球 70%以上的企业数据运行在大型主机平台上，世界财富排行榜位居前列的企业绝大部分都在使用大型主机。

大型主机的一个特点就是资源集中，计算、存储集中，这是集中计算模式的典型代表。使用大型主机的企业不需要像如今的互联网企业一样单独维护成百上千台服务器，而是把企业的各种业务集中部署，统一管理。主机的用户大都采用终端的模式与主机连接，本地不进行数据的处理和存储，也不需要进行诸如补丁管理、防火墙保护和病毒防范等措施。其实主机系统就是最早的"云"，只不过这些云是面向专门业务、专用网络和特定领域的。

云计算与主机计算实际上存在许多的共同点，例如都是集中式管理和按用量计费。不过云计算与主机计算的区别也很大，其中一个重要的区别是其面向的用户群体不同。主机计算的用户通常是大型机构，并为关键应用所准备，如人口普查、消费统计、ERP、财务交易等；而云计算则面向普罗大众，可以运行各种各样的大、中、小型应用程序。

2. 效用计算

效用计算是随着主机的发展而出现的。考虑到主机的购买成本高昂，一些用户只能租用，而不是购买。于是有人提出了效用计算的概念，目标是把服务器及存储系统打包给用户使用，按照用户实际使用的资源量对用户进行计费。这种模式类似于水、电、气和电话等服务的提供方式，使用户能够像把灯泡插入灯头一样来使用计算机资源。这种模式使用户无须为使用服务去拥有资源的所有权，而是去租资源。效用计算是云计算的前身。

效用计算的实际运用以 IBM 公司为主要代表。IBM 公司将自己的主机资源按照时间租给不同的用户，主机仍然存放在 IBM 的数据中心，用户在远程或者 IBM 数据中心现场使用 IBM 的资源。效用计算中的关键技术就是资源使用计量，它保证了按使用付费的准确性。

从计费模式上看，云计算与效用计算如出一辙。效用计算将 IT 资源包装成可以度量的服务提供给用户使用，也就是将 CPU、内存、网络带宽、存储容量都看作传统的效用量（如电话网络）来进行包装。此种计算范式的最大优势是用户无须提前付费，也无须将 IT 资源买断。对于大部分的公司企业来说，没有足够的资金和技术来构造一个与世界 500 强公司一样的 IT 基础设施，它们非常欢迎效用计算的理念，因为效用计算让小微用户与世界 500 强公司一样，能访问和使用世界一流的信息技术和资源。

与云计算比较起来，效用计算仅规定了 IT 资产的计费模式，对 IT 资产的其他方面，如技术、管理、配置、安全等诸多方面并不做限定。而付费模式仅仅是云计算所考虑的一个因素，云计算要考虑的因素还包括许多。此外，由于云的规模庞大，云计算并没有实现不折不扣的效用计算。也就是说，云计算所实现的效用计算是打了折扣的效用计算。

3. 客户机/服务器模式

从服务的访问模式上看，云计算确实有客户机/服务器模式（Client/Server）的影子：客户通过某种设备与远处的云端联系在一起，使用运行在云端的应用软件所提供的服务。不过，在这种形似的背后，云计算提供的这个"远程服务器"具有无限的计算能力、无限的存储容量，且从来不会崩溃，几乎没有什么软件不能运行在其上。用户还可以发布自己的应用程序到这个"远程服务器"，而这个"远程服务器"可以为应用程序自动配置所需的资源，并随需变化。此外，云计算有自己的一套模式和规则（本书后面将会阐述），而客户机，服务器模型则泛指所有的能够区分某种服务提供者（服务器）和服务请求者（客户机）的分布式系统。

4. 集群计算

由于云计算的云体里面包含大量的服务器群，与集群计算很相似。不过，服务器集群计算是用紧密耦合的一组计算机来达到单个目的，而云计算是根据用户需要提供不同支持来达到不同的目的。此外，服务器集群计算是有限度的分布式计算，其面临的挑战不如云计算所面临的分布式计算复杂。另外，集群计算并不考虑交互式的终端用户，而云计算恰恰需要考虑。显然，云计算包含了服务器集群计算的元素。

5. 服务计算

云上的云服务这一说法自然让人联想到服务计算。服务计算也称为面向服务的计算，其更为准确的名称是软件即服务（SaaS）。此种计算范式将所有的应用程序都作为服务来予以提供，用户或其他的应用程序则使用这些服务，而不是买断或拥有软件。在服务计算模式下，不同服务之间相对独立、松散耦合、随意组合。对服务计算来说，服务的发现是重点。

云计算大量采用了服务计算的技术和思维方式。但服务计算与云计算仍然存在重要区别。首先，虽然服务计算一般在互联网上实现，但服务计算不一定必须在云中提供，单台服务器、小规模服务器集群、有限范围的网络平台就可以提供服务计算；其次，服务计算一般仅限于软件即服务，而云计算将服务的概念推广到了硬件和运行环境，囊括了基础设施即服务、平台即服务的概念。也就是说，云计算的服务理念比传统的服务计算概念更加广泛。

6. 个人计算机与桌面计算

20世纪80年代，随着计算机技术的发展，计算机硬件的体积和成本都大幅度降低，使个人拥有自己的计算机成为可能。个人计算机的出现极大地推动了软件产业的发展，各种面向终端消费者的应用程序涌现出来。应用程序在个人计算机上运行需要简单易用的操作系统，Windows操作系统正好满足了大众的需要，它伴随着个人计算机的普及占领了市场，走向了成功。个人计算机具备自己独立的存储空间和处理能力，虽然性能有限，但是对于个人用户来说，在一段时间内也够用了。个人计算机可以完成绝大部分的个人计算需求，这种模式也叫桌面计算。

在互联网出现之前，软件和操作系统的销售模式都是授权（License）模式，也就是通过软盘或者光盘，将软件代码复制到计算机之上，而每一次复制，都需要向软件开发商付费。这种模式发展了几年以后就出现了一些问题，例如费用太高、软件升级烦琐等。升级的目的是解决之前的一些问题，或是使用新的功能，但是升级的过程有时会很烦琐。对于一个大型企业来讲，它的IT部门可能需要管理上百种软件、上千个版本、上万台计算机，每个版本的软件都需要维护，包括问题追踪、补丁管理、版本升级和数据备份等，这绝非一项简单的工作。

7. 分布式计算

个人计算机没有解决数据共享和信息交换的问题，于是出现了网络——局域网及后来的互联网。网络把大量分布在不同地理位置的计算机连接在一起，有个人计算机，也有服务器（大型主机以及后来出现的中小型主机）。既然有了这么多计算能力，那么一个应用能不能运行在多台计算机之上，共同完成一个计算任务呢？答案当然是肯定的，这就是分布式计算。

分布式计算依赖于分布式系统。分布式系统由通过网络连接的多台计算机组成。每台计算机都拥有独立的处理器及内存。这些计算机互相协作，共同完成一个目标或者计算任务。分布式计算是一个很大的范畴，它包含了很多人们熟悉的计算模式和技术，例如网格计算、P2P 计算、客户机/服务器计算（C/S）和浏览器/服务器计算（B/S），当然也包括云计算。在当今的网络时代，非分布式计算的应用已经很少了，只有部分单机运行的程序属于这一范畴，例如文字处理、单机游戏等。本书第 2 章将详细叙述分布式计算的内容。

8. 网格计算

计算机的一个主要功能就是复杂科学计算，而这一领域的主宰就是超级计算机，例如我国的"银河"系列、"曙光"系列、"天河"系列、"神威·太湖之光"等，还有战胜国际象棋冠军卡斯帕罗夫（Garry Kasparov）的 IBM 超级计算机"深蓝"。以超级计算机为中心的计算模式存在明显不足：它虽然是一个处理能力强大的"巨无霸"，但它造价极高，通常只有一些国家级的部门（如航天、气象和军工等部门）才有能力配置这样的设备。随着人们越来越需要数据处理能力更强大的计算机，人们开始寻找一种造价低廉而数据处理能力超强的计算模式，最终科学家们找到了答案，那就是网格计算。

网格计算出现于 20 世纪 90 年代。它是伴随着互联网而迅速发展起来的、专门针对复杂科学计算的新型计算模式。这种计算模式利用互联网把分散在不同地理位置的计算机组织成一台"虚拟的超级计算机"，其中每一台参与计算的计算机就是一个"节点"，而整个计算是由成千上万个"节点"组成的"一堆网格"，所以这种计算方式叫网格计算。为了进行一项计算，网格计算首先把要计算的数据分割成若干"小片"，然后将这些小片分发给分布的每台计算机。每台计算机执行它所分配到的任务片段，待任务计算结束后将计算结果返回给计算任务的总控节点。

可以说，网格计算是超级计算机和集群计算机的延伸。其核心还是试图去解决一个巨大的单一的计算问题，这就限制了它的应用场景。事实上，在非科研领域，只有有限的用户需要用到巨型的计算资源。网格计算在进入 21 世纪之后一度变得很热门，各大 IT 企业也都进行了许多投入和尝试，但是却一直没有找到合适的使用场景。最终，网格计算在学术领域取得了很多进展，包括一些标准和软件平台被开发出来，但是在商业领域却没有普及。

从某种程度来看，网格要做的很多事情也是云计算要做的事情，但网格计算却不能算是云计算。首先，网格计算主要针对科学计算和仿真，而云计算则是通用的。其次，网格不考虑交互式终端用户，而云计算要考虑。本书在第 2 章中将会进一步详细地介绍网格计算。

9. SaaS

SaaS 全称为 Software as a service，中文译为"软件即服务"。其实它所表达的也是一种计算模式，就是把软件作为服务。它是一种通过 Internet 来提供软件的模式，厂商将应用软件统一部署在自己的服务器上，客户可以根据自己的实际需求，通过互联网向厂商订购所需的软件应用服务，按定购的服务多少和时间长短向厂商支付费用，并通过互联网获得厂商提供的服务。用户不用再购买软件，而改为向提供商租用基于 Web 的软件，来管理企业经营活动，且无须对软件进行维护，服务提供商会全权管理和维护软件。软件厂商在向客户提供互联网应用的同时，也提供软件的离线操作和本地数据存储，让用户随时随地都可以使用其订购的软件和服务。

SaaS 最初出现于 2000 年。当时，随着互联网的蓬勃发展，各种基于互联网的新的商业模式不断涌现。对于传统的软件企业来说，SaaS 是最重大的一个转变。这种模式把一次性的软件购买收入变成了持续的服务收入，软件提供商不再计算卖了多少份拷贝，而是需要时刻注意有多少付费用户。因此，软件提供商会密切关注自身的服务质量，并对自己的服务功能进行不断地改进，提升自身竞争力。这种模式可以减少盗版并保护知识产权，因为所有的代码都在服务提供商处，用户无法获取，也无法进行软件破解、反编译。

概括来说，除了效用计算外，上面所谈的计算范式都是技术层面的，而云计算范式同时涵盖了技术和商业两个层面，而这也许是云计算和上述这些范式的最大不同之处。

10. 云计算的出现

纵观计算模式的演变历史，可以总结为：集中—分散—集中。在早期，受限于技术条件与成本因素，只能有少数的企业能够拥有计算能力，当时的计算模式显然只能以集中为主。后来，随着计算机小型化与低成本化，计算也走向分散。到如今，计算又有走向集中的趋势，这就是云计算。

用户可以使用云计算来做很多事情。从前面的陈述可知，云计算提供的基本服务有三种：一是硬件资源服务；二是运行环境服务；三是应用软件服务。那么用户也可用至少三种方式来使用云平台：一是利用云计算（平台）来保存数据（使用云环境所提供的硬件资源）；二是在云计算平台上运行程序（使用云环境的运行环境）；三是使用云平台上面的应用服务（使用云上布置的应用软件服务，如地图、搜索、邮件等）。

云计算所提供的服务不仅仅是 IT 资源本身，如果仅此而已，大可不必发展云计算。存储数据、运行程序、使用软件可以在很多平台上实现，并不需要云计算。之所以使用云计算，归因于其提供资源的方式和能力。云计算在资源提供方式和能力上具有极大的优势。

除了前面已经讲到的云平台的规模优势外，云计算的另外一个重要优势是弹性资源配给。云上面的资源都具有所谓的弹性，即需要多的时候就多，需要少的时候就少。例如，如果我们在云上布置一个应用软件，云体控制器（将在本书后续章节阐述）将根据该软件的客户需求变化来动态调整分配给该应用程序的资源，从而保证既能够满足任何时候任何客户的需求暴增，同时又避免在客户需求低迷时的资源浪费。

此外，云平台还提供另外一个可能多数人不知道的优势。有的操作只有放在云端才能发生强大作用，而直接部署在业务所在地或用户的客户机上则作用有限或不会发生什么作用。这是因为在技术上，桌面机或服务器运转模式已不能胜任 IT 系统所面临的许多挑战，而这些挑战能够在云端得到解决。例如，在病毒查杀方面，桌面机上的反病毒软件的查杀效果乏善可陈，杀毒效率最高只能达到 49%～88%（根据美国 Arbor Network 数据）。此外，查杀还占用了个人机的大量计算资源，导致整个系统效率极为低下。但将杀毒操作移动到云端即可解决这个问题。注意，这里提到的将杀毒操作移动到云端与一些杀毒软件公司所宣扬的云杀毒有很大不同。市面上的云杀毒技术指的是杀毒软件部署在云端，通过网络对远程的客户机进行查杀。这种"云杀毒"的唯一好处是杀毒软件的更新和维护更加容易，但杀毒能力并无提升。而如果在云端部署多种不同的杀毒软件，在云端对网络数据进行交叉查杀，则可以将杀毒效率提高到 96%以上，并且也不会占用客户机的计算资源。

又如，在市场上，个人机、服务器或集群的操作模式面临更新与维护困难。仅将一个服务器的功能角色进行变换（更换系统及应用软件）就需要花费很多的精力，且还很容易出错。而对分布在机构各台计算机上的应用软件进行安装、配置、升级等各种管理操作是令许多公司头疼的问题。将这些服务移到云里面则可以解决这些问题。

再例如，在数据取证方面，有些无法对单机进行取证的操作可以在云端实现。

总体来看，云计算至少有以下四个优势：

- 按需供应的无限计算资源；
- 无须事先花钱就能使用的 IT 架构；
- 基于短期的按需付费的资源使用；
- 单机难以提供的事务处理环境。

虽然各种冠以"云计算"头衔的服务概念层出不穷，但并非每一种服务都可以划归于云计算服务的范畴。如何判断一项服务是否是真正的云计算服务？通常来说应该看是否同时满足以下三个条件。

① 服务应该是随时随地可接入。用户可以在任何时间、任何地点，通过任何可以连接网络的设备来使用服务，而无须考虑应用程序的安装问题，也无须关心这些服务的实现细节。

② 服务应永远在线。偶发问题可能出现，但一个真正的云计算服务应时刻保证其可用性和可靠性，即保证随时可通过网络的接入，并正常提供服务。

③ 服务拥有足够大的用户群。这就是所谓的"多租赁"，由一个基础平台向多个用户提供服务的"租赁"。虽然没有明确的数量来进行划分，但只是针对少数用户的服务，即使用云计算相关的技术来支撑其基础系统架构，也不应该归为云计算服务。因为只有庞大的用户群，才会产生海量数据访问压力，这是云计算出现的最根本原因，也是云计算服务区别其他互联网服务的标志之一。

1.1.3　云计算简史

20 世纪 60 年代，"人工智能之父"约翰·麦卡锡（John McCarty）曾经说过："计算资源可能在未来成为一种公用设施"。这应该是最早发表过的与云计算相关的表述。1966 年，道格拉斯·帕克希尔（Douglas Parkhill）出版了《计算机效用的挑战》一书。该书几乎对现代云计算的所有特点（弹性、按用量计费、在线、无限）都进行了深入的讨论，并充分比较了电力工业和公有、私有、政府和社区形式。可以说，该书已经描述了云计算，只不过没有用"云计算"这个名词。不过，此书并没有产生什么影响。

"云"这个词源自电信产业。一直以来，电信公司提供的服务都是专用的、点对点的数据通路。但从 20 世纪 90 年代开始，美国的电信公司开始给人们提供所谓的虚拟私有网络（Virtual Private Network）服务，这种服务的质量和点到点服务类似，但成本更低。通过对流量进行切换以达到更好的利用率，电信公司对网络的整体带宽的使用效率得到了提高。"云"被用来描述用户责任和供应商责任的分界点。而云计算则将这个边界扩展到覆盖服务器和网络基础设施的位置。

1999 年美国易安信公司（EMC）提出了数据拨号音的设想。在公司的工程师大会上，时任工程部门副总裁的摩西（Moshe）在会上提出了一种新的数据伺服模式——全球数据拨号音。这种设想将所有的电子数据集中存放在中央管理的数据中心（当然这些数据中心的存储器是易安信公司的存储器），用户手里只有一个输入输出设备，它只能显示结果和输入命令。用户只需要将这个设备连接到墙上的插口，即可听到一个像电话似的拨号音。如果认证通过，即可获得源源不断的数据。至于这些数据存在何处则不是用户需要关心的事情。这种模式很显然就是今天大家所津津乐道的云存储概念。不过，此概念并未引起 EMC 高层的重视甚至注意，提出此概念的摩西也在后来的人员变动中离开了 EMC。

在云计算的发展历史上，一个极为重要的角色是网上书店亚马逊公司。互联网泡沫破裂后，很多数据中心因效率低、成本高、风险大而被迫倒闭，其中就有一家名为 Exodus Communications 的公司。亚马逊公司对该公司的数据中心进行了现代化改造，主要目的是提高数据中心的利用率。当时，亚马逊公司的数据中心利用率仅为 10%左右，从而导致成本的居高不下，经营处于岌岌可危的状态。经过研究，亚马逊公司发现，采用新的统一的云架构可以带来可观的效率提升。于是，亚马逊公司在 2005 年在其内部首先实施了亚马逊 Web 服务（AWS）效用计算模式。之后，亚马逊公司决定将自己的云计算提供给外部的客户，并在 2006 年开始将 AWS 作为效用计算向外部客户提供。图 1.5 所示为云计算发展历史中的重大事件。

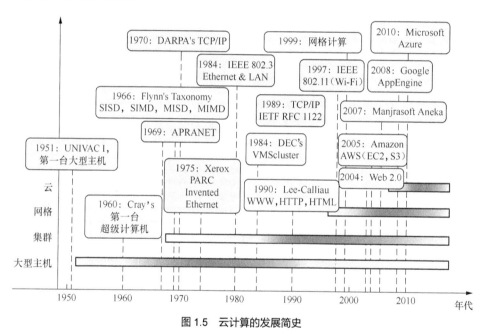

图 1.5 云计算的发展简史

1.1.4 云计算的推动力

云计算并不是凭空出现的，它的出现是由多种因素促成，具有一定的必然性。

1. 网络带宽的提升

必要的带宽是云计算普及的一个必要条件。既然把计算和存储都放在了网络的另一侧，那就必然需要用户能够方便地访问到这些数据。近些年，随着互联网的普及，各大网络运营商也在不断投资改善互联网基础设施。一方面，核心网络的带宽迅速扩大；另一方面，家庭和企业用户的网络接入也有了本质的改变。以家庭用户为例，从最开始的拨号上网（网速在 50kbit/s 左右），到后来的 ADSL（512k、1M、2Mbit/s），以及目前的光纤入户（10M、20Mbit/s 乃至更高速度），带宽的增长改变了用户使用网络的模式以及网络应用的类型。随着 4G/5G 技术的发展，网络带宽将进一步增长，直至用户感知不到带宽的限制。

2. 技术成熟度

云计算与效用计算存在很多相似，但是效用计算并没有真正普及，其原因就是缺乏足够的可操作性。任何理念，如果没有切实可行的实现办法就将成为一个空想甚至幻想。而云计算能获得大众认可，也是与其技术成熟度紧密相关的。云计算对应的不是一种技术，而是多种技术的组合，这些技术把 IT 作为服务这个非常简单的理念变成了现实。在不同的层面，可能会用到不同的技术。

这些技术隐藏在后台，对于用户来说是看不见的，这也是云中隐藏的部分。我们可以想象提供云计算服务的数据中心是一个巨大的工厂，里面摆满了成百上千的服务器，并且用错综复杂的线缆连接了起来。这些服务器上面运行了很多智能化的程序，它们能够高效地管理这些服务器，保证服务器出故障时系统能够自动修复，还能够保证整个中心以很低的成本运行着。

3. 移动互联网的发展

据统计分析，网络终端从 2006 年的 5 亿个增长到目前的上千亿个，全世界平均每个人都拥有上百个网络终端，如何管理这些设备就成为一个大问题。一是这些设备不可能都拥有很强的计算能力；二是不可能把数据都分散在每个设备上，于是云计算的模式便成为解决这个问题的一个理想办法。例如，现在每家都有数据存储设备，如台式机、笔记本电脑、手机、数码相机、电子相框和能存照片的电视机等，可能有几十个设备，管理家庭的电子数据可能就成为一个难题。人们可能需要不停地在不同的设备之间同步数据，还要考虑定期用光盘备份，避免硬盘损坏。如果未来所有的设备都可以连入互联网，并且实时与互联网保持同步，那么一种基于云计算的家庭照片管理应用可能就会变得十分有用。

4. 数据中心的演变

数据中心对于用户来说就是位于互联网的另一端提供计算和存储能力的工厂，是 IT 业的"发电厂"。数据中心对于普通的互联网用户来讲是陌生的，就像大家用电并不关心电厂是如何运作的一样。实际上数据中心也在不断地进行着演变。数据中心可以分为两种：一种是面向互联网提供服务的；另一种是企业私有的，只对内部开放的。无论是哪一种，数据中心都需要有人来运营，确保它能够不间断地提供服务。根据一项调查，在全球 1 000 个组织中，超过 90%的组织认为他们需要在近年对其数据中心进行大的改变。对于他们来说，目前的挑战包括：昂贵的管理成本、快速增加的能源消耗、快速增长的用户需求以及低效率的 IT 资源使用等。鉴于这些问题，数据中心急需一种全新的架构和管理理念，而云计算正是从服务提供者的角度给出的一个解决办法。

5. 经济因素

当一项产品技术上可行又具有广阔的需求时，决定其成败的唯一因素就是价格，或者说是用户使用成本。而改变计算模式最根本的因素也是成本，技术是其触发条件。在大型主机的年代之所以采用集中计算，主要是因为主机成本太高，而个人计算机（PC）的出现极大地降低了用户使用成本，使每个企业都能够承受得起自己的数据中心。到了今天，互联网和云计算的出现使进一步降低成本成为可能。如果成本能够降低，企业当然会考虑采用新技术。

云计算节约成本的诀窍在哪里？其实就是规模化效应。例如发电，每家每户都用自己的发电机发电显然总成本要高过通过发电厂集中供电；再例如交通，运送同样数量的人显然用大巴比用小轿车更经济。通过规模化，云计算不仅可以降低固定资产投入，还可以降低运行费用。当资源被集中后，资源的分时共享或者分区共享可以使得同样的资源发挥更大的作用，再加上智能化的资源调配，就能实现资源的最大化利用。有分析师指出，云计算能使成本节省 90%甚至更多。

6. 大数据

大数据是驱动云计算的另外一个主要推动力。由于处理海量的数据需要海量的存储容量和海量的计算能力,一般的 IT 架构已经难以胜任,由此催生了标准设备集群,进而演变为云计算的平台。事实上,商业上著名的两个云计算平台——亚马逊公司的 AWS 和谷歌公司的 App Engine 都是因处理大数据而催生的。

此外,推动云计算发展的其他一些驱动力还包括如下几种。

- 提高资源利用率,节能降耗:云计算(严格来说是虚拟化)可以将服务器利用率从 15% 提高到 60% 甚至更高,从而降低单位计算任务的能耗。
- 降低信息系统的维护成本:维护都在一个地点,由专门人员完成。
- 提升 IT 资产的安全态势:安全问题全部集中在一处解决,比分散在无数用户的业务所在地容易得多。
- 提升信息系统的灾备能力:云计算供应商可以为灾备进行集中投资和管理。

总而言之,推动云计算出现和发展的动力就是节省、灵活、方便、弹性、无限、按用量计费。

1.2 云计算的公共特征与分类

1.2.1 云计算的公共特征

通过对云计算方案的特征进行归纳和分析,可发现这些方案所提供的云服务有着显著的公共特征,这些特征也使云计算明显区别于传统的服务。

1. 弹性伸缩

云计算可以根据访问用户的多少,增减相应的 IT 资源(包括 CPU、存储、带宽和中间件应用等),使 IT 资源的规模可以动态伸缩,满足应用和用户规模变化的需要。在资源消耗达到临界点时可自由添加资源,资源的增加和减少完全透明,这个特点系继承自动计算的特点而来。

2. 快速部署

云计算模式具有极大的灵活性,足以适应各个开发和部署阶段的各种类型和规模的应用程序。提供者可以根据用户的需要及时部署资源,最终用户也可按需选择。

3. 资源抽象

最终用户不知道云上的应用运行的具体物理资源位置,同时云计算支持用户在任意位置使用各种终端获取应用服务。所请求的资源来自“云”,而不是固定的有形的实体。应用在“云”中某处运行,但实际上用户无须了解,也不用担心应用运行的具体位置。

4. 按用量收费

即付即用(Pay-as-you-go)的方式已广泛应用于存储和网络宽带技术中(计费单位为字节)。虚拟化程度的不同导致了计算能力的差异。例如,Google 的 App Engine 按照增加或减少负载来达到其可伸缩性,而其用户按照使用 CPU 的周期来付费;Amazon 的 AWS 则是按照用户所占用的虚拟机节点的时间来进行付费(以小时为单位),根据用户指定的策略,系统可以根据负载情况进行快速扩张或缩减,从而保证用户只使用自己所需要的资源,达到为用户省钱的目的。而目前包括腾讯云、阿里云、Ucloud 等在内的国内云提供商也都是按需计费的模式。

5. 宽带访问

松散耦合的服务，每个服务之间独立运转，一个服务的崩溃一般不影响另一个服务的继续运转。这个特点系继承"基于服务的架构"的特点而来。

云计算的特点很多，核心特点只有三点：一种计算范式，即计算作为服务；一种商业模式，即效用计算，随用随付；一种实现方式，即软件定义的数据中心。如果用一句话来概括，那就是"互联网上的应用和架构服务"，再简单一点，就是"IT 作为服务"。

1.2.2　云计算的分类

云的分层注重的是云的构建和结构，但并不是所有同样构建的云都是用于同样的目的。传统操作系统可以分为桌面操作系统、主机操作系统、服务器操作系统、移动操作系统，云平台也可以分为多种不同类型的云。云分类主要是根据云的拥有者、用途、工作方式来进行。这种分类关心的是谁拥有云平台、谁在运营云平台、谁可以使用云平台。从这个角度来看，云可以分为公共云、私有云、社区云、混合云和行业云等。

下面从云计算的部署方式和服务类型来分析现在各种各样的云方案。

1. 根据云的部署模式和云的使用范围进行分类

（1）公共云

当云按服务方式提供给大众时，称为"公共云"。公共云由云提供商运行，为最终用户提供各种各样的 IT 资源。云提供商可以提供从应用程序、软件运行环境，到物理基础设施等各方面的 IT 资源的安装、管理、部署和维护。最终用户通过共享的 IT 资源实现自己的目的，并且只为其使用的资源付费（Pay-as-you-go），通过这种比较经济的方式获取自己所需的 IT 资源服务。

在公共云中，最终用户不知道与其共享使用资源的还有其他哪些用户，以及具体的资源底层如何实现，甚至几乎无法控制物理基础设施。所以云服务提供商必须保证所提供资源的安全性和可靠性等非功能性需求，云服务提供商的服务级别也因这些非功能性服务提供的不同进行分级。特别是需要严格按照安全性和法规遵从性的云服务要求来提供服务，也需要更高层次、更成熟的服务质量保证。公共云的示例包括 Google App Engine、Amazon EC2、IBM Developer Cloud，国内的腾讯云、阿里云、华为云、Ucloud 等。

（2）私有云（或称专属云）

商业企业和其他社团组织不对公众开放，为本企业或社团组织提供云服务（IT 资源）的数据中心称为"私有云"。相对于公共云，私有云的用户完全拥有整个云中心设施，可以控制哪些应用程序在哪里运行，并且可以决定允许哪些用户使用云服务。由于私有云的服务提供对象是针对企业或社团内部，私有云的服务可以更少地受到在公共云中必须考虑的诸多限制，例如带宽、安全和法规遵从性等。而且，通过用户范围控制和网络限制等手段，私有云可以提供更多的安全和私密等保证。

私有云提供的服务类型也可以是多样化的。私有云不仅可以提供 IT 基础设施的服务，而且也支持应用程序和中间件运行环境等云服务，例如企业内部的管理信息系统（MIS）云服务。

（3）社区云

公共云和私有云都有缺点。折中的一种办法就是社区云，顾名思义，就是由一个社区，而不是一家企业所拥有的云平台。社区云一般隶属于某个企业集团或机构联盟或行业协会，一般也服务于同一个集团、联盟或协会。如果一些机构联系紧密或者有着共同（或类似）的 IT 需求，并且相互信任，他们就可以联合构造和经营一个社区云，以便共享基础设施并享受云计算的好处。凡是属于该群体的成员都可以使用该云架构。为了管理方便，社区云一般由一家机构进行运维。但也可以由多家机构共同组成一个云平台运维团队来进行管理。

公共云、私有云与社区云的区别如图 1.6 所示。

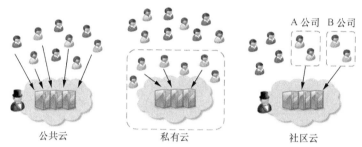

图 1.6　公共云、私有云与社区云

（4）混合云

混合云是把"公共云"和"私有云"结合到一起的方式。用户可以通过一种可控的方式部分拥有，部分与他人共享。企业可以利用公共云的成本优势，将非关键的应用部分运行在公共云上，同时将安全性要求更高、关键性更强的主要应用通过内部的私有云提供服务。

使用混合云的原因很多，最主要的原因有两个：各种考虑因素的折中；私有云向公有云过渡。对于第一种考虑来说，有些机构虽然很想利用公有云的好处，但因为各种法规、保密要求或安全限制，并不能将所有的资产置于公有云上，于是就会出现部分 IT 资产部署在公有云上，部分部署在业务所在地的情况，这就会形成混合云。

长远来看，公有云是云计算的最终目的，但私有云和公有云会以共同发展的形式长期共存。就像银行服务的出现，货币从个人手中转存到银行保管，是一个更安全、方便的过程，但也会有人选择自己保管，二者并行不悖。

（5）行业云

行业云是针对云的用途来说的，不是针对云的拥有者或者用户。如果云平台是针对某个行业进行特殊定制的（如针对汽车行业），则称为行业云。行业云的生态环境所用的组件都应该是比较适合相关行业的组件，并且上面部署的软件也都是行业软件或其支撑软件。例如，如果是针对军队所建立的云平台，则上面部署的数据存储机制应当特别适合于战场数据的存储、索引和查询。

毫无疑问，行业云适合所指定的行业，但对一般的用户可能价值不大。一般来说，行业云的构造会更为简单，其管理通常由行业的龙头老大，或者政府所指定的计算中心（超算中心）来负责。有人说超算中心是云计算，大概就是从这个方面所进行的理解。

行业云和前面提到的四种云之间并不是排他性的关系，它们之间可能存在着交叉或重叠的关系。例如，行业云可以在公有云上构建，也可以是一朵私有云，更有可能是社区云。

（6）其他云类型

除了上面的类别外，云的分类还可以继续下去。例如，根据云针对的是个人还是企业又可以分为消费者云和企业云。消费者云的受众为普通大众或者个人，因此也称为大众云，此种云推销的是个人的存储和文档管理需求；企业云则面向企业，推销的是企业的全面 IT 服务。这些云的分类在本质上仍是上述云种类的某种分割或组合。

2. 针对云计算的服务层次和服务类型进行分类

依据云计算的服务类型也可以将云分为三层：基础设施即服务、平台即服务和软件即服务。不同的云层提供不同的云服务，图 1.7 展示了一个典型的云计算组成。

图 1.7 云计算的组成元素（来源：Wikipedia）

（1）基础设施即服务（Infrastructure as a Service，IaaS）

IaaS 位于云计算三层服务的最底端。也是云计算狭义定义所覆盖的范围，就是把 IT 基础设施像水、电一样以服务的形式提供给用户，以服务形式提供基于服务器和存储等硬件资源的可高度扩展和按需变化的 IT 能力。通常按照所消耗资源的成本进行收费。

该层提供的是基本的计算和存储能力，以计算能力的提供为例，其提供的基本单元就是服务器，包含 CPU、内存、存储、操作系统及一些软件，如图 1.8 所示。具体的例子如 Amazon 的 EC2。

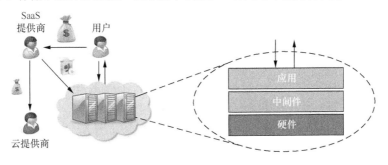

图 1.8 基础设施即服务的层次

（2）平台即服务（Platform as a Service，PaaS）

PaaS 位于云计算三层服务的中间，通常也称为"云操作系统"，如图 1.9 所示。它提供给终端用户基于互联网的应用开发环境，包括应用编程接口和运行平台等，支持应用从创建到运行整个生命周期所需的各种软硬件资源和工具。通常按照用户或登录情况计费。在 PaaS 层面，服务提供商提供的是经过封装的 IT 能力，或者是一些逻辑的资源，例如数据库、文件系统和应用运行环境等。PaaS 的产品示例包括华为的软件开发者云 DevCloud、Saleforce 公司的 Force.com 和 Google 的 Google App Engine 等。

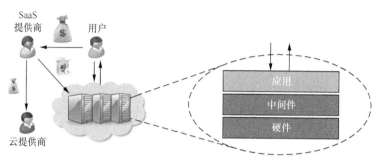

图 1.9　平台即服务的层次

PaaS 服务主要面向软件开发者，让开发者通过网络在云计算环境中编写并运行程序在以前是一个难题。在网络带宽逐步提高的前提下，两种技术的出现解决了这个难题。一种是在线开发工具，开发者可通过浏览器、远程控制台（控制台中运行开发工具）等技术直接在远程开发应用，无须在本地安装开发工具；另一种是本地开发工具和云计算的集成技术，即通过本地开发工具将开发好的应用部署到云计算环境中，同时能够进行远程调试。本书第 13 章所介绍的软件开发云即为这种方式。

（3）软件即服务（Software as a Service，SaaS）

SaaS 是最常见的云计算服务，位于云计算三层服务的顶端，如图 1.10 所示。用户通过标准的 Web 浏览器来使用 Internet 上的软件。服务供应商负责维护和管理软硬件设施，并以免费或按需租用方式向最终用户提供服务。

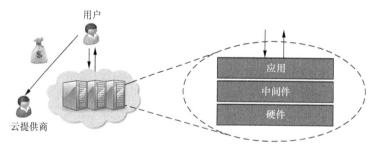

图 1.10　软件即服务的层次

这类服务既有面向普通用户的，诸如 Google Calendar 和 Gmail；也有直接面向企业团体的，用于帮助处理工资单流程、人力资源管理、协作、客户关系管理和业务合作伙伴关系管理等，例如 Salesforce.com 和 Sugar CRM。这些 SaaS 提供的应用程序减少了客户安装与维护软件的时间及其对技能的要求，并且可以通过按使用付费的方式来减少软件许可证费用的支出。

以上的三层，每层都有相应的技术支持提供该层的服务，具有云计算的特征，例如弹性伸缩和自动部署等。每层云服务可以独立成云，也可以基于下面层次的云提供的服务。每种云可以直接提供给最终用户使用，也可以只用来支撑上层的服务。

1.2.3 与云计算有关的技术

从技术的角度看，云计算体现出分布式系统、虚拟化技术、负载均衡等各种技术有着千丝万缕的联系。如同信息技术中的"截拳道"，虽然融合了各种精华，但仍然自成一派。

在具体的技术实现上，云计算平台创新性地融合了多种技术的思想，通过不同的组合，解决在具体应用时遇到的不同问题。因此，人们会从云计算平台里面发现多种技术的身影，一些人也会由此产生云计算不过"老调新弹"的判断。然而，如果我们只着眼于某一技术的存在，而忽略云计算本身在技术应用上的融合创新，就会出现"只见树木，不见森林"的情况，不仅有失偏颇，还会导致错误的认识。

就技术而言，云计算在本质上源自超大规模分布式计算，是一种演进的分布式计算技术。云计算还延伸了 SOA 的理念，并融合了虚拟化、负载均衡等多种技术方法，形成了一套新的技术理念和实现机制。具体而言，云计算表现出的核心意义不仅在于技术的发展，还在于通过组织各种技术，使人们建立 IT 系统的思路和结构发生根本性的变化。从计算资源的利用这个角度看，可以从下面三个方面加以详细分析。

1. 并行计算

并行计算（Parallel Computing）通常是指同时执行多个指令的计算模式，其原理为一个"大"问题可以被分解为多个同时处理的"小"问题。并行计算的主要动力在于加快计算速度，因此确定问题分解的并行算法，对于并行计算而言至关重要，所以在结构上并行计算是紧耦合（Tight Coupling）的概念。

在软件工程中，"耦合"指的是互相交互的系统彼此间的依赖。紧耦合表明模块或者系统之间关系紧密，存在明显的依赖关系。举例来说，假设一个计算机系统是"紧耦合"的，则在设计时，必须对相关任务进行良好的定义，制定具体的执行策略。对于定义之外的任务，系统将无法处理。这样，并行计算的计算机体系架构——甚至硬件层面上——不同的部件或是不同的层次联系非常紧密，靠严密可行的预先定义计划并指导着每个环节之间流动反馈的内容。

2. SOA

SOA 是面向服务的体系结构（Service Oriented Architecture）的简称，依照结构化信息标准促进组织（OASIS）所给出的定义，"SOA 是一种组织和利用可能处于不同所有权范围控制下的分散功能的范式。"通常所说的 SOA 是一套设计和开发软件的原则和方法，它将应用程序的不同功能单元（即"服务"）通过这些服务之间定义良好的接口和协议联系起来，以使实现服务的平台或系统中，所构建的各类服务可以通过一种统一和通用的方式进行交互。简而言之，SOA 是一种理念，即给定一种标准接口和一个约束接口的服务协议，则任何业务应用，只要能满足服务协议，即可通过给定的标准接口进行通信和交互，实现对接。

SOA 理念最初应用于整合企业应用中分散的业务功能。企业在发展过程中，会不断形成新的业务系统，来满足业务流程信息化的需要。最初为解决不同系统，尤其是不同厂商间产品集成的问题，出现了各种不同的企业应用集成（Enterprise Application Integration，EAI）技术。首先是各种基于消息的中间件产品，通过消息中间件，可以实现各个系统之间的数据交换。各应用将自己的输出封装成消息通过消息中间件进行发布，而需要数据的应用只要从消息中间件中获得所需消息即可。但是由于业界缺乏消息的标准，所以容易造成对单一产品的依赖，而且不同消息中间件之间也不能直接交换数据。后来，随着 Java 技术 J2EE 的发展，促成了基于 J2EE 的 JCA（J2EE 连接器架构）的诞生，成为 EAI 范畴的第一个正式的规范，用于解决应用与应用之间的通信问题，使 EAI 领域有了相对开放统一的标准。

相对于 EAI 在系统建设后整合上发挥的作用，SOA 则偏重于事先的规范。SOA 提出的标准接口和服务协议的理念，使基于 SOA 而开发的服务具备一种"松耦合"的特征。对于企业来说，这种松耦合具有极大地便利性。在 SOA 架构下，由于服务的可重用性，当企业搭建新的应用系统时，可直接使用现有服务而无须再次开发，只需对所需功能进行补充完善，从而充分利用现有的资源，降低成本。

SOA 的实施，本质上是一种用于交换系统与系统之间的信息的企业集成技术，它更关心如何使系统集成更有效率的问题。SOA 实施技术允许消费者的软件应用在公共网络上调用服务，并通过提供一个语言中立的软件层，来实现对各种开发语言和平台的集成。因此企业实施 SOA 能得到的最明显的好处是：可以达成企业架构中系统接口的统一，以节约资源，并在将来可能发生集成时提高速度或者组织的敏捷性。

而云计算的重点在于通过资源的重新组合，来满足不同服务的需求。虽然这可能会包含 SOA 内的软件服务，但云计算的使用明显涵盖了更多领域。而且从服务的角度而言，云计算的出现扩展了"服务"的内涵，使 IT 功能可以像商品一样在市场上销售。从实际情况来看，一个企业可以同时部署 SOA 和云计算，也可以单独部署其中一项，或者可以借助 SOA 的方法将本地应用、私有云和公有云中的应用整合形成灵活的混合云方案。

可以认为，云计算是 SOA 思想在系统和硬件层面的延伸。在云计算平台中，借鉴这种"面向服务架构"的思想，也可以实现更大范围的"服务"的模块化、流程化和松耦合，即可通过通用接口的定义屏蔽底层硬件资源的区别，也可以通过另外的接口定义实现数据交换的一致性，从而可以进行底层硬件资源和上层应用模块的自由调度。这样，企业可以通过资源和模块重组，快速完成整个业务系统的功能转变，满足不同的业务需要，而这也是云计算平台所具有的革命性意义之一。

3. 虚拟化

在现有的众多云计算定义中，有定义把云计算描绘成"通过网络访问的、可按需接入的、订阅付费的、由他人分享的、封装在自己的数据中心之外的、简单易用的、虚拟化的 IT 资源"。虽然这个概念不一定准确，但它指出了一点，虚拟化技术是通向云计算的光明大道。

虚拟化（Virtualization）是为某些事物创造的虚拟（而非真实）版本，例如硬件平台、计算机系统、存储设备和网络资源等。其目的是为了摆脱现实情况下物理资源所具有的各种限制，即"虚拟化是资源的逻辑表示，它不受物理限制的约束。"

虽然很多人因为云计算而对虚拟化产生兴趣，但虚拟化技术并不是一项新技术。从 IBM 大型计算机的虚拟化到现在 EMC 可应用于桌面机的 VMware 系列，单机虚拟化技术已经历了半个多世纪的发展。在初期，实施虚拟化技术是为了使单个计算机看起来像多个计算机或完全不同的计算机，从而提高资源利用率并降低 IT 成本。随着虚拟化技术的发展，虚拟化的概念所涵盖的范围也不断加大。

计算机系统通常被分为若干层次，从下至上包括底层硬件资源、操作系统、应用程序等，虚拟化技术的出现和发展，使人们可以将各类底层资源进行抽象，形成不同的"虚拟层"，向上提供与真实的"层"相同或类似的功能，从而屏蔽设备的差异兼容性，对上层应用透明。可以说，"虚拟化技术降低了资源使用者与资源具体实现之间的耦合程度，让使用者不再依赖于资源的某种特定实现"。

云计算所涉及的虚拟化，是经过发展之后的更高层次的虚拟化，是指所有的资源——计算、存储、应用和网络设备等连接在一起，由云计算平台进行管理调度。借助于虚拟化技术，云计算平台可以对底层千差万别的资源进行统一管理，也可以随时方便地进行资源调度的管理，实现资源的按需分配，从而使大量物理分布的计算资源可以在逻辑层面上以一个整体的形式呈现，并支撑各类应用需求。因此对于云计算平台而言，虚拟化技术的发展是关键驱动力。

虽然虚拟化是云计算的一个关键组成，但是云计算并不仅限于虚拟化。如同一个公司由大量员工聚集在一起，通过一定的管理办法形成了一个组织，但提到这个公司时，远不止组织形态这么多。同样，云计算表达的还有按需供应、按量计费的服务模式，以及弹性、透明和积木化等技术特点。本书的第 4 章将详细叙述虚拟化的相关技术。

1.3　云计算的三元认识论

随着云计算整个生态的不断成熟，今天的云计算应该包含三方面的内容：商业服务、计算范式与实现方式。即本书所倡导的核心内容：云计算既是一种商业模式，也是一种计算范式，还是一种实现方式。

1.3.1　云计算作为一种商业模式

首先，云计算服务代表一种新的商业模式，SaaS（软件即服务）、PaaS（平台即服务）和 IaaS（基础设施即服务）是这种商业模式的代表表现形式。对于任何一种商业模式而言，除了理论上可行之外，还要保证实践上可用。因此，伴随着云计算服务理念的发展，云计算也形成了一整套的软件架构与技术实现机制，而我们常常听到的云计算平台就是这套机制的具体体现。

亚马逊公司销售包括图书、DVD、计算机、软件、电视游戏、电子产品、衣服、家具、计算资源等一切适合电子商务的"商品"。在推出 EC2 的时候，亚马逊也面临不少"这个零售商为什么想做这些"的质疑，但公司的 CEO 贝索斯对商业的概念理解明显要宽泛很多。贝索斯无疑认为不管是"PC + 软件"，还是这种从"云"里取得服务的方式，不仅关乎技术的问题，还都是一种"商业模式"。

当初为了让网站能支持大规模的业务，亚马逊在基础设施建设上下了很大功夫，自然也积累了很多经验。为了将平时闲置的大量的计算资源也作为商品出售，亚马逊公司先后推出了 S3（简单存储服务）和 EC2 等存储、计算租用服务。贝索斯表示，"我们认为在某一天这也会是一项非常有意思的业务，所以我们这么做的目的很简单：我们认为这是个好业务。"虽然媒体认为这是贝索斯安全度过互联网泡沫之后的一笔冒险赌注，"亚马逊的 CEO 想要用他网站背后的技术来运行你的业务，但华尔街只想他看好自己的店面。"但 EC2 确实影响了整个行业，也影响了很多人，当时业界明显受到了震动。

在亚马逊之前，虽然有不少服务按现在来看都有云计算服务的特征，但即使是谷歌所提供的服务，仍然可以看作是互联网服务意义内的一种商业模式。而亚马逊推出 IaaS 之后，仿佛给互联网世界开了一扇窗，告诉人们，还可以这样来运营计算资源，还有一种新的商业模式，叫云计算。而那些与传统互联网服务形似神离的服务模式，也终于可以独立出来，找到自己归属的阵地——云计算服务。

美国加州大学伯克利分校在一篇关于云计算的报告中，就认为云计算既是指在互联网上以服务形式提供的应用，也是指在数据中心里提供这些服务的硬件和软件，而这些数据中心里的硬件和软件则被称为"云"。

美国国家标准与技术研究院（NIST）曾于 2011 年发布过一份《云计算概要及建议》（*DRAFT Cloud Computing Synopsis Recommendations*），对 PaaS、SaaS 和 IaaS 等进行了详细说明。很多人认为 SaaS 必须运行在 PaaS 上，PaaS 必须运行在 IaaS 上，但实际上三者之间并没有绝对的层次关系，它们都是一种服务，可以有层次叠加关系，也可以没有。

对于任何一种商业模式而言，除了理论上可行之外，还要保证实践上可用。因此，伴随着云计算服务理念的发展，云计算也形成了一整套技术实现机制，而云计算平台则是这套机制的具体体现，具体包括下面的计算范式和实现方式。

1.3.2 云计算作为一种计算范式

从计算范式的角度而言，云计算最早的出身，应该是超大规模分布式计算。例如雅虎为了解决系统对大规模应用的支撑问题，而设计的超大规模分布式系统，目的就在于将大问题分解，由分布在不同物理地点的大量计算机共同解决。但随着技术不断地发展和完善，云计算在解决具体问题时，借鉴了不少其他技术和思想，包括虚拟化技术、SOA（面向服务架构）理念等。云计算与这些技术有根本的差别，不仅体现在商业应用上，还体现在实现细节上。

云计算作为一种计算范式，其计算边界既由上层的经济因素所决定，也由下层的技术因素所决定。经济因素自上而下决定这种计算范式的商业形态，实现技术自下而上决定这种计算范式的技术形态。

作为云计算服务的计算范式又可以从两个角度来进一步理解：横向云体逻辑结构和纵向云栈逻辑结构。

1. 横向云体逻辑结构

横向云体逻辑结构如图 1.11 所示。从横向云体的角度看，云计算分为两个部分：云运行时环境（Cloud runtime environment）和云应用（Cloud application）。

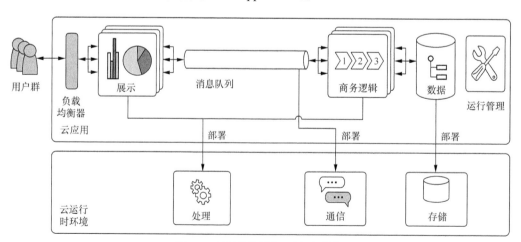

图 1.11　云计算的横向云体逻辑结构

而云运行时环境的组成则包括：处理（Processing）、存储（Storage）和通信（Communication），它们共同支撑起上层应用的各个方面。

从这个角度可以看到，云计算的结构和我们平常所使用到 PC 结构非常类似。也因为如此，云计算也被一些谷歌的科学家和工程师称为 The Datacenter as a Computer。而本书的第 4~6 章分别从处理（虚拟化技术）、存储（分布式存储）和通信（网络）这三个维度来进行讲解。

2. 纵向云栈逻辑结构

纵向云栈逻辑结构和前面的商业服务模式类似，也是由 SaaS、PaaS 和 IaaS 三部分构成，只不过这里将会从技术的角度去看。

SaaS、PaaS 和 IaaS 已经成为人们认知云计算的"识记卡片"，很多人会以一种层次化的方式来看待这三种技术层的关系，例如 SaaS 运行于 PaaS 之上，PaaS 运行于 IaaS 之上。进一步还可以看到，IaaS 层还包括了物理硬件（Physical hardware）和虚拟硬件（Virtual hardware）；而 PaaS 层还包括了操作系统（Operating system）和中间件（Middle）；而在 SaaS 层的应用软件（Application software）之上还有业务流程（Business process）。云计算的纵向云栈逻辑结构如图 1.12 所示。

从技术的角度来看，SaaS 面向的服务对象与普通单机应用程序的客户并无明显区别，PaaS 提供的是平台服务，因此用户对象是开发人员，需要了解平台提供环境下应用的开发和部署，而 IaaS 提供的是最底层的基础设施服务，因此它面对的用户是 IT 管理人员，即先由 IT 管理人员来进行配置和管理，然后才能在上面进行应用程序的部署等工作。

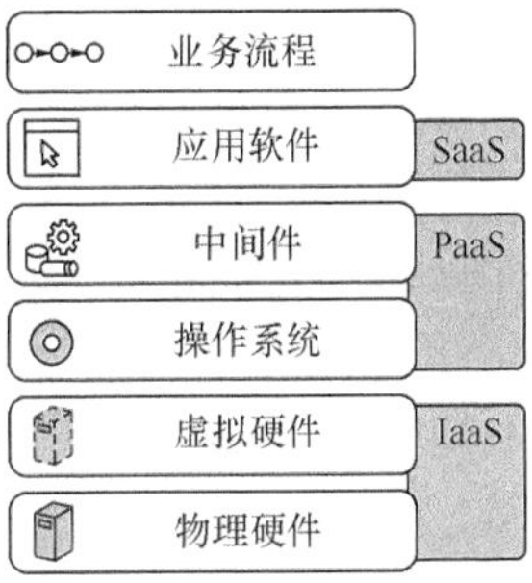

虽然人们习惯上会根据服务商所提供的内容对服务进行划分，但这三种服务模式之间并没有绝对清晰的界限。一些实力比较雄厚

图 1.12　云计算的纵向云栈逻辑结构

的云计算服务提供商可能会提供一些兼具 SaaS 和 PaaS 特征的产品，还有一些厂商尝试提供一整套云计算服务，进一步模糊三种服务模式在层级上的差异。

人们慢慢意识到通过互联网提供的服务有无限多的可能性，也使众多企业发现了互联网服务的新方向，于是在 SaaS、PaaS、IaaS 之外，又出现一些新的服务形式名称，例如商业流程即服务（Business Process as a Service）、数据库即服务（Database as a Service）和安全即服务（Security as a Service）等。

不可否认的是，这些新兴的云计算服务延展了互联网服务的概念，以更符合商业发展规律的方式提供信息化服务。如果说互联网的出现极大地满足了人们对知识的快速获取和分享需求，云计算服务就在传统互联网服务的基础上更大程度地满足了人们便捷获取、分享和创新知识的需求，并极大降低了成本。

而这种通过互联网以"更简单、更方便、更低成本"满足各种需求的"商业模式"的理念广泛化之后，一切可以通过互联网提供给用户的服务都在逐渐被服务提供商尝试"云"化，所以现在有了一个名词：XaaS。其中 X 指 Anything 或者 Everything，代表"一切皆可为服务"。现在看来，各种新的可能性在商业上的实践，又不断发展、丰富着云计算服务可能蕴含的意义。

1.3.3　云计算作为一种实现方式

云计算最终的实现方式是需要新一代的软硬件技术推动，即目前流行的数据中心，并且朝着软件定义的数据中心（Software Defined Data Center，SDDC）所演进。数据中心是云计算实现的最终归属，包括全方位的计算、存储和通信需求。随着数据中心的运营，大家开始碰到一系列共同的问题，

23

包括硬件资源利用率、扩展性、自动化管理等。硬件的更新换代需要经年累月的时间，通常很难满足快速发展的业务需求，软件定义才是现实可行的出路。因此，软件定义的数据中心迅速成为 IT 产业的热门关键词。

软件定义数据中心是一个比较新的概念，它将虚拟化概念（如抽象，集中和自动化）扩展到所有数据中心资源和服务，以实现 IT 即服务（ITaaS）。在软件定义的数据中心中，基础架构的所有元素（网络，存储，CPU 和安全）都是被虚拟化并作为服务交付的。

软件定义数据中心最核心的资源是计算、存储与网络，这三者无疑是基本功能模块。与传统的概念不同，软件定义数据中心更强调从硬件抽象出的能力，而并非硬件本身。

对于计算来说，计算能力需要从硬件平台上抽象出来，让计算资源脱离硬件的限制，形成资源池。计算资源还需要能够在软件定义数据中心范围内迁移，才能动态调整负载。虽然虚拟化并不是必要条件，但是目前能够实现这些需求的，仍非虚拟化莫属。对存储和网络的要求首先是控制层（Control Plane）与数据层（Data Plane）的分离，这是脱离硬件控制的第一步，也是能够用软件定义这些设备行为的初级阶段。之后，才有条件考虑如何将控制层与数据层分别接入软件定义数据中心。安全越来越成为数据中心需要单独考量的一个因素。安全隐患既可能出现在基本的计算、存储与网络之间，也有可能隐藏在数据中心的管理系统或者用户的应用程序中。因此，有必要把安全单独作为一个基本功能，与以上 3 种基本资源并列。

有了这些基本的功能还不够，还需要集中的管理平台把它们联系在一起，如图 1.13 所示。

自动化的管理是将软件定义数据中心的各基本模块组织起来的关键。这里必须强调"自动化"管理，而不只是一套精美的界面。软件定义数据中心的一个重要推动力是用户对于超大规模数据中心的管理，"自动化"无疑是必选项。本书第 3 章将会详细介绍软件定义数据中心。

图 1.13　软件定义数据中心功能划分

综上所述，云计算服务、云计算范式和云计算实现之间没有相互依存的必然关系。如果以传统的底层架构，或类似超级计算等实现的服务具备云计算服务的三个特点：大用户群、永远在线，以及随时随地可接入，也可称为云计算；而云计算的架构和具体实现本身在设计上就针对了"大用户""大数据"和"大系统"的问题提出了各种解决办法，这也是在提供云计算服务时会遇到的典型问题。所以，以云计算架构和实现支撑的云计算服务，不仅可以提高服务的效率，而且还会充分发挥云计算的能力和优势。

如同物种的进化，社会自身会不断向前推进发展，并因此而产生不同的递进式的服务模式和技术需求。人们对计算的需求促进了计算机的普及发展，对沟通分享的需求又促进了互联网的诞生。云计算也是一种社会需求推动的结果。在获取知识、不断创新和分享的渴望下，人们对信息服务和产品不断提出新的要求。云计算的出现，一方面解决了系统层面日趋凸显的压力问题，另一方面拓宽了网络应用的范畴和创新的可能性，在极大降低人们创造知识和分享知识的成本的前提下，进一步满足了人类社会获取、创新、分享知识的需求。因此，云计算是信息社会发展的必然产物。随着应用环境的发展，云计算会越来越普及，将为人类带来一个全新体验的信息社会。

工业革命的意义之一，在于使人们摆脱了生产条件的束缚，极大地解放物质产品和有形服务的生产力。云计算的出现，也在逐步使人们摆脱使用计算资源和信息服务时的束缚，降低知识获取的成本，也使知识的产生变得更容易、分享变得更方便，革命性地改变了信息产品与知识服务的生产力。因此，云计算与蒸汽机、内燃机及电力有同等重要的意义，会带来一场信息社会的工业革命。

现在来看，云计算仍然在发展的过程中，未来会发展到什么高度还未知。我们还在不断摸索和深化对云计算的理解，毕竟对于新事物都有一个"听闻而知见"的过程。对于现阶段的云计算而言，最需要的是支持，最怕的是轻视，或管窥蠡测地轻下结论。但无论如何，云计算已经对人类社会生产和生活的一些领域产生了积极的影响，相信随着技术的发展和服务的创新，云计算的时代将会很快到来，并最终影响我们每一个人。

1.4　云计算的开源方法论

开源技术在云计算领域得到了广泛使用。在云计算时代，开源已经不仅是一种开放源代码的软件产品，而已经成为一种方法论、一种构造大规模复杂软件的协作方式。本书中很多章节的实践部分正是基于一些著名的开源软件展开的。因此，本节将主要围绕开源的相关内容给读者进行简单介绍。

1.4.1　开源定义和相关概念

开源，即开放一类技术或一种产品的源代码、源数据、源资产等，可以是各行业的技术或产品，其范畴涵盖文化、产业、法律、技术等多个社会维度。如果开放的是软件代码，一般被称作开源软件。开源的实质是共享资产或资源（技术），扩大社会价值，提升经济效率，减少交易壁垒和社会鸿沟。开源与开放标准、开放平台密切相关。

开源软件是一种版权持有人为任何人和任何目的提供学习、修改和分发权利，并公布源代码的计算机软件。开源软件促进会（Open Source Initiative，OSI）对开源软件有明确的定义，业界公认只有符合该定义的软件才能被称为开发源代码软件，简称开源软件。这称呼源于埃里克·雷蒙德（Eric Raymond）的提议。OSI 对开源软件特征的定义如下：

- 开源软件的许可证不应限制任何个人或团体将包含该开源软件的广义作品进行销售或者赠予；
- 开源软件的程序必须包含源代码，必须允许发布源代码及以后的程序；
- 开源软件的许可证必须允许修改和派生作品，并且允许使用原有软件的许可条款发布它们。

开源许可证是一种允许源代码、蓝图或设计在定义的条款和条件下被使用、修改和/或共享的计算机软件和其他产品的许可证。目前经过 OSI 认证的开源许可证共有 74 种，而最重要的仅有 6～10 种（最主要的 2 种是 GPL、Apache）。在开源商业化的浪潮下，适度宽松的 Apache 等许可证更受欢迎。

自由软件是一种用户可以自由地运行、复制、分发、学习、修改并改进的软件。自由软件需要具备以下几个特点：无论用户处于何种目的，必须可以按照用户意愿，自由地运行该软件；用户可以自由地学习并修改该软件，以此来帮助用户完成用户自己的计算，作为前提，用户必须可以访问到该软件的源代码；用户可以自由地分发该软件及其修改后的拷贝，用户可以把改进后的软件分享给整个社区而令他人收益。

免费软件是一种开发者拥有版权，保留控制发行、修改和销售权利的免费计算机软件，通常不发布源代码，以防用户修改源码。

广义上认为，自由软件是开源软件的一个子集，自由软件的定义比开源软件更严格。同时，开源软件要求软件发行时附上源代码，并不一定免费；同样免费软件只是软件免费提供给用户使用，并不一定开源。开源软件、自由软件和免费软件之间的关系如图 1.14 所示。

开源软件市场应用广泛。据 Gartner 调查显示，99% 的组织在其 IT 系统中使用了开源软件，同时开源软件在服务器操作系统、云计算领域、Web 领域都有比较广泛的应用。

开源软件市场规模稳居服务器操作系统首位。根据《Linux 内核开发报告 2017》显示，自从进入 Git 时代（2005 年 2.6.11 发布之后），共有 15637 名开发者为 Linux 内核的开发做出了贡献，这些开发者来自 1513

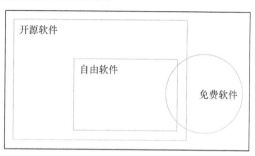

图 1.14　开源软件、自有软件和免费软件的关系

家公司。全球公有云上运行的负载有 90% 是 Linux 操作系统，在嵌入式市场的占有率是 62%，而在超算的市场占有率更是达到了 99%，它运行在世界上超过 82% 的智能手机中，也是所有公有云厂商的主要支撑服务器（90%）。

开源软件在云计算领域使用也非常广泛。云计算领域开源目前主要以 IaaS 和 PaaS 两个层面为主，IaaS 有 OpenStack、CloudStack、oVirt、ZStack 等，PaaS 层面有 OpenShift、Rancher、Cloud Foundry 以及调度平台 Kubernetes、Mesos 等。2017 年的 *OpenStack User Survey* 显示：2017 年，OpenStack 全球部署将近 1000 次，比 2016 年增加 95%；亚洲超越北美成为 OpenStack 用户分布最广的区域。除 IT 以外，OpenStack 在其他行业也得到了广泛使用，名列前几位的用户行业为电信、研究、金融和政府。2013 年 Docker 发布之后，技术日渐成熟。截至 2014 年年底，容器镜像下载量高达 1 亿次；到 2017 年年初，这一数量超过 80 亿次。

开源软件在其他领域的广泛应用还包括大数据、SDN 与网络功能虚拟化（NFV）以及人工智能领域。例如大数据基础分析平台有 Hadoop、Spark 等，NFV 方面有 OPNFV，人工智能方面则有 TensorFlow。

1.4.2　开源的价值和意义

1. 开源生态促进国家信息技术创新，带动经济发展

开源有效促进技术创新。开源模式可以有效实现信息互通，获得关键技术的最新源代码，利用全球技术资源快速推动技术发展迭代，打破技术壁垒，推动新技术普及。

开源可以实现软件自主可控。开源更加透明和公开，建立我国开源软件产业，既能够有效保障信息安全，实现自主可控，又可以保证信息安全更易治理，产品和服务一般不存在恶意后门，并可以不断改进或修补漏洞。

开源促进教育和科研事业发展。开源为高校师生提供了更多自主学习的资源，学生能够直接、迅速地加入开源项目中，技术水平不断提高，经验不断丰富。

开源促进行业信息化发展。开源模式可以有效降低应用成本和技术门槛，加快企业的信息化发展，从而促进我国经济的蓬勃发展。

2. 软件厂商依托开源技术提升研发能力

软件厂商借助开源技术降低研发成本，通过开源社区参与技术交流，熟悉开源技术使用方法，

便于跟踪开源技术版本更新，根据业务需求进行适配。

知名开源项目均有业界高水平研发人员的参与，其源码在编码风格、算法思路等方面有许多供技术人员借鉴的地方。软件厂商研发人员在使用开源项目或基于开源项目进行二次开发的过程中，可以通过阅读源码等方式学习解决问题的创新方法。

软件厂商将项目开源后，项目的用户范围更广，应用场景更复杂，研发人员在开发时不能只考虑本公司的业务需求和人员使用情况，需更加注重代码兼容性、规范性等问题。

3. 用户使用开源技术改变信息化路线

企业用户可在开源技术基础上进行定制化开发。终端用户信息系统需要实现的功能各有不同，相比闭源软件，开源软件更灵活，定制化程度更高，终端用户企业可在开源代码的基础上做二次开发，实现特定场景和特定功能的需求，避免绑定风险。

使用开源技术，让企业专注于创新。随着更多的业务资源摆脱了开发软件的束缚，企业的焦点转向创新。创造力在中小型企业中蓬勃发展，因为它们更能够创造竞争力的替代技术和专有软件，从而使自己获得比竞争对手更具有独特性和前瞻性的思维。

4. 企业自主开源，引领技术发展路径

企业自主开源能够有效提升研发效率，提高代码质量。项目开源过程中可以吸引优秀的开发者和用户参与到代码贡献中，注入更多新鲜血液，让项目不断发展。与此同时，开源项目部署在不同的应用场景，可以暴露出项目更多的问题，节省测试成本。

企业自主开源能够引领技术发展，建立以开源企业为核心的生态圈。开源项目运营过程中，可以吸引潜在用户使用开源软件，让业内更多的企业、开发者了解开源项目所属企业的技术发展情况，通过开源技术建立提供商和用户的上下游生态圈，及时了解用户需求，抢占商业版图，带动企业良性发展。

1.4.3　开源发展历程

开源的发展历程大致如图 1.15 所示。

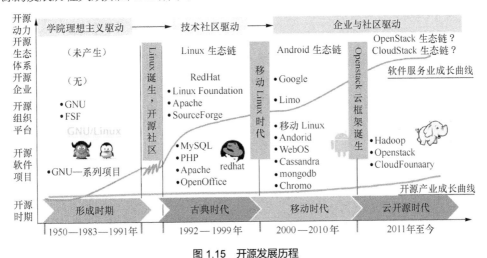

图 1.15　开源发展历程

1. 开源项目形成

1969 年，AT&T 贝尔实验室研发出 UNIX，在 AT&T 将其商业化之前，UNIX 的代码被 UNIX 社区共享，UNIX 诞生为开源奠定了重要的基础；1984 年，MIT 人工智能实验室资深工程师理查德·斯托曼（Richard Stallman）发起 GNU 项目，目标是使用自有共享的代码来构建一个 UNIX 克隆的操作系统，绝大多数 GNU 项目，均是斯托曼在 1984 年开始构建的，今天仍处于自由和开源软件生态系统的中心位置；1985 年，斯托曼创建自有软件基金会；1991 年，加利福尼亚大学伯克利分校发布 Net/2 BSD 操作系统，即自由的类 UNIX 操作系统，发布后由于法律问题，没有得到大规模推广；1991 年，Linux 内核出现。

2. 开源社区形成，企业逐渐参与到开源社区做贡献

1995 年，Apache 诞生。20 世纪 90 年代，Web 软件还处于封闭专有的状态，1995 年一组由系统管理员组成的开发团队开始协作构建叫作 Apache HTTP 服务器的软件，它是基于国家超算应用中心的一款 Web 服务平台。1996 年，Apache 已经占据了 Web 服务器大部分的市场份额，1999 年 Apache 基金会成立。

3. 企业和社区驱动开源

2000 年以后开源体系开始向移动和云领域延伸，Google 等企业开始在移动互联网和云计算领域驱动开源，影响技术发展路线和市场格局。

4. 开源代码托管

Linux 开发过程中协作最开始是通过邮件，后续迁移到源代码管理平台，Linux 使用的商业的 BitKeeper 的源代码管理平台 2005 年不再为 Linux 提供免费的使用权，托沃兹（Torvalds）编写了 Git 的工具代替 BitKeeper。2008 年开始出现一些以 Web 形式托管的 Git 代码仓库（如 GitHub），Git 将开源编码的开放度带到了更高的高度，让每个人都可以快速推出一个开源项目。

随着开源生态的不断建立，企业参与开源生态的热情度不断提升，参与开源的形式可以分为四类：一是企业可以将内部开源项目开源出来，作为开源发起者；二是企业可以贡献代码，反馈社区；三是企业可以通过培训、组织活动等形式作为开源项目的推动者；四是企业使用开源技术，降低研发投入。

发起开源项目有两种模式，一种是公共开源模式，可以是个人发起开源项目，形成开源社区，开放生产，例如 Linux，也可以是个人或商业公司捐献给开源基金会，开放生产，例如 OpenStack；另一种是商业开源模式，由企业发起开源，封闭生产，例如 Android。

项目开源之后，其他企业可以反馈社区，贡献代码。典型的案例是 OpenStack。这是一个非常庞大的项目，它由 NASA 的运维人员发起，现在全球有数百家企业参与开发并提交自己的代码，红帽等企业积极参与代码贡献和社区贡献，带动开源项目良性发展，影响开源项目发展路径。本书第 3 章对 OpenStack 有进一步的叙述。

1.4.4　开源是方法论

开源运动重要的影响在于使学习编程更加容易，任何一个新手都可以免费接触到无数的成熟产品的范例作为参考，而新手总有一天会成为一个经验丰富的开发者，反哺开源社区。所以开源社区才得以不断地、可持续地快速发展，而开源文化也成为程序员社区的代表文化。

开源有两方面内容：一是开源软件技术及相关方面，包括开源软件历史、开源软件协议、技术产品、开源社区、相关硬件、技术人员、开源软件相关行业及企业等；二是开源价值观与方法论相关内容，包括开源价值观体系、开源方法论体系、以开源方法论开展的非技术性项目、相关非技术

性组织、社区及人员。开源价值观与开源方法论是开源技术贡献给人类的宝贵精神财富。

1. 开源价值观的内涵

开源价值观的内涵主要包括奉献精神、感恩意识、开放精神、勇敢精神、追求持续进步的精神、按照劳动获得公平价值回报的精神等六方面内容。

（1）奉献精神

开源技术是一个巨大的知识宝库，我们在享用这个知识宝库的同时，应当知道这个知识宝库正是无数前人的奉献积累而成的，我们也应当传承这种奉献精神。在我们基于这个知识宝库研发出新的智慧成果时，能够将可以共享的智慧成果累加进这个知识宝库，为这个知识宝库的发展做出我们的贡献。

（2）感恩意识

开源技术是无数的、不分国界的技术人员通过几十年的持续积累形成的人类智慧的结晶，现在任何人都可以无偿的享用这个知识宝库，所以我们应当怀有感恩之心。

（3）开放精神

开源技术得到快速地发展，互联网这种开放的平台起到了十分重要的作用。正是由于开放，使共享的成果能够得到广泛的传播。

（4）勇敢精神

开源技术贡献者在将自己的创新成果及源代码公开时，相应技术既可能会被商业软件开发者、应用者剽窃使用，也可能会被众多技术同行研究、比较、挑剔甚至是嘲笑，贡献者要承担较大压力。开源技术贡献者选择了开源模式，彰显了其勇敢的精神。

（5）追求持续进步的精神

在个人研发出成果、开放共享、其他人持续改进创新、继续开放共享的良性循环中，开源技术在持续快速地进步，并到达今天十分成熟的程度。这种基于无数技术人员通过开放共享平台获得持续进步成果的过程，反映了人类追求持续进步的精神。

（6）按照劳动获得公平价值回报的精神

开源技术产品厂商主张以提供劳动服务的方式收取服务费用，而不是通过对软件加密、复制、销售产品的方式获取收入和利润，体现了按照劳动获得价值回报的价值观。当然开源价值观并不反对传统的软件开发、加密、销售商品获利方式，但不主张、不支持通过这种方式持续获得超额利润。

2. 开源方法论的内涵

开源也是一种方法论。开源方法论的内涵主要包括通过开放共享促进进步与创新，通过聚集、累积众多参考者的劳动与智慧来解决复杂性、系统性问题，通过社区平台完成开源项目，通过知名企业、个人的有效组织和引导来发展、完成项目等四方面内容。

（1）通过开放共享促进进步与创新的方法

开源技术通过互联网社区的开放平台，使全社会的人都可以来学习、使用其成果和源代码，无数同行的参与，既促进了原有技术项目的完善，也诞生出更多的创新项目。项目的开放、互联网模式带来的海量人员的参与，使这种进步与创新十分迅速与高效。

（2）通过聚集、累积众多参与者的劳动与智慧来解决复杂性、系统性问题的方法

开源模式是一种利用互联网的开放平台，聚集海量人员的劳动、聚集和累积群体智慧解决问题

的模式。众多的大型开源项目如一些操作系统、数据库、知名中间件无不是因这种模式而越来越成功、越来越成熟。人们相信，海量人员、群体智慧一定比有限人员的智慧更能够解决问题。

（3）通过社区平台完成开源项目的方法

开源技术的发展，是通过开源社区平台进行的。无论是综合性开源社区平台、专业产品型社区平台，在开源技术发展过程中都起着十分重要的作用。技术的交流、完善、创新，均是通过社区平台实现。

（4）通过知名企业、个人的有效组织和引导来发展、完成项目的方法

在开源技术领域，红帽（Red Hat）等知名开源企业、一大批有影响力的社区高手起着十分关键的促进和组织引导作用。正是这些企业的研发投入，高效地组织与引导工作，以及社区高手的参与工作，才使众多项目在持续完善并逐步成熟。也正是这些企业的市场推广和技术服务工作，以及技术高手持续的努力，才使开源技术逐步走向应用，并且在应用中逐步成熟。

开源价值观是一种具有新时代特征的价值观，开源方法论是基于开源价值观及互联网技术基础上的具有新时代特征的方法论。开源方法论不仅仅可以应用在开源技术研究与发展方面，在解决复杂社会问题方面也可以发挥重要的作用。

1.4.5　开源给云计算人才培养带来的挑战

开源开发模式为产业模式变革和转型提供了新的途径，开源软件资源则为 IT 产业发展提供了直接可用的软件技术、工具和产品。开源开发模式的开放性和透明性有助于快速聚集大众智慧，并有效促进技术和应用生态的形成与发展。

目前围绕 Linux 操作系统、Android 智能手机操作系统、OpenStack 云平台等著名开源项目形成了众多成功开源生态系统。这些成功开源生态是由广大开源贡献者建立的，其中的社区形成需要社会提供大规模的潜在用户和开发者群体。例如，Android 在全球拥有超过 14 亿的用户，Linux kernel 有来自世界各地约 1 300 个公司、14 000 人为其贡献过代码。开源运动发展至今，软件产品的种类越来越多样、功能越来越强大，社区的规模也越来越庞大，相应地，支撑开源开发的工具和技术体系也越来越难以掌握。新的形势对开源软件的进一步繁荣发展带来了挑战，对开源参与者提出了更高的要求。在开源软件开发的参与方面，有研究指出，近年来在知名开源社区中的长期贡献者的数量和比例有下降的趋势。调查发现，在开源产品和技术的应用方面，国际上有相当多的 IT 公司缺乏掌握开源技术的人才。有效地培养开源人才，壮大开源贡献者的队伍势在必行。

相对于传统软件开发领域，开源对软件人才有着不同的甚至更宽泛的要求，使传统的人才培养体系可能需要适应需求并关注开源人才教育的特定方面。

1. 开源模式对开发人员的能力有特别的需求

首先，开源社区的组织及开发模式有别于传统 IT 企业，厘清开源开发的特点及其对开发人员的能力需求非常重要。在开源软件开发中，参与人员的地理分布范围广、背景及文化差异大，社区的组织相对松散、自主，开发的过程缺少统一、明确的规范，项目的系统化、标准化的设计和描述文档相对缺乏，各个项目间的上下游关系复杂，同类项目间的竞争激烈，项目本身的流行程度变化迅速。近年来，开源运动中又融入了商业公司的参与，由于各方利益相关者可能存在需求冲突并对社区参与者施加影响，使开源开发更加复杂。开源的这些特点需要开源参与者具备理解开源生态和掌握开源技术的开源意识，具备开拓互联网创新应用的创新意识，以及具备贴近应用、技术熟练、善

于协作的实践能力。然而，传统软件人才培养体系对开源能力的关注度还远不够，所培养的学生在这些方面所具备的能力与要求还存在较大差距。根据 Dice.com 和 Linux 基金会的开源技术就业统计报告，招募开源技术人才已经成为 IT 招聘经理的第一要务，87%的招聘经理表示开源人才很难寻觅。企业作为开源技术人才的需求者，已经率先有所动作。例如，RedHat 公司积极开展开源教育来提高参与者的开发能力，希望培养更多能够参与开源运动的人才，以促进开源事业的发展。

其次，开源社区的形成和维持跟传统 IT 组织（或项目）有很大的不同，特别是参与者的驱动力与传统组织中靠行政力约束员工有很大的差异。根据 Dice.com 和 Linux 基金会的开源技术就业统计报告，86%的 IT 专业人士表示开源技术推动了他们的职业发展，但他们最看重的却并非薪酬和待遇。深入认识开源社区中参与者的动因及社区的成因有助于理解如何建立相应的培育措施来吸引和维持合适的开源人才对社区的参与。开源社区中参与者因为各种各样的驱动力而进行贡献，如想要从社区中学习或通过社区贡献来建立声誉等。研究表明，贡献者加入社区时初始的意愿、能力及其环境对他们是否会在社区中长期贡献有统计意义上的重大影响。目前，开源社区和一些商业公司正在尝试一些针对上述发现的举措来吸引和维持人们的参与。例如，为增强贡献者的意愿，GitHub 公司创立了开放、透明的社会化的编程协助模式，极大地调动了人们的参与热情；为营造友好的社区环境，Rails 社区引入了 Highfive 项目，通过自动化的方法引导新的贡献者融入社区。

2. 对开源软件开发的学习与实践是增强开源能力的一种重要途径

开源为学习者提供了开放、低成本的跟踪学习机会，但开源的内涵丰富、规则复杂、文化多元和语言差异明显，如何有效地跟踪学习开源仍面临诸多挑战。开源具有开放、自由、分享的基因，引领者鼓励学习者参与其中并做出贡献。开源涉及的内容非常广泛，除了包括开发者关注的技术性内容，如开源软件本身以及开源开发的支撑技术和工具，还包括开源参与的个人、政府、企业需要学习的开源制度、开源规则、开源方法、开源模式、开源文化等。具体来说，开源人才的教育需要包括下述几个方面。

（1）开源文化教育。对开源的认识首先要从理解开源文化开始。开源最初源自自发的源代码学习与分享，后来发展到来自全球的开发者根据开源社区的规则自由地参与进来，既可以对自己感兴趣的软件项目提供外部贡献，又可以把自己的创新想法发布出去，开发者在项目核心团队的引导下，与全球的开发者共同改进开源软件。开源文化有别于传统的商业开发，其基于互联网的"大众化协同、开放式共享、持续性演化"开发模式是开源软件的核心。开源文化的内容主要包括开源社区的形成机理和运转机制及其得以持续生存和发展的机制机理等，同时还包括开源历史、开源共识及开源社区的治理（governance）规则等。开源文化的熏陶对个体自我开源意识的形成至关重要。

（2）开源意识教育。开源作为一种综合了软件创意、生产、分享、使用、培训、创新、营销、生态等内涵的大规模协作活动，其相关意识主要体现为创新意识和开放透明的协作共享意识。创新意识表现为可以在开源技术迭代的基础上，敏锐感知新兴技术的需求并进行快速创造。而协作共享在当前全球分布式开发的趋势下是必备的意识。我们需要开拓传统教育在开源方面的训练，尤其是全球分布式共享协作思维的训练在传统教育中较少涉及。

（3）开源技能教育。开源技能一方面体现为开发者传统的编程能力，另一方面体现为开发者对开源技术和工具的使用能力。开源中存在适合各类场景的技术和工具（如分布式版本管理工具 Git 和项目托管平台 GitHub），涵盖开发的各个过程和步骤。开源技能还表现为分布式环境下的协调协作能力。

它跟传统的协作开发能力有所差别，例如协作成员可能从来没有见过彼此（因此缺乏经常见面可以达到的基本信任），还可能有语言和时区的差异等。

1.5 实践：GitHub

Git 已经成为程序员必备技能之一，而 GitHub 作为流行的 Git 仓库托管平台，不仅提供 Git 仓库托管，还是一个非常优秀的技术人员社交平台，技术人员可以通过开源的项目进行协作、交流，是现在优秀的工程师必须娴熟运用的方法。

本节从 GitHub 的历史入手，介绍 Git 安装、创建仓库、Fork、社会化、命令行开发，到最后的图形化工具的使用。让读者不仅掌握 GitHub 命令行使用方法，也学会图形化使用方法。

1.5.1 GitHub 简介

Git 是一个优秀的分布版本控制系统。版本控制系统可以保留一个文件集合的历史记录，并能回滚文件集合到另一个状态（历史记录状态）。另一个状态可以是不同的文件，也可以是不同的文件内容。在一个分布版本控制系统中，每个用户都有一份完整的源代码（包括源代码所有的历史记录信息），可以对这个本地的数据进行操作。分布版本控制系统不需要一个集中式的代码仓库。

GitHub 是一个面向开源及私有软件项目的托管平台，因为只支持 Git 作为唯一的版本库格式进行托管，故名 GitHub。

GitHub 于 2008 年 4 月 10 日正式上线，除了 Git 代码仓库托管及基本的 Web 管理界面以外，还提供了订阅、讨论组、文本渲染、在线文件编辑器、协作图谱（报表）、代码片段分享（Gist）等功能。目前，其注册用户已经超过百万，托管版本数量也非常多，其中不乏知名开源项目 Ruby on Rails、jQuery 等。

GitHub 之所以如此受欢迎，它的优势是不容忽视的。

（1）GitHub 只支持 Git 格式的版本库托管，而不像其他开源项目托管平台还对 CVS、SVN、Hg 等格式的版本库进行托管。GitHub 的哲学很简单，既然 Git 是最好的版本控制系统之一（对于很多喜欢 Git 和 GitHub 的人没有之一），没有必要为兼顾其他版本控制系统而牺牲 Git 某些独有特性。因此没有支持其他版本控制系统的历史负担，是 GitHub 成功的要素之一。

（2）GitHub 对 Git 版本库提供了完整的协议支持，支持 HTTP 智能协议、Git-daemon、SSH 协议。

（3）GitHub 提供在线编辑文件的功能，不熟悉 Git 的用户也可以直接通过浏览器修改版本库里的文件。

（4）将社交网络引入项目托管平台是 GitHub 的创举。用户可以关注项目、关注其他用户进而了解项目和开发者动态。

（5）项目的 Fork 和 Pull Request 构成 GitHub 最独具一格的工作模式。对提交代码的逐行评注及 Pull Request 构成 GitHub 特色的代码审核。

（6）GitHub 通过私有版本库托管、面向企业的版本库托管和项目管理平台、人员招聘等付费服务获得了商业上的成功，这种成功使 GitHub 不必以页面中嵌入广告的方式维持运营，最大的受益者还是用户。

（7）GitHub 网站采用 Ruby on Rails 架构，在 Web 设计中运用了大量的 JavaScript、AJAX、HTML

5 等技术，支持对使用 Markdown 等标记语言的内容进行渲染和显示等。关注细节使得 GitHub 成为了项目托管领域的后起之秀。

1.5.2　使用 GitHub

1. GitHub 注册

使用 GitHub，第一步是注册 GitHub 账号。

（1）首先登录 GitHub 官网进行注册。

（2）在打开的页面中单击"Sign up now"注册。

（3）在接下来的页面中创建用户名，填写 E-mail 和设定密码，单击"Create an account"按钮创建账户。

（4）选择账户类型，这里默认选择"Free"类型，单击"Finish sign up"按钮完成注册。

2. 安装 Git

（1）下载并安装 Git 最新版本。

（2）安装完成后，打开 Terminal 命令（针对 iOS 系统用户）或者命令提示行（针对 Windows 和 Linux 用户）。

（3）提供给 Git 用户的姓名，以便用户的提交能被正确地标记。在$后输入下面的内容：

```
$ git config --global user.name "YOUR NAME"
```

（4）提供给 Git 邮箱地址，以便与用户的 Git 提交进行关联。用户指定的邮箱要和邮箱设置里相同。如何保持用户的邮箱地址隐藏，请参考：保持你的邮箱地址私有。

```
$ git config --global user.email "YOUR EMAIL ADDRESS"
```

3. 通过 Git 验证 GitHub

当用户通过 Git 连接到一个 GitHub 仓库后，用户需要验证 GitHub，下面是两种验证方法。

（1）通过 HTTPS 建立连接（推荐）

选择 HTTPS 方式，用户可以用一个证书小帮手把 GitHub 密码缓存在 Git。

（2）通过 SSH 建立连接

选择 SSH 方式，用户需要在计算机中生成 SSH keys，用来从 GitHub 中 push 或 pull。

4. 在 GitHub 上创建一个新仓库

（1）在任意的页面右上角单击+，然后单击新建仓库"New repository"，如图 1.16 所示。

（2）为仓库创建一个简短便于记忆的名字。例如"hello-world"，如图 1.17 所示。

图 1.16　新建仓库

图 1.17　创建名字

（3）为仓库添加一个描述（非必需的）。例如"My first repository on GitHub"，如图 1.18 所示。

（4）选择仓库类型。仓库类型分为公有（Public）或者私有（Private），具体如下。

图 1.18　为仓库添加描述

① Public：公有仓库对于刚入门的新手来说是不错的选择。这些仓库在 GitHub 上对于每个人是可见，用户可以从协作型社区中受益。

② Private：私有仓库需要更多地步骤。它们只对于用户来说是可用的，这个仓库的所有者属于用户和及其指定要分享的合作者，私有仓库仅仅对付费账户可用。更多的信息请参照 "What plan should I choose?"。

本例选择 "Public"，如图 1.19 所示。

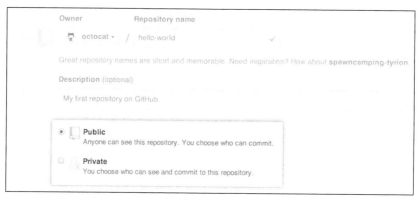

图 1.19　选择仓库类型

（5）选择初始化文件。选择 "Initialize this repository with a README"，如图 1.20 所示。

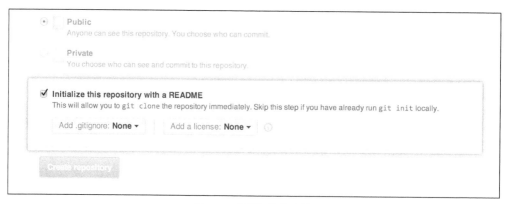

图 1.20　选择初始化文件

（6）完成创建仓库。单击 "Create repository"，完成创建一个仓库。

第一个仓库成功创建，并且通过 README 文件进行了初始化。

5. 提交第一个更改

一个提交就像项目里的文件在一个特定时间点上的快照一样。

当创建了一个新仓库，通过 README 文件初始化。README 文件里有关于这个项目的详细解释，或者添加一些关于如何安装或者使用该项目的文档。README 文件的内容会自动地显示在仓库的首页。

以下提交一个对 README 文件的修改。

（1）在仓库的文件列表，单击 README.md 文件，如图 1.21 所示。

（2）在文件内容的上方，单击"编辑"按钮。

（3）在 Edit file 标签上，输入一些关于用户的信息，如图 1.22 所示。

图 1.21　单击 README.md 文件

图 1.22　输入用户的信息

（4）在新内容的上方，单击"Preview changes"，如图 1.23 所示。

（5）检查用户对这个文件进行的更改，会看到新的内容被绿色标记，如图 1.24 所示。

图 1.23　预览

图 1.24　新的内容

（6）在页面的底部，即 "Commit changes" 下方，输入一些简短、有意义的提交信息来解释用户对这个文件所进行的修改，如图 1.25 所示。

图 1.25　注释修改

（7）单击"commit changes"，完成提交。

6. Fork 一个示例仓库

Fork 是对一个仓库的复制。复制一个仓库允许自由试验各种改变，而不影响原始的项目。

一般来说，Fork 被用于更改别人的项目（贡献代码给已经开源的项目）或者使用别人的项目作为用户想法的初始开发点。

（1）一种方式是更改别人的项目。使用 Fork 提出改变的一个很好的例子是漏洞修复。与其记录一个发现的问题，不如采用如下方式。

- Fork 这个仓库；
- 进行修复；
- 向这个项目的拥有者提交一个 pull requset；
- 如果这个项目的拥有者认同这些成果，他们可能会将这些修复更新到原始的仓库中。

（2）另一种方式是使用别人的项目作为用户想法的初始开发点。开源的核心是共享代码，我们可以制作更好、更可靠的软件。

事实上，当用户在 GitHub 上创建一个仓库时，可以选择自动包含一个许可文件，这个文件决定用户是否希望将项目分享给其他人。

Fork 一个仓库分为两步，如下所示。

① 在 GitHub 上，定位到 octocat/Spoon-Knife 仓库。

② 在页面右上角，单击"Fork"按钮，如图 1.26 所示。

这样就已经 Fork 这个原始的 octocat/Spoon-Knife 仓库。

图 1.26　Fork 一个仓库

7. 同步 Fork 仓库

在 Fork 一个项目为了提交更改向 upstream 或原始仓库的情况下，已经很好地实现了将 upstream 仓库定期同步到 Fork。要做到这一点，需要在命令行中使用 Git，可以使用刚 Fork 的 octocat/Spoon-Knife 仓库去练习设置 upstream 仓库。

（1）第一步：安装 Git。

（2）第二步：为 Fork 的仓库创建一个本地克隆。

如此即成功 Fork Spoon-Knife 仓库，但在用户的计算机上并没有这个仓库的文件。接下来复制 Fork 的代码到本地的计算机上。

① 在 GitHub 上，定位到 Fork 的 Spoon-Knife 仓库。

② 在 Fork 的仓库页面的右侧边栏，单击复制图标复制 Fork 的 URL。

③ 打开 Terminal 命令（针对苹果系统用户）或者命令提示行（针对 Windows 和 Linux 用户）。

④ 输入 git clone，然后粘贴在步骤②复制的 URL，用 GitHub 的用户名代替 YOUR-USERNAME。

```
$ git clone https://github.com/YOUR-USERNAME/Spoon-Knife
```

⑤ 按回车键，本地克隆就创建好了。

```
$ git clone https://github.com/YOUR-USERNAME/Spoon-Knife
Cloning into 'Spoon-Knife'...
remote: Counting objects: 10, done.
remote: Compressing objects: 100% (8/8), done.
remove: Total 10 (delta 1), reused 10 (delta 1)
Unpacking objects: 100% (10/10), done.
```

（3）第三步：通过配置 Git 来同步 Fork 的原始 Spoon-Knife 仓库。

如果 Fork 一个项目是为了提出更改这个原始的仓库，可以配置 Git 将原始的或者 upstream 的变化更改到本地。

① 在 GitHub 上，定位到 octocat/Spoon-Knife 仓库。

② 在这个仓库页面的右侧边栏，单击复制图标复制这个仓库的 URL。

③ 打开 Terminal 命令（针对 Mac 用户）或提示命令行（Windows 和 Linux 用户）。

④ 更改到步骤②（创建一个本地）创建的 Fork 的本地目录。

- 回到根目录，只输入 cd。
- 输入 ls，列出当前目录的文件和文件夹。
- 输入"cd 目录名"进入输入的目录下。
- 输入"cd .."回到上一目录。

⑤ 输入 git remove -v，按回车键，将会看到 Fork 当前配置的远程仓库：

```
$ git remote -v
origin  https://github.com/YOUR_USERNAME/YOUR_FORK.git (fetch)
origin  https://github.com/YOUR_USERNAME/YOUR_FORK.git (push)
```

⑥ 输入 git remote add upstream，然后粘贴步骤②复制的 URL 并按下回车键。

```
$ git remote add upstream https://github.com/octocat/Spoon-Knife.git
```

⑦ 验证 Fork 里新指明的这个 upstream 仓库，再次输入 git remote -v。将会看到 Fork 的 URL 作为原始的地址，而原始的仓库的 URL 作为 upstream。

```
$ git remote -v
origin https://github.com/YOUR_USERNAME/YOUR_FORK.git (fetch)
origin https://github.com/YOUR_USERNAME/YOUR_FORK.git (push)
upstream  https://github.com/ORIGINAL_OWNER/ORIGINAL_REPOSITORY.git (fetch)
upstream  https://github.com/ORIGINAL_OWNER/ORIGINAL_REPOSITORY.git (push)
```

接以上操作，可以利用几个 Git 命令保持 Fork 与 upstream 的仓库的同步。

1.5.3　GitHub 界面总览

本小节介绍 GitHub 界面的总体功能，如图 1.27 所示。

图中标记的序号含义如下。

（1）进入 GitHub 主页的按钮。

（2）搜索框，用户可以在这里搜索一些开源项目。

（3）用户的头像，可以在设置里面进行设置。

（4）用户的昵称（账号名称），用户可以在设置中设置昵称。

（5）提示用户添加一个类似于个人描述或个性签名的东西。

（6）这是用户加入 GitHub 的时间。

（7）此处有三个数据：Followers，追随（关注）你的人；Starred，你点赞（Star）的项目；Following，你追随（关注）的人。

（8）Pull requests：即其他人向用户的仓库提交合并请求。

（9）Issues：即其他人对用户的项目提的问题。

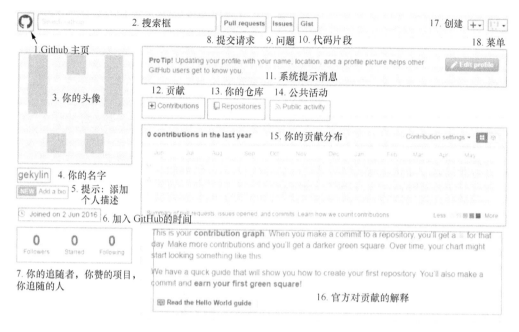

图 1.27 GitHub 界面总体功能

（10）Gist：代码片段。

（11）系统给用户的提示消息，提示用户去编辑自己的资料。

（12）用户每天的贡献度。

（13）用户的项目仓库。

（14）用户平时的活动或动态，例如在哪个项目做了提交等。

（15）用户每天向 GitHub 提交的贡献的分布图。

（16）由于新账户还没有贡献，所以列出了官方对于贡献的解释，帮助新手理解。

（17）创建新仓库或新组织的按钮，单击按钮会弹出菜单。

（18）与用户相关的一个按钮，单击后会有一个与用户相关的菜单。

读者可以参考相关的专业书籍详细了解更多相关知识。

1.6　本章小结

本章介绍了云计算的基本内容，云计算的公有特征和分类，云计算的商业模式、计算范式和实现方式三种理解视角，同时还介绍了目前云计算领域非常流行的开源方法，最后以 GitHub 为例介绍了本章的实践内容。

1.7　复习材料

课内复习

1. 云计算的定义是什么？

2. 云计算的公共特征有哪几个？

3. 云计算按照部署方式和服务类型分别分成哪几类？

4. 如何从三元认识论的角度理解云计算？

5. 云计算作为一种计算范式可以分成哪两种结构？

6. 开源软件、自由软件和免费软件的区别与联系是什么？

课外思考

1. 计算系统是如何演变成今天的云计算的？

2. 如何理解"开源是种方法论"？

3. 开源技术是如何促进云计算发展的？

动手实践

1. Git 是目前世界上最流行的开源分布式版本控制系统之一，用于敏捷高效地处理项目。Git 是 Linus Torvalds 为了帮助管理 Linux 内核开发而开发的一个开放源码的版本控制软件。Git 与常用的版本控制工具 CVS、Subversion 等不同，它采用了分布式版本库的方式，不必需要服务器端软件支持。

- 任务：在 Linux 上安装某个版本的 Git 软件，试着创建和管理一个版本库，并熟悉 Git 的各种操作。

2. GitHub 是由克里斯·万斯特拉斯（Chris Wanstrath）、海伊特（P.J.Hyett）与汤姆·普雷斯顿·沃纳（Tom Preston-Werner）三位开发者在 2008 年 4 月创办，主要提供基于 Git 的版本托管服务。GitHub 目前已经成为最好用的免费开源项目托管站点。

- 任务：在 GitHub 的官方网站上注册一个账号，然后通过实际的项目熟悉 GitHub 的各种操作。

论文研习

1. 参考本书"论文阅读"部分的论文[1][2][3]，学习如何阅读一篇学术论文。

2. 阅读"论文阅读"部分的论文[5]，深入了解加州大学伯克利分校当年对云计算的一些观点，并和今天云计算的发展现状进行比较。

2

第 2 章　分布式计算

分布式计算已经无处不在，而云计算也是分布式系统中的一员。本章主要内容如下：2.1 节介绍分布式计算的基本概念，2.2 节介绍分布式计算的理论基础，2.3 节介绍分布式系统的相关内容，2.4 节介绍分布式系统的进阶，2.5 节介绍典型的分布式系统实例。

2.1 分布式计算概述

2.1.1 基本概念

分布式计算的概念是相对于集中式计算概念来说的，因此，首先来比较这两个概念。

（1）集中式计算

集中式计算完全依赖于一台大型的中心计算机的处理能力，这台中心计算机称为主机（Host 或 mainframe），与中心计算机相连的终端设备具有各不相同非常低的计算能力。实际上大多数终端完全不具有处理能力，仅作为输入输出设备使用。

（2）分布式计算

与集中式计算相反，分布式计算中，多个通过网络互联的计算机都具有一定的计算能力，它们之间互相传递数据，实现信息共享，协作共同完成一个处理任务。

由此可以看出，分布式计算是一门计算机科学，主要研究分布式系统。一个分布式系统包括若干通过网络互联的计算机。这些计算机互相配合以完成一个共同的目标。具体的过程是：将需要进行大量计算的项目数据分割成小块，由多台计算机分别计算，再上传运算结果后统一合并得出数据结论。在分布式系统上运行的计算机程序称为分布式计算程序；分布式编程就是编写上述程序的过程。

中国科学院对分布式计算有一个定义：分布式计算就是在两个或多个软件互相共享信息，这些软件既可以在同一台计算机上运行，也可以在通过网络连接起来的多台计算机上运行。分布式计算比起其他算法具有以下几个优点：

- 稀有资源可以共享；
- 通过分布式计算可以在多台计算机上平衡计算负载；
- 可以把程序放在最适合运行它的计算机上。

其中，共享稀有资源和负载平衡是计算机分布式计算的核心思想之一。

由计算机组成的网络已经无处不在，如今人们的日常生活已经被各种不同类型的网络包围，如电话网络、企业网络、家庭网络及各种类型的局域网，共同构成了称为 Internet 的网络。因此，可以将 Internet 看成由各种不同类型、不同地区、不同领域的网络构成的互联网。我们可以发现，互联网并没有集中式的控制中心，而是由大量分离且互联的节点组成的。这正是一个分散式的模型。我们可以把这个概念类比到要讲解的分布式概念上。

分布式概念是在网络这个大前提下诞生的。传统的计算是集中式的计算，使用计算能力强大的服务器处理大量的计算任务，但这种超级计算机的建造和维护成本极高，且明显存在很大的瓶颈。与之相对，如果一套系统可以将需要海量计算能力才能处理的问题拆分成许多小块，然后将这些小块分配给同一套系统中不同的计算节点进行处理，最后如有必要将分开计算的结果合并得到最终结果，那么这种系统就称为分布式系统。对于这种系统来说，我们会采用多种方式在不同节点之间进行数据通信和协调，而网络消息则是常用手段之一。

通过以上描述可以认为，一套分布式系统会使用网络上的硬件资源和软件组件进行计算，而各个计算节点间通过一定方式进行通信。这是从计算机科学的角度简单概述了分布式系统的概念。

如果从网络这个关键因素考虑，可以将计算分摊到网络中不同的计算节点，充分利用网络中的计算资源，而这些节点可能存在于不同的区域中，在空间上存在一定距离。虽说这种解释不太正式，但也从另一个角度上生动地阐述了分布式的基本特性，即节点分布。

2.1.2 分布式计算的原理

分布式计算就是将计算任务分摊到大量的计算节点上，一起完成海量的计算任务。而分布式计算的原理和并行计算类似，就是将一个复杂庞大的计算任务适当划分为一个个小任务，任务并行执行，只不过分布式计算会将这些任务分配到不同的计算节点上，每个计算节点只需要完成自己的计算任务即可，可以有效分担海量的计算任务。而每个计算节点也可以并行处理自身的任务，更加充分利用机器的 CPU 资源。最后再将每个节点的计算结果汇总，得到最后的计算结果。

划分计算任务以支持分布式计算很多时候看起来较为困难，但人们逐渐发现这样确实是可行的。而且随着计算任务量增加与计算节点增加，这种划分体现出来的价值会越来越大。分布式计算一般分为以下几步。

1. 设计分布式计算模型

首先要规定分布式系统的计算模型。计算模型决定了系统中各个组件应该如何运行，组件之间应该如何进行消息通信，组件和节点应该如何管理等。

2. 分布式任务分配

分布式算法不同于普通算法。普通算法通常是按部就班，一步接一步完成任务。而分布式计算中计算任务是分摊到各个节点上的。该算法着重解决的是能否分配任务，或如何分配任务的问题。

3. 编写并执行分布式程序

使用特定的分布式计算框架与计算模型，将分布式算法转化为实现，并尽量保证整个集群的高效运行，其中包括以下几个难点。

（1）计算任务的划分

分布式计算的特点就是多个节点同时运算，因此如何将复杂算法优化分解成适用于每个节点计算的小任务，并回收节点的计算结果就成了问题。尤其是并行计算的最大特点是希望节点之间的计算互不相干，这样可以保证各节点以最快速度完成计算，一旦出现节点之间的等待，往往就会拖慢整个系统的速度。

（2）多节点之间的通信方式

另一个难点是节点之间如何高效通信。虽然在划分计算任务时，计算任务最好确保互不相干，这样每个节点可以各自为政。但大多数时候节点之间还是需要互相通信的，例如获取对方的计算结果等。一般有两种解决方案：一种是利用消息队列，将节点之间的依赖变成节点之间的消息传递；第二种是利用分布式存储系统，我们可以以将节点的执行结果暂时存放在数据库中，其他节点等待或从数据库中获取数据。无论哪种方式只要符合实际需求都是可行的。

2.2 分布式计算的理论基础

2.2.1 ACID 原则

ACID 是数据库事务正常执行的四个原则，分别指原子性、一致性、独立性及持久性。

1. A（Atomicity）——原子性

原子性很容易理解，也就是说事务里的所有操作要么全部做完，要么都不做，事务成功的条件是事务里的所有操作都成功，只要有一个操作失败，整个事务就失败，需要回滚。

例如银行转账，从 A 账户转 100 元至 B 账户，分为两个步骤：①从 A 账户取 100 元；②存入 100 元至 B 账户。

这两步要么一起完成，要么一起不完成，如果只完成第一步，第二步失败，钱会莫名其妙少了 100 元。

2. C（Consistency）——一致性

一致性也比较容易理解，也就是说数据库要一直处于一致的状态，事务的运行不会改变数据库原本的一致性约束。

例如现有完整性约束 a + b = 10，如果一个事务改变了 a，那么必须得改变 b，使得事务结束后依然满足 a + b = 10，否则事务失败。

3. I（Isolation）——独立性

所谓的独立性是指并发的事务之间不会互相影响，如果一个事务要访问的数据正在被另外一个事务修改，只要另外一个事务未提交，它所访问的数据就不受未提交事务的影响。

例如交易是从 A 账户转 100 元至 B 账户，在这个交易还未完成的情况下，如果此时 B 查询自己的账户，是看不到新增加的 100 元的。

4. D（Durability）——持久性

持久性是指一旦事务提交后，它所做的修改将会永久保存在数据库上，即使出现宕机也不会丢失。

这些原则解决了数据的一致性、系统的可靠性等关键问题，为关系数据库技术的成熟以及在不同领域的大规模应用创造了必要的条件。

数据库 ACID 原则在单台服务器就能完成任务的时代，很容易实现，但是现在面对如此庞大的访问量和数据量，单台服务器已经不可能适应了，而 ACID 在集群环境几乎不可能达到人们的预期，保证了 ACID，效率就会大幅度下降，而且为了达到这么高的要求，系统很难扩展，因此就出现了 CAP 理论和 BASE 理论。

2.2.2　CAP 理论

1. CAP 理论定义

2000 年 7 月，加州大学伯克利分校的埃里克·布鲁尔（Eric Brewer）教授在 ACM PODC 会议上提出 CAP 猜想。两年后，麻省理工学院的塞思·吉尔伯符（Seth Gilbert）和南希·林奇（Nancy Lynch）从理论上证明了 CAP。之后，CAP 理论正式成为分布式计算领域的公认定理。

一个分布式系统最多只能同时满足一致性（Consistency）、可用性（Availability）和分区容错性（Partition tolerance）这三项中的两项，如图 2.1 所示。

图 2.1　CAP 理论

（1）一致性

一致性指 "All nodes see the same data at the same time"，即更新操作成功并返回客户端完成后，

所有节点在同一时间的数据完全一致。对于一致性，可以分为从客户端和服务端两个不同的视角来看。

- 从客户端来看，一致性主要指多并发访问时更新过的数据如何获取的问题。
- 从服务端来看，则是如何将更新复制分布到整个系统，以保证数据的最终一致性问题。

一致性是因为有并发读写才有的问题，因此在理解一致性的问题时，一定要注意结合考虑并发读写的场景。

从客户端角度，多进程并发访问时，更新过的数据在不同进程如何获取的不同策略，决定了不同的一致性。

- 对于关系型数据库，要求更新过的数据、后续的访问都能看到，这是强一致性。
- 如果能容忍后续的部分或者全部访问不到，则是弱一致性。
- 如果经过一段时间后要求能访问到更新后的数据，则是最终一致性。

（2）可用性

可用性是指 "Reads and writes always succeed"，即服务一直可用，而且是在正常的响应时间内。对于一个可用性的分布式系统，每一个非故障的节点必须对每一个请求作出响应。也就是该系统使用的任何算法必须最终终止。

当同时要求分区容错性时，这是一个很强的定义：即使是严重的网络错误，每个请求也必须终止。好的可用性主要是指系统能够很好地为用户服务，不出现用户操作失败或者访问超时等用户体验不好的情况。通常情况下可用性和分布式数据冗余、负载均衡等有着很大的关联。

（3）分区容错性

分区容错性指 "The system continues to operate despite arbitrary message loss or failure of part of the system"，也就是指分布式系统在遇到某节点或网络分区故障的时候，仍然能够对外提供满足一致性和可用性的服务。

分区容错性和扩展性紧密相关。在分布式应用中，可能因为一些分布式的原因导致系统无法正常运转。好的分区容错性要求应用虽然是一个分布式系统，但看上去却好像是一个可以运转正常的整体。例如现在的分布式系统中有某一个或者几个机器宕掉了，其他剩下的机器还能够正常运转满足系统需求，或者是机器之间有网络异常，将分布式系统分隔为独立的几个部分，各个部分还能维持分布式系统的运作，这样就具有好的分区容错性。

2. CAP 理论的阐述与证明

图 2.2 所示是 CAP 的基本场景，网络中有两个节点 N_1 和 N_2，可以简单地理解 N_1 和 N_2 分别是两台计算机，它们之间网络可以连通，N_1 中有一个应用程序 A 和一个数据库 V，N_2 也有一个应用程序 B 和一个数据库 V。A 和 B 是分布式系统的两个部分，V 是分布式系统的数据存储的两个子数据库，此时均为 V。

在满足一致性的时候，N_1 和 N_2 中的数据是一样的，即 $V_0 = V_0$。在满足可用性的时候，用户不管是请求 N_1 或者 N_2，都会得到立即响应。在满足分区容错性的情况下，N_1 和 N_2 有任何一方宕机，或者网络不通的时候，都不会影响 N_1 和 N_2 彼此之间的正常运作。

图 2.3 所示是分布式系统正常运转的流程，用户向 N_1 机器请求数据更新，程序 A 更新数据库 V_0 为 V_1，分布式系统将数据进行同步操作 M，将 V_1 同步到 N_2 中 V_0，使得 N_2 中的数据 V_0 也更新为 V_1，N_2 中的数据再响应 N_2 的请求。

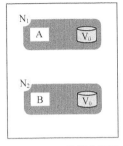

图 2.2　CAP 的基本场景

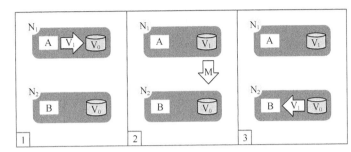

图 2.3　分布式系统正常运转的流程

这里，可以定义 N_1 和 N_2 的数据库 V 之间的数据是否一样为一致性；外部对 N_1 和 N_2 的请求响应为可用性；N_1 和 N_2 之间的网络环境为分区容错性。这是正常运作的场景，也是理想的场景，然而现实是残酷的，当错误发生的时候，一致性、可用性和分区容错性是否能同时满足？还是说要进行取舍呢？

作为一个分布式系统，它和单机系统的最大区别就在于网络。现在假设一种极端情况，N_1 和 N_2 之间的网络断开了，要支持这种网络异常，相当于要满足分区容错性，能否同时满足一致性和响应性，还是要对它们进行取舍。

假设在 N_1 和 N_2 之间网络断开的时候，有用户向 N_1 发送数据更新请求，那 N_1 中的数据 V_0 将被更新为 V_1，由于网络是断开的，所以分布式系统同步操作 M，所以 N_2 中的数据依旧是 V_0；此时，有用户向 N_2 发送数据读取请求，由于数据还没有进行同步，应用程序无法立即给用户返回最新的数据 V_1，此时有两种选择：第一，牺牲数据一致性，响应旧的数据 V_0 给用户；第二，牺牲可用性，阻塞等待，直到网络连接恢复，数据更新操作 M 完成之后，再给用户响应最新的数据 V_1。这个过程证明了要满足分区容错性的分布式系统，只能在一致性和可用性两者中，选择其中一个，如图 2.4 所示。

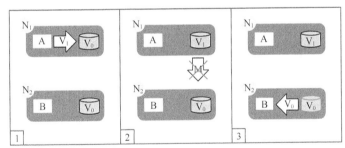

图 2.4　断开 N_1 和 N_2 之间的网络

3. CAP 权衡

通过 CAP 理论，知道无法同时满足一致性、可用性和分区容错性这三个特性，那应该如何取舍呢？

（1）CA without P：如果不要求 P（不允许分区），则 C（强一致性）和 A（可用性）是可以保证的。但其实分区始终会存在，因此 CA 的系统更多的是允许分区后各子系统依然保持 CA。

（2）CP without A：如果不要求 A（可用），相当于每个请求都需要在 Server 之间强一致，而 P（分区）会导致同步时间无限延长，如此 CP 也是可以保证的。很多传统的数据库分布式事务都属于这种模式。

（3）AP without C：要高可用并允许分区，则需放弃一致性。一旦分区发生，节点之间可能会失去联系，为了高可用，每个节点只能用本地数据提供服务，而这样会导致全局数据的不一致性。现在众多的 NoSQL 都属于此类。

对于多数大型互联网应用的场景，主机众多、部署分散，而且现在的集群规模越来越大，所以节点故障、网络故障是常态，而且要使服务可用性很高，即保证 P 和 A，舍弃 C（退而求其次保证最终一致性）。虽然某些地方会影响客户体验，但没达到造成用户流程中断的严重程度。

对于不能有一丝让步的场景，C 必须保证。网络发生故障宁可停止服务，这是保证 CA，舍弃 P。还有一种情况是保证 CP，舍弃 A。例如网络故障是只读不写。

孰优孰劣，没有定论，只能根据场景选择，适合的才是最好的。

2.2.3　BASE 理论

丹·普里切特（Dan Pritchett）在对大规模分布式系统的实践总结过程中，提出了 BASE 理论，BASE 理论是对 CAP 理论的延伸，核心思想是即使无法做到强一致性（Strong Consistency，CAP 的一致性就是强一致性），但应用可以采用适合的方式达到最终一致性（Eventual Consistency）。

BASE 是指基本可用（Basically Available）、软状态（Soft State）、最终一致性（Eventual Consistency）。

1. 基本可用

基本可用是指分布式系统在出现故障的时候，允许损失部分可用性，即保证核心可用。电商大促时，为了应对访问量激增，部分用户可能会被引导到降级页面，服务层也可能只提供降级服务。这就是损失部分可用性的体现。

2. 软状态

软状态是指允许系统存在中间状态，而该中间状态不会影响系统整体可用性。

分布式存储中一般一份数据至少会有三个副本，允许不同节点间副本同步的延时就是软状态的体现。例如 MySQL replication 的异步复制就是这种体现。

3. 最终一致性

最终一致性是指系统中的所有数据副本经过一定时间后，最终能够达到一致的状态。

弱一致性和强一致性相反，最终一致性是弱一致性的一种特殊情况。

BASE 和 ACID 的区别与联系是什么呢？ACID 是传统数据库常用的设计理念，追求强一致性模型。BASE 支持的是大型分布式系统，提出通过牺牲强一致性获得高可用性。ACID 和 BASE 代表了两种截然相反的设计哲学。在分布式系统设计的场景中，系统组件对一致性要求是不同的，因此 ACID 和 BASE 又会结合使用。

2.2.4　最终一致性

最终一致性可概括为：过程松，结果紧，最终结果必须保持一致性即可。由于最终一致性使用广泛，本小节再次通过实例来阐述一下这个概念的含义。

为了更好的描述客户端一致性，通过以下的场景来进行，这个场景中包括三个组成部分。

- 存储系统：存储系统可以理解为一个黑盒子，它提供了可用性和持久性的保证。
- Process A：主要实现从存储系统"写"和"读"操作；
- Process B 和 Process C：独立于 A，并且 B 和 C 也相互独立的，它们同时也实现对存储系统的"写"和"读"操作。

下面以上面的场景来描述下不同程度的一致性。

- 强一致性（即时一致性）：假如 A 先写入了一个值到存储系统，存储系统保证后续 A、B、C 的读取操作都将返回最新值。

- 弱一致性：假如 A 先写入了一个值到存储系统，存储系统不能保证后续 A、B、C 的读取操作能读取到最新值。此种情况下有一个"时间窗口"的概念，它特指从 A 写入值，到后续操作 A、B、C 读取到最新值这一段时间。"时间窗口"类似时空穿梭门，不过穿梭门是可以穿越到过去的，而一致性窗口只能穿越到未来，方法很简单，就是"等会儿"。

- 最终一致性：是弱一致性的一种特例。假如 A 首先"写"了一个值到存储系统，存储系统保证如果在 A、B、C 后续读取之前没有其他写操作更新同样的值的话，最终所有的读取操作都会读取到 A 写入的最新值。此种情况下，如果没有失败发生的话，"不一致性窗口"的大小依赖于以下的几个因素：交互延迟，系统的负载，以及复制技术中复本的个数。最终一致性方面最出名的系统可以说是 DNS 系统，当更新一个域名的 IP 以后，根据配置策略以及缓存控制策略的不同，最终所有的客户都会看到最新的值。

最终一致性就是"等会儿就一致"，早晚会一致的。使用最终一致性的关键就是想方设法让用户"等会儿"。这个方法有个学名叫"用户感知到的一致性"，意思就是"让用户自己知道数据已经不一致了，你再忍会儿"。

还有一些最终一致性的变体如下。

- Causal consistency（因果一致性）：如果 Process A 通知 Process B 它已经更新了数据，那么 Process B 的后续读取操作则读取 A 写入的最新值，而与 A 没有因果关系的 C 则可以最终一致性。

- Read-your-writes consistency：如果 Process A 写入了最新的值，那么 Process A 的后续操作都会读取到最新值。但是其他用户可能要过一会才可以看到。

- Session consistency：此种一致性要求客户端和存储系统交互的整个会话阶段保证 Read-your-writes consistency。Hibernate 的 session 提供的一致性保证就属于此种一致性。

- Monotonic read consistency：此种一致性要求如果 Process A 已经读取了对象的某个值，那么后续操作将不会读取到更早的值。

- Monotonic write consistency：此种一致性保证系统会序列化执行一个 Process 中的所有写操作。

2.2.5　一致性散列

一致性散列也是分布式系统中常用到的一个技术。

1. 基本概念

一致性散列算法（Consistent Hashing）最早在论文"Consistent Hashing and Random Trees: Distributed Caching Protocols for Relieving Hot Spots on the World Wide Web"中被提出。简单来说，一致性散列将整个散列值空间组织成一个虚拟的圆环。假设某散列函数 H 的值空间为 $0 \sim 2^{32} - 1$（即散列值是一个 32 位无符号整形），整个散列空间环如图 2.5 所示。

整个空间按顺时针方向组织。0 和 $2^{32} - 1$ 在零点中方向重合。

下一步将各个服务器使用散列算法进行一个散列运算，具体可以

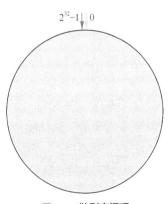

图 2.5　散列空间环

选择服务器的 IP 或主机名作为关键字进行散列，这样每台机器就能确定其在散列环上的位置，这里假设将上文中 4 台服务器使用 IP 地址散列后在环空间的位置，如图 2.6 所示。

接下来使用如下算法定位数据访问到相应服务器：将数据 key 使用相同的函数 Hash 计算出散列值，并确定此数据在环上的位置，从此位置沿环顺时针"行走"，第一台遇到的服务器就是其应该定位到的服务器。

例如有 Object A、Object B、Object C、Object D 四个数据对象，经过散列计算后，在环空间上的位置如图 2.7 所示。

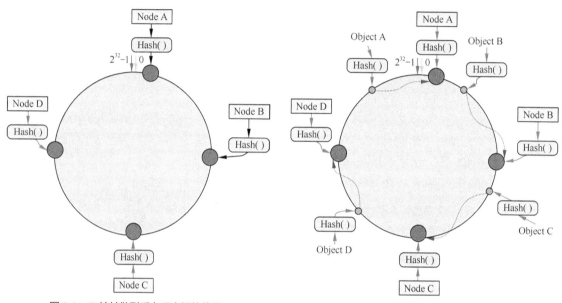

图 2.6　IP 地址散列后在环空间的位置　　　　图 2.7　数据对象在环空间上的位置

根据一致性散列算法，数据 A 会被定位到 Node A 上，B 被定位到 Node B 上，C 被定位到 Node C 上，D 被定位到 Node D 上。

2. 容错性和扩展性

（1）容错性

现假设 Node C 不幸宕机，可以看到此时对象 A、B、D 不会受到影响，只有 C 对象被重定位到 Node D。一般来说，在一致性散列算法中，如果一台服务器不可用，则受影响的数据仅仅是此服务器到其环空间中前一台服务器（即沿着逆时针方向行走遇到的第一台服务器）之间的数据，其他不会受到影响，如图 2.8 所示。

（2）扩展性

如果在系统中增加一台服务器 Node X，如图 2.9 所示。

此时对象 A、B、D 不受影响，只有对象 C 需要重定位到新的 Node X。一般来说，在一致性散列算法中，如果增加一台服务器，则受影响的数据仅仅是新服务器到其环空间中前一台服务器（即沿着逆时针方向行走遇到的第一台服务器）之间数据，其他数据也不会受到影响。

综上所述，一致性散列算法对于节点的增减都只需重定位环空间中的一小部分数据，具有较好的容错性和可扩展性。

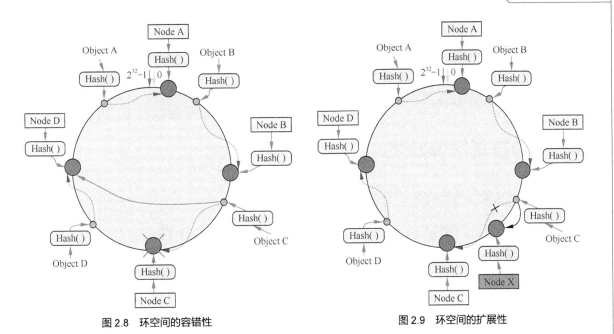

图 2.8　环空间的容错性　　　　　　　图 2.9　环空间的扩展性

（3）虚拟节点

　　一致性散列算法在服务节点太少时，容易因为节点分布不均匀而造成数据倾斜问题。例如系统中只有两台服务器，其环分布如图 2.10 所示。

　　此时必然造成大量数据集中到 Node A 上，只有极少量会定位到 Node B 上。为了解决这种数据倾斜问题，一致性散列算法引入了虚拟节点机制，即对每一个服务节点计算多个散列，每个计算结果位置都放置一个此服务节点，称为虚拟节点。具体做法可以在服务器 IP 或主机名的后面增加编号来实现。例如上面的情况，可以为每台服务器计算三个虚拟节点，于是可以分别计算"Node A#1""Node A#2""Node A#3""Node B#1""Node B#2""Node B#3"的散列值，于是形成 6 个虚拟节点，如图 2.11 所示。

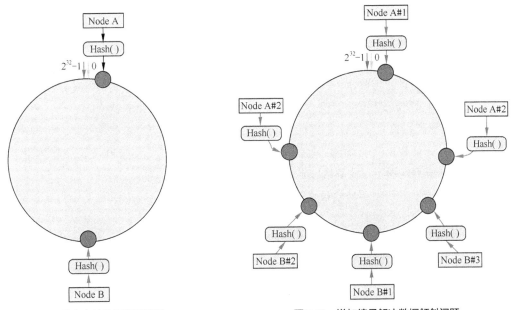

图 2.10　环分布上的数据倾斜问题　　　　　图 2.11　增加编号解决数据倾斜问题

49

同时数据定位算法不变，只是多了一步虚拟节点到实际节点的映射，例如定位到"Node A#1""Node A#2""Node A#3"三个虚拟节点的数据均定位到 Node A 上。这样就解决了服务节点少时数据倾斜的问题。在实际应用中，通常将虚拟节点数设置为 32 甚至更大，因此即使很少的服务节点也能做到相对均匀的数据分布。

2.3　分布式系统概述

2.3.1　分布式系统的基础知识

关于分布式系统，可以从大学教材中找到很多相关知识，例如众所周知的安德鲁·S.塔嫩鲍姆（Andrew S. Tanenbaum）等人在 2002 年出版的《分布式系统原理与范型》（*Distributed Systems: Principles and Paradigms*）一书。其实，分布式系统的理论出现于 20 世纪 70 年代，"Symposium on Principles of Distributed Computing（PODC）"和"International Symposium on Distributed Computing（DISC）"这两个分布式领域的学术会议分别始于 1982 年和 1985 年。然而，分布式系统的广泛应用却是近几年的事情，其中一个重要原因就是大数据的出现。

随着社交网络、移动互联网、电子商务等技术的不断发展，互联网的使用者贡献了越来越多的内容。为了处理这些内容，每个互联网公司在后端都有一套成熟的分布式系统用于数据的存储、计算以及价值提取。Google 是全球最大的互联网公司，也是在分布式技术上相对成熟的公司，其公布的 Google 分布式文件系统 GFS、分布式计算系统 MapReduce、分布式表格系统 Bigtable 都成为业界竞相模仿的对象，此外，Google 的全球数据库 Spanner 更是能够支持分布在世界各地上百个数据中心的上百万台服务器。Google 的核心技术正是后端这些处理海量数据的分布式系统。与 Google 类似，国外的亚马逊、微软以及国内互联网三巨头阿里巴巴、百度和腾讯的核心技术也是其后端的海量数据处理系统。

大数据技术的需求是推动分布式系统发展的一大动力。大数据存储技术的演变最初源于互联网公司的大规模分布式存储系统。与传统的高端服务器、高端存储器和高端处理器不同的是，互联网公司的分布式存储系统由数量众多的、低成本和高性价比的普通 PC 服务器通过网络连接而成。互联网的业务发展很快，而且注重成本，这就使得存储系统不能依靠传统的纵向扩展的方式，即先买小型机，不够时再买中型机，甚至大型机。互联网后端的分布式系统要求支持横向扩展，即通过增加普通 PC 服务器来提高系统的整体处理能力。普通 PC 服务器性价比高，故障率也高，需要在软件层面实现自动容错，保证数据的一致性。另外，随着服务器的不断加入，需要能够在软件层面实现自动负载均衡，使系统的处理能力得到线性扩展。

分布式系统的一个主要类别是分布式存储，而分布式存储和当今同样备受关注的云存储和大数据关系密切，分布式存储是基础，云存储和大数据是构建在分布式存储之上的应用。移动终端的计算能力和存储空间有限，而且有在多个设备之间共享资源的强烈的需求，这就使网盘、相册等云存储应用很快流行起来。然而，万变不离其宗，云存储的核心还是后端的大规模分布式存储系统。大数据则更近一步，不仅需要存储海量数据，还需要通过合适的计算框架或者工具对这些数据进行分析，抽取其中有价值的部分。如果没有分布式存储，便谈不上对大数据进行分析。

虽然分布式系统研究了很多年，但是大规模分布式存储系统是在近 10 年才流行起来，而且起源于以 Google 为首的企业界而非学术界。绝大部分分布式系统的原理和各大互联网公司的系统范型相关的论文都是比较复杂的，无论是理解还是实践都具有一定的门槛。

2.3.2　分布式系统的特性

乔治·库鲁里斯（George Coulouris）是《分布式系统：概念与设计》（*Distributed Systems: Concepts and Design*）一书的作者，曾是剑桥大学的高级研究员。他曾经对分布式系统下了一个简单的定义：你会知道系统当中的某台计算机崩溃或停止运行了，但是你的软件却永远不会。这句话虽然简单，但是却道出了分布式系统的关键特性。分布式系统的特性包括容错性、高可扩展性、开放性、并发处理能力和透明性，下面介绍这些概念的含义。

1. 容错性

人们可能永远也制造不出永不出现故障的机器。类似的，人们更加难以制造出永不出错的软件，毕竟软件的运行还在一定程度上依赖于硬件的可靠性。那么在互联网上有许多的应用程序和服务，它们都有可能出现故障，但在很多时候，我们几乎都不能发现这些服务中断的情况，这时分布式系统的特点之一容错性就凸显出来了。在大规模分布式系统中，检测和避免所有可能发生的故障（包括硬件故障、软件故障或不可抗力，如停电）往往是不太现实的。因此，人们在设计分布式系统的过程中，就会把容错性作为开发系统的首要目标之一。这样，一旦在分布式系统中某个节点发生故障，利用容错机制即可避免整套系统服务不可用。

故障恢复对于分布式系统设计与开发来说极其重要。当服务器崩溃后，我们需要通过一种方法来回滚永久数据的状态，确保尚未处理完成的数据不被传递到下一个状态继续处理，并解决多个节点数据可能存在的不一致性问题，这往往涉及事务性。常见的避免故障的方法包括消息重发、冗余等。

2. 高可扩展性

高可扩展性是指系统能够在运行过程中自由地对系统内部节点或现有功能进行扩充，而不影响现有服务的运行。下面是一个现代分布式系统设计的案例：Storm 实时处理系统。在 Storm 中，节点主要由 Spout 和 Bolt 两大类组成，Spout 作为消息源会将搜集到的数据发送到 Storm 计算拓扑中，再通过一系列消息处理单元 Bolt 进行分布式处理，最终将处理结果合并得到最终结果。此处，消息处理单元 Bolt 是分布式数据处理的核心组件，每当消息处理单元的数据处理完成后，它就会把当前阶段处理的数据发送给下一级消息处理单元做进一步处理。利用这种机制，可以随意在消息处理单元后进行扩充，如果数据处理的结果还达不到需求，可在 Storm 计算拓扑中继续追加新的消息处理单元，直至满足需求。图 2.12 所示为基本的 Storm 实时处理系统拓扑结构图，其中每个方框都是一个节点。

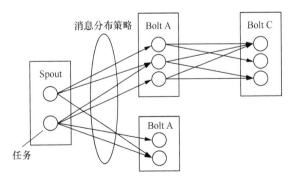

图 2.12　基本的 Storm 实时处理系统拓扑结构

3. 开放性

分布式系统的开放性决定了一个系统是否具备自我扩展和与其他系统集成的能力。我们可以通过对外提供开放应用程序编程接口（Open API）

的方式来提高分布式系统的开放性，提供哪些接口及如何提供决定了开发的系统的开放程度，以及与现有系统和其他系统集成、扩展的能力。有很多开源产品在这方面做得非常好，一方面是因为开源的特性导致系统的开放程度很高，另一方面是因为现代软件开发过程都十分重视开放应用编程接口，以求与更多系统进行集成。当然，只有开放应用编程接口还不够，如果提供的接口能够遵循某种协议，那么势必会进一步增加系统的开放性，为未来发展带来更多可能。

4. 并发处理能力

分布式系统引发的一个问题就是并发导致的一致性该如何处理？在分布式系统中，我们假设有两个节点 A 和 B 同时操作一条数据仓库的记录，那么数据仓库中的最终结果是由节点 A 操作产生的，还是由节点 B 操作产生的呢？这样看来，并发请求处理对对象的操作可能相互冲突，产生不一致的结果，设计的分布式系统必须确保对象的操作在并发环境中能够安全使用。因此，对象的并发或同步操作必须确保数据的一致性。除了一致性之外，人们还希望可以一直对系统进行读写，这就是所谓的可用性。

5. 透明性

在分布式系统内部，可能有成千上万个节点在同时工作，对用户的一个请求进行处理，最终得出结果。系统内部细节应该对用户保持一定程度的透明，我们可以为用户提供资源定位符（URL）来访问分布式系统服务，但用户对分布式系统内部的组件是无从了解的。我们应该把分布式系统当作一个整体来看待，而不是多个微型服务节点构成的集合。

2.3.3　分布式存储系统实例：Apache Hadoop

Hadoop 是由 Apache 基金会开发的分布式存储与计算框架。用户不需要了解底层的分布式计算原理就可以轻松开发出分布式计算程序，可以充分利用集群中闲置的计算资源，将集群的真正威力调动起来。可以访问 Hadoop 的官方网站详细了解相关信息。

Hadoop 由两个重要模块组成。一个是 Hadoop 分布式文件系统（Hadoop Distributed File System），顾名思义，就是一个分布式的文件系统，可以将文件数据分布式地存储在集群中的不同节点上。另一个是 MapReduce 系统，是一个针对大量数据的分布式计算系统。Hadoop 的核心组成如图 2.13 所示。

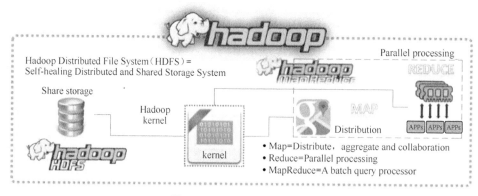

图 2.13　Hadoop 的核心组成

1. 关于 Apache Hadoop

Hadoop 的思路来自谷歌提出的 MapReduce 分布式计算框架。谷歌的 MapReduce 框架可以把一个应用程序分解为许多并行计算指令，跨越大量的计算节点运行非常巨大的数据集。而一方面 Hadoop 的 MapReduce 是对谷歌 MapReduce 的开源实现；另一方面其分布式文件系统则是谷歌的 GFS 的开源实现。

Hadoop 原本是 Apache Nutch 中的一个子项目。后来 Apache 将 MapReduce 模块与 Nutch Distributed File System（NDFS）单独抽离出来成为一个顶级项目。

Hadoop 已经成为目前世界上最流行的分布式计算框架之一，Apache 也建立了不少与 Hadoop 相关的项目，如 HBase、Cassandra、Avro、Hive、Mahout 等项目。

2．HDFS 分布式文件系统

Hadoop 分布式文件系统（HDFS）是一个主从式的分布式文件系统，是 GFS 的一种开源实现。HDFS 可以利用大量廉价存储器组成分布式存储集群，取代昂贵的集中式磁盘存储阵列。而 HDFS 集群由一个 NameNode 和多个 DataNode 组成，除此之外还有用于热备份的 Secondary NameNode，防止集群出现单点故障。

以下介绍 HDFS 的各个组成部分。

（1）NameNode

NameNode 是整个集群的管理者。它并不存储数据本身，而负责存储文件系统的元数据。它负责管理文件系统名称空间，并控制外部客户端对文件系统的访问。

NameNode 决定如何将文件内容映射到 DataNode 的数据块上。此外，实际数据传输并不会经过 NameNode，而会让对应的 DataNode 接收实际数据，并处理分布式存储系统的负载均衡问题。

整个文件系统只有一个 NameNode，因此很明显集群可能会出现单点故障，这点需要利用 Secondary NameNode 来解决问题。

（2）Secondary NameNode

Secondary NameNode 是 NameNode 的备份节点，HDFS 会将 NameNode 的数据实时备份到 Secondary NameNode 上，当 NameNode 宕机需要重启时，则可以利用 Secondary NameNode 中的数据加快 NameNode 的重启恢复速度。

（3）DataNode

DataNode 是实际的数据存储节点，负责相应 NameNode 创建、删除和复制块的命令。NameNode 会读取来自 DataNode 的心跳信息，以此判断 DataNode 是否存活。同一份数据会以多份副本存储在不同的 DataNode 上，一旦某一个 DataNode 宕机，NameNode 会立即采取手段来处理问题。

（4）MapReduce 模型

MapReduce 既是 Hadoop 中的模块，也是一个计算模型。用户需要自己将算法划分成 Map 和 Reduce 两个阶段。首先将数据划分为小块的数据，将数据分配到不同计算节点的 Map 任务中计算，然后将计算结果汇总到 Reduce 节点中进行合并，得出最终结果。

MapReduce 系统也是主从式的计算系统。在使用 YARN 后，每个集群有一个 Resource-Manager，用于管理整个集群。集群中每个计算节点都有一个 NodeManager，负责管理某个节点的容器并监视其资源使用。每个应用程序由一个 MRAppMaster 进行管理。

3．Apache Hadoop 特性

Apache Hadoop 具有以下几个特点。

（1）高可靠性：Apache Hadoop 可以可靠地将数据存储到节点上。

（2）高可扩展性：Apache Hadoop 的存储和计算节点可以快速扩展，并自动进行负载均衡。

（3）高效性：一方面 Apache Hadoop 会自动在各个节点之间动态调动数据，保证每个节点存储均衡，另一方面读取数据时我们可以从不同节点并行读取，提高数据读取的速度。

（4）高容错性：Apache Hadoop 会将数据冗余存储在不同节点上，保证数据容错性，计算任务失败时也会自动重新分配任务。

（5）低成本：Apache Hadoop 是开源软件，可以节省商业软件的购买成本。同时，Apache Hadoop 可以用廉价节点组成的集群取代昂贵的超级计算机，从而可以节省硬件成本。

Apache Hadoop 虽然是异常可靠的分布式计算框架，但其计算存储模型也导致它的严重缺陷——实时性较差。MapReduce 计算模型本身是一种批处理的计算模型，也就是积累一批数据，启动 MapReduce 任务处理完这一批数据，等到下次积累到一定程度，再定时或手动启动一轮新任务，而不是随着数据到来即时处理。

此外，HDFS 不是一个高实时性的分布式文件系统。为了提高其实时性，我们还需要自己加上很多缓存优化。而致命问题在于 MapReduce 各个任务之间的通信完全使用 HDFS 完成，这也就从根本上导致 MapReduce 不可能具有极高的实时性。这也为后来 Spark 计算框架的普及提供了空间。

由于 Hadoop 十分流行，本书不再详述，读者可以查看官方文档或其他教程来获取进一步的信息。

2.4 分布式系统的进阶

分布式系统是一个古老而宽泛的话题，而近几年因为"大数据"概念的兴起，使分布式系统又焕发出了新的青春与活力。此外，分布式系统也是一门理论模型与工程技法并重的学科内容。相比于机器学习这样的研究方向，学习分布式系统的读者往往会感觉"入门容易，深入难"。的确，学习分布式系统几乎不需要太多数学知识，会造成"入门容易"的错觉。然而一旦深入下去，往往需要学习者去体会系统研究的"简洁"与"美"，系统工作更偏向于"艺术"而不是"科学"，这一点是系统研究工作最难的地方之一，但同时也是最精华的地方。总之要把握一个原则：好的系统研究工作，尤其是分布式系统研究，一定是尽可能地用最简单、最直观的方法去解决实际的问题，简单就意味着实用。例如上文提到过的著名的 MapReduce。

总的来说，分布式系统的任务就是把多台机器有机地组合、连接起来，让其协同完成一件任务，可以是计算任务，也可以是存储任务。如果一定要给现代分布式系统研究做一个分类的话，大概可以分成三大类别：分布式存储系统；分布式计算系统；分布式资源管理系统。

毫无疑问，十多年来，Google 在这三个方向上都是开创者，甚至很多业内人士都认为这十年是外界追随谷歌技术的十年。之前讲过分布式系统的研究是一门由实际问题驱动的研究，而 Google 则是最先需要面对这些实际问题的公司。下面分别介绍近年来工业界及学术界在这三个方面取得的进展。

2.4.1 分布式存储系统

分布式存储是一个很老的话题，同时也是分布式系统里最难、最复杂、涉及面最广的问题。分布式存储系统大致可分为 5 个子方向：结构化存储、非结构化存储、半结构化存储、In-memory 存储及 NewSQL。

除了这 5 个子方向之外，分布式存储系统还有一系列的理论、算法、技术作为支撑，例如 Paxos、CAP 理论、一致性散列、时钟技术、2PC、3PC 等，部分内容前面已经提到。

1. 结构化存储

结构化存储的历史非常古老，典型的场景就是事务处理系统或者关系型数据库（RDBMS）。传统的结构化存储都是从单机做起的，例如大家耳熟能详的 MySQL。MySQL 的成长史就是互联网的成长史。除了 MySQL 之外，PostgreSQL 也是近年来势头非常强劲的一个 RDBMS。传统的结构化存储系统强调以下内容。

- 结构化的数据（例如关系表）；
- 强一致性（例如银行系统，电商系统等场景）；
- 随机访问（索引、增删查改、SQL）。

然而，正是由于这些性质和限制，结构化存储系统的可扩展性通常都不是很好，这在一定程度上限制了结构化存储在大数据环境下的表现。随着摩尔定律面临瓶颈，传统的单机关系型数据库系统面临着巨大的挑战。

2. 非结构化存储

与结构化存储不同的是，非结构化存储强调的是高可扩展性，典型的系统就是分布式文件系统。分布式文件系统也是一个很老的研究话题，例如 20 世纪 70 年代的 Xerox Alto，80 年代的 NFS、AFS，90 年代的 xFS 等。然而，这些早期的分布式文件系统只是起到了网络磁盘的作用，其最大的问题就是不支持容错和错误恢复。而 Google 在 2003 年 SOSP 会议上推出的 GFS（Google File System）则走出了里程碑的一步，其开源实现对应为 HDFS。

Google 设计 GFS 最初的目的是为了存储海量的日志文件以及网页等文本信息，并且对其进行批量处理（例如配合 MapReduce 为文档建立倒排索引、计算网页 PageRank 等）。与结构化存储系统相比，虽然分布式文件系统的可扩展性、吞吐率都非常好，但是几乎无法支持随机访问操作，通常只能对文件进行追加操作。而这样的限制使非结构化存储系统很难面对那些低延时、实时性较强的应用。

3. 半结构化存储

半结构化存储的提出是为了解决非结构化存储系统随机访问性能差的问题。我们通常会听到一些流行的名词，例如 NoSQL、Key-Value Store，包括对象存储等。这些都属于半结构化存储研究的领域，其中以 NoSQL 的发展势头最为强劲。NoSQL 系统既有分布式文件系统所具有的可扩展性，又有结构化存储系统的随机访问能力（例如随机操作），系统在设计时通常选择简单键值（K-V）进行存储，抛弃了传统 RDBMS 里复杂 SQL 查询及 ACID 事务。这样做可以换取系统最大限度的可扩展性和灵活性。在 NoSQL 里比较有名的系统包括：Google 的 Bigtable、Amazon 的 Dynamo 以及开源界大名鼎鼎的 HBase、Cassandra 等。通常这些 NoSQL 系统底层都是基于比较成熟的存储引擎，例如 Bigtable 就是基于 LevelDB，底层数据结构采用 LSM-Tree。

4. In-memory 存储

随着业务的并发越来越高，存储系统对低延迟的要求也越来越高。同时由于摩尔定律以及内存的价格不断下降，基于内存的存储系统也开始普及。顾名思义，In-memory 存储就是将数据存储在内存中，从而获得读写的高性能。比较有名的系统包括 Memcached 和 Redis。这些基于 K-V 键值系统的主要目的是为基于磁盘的存储系统做缓存。还有一些偏向于内存计算的系统，例如 Distributed shared memory、RamCloud、Tachyon（Alluxio）项目等。

5．NewSQL

前面介绍结构化存储时提到，单机 RDBMS 系统在可扩展性上面临着巨大的挑战，然而 NoSQL 不能很好的支持关系模型。那有没有一种系统能兼备 RDBMS 的特性（例如，完整的 SQL 支持、ACID 事务支持），又能像 NoSQL 系统那样具有强大的可扩展能力呢？2012 年 Google 在 OSDI 会议上发表的 Spanner，以及 2013 年在 SIGMOD 会议上发表的 F1，让业界第一次看到了关系模型和 NoSQL 在超大规模数据中心上融合的可能性。不过由于这些系统大都过于复杂，没有工业界大公司的支持还是很难做出来的。

前面提到，分布式存储系统有一系列的理论、算法、技术作为支撑。例如 Paxos、CAP 理论、一致性散列、时钟技术、2PC、3PC 等。那么如何学习这些技术呢？掌握这些内容一定要理解其对应的上下文，一定要去思考为什么在当下环境需要某项技术，如果没有这个技术用其他技术替代是否可行，而不是一味陷入大量的细节之中。

2.4.2　分布式计算系统

本节介绍分布式计算系统。首先解决一个很多分布式计算初学者的疑惑：分布式计算和并行计算一样吗？可以这样认为：

- 传统的并行计算的要求：投入更多机器，数据大小不变，计算速度更快。
- 分布式计算的要求：投入更多的机器，能处理更大的数据。

换句话说，二者的出发点不同，前者强调高性能，而后者强调可扩展性。举例来说，MapReduce 给业界带来的真正思考是什么？其实是普及了 Google 这样级别的公司对真正意义上的"大数据"的理解。因为在 2004 年论文发表之前，从事并行计算的人连"容错"的概念都没有。也就是说，分布式计算最为核心的部分就是容错，没有容错，分布式计算根本无从谈起。MapReduce 要做成 Map + Reduce，其实就是为了容错。

而很多分布式计算的初学者对容错的概念也是有误解的：好好的计算怎么就会出错了呢？由于硬件的老化可能会导致某台存储设备没有启动，某台机器的网卡坏了，甚至于计算运行过程中断电了，这些都是有可能的。然而最频繁发生的错误是计算进程被杀掉。因为 Google 的运行环境是公共集群，任何一个权限更高的进程都可能杀掉计算进程。设想在一个拥有几千台机器的集群中运行，一个进程都不被杀掉的概率几乎为零。

随着机器学习技术的兴起，越来越多的分布式计算系统是为了机器学习这样的人工智能应用设计的。

如同分布式存储系统一样，可以对分布式计算系统做以下分类。

1．传统基于消息的系统

这类系统里比较有代表性的就是 MPI（Message Passing Interface）。目前比较流行的两个 MPI 实现是 MPICH2 和 OpenMPI。MPI 这个框架非常灵活，对程序的结构几乎没有太多约束，以至于人们有时把 MPI 称为一组接口 API，而不是系统框架。MPI 除了提供消息传递接口之外，其框架还实现了资源管理和分配，以及调度的功能。除此之外，MPI 在高性能计算里也被广泛使用，通常可以和 Infiniband 这样的高速网络无缝结合。

2. MapReduce 家族系统

这一类系统又称作 Dataflow 系统，其中以 Hadoop MapReduce 和 Spark 为代表。其实在学术界有很多类似的系统，例如 Dryad、Twister 等。这一类系统的特点是将计算抽象成为高层操作，例如像 Map、Reduce、Filter 这样的函数式算子，将算子组合成有向无环图 DAG，然后由后端的调度引擎进行并行化调度。其中，MapReduce 系统属于比较简单的 DAG，只有 Map 和 Reduce 两层节点。MapReduce 这样的系统之所以可以扩展到超大规模的集群上运行，就是因为其完备的容错机制。在 Hadoop 社区还有很多基于 MapReduce 框架的衍生产品，例如 Hive（一种并行数据库 OLAP）、Pig（交互式数据操作）等。

MapReduce 家族的编程风格和 MPI 截然相反。MapReduce 对程序的结构有严格的约束，即计算过程必须能在两个函数中描述：Map 和 Reduce；输入和输出数据都必须是一个个的记录；任务之间不能通信，整个计算过程中唯一的通信机会是 Map 阶段和 Reduce 阶段之间的 shuffling 阶段，这是在框架控制下的，而不是应用代码控制的。因为有了严格的控制，系统框架在任何时候出错都可以从上一个状态恢复。Spark 的 RDD 则是利用 Lineage 机制，可以让数据在内存中完成转换。

由于良好的扩展性，许多人将机器学习算法的并行化任务放在了这些平台之上。比较有名的库有基于 Hadoop 的 Mahout，以及基于 Spark 的 MLI。

3. 图计算系统

图计算系统是分布式计算的另一个分支，这些系统都是把计算过程抽象成图，然后在不同节点分布式执行，例如 PageRank 这样的任务，很适合用图计算系统来表示。

大数据图是无法使用单台机器进行处理的，如果对大图数据进行并行处理，对于每一个顶点之间都是连通的图来讲，难以分割成若干完全独立的子图进行独立的并行处理。即使可以分割，也会面临并行机器的协同处理，以及将最后的处理结果进行合并等一系列问题。这需要图数据处理系统选取合适的图分割以及图计算模型来迎接挑战并解决问题。

最早成名的图计算系统当属 Google 的 Pregel，该系统采用 BSP 模型，计算以节点为中心。随后又有一系列图计算框架推出。除了同步（BSP）图计算系统之外，异步图计算系统里的佼佼者当属 GraphLab，该系统提出了 GAS 的编程模型。2015 年这个项目已经改名为 Dato，专门推广基于图的大规模机器学习系统。其他典型的图数据处理系统还包括 Neo4j 系统和微软的 Trinity 系统等。

4. 基于状态的系统

这一类系统主要包括 2010 年在 OSDI 会议上推出的 Piccolo，以及后来 2012 年在 NIPS 会议上 Google 推出的开源机器学习系统 DistBelief，再到后来被机器学习领域广泛应用的参数服务器（Parameter Server）架构。本节重点介绍参数服务器这一架构。

MPI 由于不支持容错所以很难扩展至大规模集群之中，而 MapReduce 系统也无法支持大模型机器学习应用，并且节点同步效率较低。用图抽象来做机器学习任务，很多问题都不能很好地求解，例如深度学习中的多层结构。而参数服务器这种以状态为中心的模型则把机器学习的模型存储参数上升为主要组件，并且采用异步机制提升处理能力。参数服务器的概念最早来自亚历克斯·斯莫拉（Alex Smola）于 2010 年提出的并行 LDA 架构。它通过采用分布式的 Memcached 作为存放参数的存储器，这样就提供了有效的机制作用于不同节点同步模型参数。Google 的杰夫·狄思（Jeff Dean）在 2012 年进一步提出了第一代 Google Brain 大规模神经网络的解决方案 DistBelief。这后，CMU 的邢波（Eric Xing）以及百度的李沐都提出了更通用的 DistBelief 架构。

5. 实时流处理系统

实时流处理系统是为高效实时地处理流式数据而提供服务的，更关注数据处理的实时性，能够更加快速地为决策提供支持。流处理是由复杂事件处理（CEP）发展而来的，流处理模式包括两种：连续查询处理模式、可扩展数据流模式。

连续查询处理模式是一个数据流管理系统（DBMS）的必需功能，一般用户数据 SQL 查询语句，数据流被按照时间模式切割成数据窗口，DBMS 在连续流动的数据窗口中执行用户提交的 SQL，并实时返回结构。比较著名的系统包括：STREAM、StreamBase、Aurora、Telegraph 等。

可扩展数据流计算模式与此不同，其设计初衷都是模仿 MapReduce 计算框架的思路，即在对处理时效性有高要求的计算场景下，如何提供一个完善的计算框架，并暴露给用户少量的编程接口，使得用户能够集中精力处理应用逻辑。至于系统性能、低延迟、数据不丢失以及容错等问题，则由计算框架来负责，这样能够大大增加应用开发的生产力。现在流计算的典型框架包括 Yahoo 的 S4、Twitter 的 Storm 系统、LinkedIn 的 Samza 及 Spark Streaming 等。

2.4.3　分布式资源管理系统

从支持离线处理的 MapReduce，到支持在线处理的 Storm，从迭代式计算框架 Spark 到流式处理框架 S4，各种框架诞生于不同的公司或者实验室，它们各有所长，各自解决了某一类应用问题。而在大部分互联网公司中，这几种框架可能都会采用，例如对于搜索引擎公司，可能的技术方案如下：网页建索引采用 MapReduce 框架，自然语言处理/数据挖掘采用 Spark（网页 PageRank 计算、聚类分类算法等），对性能要求很高的数据挖掘算法用 MPI 等。考虑到资源利用率、运维成本、数据共享等因素，公司一般希望将所有这些框架部署到一个公共的集群中，让它们共享集群的资源，并对资源进行统一使用，这样，便诞生了资源统一管理与调度平台，典型的代表是 Mesos 和 YARN。

资源统一管理和调度平台具有以下特点。

1. 支持多种计算框架

资源统一管理和调度平台应该提供一个全局的资源管理器。所有接入的框架要先向该全局资源管理器申请资源，申请成功之后，再由框架自身的调度器决定资源交由哪个任务使用，也就是说，整个系统是个双层调度器，第一层是统一管理和调度平台提供的，另外一层是框架自身的调度器。

资源统一管理和调度平台应该提供资源隔离。不同的框架中的不同任务往往需要的资源（内存、CPU、网络 I/O 等）不同，它们运行在同一个集群中，会相互干扰，为此，应该提供一种资源隔离机制避免任务之间由资源争用导致效率下降。

2. 扩展性

现有的分布式计算框架都会将系统扩展性作为一个非常重要的设计目标（例如 Hadoop），好的扩展性意味着系统能够随着业务的扩展线性扩展。资源统一管理和调度平台融入多种计算框架后，不应该破坏这种特性，也就是说，统一管理和调度平台不应该成为制约框架进行水平扩展。

3. 容错性

同扩展性类似，容错性也是当前分布式计算框架的一个重要设计目标，统一管理和调度平台在保持原有框架的容错特性基础上，自己本身也应具有良好的容错性。

4. 高资源利用率

如果采用静态资源分配，也就是每个计算框架分配一个集群，往往由于作业自身的特点或者作业提交频率等原因，集群利用率很低。当各种框架部署到同一个大的集群中，进行统一管理和调度后，各种作业交错且作业提交频率大幅度升高，为资源利用率的提升增加了机会，如图 2.14 所示。

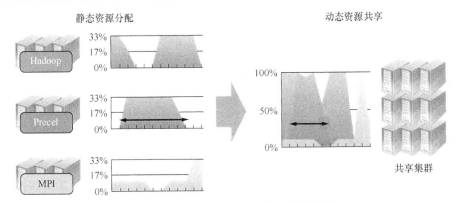

图 2.14　静态资源分配与动态资源共享的比较

5. 细粒度的资源分配

细粒度的资源分配是指直接按照任务实际需求分配资源，而不是像 MapReduce 那样将槽位作为资源分配单位。这种分配机制可大大提高资源利用率，如图 2.15 所示。

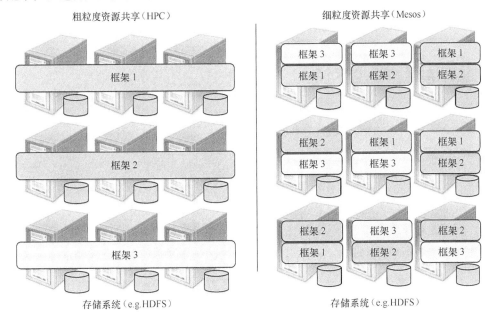

图 2.15　粗粒度资源共享与细粒度资源共享的比较

当前比较有名的开源资源统一管理和调度平台有两个，Mesos 和 YARN。Mesos 诞生于加州大学伯克利分校的一个研究项目，现已成为 Apache Incubator 中的项目，当前有一些公司使用 Mesos 管理集群资源，例如 Twitter。

而 YARN 是下一代 MapReduce，是在第一代 MapReduce 基础上演变而来的，主要是为了解决原始 Hadoop 扩展性较差，不支持多计算框架而提出的。它完全不同于 Hadoop MapReduce，所有代码全部重写。整个平台由 Resource Manager 和 Node Manager 组成。与 Hadoop MapReduce 相比，其最大特点是将 JobTracker 拆分成 Resource Manager 和 Application Master，其中 Resource Manager 是全局的资源管理器，仅负责资源分配，而 Application Master 对应一个具体的应用（如 Hadoop job、Spark job 等），主要负责应用的资源申请，启动各个任务和运行状态监控（没有调度功能）。

随着容器技术的流行，面向容器的资源管理与调度系统也成为人们关注的焦点，除了上面提到的 Apache Mesos 之外，Docker 的 Swarm 和 Google 的 Kubernetes 也成为这方面的明星。特别是 Kubernetes，大有统一容器界的资源管理的趋势。Kubernetes 是 Google 在 2014 年提出的开源项目，其开发设计思想深受 Google 的 Borg 系统影响。

Google 很早就认识到了 Docker 镜像的潜力，并设法在 Google Cloud Platform 上实现"容器编排"即服务。Google 虽然在容器方面有着深厚的经验，但它现有的内部容器和 Borg 等分布式计算工具是和基础设施紧密耦合的。因此，Google 没有使用任何现有系统的代码，而是重新设计了 Kubernetes 对 Docker 容器进行编排。Kubernetes 的目标和构想如下：

- 为广大应用开发者提供一个强大的工具来管理 Docker 容器的编排，而不再需要和底层基础架构进行交互；
- 提供标准的部署接口和元语，以获得一致的应用部署的体验和跨云的 API；
- 建立一个模块化的 API 核心，允许厂商以 Kubernetes 技术为核心进行系统集成。

2016 年 3 月，Google 向 CNCF 捐赠了 Kubernetes，至今仍然保持着在这个项目的贡献者中首位的位置。发展至今，Kubernetes 已经从一个单体的庞大代码库向一个生态型多个代码库演进；除了主体代码库之外，还有约 40 个其他的插件代码库和超过 20 个的孵化项目。

2.5 典型的分布式系统

本节介绍几类典型的分布式系统，阐述不同类型的分布式系统的特点。

2.5.1 网格系统

网格是一种能够将多组织拥有和管理的计算机、网络、数据库和科学仪器综合协同使用的基础设施。网格应用程序大多涉及需要跨越组织界限的可安全共享的大规模数据和/或计算资源。这使网格应用程序的管理和部署成为一项复杂的任务。在混杂的网格环境中，网格中间件为用户提供了无缝的计算能力和统一访问资源能力。目前，世界范围内已经发展有数个工具包和系统，其中大部分是学术研究项目的成果。

1. 网格的概念

过去几十年间，软硬件的快速发展推动了商用计算和网络行为的快速增加。在这样的形势下，商用计算推出了低成本高效率的集群设备，解决资源短缺问题。对于科学研究，强有力的计算资源可以进行更大规模、更加复杂的仿真实验。快速的网络可以允许全球的合作者彼此分享仪器和实验结果。总之，软硬件的发展极大地方便了科学研究的展开与合作。因此，有研究组织提出计划，目的是更为方便地开展大规模科学研究的合作。这些项目被统称为 e-Science，标志着基础设施在科学研究中扮演越来越重要的角色。图 2.16 所示是一个典型的 e-Science 的方案。在 e-Science 的设想下，研究者可以与国内外的学者分享粒子加速器等昂贵的基础设施。

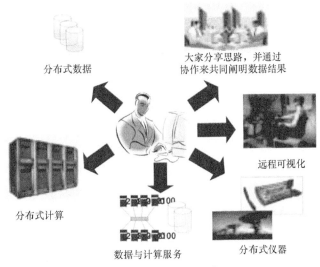

大家分享思路，并通过
协作来共同阐明数据结果

分布式数据

远程可视化

分布式计算

数据与计算服务　　分布式仪器

图 2.16　e-Science 方案

大范围合作以及计算能力提升，意味着项目产生或者接受的数据也是大量且分布。如何处理数据是 e-Science 必须要解决的问题，管理数据的权限、分布、处理、存储，需要计算基础设施去融合广域的分布式资源，例如数据库、存储服务器、高速网络、超级计算机、集群。这就演化出了网格计算。网格计算具有与电力网格类似的能力，电网可以提供一致、无处不在、可信的、透明的权限获得电力，而不用估计它的来源。期望实现的网格计算也可以像电网提供电力一样，提供计算资源或者数据。

目前世界上有很多项目都在发展网格网络，从不同角度不同规模定义了网格计算。Globus 定义网格为：一种能够整合的合作使用的由多家组织所拥有和管理的高端计算机、网络、数据库、实验设备的基础设施。由 Gridbus 提出一种基于效能的网格定义：网格是一类并行、分布系统，能够在运行时动态分享、选择、聚合地理散布的自治资源，依据它们的可用性、能力、性能、代价以及用户对服务质量的需求。

网格基础设施的发展，包括软件和硬件，因此聚集了大批来自工业界和学术界的学者和开发者。网格技术解决的主要问题是合作研究中的社会问题，包括以下几点：

- 改善分布式管理，同时保持对本地资源的全面控制；
- 改善数据可用性，识别问题和数据访问模式的解决方案；
- 为学者提供友好环境，能够访问更大范围的地理分布设备，提高产率。

从更高层的视角观察无缝规模化的网格环境中的活动，如图 2.17 所示。

网格资源被注册到一个或多个网格信息服务器中，终端用户将它们的应用需求提交给网格资源中介，中介通过查询信息服务器发现空闲资源，安排应用工作在这些资源上执行并进行监视，直到完成。

2. **网格的组成**

图 2.18 展示了一个网格结构中的软硬件栈，主要包含 4 层：网格组织层、核心中间件层、用户级中间件层、应用接入层。

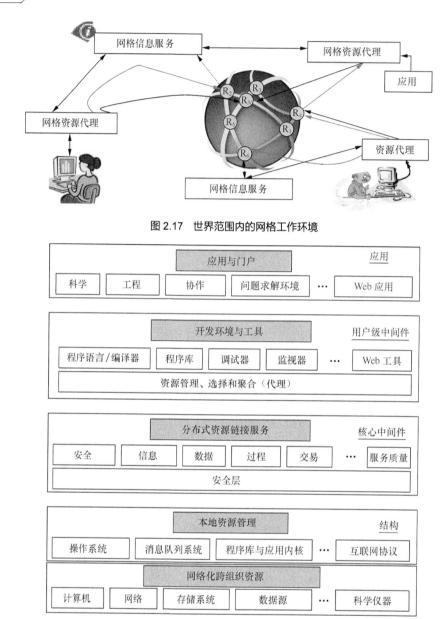

图 2.17　世界范围内的网格工作环境

图 2.18　层次化网格结构与组成

（1）网格组织层：计算机、网络、存储和科学设备；计算资源包括多种结构：集群、超算、服务器、PC（运行各种操作系统）；科学设备包括望远镜和提供实时数据的传感器网络，可以直接传到计算节点和数据库中。

（2）核心中间件层：提供各种服务，包括远程进程管理、资源分配、存储访问、信息注册和发现、安全和多方面的 QoS 等，例如资源预定和交易。这些服务将组织层复杂且异构的服务抽象出来，为访问分布式资源提供了统一方法。

（3）用户级中间件层：利用底层提供的接口提供更高层的抽象和服务，包括应用开发环境、程序工具以及管理资源和规划任务在全局资源运行的资源中介。

（4）应用接入层：为了网格编程环境和接口，规划由用户中间件提供的服务。例如参数仿真或者大挑战问题，需要计算机资源，访问远端数据，可能需要与科学设备交互。网格接口提供网络应用服务，用户可以通过网络向远程资源提交和收集任务结果。

3. Globus 工具包

Globus 是一种研究网格环境中互操作的中间件技术，为科学和工程上的网格计算应用程序提供基本的支撑环境。它定义了构建计算网格的一组基本服务和功能，包括安全、资源管理、通信、目录管理等基本服务，被许多应用网格项目采用。Globus 项目以提供工具包的形式支持开发基于网格的应用，具体组成如图 2.19 所示。它提供的工具包有资源管理、信息服务、数据管理三个主要模块，以及网格安全架构 GSI、通信、故障检测等功能。

本地服务层包含操作系统服务、TCP/IP 等网络服务、加载层提供集群调度服务、作业提交、队列查询等。Globus 模型的高层可以实现多个或异构集群的集成。核心服务层包含用于安全性、作业提交、数据管理和资源信息管理的 Globus 工具包构建块。高级服务和工具层包含集成度较低级服务器或实现缺失功能的工具。

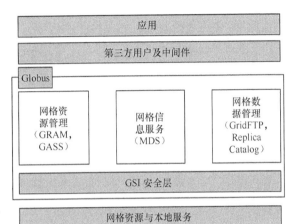

图 2.19　Globus 结构

Globus 重点解决了将分析软件组织成分布式软件、规划数据驱动的资源代理方法论和策略。程序和服务开发需要从桌面端调整到全球网格，同时支持科学应用和商业应用。

总之，网格计算的概念反映的是一种理念框架，为后来的云计算提供了不少借鉴。

2.5.2　P2P 系统

对等网络系统近年来受到了广泛的关注与应用，这一技术从 1999 年的三个著名系统开始，经过十几年的发展，应用范围越来越广，并且已经在多个领域取得成果。

1. P2P 系统简介

对等网络系统（Peer-to-Peer），简称 P2P 系统，即媒体及公众所称的"点对点系统"，是一种应用在对等者（Peer）之间分配任务和工作负载的分布式应用架构的系统。对等网络的思想是：网络的所有参与者共享他们所拥有的一部分硬件资源，包括处理器资源、存储资源和网络资源等，这些共享资源可以通过网络被其他对等者直接访问并为之提供服务和内容。不同于主流的客户端/服务器（Client/Server）结构，对等网络结构中不存在中心节点或中心服务器，每一个该网络的参与者既是系统中资源、服务和内容的信息提供者，又是这些信息的消费者，同时还具有信息通信方面的功能。在网络系统中，每个节点的地位都是对等的，因此称之为对等网络系统。

对等网络系统在近年来受到了广泛的关注与应用，但其起源是 1999 年的三个著名系统：音乐共享系统 Napster、匿名数据存储系统 Freenet 及志愿计算系统 SETI @home。从这三个经典的对等网络系统开始，经过十几年的发展，P2P 系统现在已经在多种领域中获得了关注与广泛应用，其中不乏一些优秀的代表：内容分发协议 BitTorrent、视频电话 Skype、实时流媒体 PPLive 等。

计算机系统的结构主要分为集中式系统和分布式系统两大类型，其中分布式系统中主要包含对等网络系统（P2P 系统）和客户端/服务器系统（C/S 系统）等。因此，P2P 系统是一种具备某些性质的分布式系统，这些性质也使得 P2P 系统具有与其他系统不同的独特特点。P2P 系统主要具备以下三种性质。

（1）高度分散化

由于一个 P2P 系统是由众多对等点（Peer）所组成的，这些点可能分布在世界各地，在硬件上首先达到了系统的高度分散。另一方面，众多对等点组成了一个系统，但这个系统中很少存在处于集中化状态的专用节点，每一个对等点既是客户端又是服务器，整个系统的计算资源、存储资源、网络资源都分散在各个对等点上，系统的状态和任务经过动态分配，同样分散在各个对等点上，因此在系统的资源管理和任务处理上同样达到了系统的高度分散。

（2）自组织性

德国理论物理学家哈肯（H. Haken）认为，从组织的进化形式来看，可以分为两类：他组织和自组织。如果一个系统靠外部指令而形成组织，就是他组织；如果不存在外部指令，系统按照相互默契的某种规则，各尽其责而又协调地自动地形成有序结构，就是自组织。P2P 系统所具有的自组织性是指如果希望向现有系统中引入一个新节点，那么只需要提供新节点的 IP 地址以及一些必要信息，几乎不需要对引入操作进行手动配置，系统就可以自动将这个节点引入系统并形成有效结构。

（3）多管理域

由于 P2P 系统拥有众多节点，但同一个系统中的所有节点并不由同一个组织或个人所有，因此一个组织或个人很难操控或管理整个系统。由于每一个加入系统的节点都可以被一个独立的组织或个人控制，因此整个系统最多可以拥有节点数那么多的管理者，划分出许多不同的管理域。

由于 P2P 系统是一个具备高度分散化、自组织性和多管理域三个特征的分布式系统，因此 P2P 系统形成了一些与其他系统不同的独特特点。

① 部署低门槛。

因为 P2P 系统是分散化的，所有的资源都来于加入系统的对等点，因此如果想要部署一个 P2P 系统，并不需要像客户端/服务器系统一样购置服务器以及相关设备，大大降低了部署前期所需的投资费用。这使没有经费购买基础设备的系统建设者也能较轻松地部署一个 P2P 系统，因此说 P2P 系统的部署门槛较低。

② 有机增长。

同样，由于整个系统的各类资源分布在对等点上，因此每当有新的对等点加入，P2P 系统的规模和资源、处理能力都会增长，且无须为了加入新设备而对现有系统进行改进，也无须为了升级而购买新设备来替换旧设备。这种规模的扩大不受技术和资金限制，几乎可以实现任意增长。

③ 对故障与攻击的恢复力。

同样，得益于 P2P 系统的结构，几乎不存在对整个系统都至关重要的特定节点，因此如果某个节点出现故障，并不会使得整个系统都出现问题。类似地，如果有攻击者想要攻击 P2P 系统，只攻击一个节点无法使整个系统陷入瘫痪，需要同时攻击系统中的大部分节点，然而这样的攻击并不容易实现，即使实现也需要耗费大量资源，因此此类攻击的可行性并不高。

④ 资源的丰富性与多样性。

每一个对等点的资源都是 P2P 系统资源的一部分，然而每个对等点所具备的软件及硬件架构、网络连接、地理位置、权限和能源都是不同的，这使得一个 P2P 系统可以同时拥有多样化的资源，并且随着对等点越来越多，资源也越来越丰富。这样充足而丰富的资源在一般情况下无法同时具备，若要具备也需要极高的花费，很少有组织或个人能够负担起。同时这些资源的多样性也降低了系统面对故障、攻击与审查时的脆弱性。

2. 对等网络系统的应用

当前 P2P 系统的应用范围十分广泛，所应用的领域也非常多元化，同时也涌现出一批非常成功的经典 P2P 系统，同时还有一些正在发展但非常有前景的系统。当然，一个技术所拥有的特性在产生正面效果的同时，也会产生一些负面的影响。

（1）共享及分发文件

当下最流行的 P2P 应用包括文件共享与批量数据分发。这两种类型的系统都源于三大著名系统中的音乐共享系统 Napster。在 Napster 中，用户与其他参与者共享其磁盘文件的一个子集，且允许搜索文件名中的关键字，并从共享文件的对等点下载查询结果中的任意文件。其他参与者通过互联网直接从用户计算机上下载音乐。由于这种带宽密集型的下载操作是直接发生在各用户的计算机之间的，Napster 就可以在避免巨大的运营成本的同时为数百万用户提供音乐下载服务。但由于音乐存在版权问题，Napster 不得不关闭服务，但其系统中资源共享的思想启发了更多应用的诞生。类似的文件共享系统还有 Gnutella 和 FastTrack 等。

批量数据分发的代表是 BitTorrent，其设计的目的是快速高效地下载大量数据，减少文件下载时间，常被用于传播数据、软件或媒体内容。这种系统使用并发下载者和已经拥有完整文件的对等点的空闲上传带宽来帮助系统中的其他下载者。但与文件共享系统不同的是，批量数据分发系统不包含搜索组件且根据下载内容形成独立的网络，因此下载不同内容的用户之间并不知道彼此的存在。

（2）流媒体

流媒体分发和 IPTV（通过互联网提供的数字电视服务）也是当前流行的 P2P 应用。这类系统同样是利用参与用户的带宽来避免基于服务器时所产生的带宽成本。同时由于流媒体即时传播的特点，流媒体分发在时间上有着较为严格的时间要求，必须在截止时间前完成数据的交付使用。此类系统中较为著名的包括 PPLive、Cool Streaming 及 BBC 的 iPlayer 和 Skinkers 直播等商业产品。

（3）电话

P2P 技术的另一个主要应用是 Skype 的音频和视频电话。Skype 利用参与节点的资源为用户提供无缝的视听连接，无论其当前的位置与互联网的类型。对等点帮助没有公共路由的 IP 地址建立连接，从而在无须处理和转发调用的集中式基础设施的条件下解决了防火墙和网络地址转换造成的连接性问题。

（4）志愿计算

志愿计算也是 P2P 系统中的一个重要应用，三个著名系统中的 SETI@ home 系统就是志愿计算的典型应用。在这类系统中，用户将他们的空闲 CPU 周期贡献给如天体物理学、生物学或气候学等领域的科学计算。参与者会安装一个屏幕保护 P2P 应用程序，在用户不使用计算机时，这个应用程序会下载一些从 SETI@ home 服务器收集的 Arecibo 射电望远镜收集的观测数据块，然后分析这些数据，搜索可能存在的无线电传输，并将结果发送回服务器。

SETI@ home 以及类似项目的成功导致了 BOINC 平台的开发，此平台被用于开发现在所使用的一些环式分享 P2P 系统。BONIC 已经拥有超过 50 万的活跃对等点，运算速度可以达到 5.42 PFLOPS（1 PFLOPS=每秒 10^{15} 次的浮点运算）。与之相比，一台现代 PC 的性能大概是几十 GFLOPS（1GFLOPS=

每秒 10^9 次的浮点运算），而目前世界上最快的超级计算机"神威·太湖之光"在 2017 年 6 月的峰值性能为 125.4 PFLOPS，BOINC 平台的性能显而易见。

任何技术都具有两面性，P2P 系统也不例外。系统所具有的弹性也可能被犯罪分子用作隐匿犯罪活动痕迹。系统的可扩展性可以用来在全球范围内传播软件的关键更新，但也可以用来非法传播原本受版权保护的内容。但 P2P 系统的发展和潜力不可否认，目前 P2P 技术的使用更加多样化，运用在越来越多具有巨大商业潜力的服务和产品中。人们也普遍认为它降低了创新技术的门槛，可以促进更多新系统的开发与发展。

总之，作为一项颠覆性的技术，P2P 系统为互联网、工业甚至整个社会带来了巨大的机遇与挑战。其最重要的优势在于可以显著降低创新的门槛，鼓励更多个人及组织通过 P2P 技术实现改进与创新。但 P2P 系统专用基础设施和控制的独立性可能是它的优势，也可能是它的弱点，因为这些性质为它带来了新的挑战，需要通过技术、商业和法律手段来解决。

2.5.3 透明计算

透明计算是一种由我国学者提出的新计算模式。与"云计算"类似，这种模式可以使用户终端变得更加轻量级的同时增强计算的安全性、提高能源效率、提升跨平台能力。无论是传统终端还是移动设备，透明计算都可能是未来发展的方向之一。

1. 透明计算简介

在过去的十几年里，云计算和大数据等新技术的出现，已经改变了计算机和互联网的核心功能：从计算和通信变为收集、存储、分析和使用各种数据和服务。同时，我们见证了移动设备的普及，并正走向物联网时代。然而，新的终端和网络环境也带来了新的挑战。轻量级终端和智能应用程序具有移动性、可移植性、用户依赖性、即时性和隐私等特性。在移动互联网时代，以服务器为中心的计算模式（虚拟桌面、云计算和大数据处理）是典型的技术，但它们只提供部分解决方案。

尽管以服务器为中心的计算模式，例如云计算，具有易于维护、集中管理和高服务器利用率的优势，但也存在着许多挑战和局限性。简而言之，以服务器为中心的计算范例只能从服务器和网络的角度解决问题，而不是用户和服务的问题。为了解决这些问题，透明计算技术应运而生。在透明计算平台下，我们把透明计算系统中所使用的终端设备称为透明客户机或透明客户端，把其中的服务器称为透明服务器，并把连接终端设备和服务器的网络系统称为透明网络。透明客户机可以是没有安装任何软件的裸机，也可以是装有部分核心软件平台的轻巧性终端。透明服务器是带有外部存储器的计算装置，例如 PC、PC 级服务器、高档服务器、小型机等。透明服务器存储用户需要的各种软件和信息资源，同时还要完成透明计算系统的管理与协调，例如各种不同操作系统核心代码的调度、分配与传输，各种不同软件服务往透明客户机上的调度、分配与传输等过程的管理。张尧学院士从 1998 年就率领研究团队开始从事透明计算系统和理论的研究，直到 2004 年，张院士正式提出这一概念。

透明计算是一种用户无须感知计算机操作系统、中间件、应用程序和通信网络的具体所在，只需根据自己的需求，通过网络从所使用的各种终端设备（包括固定、移动及家庭中的各类终端设备）中选择并使用相应服务（例如计算、电话、电视、上网和娱乐等）的计算模式。

透明计算的核心思想是把所有数据、软件（包括操作系统）以及用户信息存储在服务器上，而数据的计算在终端执行。用户可以无须了解任何底层结构，通过有缓存的"流"式计算，在自己的终端上执行异构的操作系统和程序。透明计算系统由终端设备、服务器和连接终端设备与服务器的网络组成。理想的透明计算包括三个部分，一是整合了当前 PC、PDA、智能手机、数字家电等轻权设备的透明客户端；二是整合当前各种网络设备与互联设备的透明网络；三是整合了大量计算能力较强或者很强的普通个人微机、服务器、大型机等的透明服务器。从总体上看，透明计算构建在一个更加广泛的物理设备之上，运行环境更加灵活。

如图 2.20 所示，透明计算拥有一个由服务、操作系统、网络和终端层组成的分布式系统。

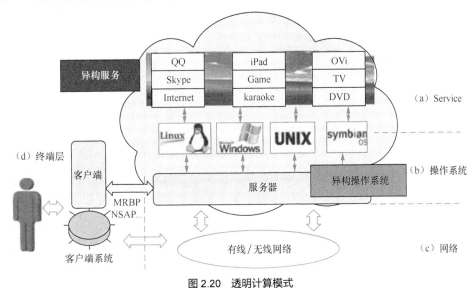

图 2.20　透明计算模式

- 服务层：软件和用户数据存储在服务器上。服务可以是异构的，并且自动与不同的底层操作系统相关联，用户可以请求任何服务，而不考虑底层操作系统。
- 操作系统层：存储异构操作系统。要支持异构服务，服务器必须维护底层的操作系统。当用户请求服务时，服务器会自动选择底层操作系统，然后选择操作系统内核，将内核与任何请求一起发送。
- 网络层：控制服务器和用户之间的通信和数据传输。软件、操作系统和数据是由从服务器发送给用户终端的块或流形成的。网络层包含了一些通信协议，如 MRBP（多操作系统远程启动协议）和 NSAP（网络存储访问协议），用于支持远程引导和数据传递。
- 终端层：在用户终端上接收和执行计算服务，这些服务通常是多样化的，而且常常是轻量级的。终端可以是个人计算机、智能手机、笔记本电脑，甚至是可穿戴设备。终端只需要存储底层的 BIOS 和一组协议和管理程序，更加安全、易于管理维护。

2. 透明计算的核心技术

根据透明计算的定义，可以将其核心技术分为三个方面：透明云架构、元操作系统和客户端实现化。

（1）透明云架构

透明云架构如图 2.21 所示，该架构与云计算十分类似。区别在于在云计算中，数据存储和计算都是在服务器上执行的，而在透明计算中，数据存储发生在服务器上，而数据计算则发生在用户终端上。目前已经验证了改进云计算性能的现有算法和模式，同样可以应用在透明云服务器上，以管理和调度资源。

透明的云架构可以支持异构终端，如 PC、智能手机、嵌入式和可穿戴设备。图 2.22 显示了异构终端支持的示例。

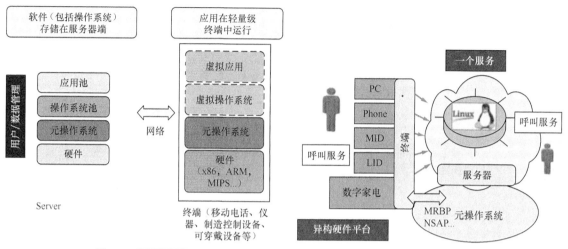

图 2.21　透明云架构　　　　　　　　图 2.22　透明云支持异构终端的示例

在本例中，一个 Linux 的调用服务存储在透明的服务器上，并提供给用户访问。所有存储在服务器上的操作系统和应用程序都是由 Meta OS 管理的。用户只需在他们的终端上安装 Meta OS 服务，连同支持的 Linux OS 一起，通过一个支持缓冲的块或流方式传输到终端。

（2）元操作系统（Meta OS）

元操作系统位于硬件平台和应用操作系统之间，负责管理硬件和软件资源，包括各种应用操作系统，为用户提供安全可靠的计算服务。元操作系统的关键技术包括内核分发、计算、存储、管理分离、"块流"执行、缓存、协议和虚拟化。元操作系统使用户能够在不同的操作系统平台上选择他们想要的服务，从而使计算机更加强大方便。

（3）客户端实现

透明计算需要满足在异构的平台上实现异构的服务。HTML 5 技术是客户端一个非常合适的候选，具有跨平台和低成本的优势。在透明计算中，可以把浏览器引擎做到元操作系统层。

如图 2.23 所示，与传统的客户端应用程序相比，HTML 5 具有跨平台支持和低开发成本的优势。但是，浏览器的差异和 Web 安全攻击也对 HTML 5 的使用提出了挑战。在透明的计算中，浏览器引擎可以内化在元操作系统层，从而屏蔽浏览器的差异，同时可以通过跨平台的流媒体执行来改善用户体验。

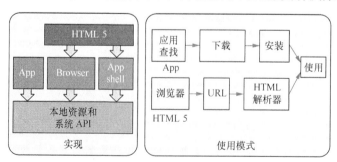

图 2.23　HTML5 与传统 App 的对比

　　总之，随着进入物联网时代，在互联网和日常生活中，轻量级的移动设备正逐渐成为主导终端，透明计算技术正在迎来新的机遇以及新的挑战。如何把传统透明计算技术应用到移动设备上，如何解决透明计算中存在的如安全性、可靠性等问题仍是需要研究的问题。在当前的移动计算时代，透明计算是一个很有发展和应用前景的计算模式，它将继续吸引学术界和工业界的广泛关注。

2.5.4　区块链系统

1. 区块链介绍

　　区块链（Blockchain）是一种去中心化、不可篡改、可追溯、多方共同维护的分布式数据库系统，能够将传统单方维护的仅涉及自己业务的多个孤立数据库整合在一起，分布式地存储在多方共同维护的多个节点，任何一方都无法完全控制这些数据，只能按照严格的规则和共识进行更新，从而实现了可信的多方间的信息共享和监督，避免了烦琐的人工对账，提高了业务处理效率，降低了交易成本。区块链通过集成 P2P 协议、非对称加密、共识机制、块链结构等多种技术，解决了数据的可信问题。通过应用区块链技术，无须借助任何第三方可信机构，互不了解、互不信任的多方可实现可信、对等的价值传输。

　　区块链源自于比特币（Bitcoin）的底层技术，2008 年，化名为"中本聪"（Satoshi Nakamoto）的学者提出了一种被称为"比特币"的数字货币，在没有任何权威中介机构统筹的情况下，互不信任的人可以直接用比特币进行支付。2013 年 12 月，维塔利克·布特林（Vitalik Buterin）提出了以太坊（Ethereum）区块链平台，除了可基于内置的以太币（ether）实现数字货币交易外，还提供了图灵完备的编程语言以编写智能合约（Smart contract），从而首次将智能合约应用到了区块链。以太坊的愿景是创建一个永不停止、无审查、自动维护的去中心化的世界计算机。2015 年 12 月，Linux 基金会发起了 Hyperledger 开源区块链项目，旨在发展跨行业的商业区块链平台。Hyperledger 提供了 Fabric、Sawtooth、Iroha 和 Burrow 等多个区块链项目，其中最受关注的项目是 Fabric。不同于比特币和以太坊，Hyperledger Fabric 专门针对于企业级的区块链应用而设计，并引入了成员管理服务。

　　区块链平台可分为公有链和联盟链两类。公有链中所有的节点可自由地加入或退出；而联盟链中的节点必须经过授权才可加入。因此，公有链的节点通常是匿名的，而联盟链需要提供成员管理服务以对节点身份进行审核。表 2.1 分别从准入机制、数据模型、共识算法、智能合约语言、底层数据库、数字货币几个方面对常用区块链平台进行了对比。

表 2.1　　　　　　　　　　　　　　　　　　区块链平台对比

平台	准入机制	数据模型	共识算法	智能合约语言	底层数据库	数字货币
Bitcoin	公有链	基于交易	PoW	基于栈的脚本	LevelDB	比特币
Ethereum	公有链	基于账户	PoW/PoS	Solidity/Serpent	LevelDB	以太币
Hyperledger Fabric	联盟链	基于账户	PBFT/SBFT	Go/Java	LevelDB/CouchDB	—
Hyperledger Sawtooth	公有链/联盟链	基于账户	PoET	Python	—	—
Corda	联盟链	基于交易	Raft	Java/Kotlin	常用关系数据库	—
Ripple	公有链	基于账户	RPCA	—	RocksDB/SQLite	瑞波币
BigchainDB	联盟链	基于交易	Quorum Voting	Crypto-Conditions	RethinkDB/MongoDB	—
TrustSQL	联盟链	基于账户	BFT-Raft/PBFT	JavaScript	MySQL/MariaDB	—

2. 区块链模式

区块链把数据分成不同的区块，每个区块通过特定的信息链接到上一区块的后面，前后顺连，呈现一套完整的数据。每个区块的块头（Block Header）包含一个前块散列（Previous Block Hash）值，即将前一个区块的块头进行散列函数（Hash Function）计算而得到的值；每个区块之间都会由这样的散列值与先前的区块环环相扣，形成一个链条。区块链的交易信息被随机散列构建成一种称为默克尔树（Merkle tree）的散列二叉树形态，其根（root）被纳入了区块的随机散列值。

从技术层面上讲，区块链的核心特征包含以下三个方面。

① 块链结构：每一块有时间戳，每一块都含有前面一块的散列加密信息，对每个交易进行验证。

② 多独立拷贝存储：区块链系统的每个节点都存储同样信息。

③ 拜占庭容错：容忍少于 1/3 节点恶意作弊或被黑客攻击，系统仍然能够正常工作。

特征①指出区块链是一个"账簿"；特征②指出区块链是一个"分布式账簿"；特征③指出区块链是一个"一致性的分布式账簿"。依据这三个特征，派生出以下不同形式的区块链的落地模式。

（1）模式 1：①、②、③+ P2P + 挖矿。

比特币代表第一代区块链的数字货币应用。比特币是数字货币应用而不是平台，属于公有链（全网记账）。虽然有加密，但是账簿是全公开的。因为只记录历史信息，不记载账户余额，所以账簿不完整。账户只能用一次，用 P2P 网络逃避监管，速度极慢，而且扩展性弱。

（2）模式 2：①、②、③+ P2P + 挖矿 + 默克尔-帕特里夏树（Merkel Patricia tree）。

以太坊代表第二代区块链的数字货币应用和平台。以太坊创始人维塔利克·布特林（Vitalik Buterin）发现比特币有很多问题，于是作出了 3 个重要贡献：把以太坊转型为一个平台，而不只是一个数字货币应用；以太坊有完整的账簿，这是区块链技术一个很大的进步；在以太坊平台上加上"链上代码（chaincode）"，俗称"智能合约"。然而，布特林自己也承认，所谓"智能合约"第一不智能，第二不是合约。"智能合约"这个名词容易造成误导，IBM 称之为"链上代码"。"链上代码"能把数字货币应用变成功能强大的平台。相对于比特币，以太坊有非常大的进步，但是局限于首次公开币发行（Initial Coin Offering，ICO）。以太坊区块链是一种公有链，作为公开账簿，维护交易历史和账户信息，是完整账簿。

3. 区块链体系架构

从最早应用区块链技术的比特币到最先在区块链引入智能合约的以太坊，再到应用最广的联盟链，它们尽管在具体实现上各有不同，但在整体体系架构上存在着诸多共性，如图 2.24 所示，区块链平台整体上可划分为成网络层、共识层、数据层、智能合约层和应用层五个层次。

（1）网络层

基于 P2P 的区块链可实现数字资产交易类的金融应用，区块链网络中没有中心节点，任意两个节点间可直接进行交易，任何时刻每个节点也可自由加入或退出网络，因此，区块链平台通常选择完全分布式且可容忍单点故障的 P2P 协议作为网络传输协议。区块链网络节点具有平等、自治、分布等特性，所有节点以扁平拓扑结构相互连通，不存在任何中心化的权威节点和层级结构，每个节点均拥有路由发现、广播交易、广播区块、发现新节点等功能。区块链网络的 P2P 协议主要用于节点间传输交易数据和区块数据，比特币和以太坊的 P2P 协议基于 TCP 实现，Hyperledger Fabric 的 P2P 协议则基于 HTTP/2 协议实现。在区块链网络中，节点时刻监听网络中广播的数据，当接收到邻居节点发来的新交易和新区块时，其首先会验证这些交易和区块是否有效，包括交易中的数字签名、区块中的工作量证明等，只有验证通过的交易和区块才会被处理（新交易被加入正在构建的区块，新区块被链接到区块链）和转发，以防止无效数据的继续传播。

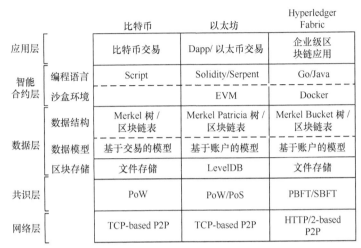

图 2.24　区块链体系架构

（2）共识层

去中心化的区块链由多方共同管理维护，其网络节点可由任何一方提供，部分节点可能并不可信，因而需要支持更为复杂的拜占庭容错（Byzantine Fault-Tolerant，BFT）。比特币要求只有完成一定计算工作量并提供证明的节点才可生成区块，每个网络节点利用自身计算资源进行散列运算以竞争区块记账权，只要全网可信节点所控制的计算资源高于 51%，即可证明整个网络是安全的。为了避免高度依赖节点算力所带来的电能消耗，一些研究者还提出了一些不依赖算力而能够达成共识的机制。例如，Hyperledger Sawtooth 应用了基于 Intel SGX 可信硬件的逝去时间证明机制。

（3）数据层

比特币、以太坊和 Hyperledger Fabric 在区块链数据结构、数据模型和数据存储方面各有特色。在数据结构的设计上，现有区块链平台设计了基于文档时间戳的数字公证服务以证明各类电子文档的创建时间。时间戳服务器对新建文档、当前时间及指向之前文档签名的散列指针进行签名，后续文档又对当前文档签名进行签名，如此形成了一个基于时间戳的证书链，该链反映了文件创建的先后顺序，且链中的时间戳无法篡改。在数据模型的设计上，比特币采用了基于交易的数据模型，每笔交易由表明交易来源的输入和表明交易去向的输出组成，所有交易通过输入与输出链接在一起，使得每一笔交易都可追溯；以太坊与 Hyperledger Fabric 需要支持功能丰富的通用应用，因此采用了基于账户的模型，可基于账户快速查询到当前余额或状态。在数据存储的设计上，因为区块链数据类似于传统数据库的预写式日志，因此通常都按日志文件格式存储；由于系统需要大量基于散列的键值检索（如基于交易散列检索交易数据、基于区块散列检索区块数据），索引数据和状态数据通常存储在 Key-Value 数据库，如比特币、以太坊与 Hyperledger Fabric 都以 Level DB 数据库存储索引数据。

（4）智能合约层

智能合约是一种用算法和程序来编制合同条款、部署在区块链上且可按照规则自动执行的数字化协议。该概念早在 1994 年初就被定义为一套以数字形式定义的承诺，包括合约参与方执行这些承

71

诺所需的协议，其初衷是将智能合约内置到物理实体以创造各种灵活可控的智能资产。由于早期计算条件的限制和应用场景的缺失，智能合约并未受到研究者的广泛关注，直到区块链技术出现之后，智能合约才被重新定义。区块链实现了去中心化的存储，智能合约在其基础上则实现了去中心化的计算。比特币脚本是嵌在比特币交易上的一组指令，由于指令类型单一、实现功能有限，其只能算作智能合约的雏形。以太坊提供了图灵完备的脚本语言与沙盒环境，以供用户编写和运行智能合约。Hyperledger Fabric 的智能合约选用 Docker 容器作为沙盒环境，Docker 容器中带有一组经过签名的基础磁盘映像及运行 Go 与 Java 语言的 SDK，以运行 Go 与 Java 语言编写的代码。

（5）应用层

比特币平台上的应用主要是基于比特币的数字货币交易。以太坊除了基于以太币的数字货币交易外，还支持去中心化应用（Decentralized Application，Dapp），Dapp 是由 JavaScript 构建的 Web 前端应用，通过 JSON-RPC 与运行在以太坊节点上的智能合约进行通信。Hyperledger Fabric 主要面向企业级的区块链应用，并没有提供数字货币，其应用可基于 Go、Java、Python、Node.js 等语言的 SDK 构建，并通过类似 REST 与运行在 Hyperledger Fabric 节点上的智能合约进行通信。

4. 区块链的应用

区块链可辅助核准互联网上每个虚拟个体和每项数字化交易的真实有效性，为大众参与、分布自治提供了保障信任的技术基础，是构筑未来数字社会的基石。

在互联网发展初期，一系列开放的互联网标准为系统之间的交互和通信奠定了基础。随着网络的迅速发展，海量数据的涌现，互联网应用广泛渗透到了社会生活的方方面面，迫切需要构建应用之间互联、互通、互操作的信任体系。区块链的思想提出了一种可信的数字化信息在网络中产生、传播和交换的协议，为构建数字社会中的"信任"提供四个层面的支撑：数据保护、个体认证、交互验证、信用凭证。

- 数据保护是指采用基于密码学原理设计的存储结构，保证数据安全可靠，使其难以被非法获取和篡改。

- 个体认证是指数字社会中各个主体的身份认证问题。身份认证是数据所有权及交易过程记录的标识。网络环境中，用户身份具有超时空性、虚拟性、匿名性、多样性等特点，同一个人在不同的时间、地点、应用环境、交互场景下，可能使用不同的虚拟身份。基于数字签名技术的认证机制保证交易过程中的虚拟身份难以伪造、可检验、可追踪。

- 交互验证是指针对数字资产多方交易的虚拟经济特性，对操作过程进行监管和审计，保证个体之间交互、交易行为的合规性，避免和及时发现各种欺诈、欺骗行为，确保各种活动符合相关的法律法规。例如，"双重支付"是一种典型的欺诈行为，将货币、证件、票据等数字资产进行不合理的传播，危害社会秩序和个体利益。

- 信用凭证是在数字资产产生和传播的整个生命周期中，全面记录每一次交易的各类信息（例如供需双方、交易的资产、交易的时间和环境、交易方式、交易前后价值及所有权变化等），保证交易凭证的真实、准确、全面、完整且不可篡改性，可作为监管的依据、司法的"证据链"。

分布式、时空链和链上代码是区块链不同于传统可信机制的设计原则。分布式设计让信息在加密的基础上共享，通过多方共识机制实现对交易执行的公众监督，而不是依赖于单一的验证中心，使得任何恶意行为如同在众目睽睽之下作案，难以得逞。时空链设计辅助建立交易场景（空间）、交易历史过程（时间）的追踪关系，为信用评价、证据溯源提供全面、准确的信息。链上代码设计支持在交易发生时自动验证交易的合理合法性，即时主动地安全防范，防患于未然，降低交易风险以及事后验证的代价。

　　构建在信任基础之上，区块链可促使信息互联网发展到价值互联网，从而释放出无数的新应用和新潜能。这种变革不仅仅是技术创新，更是新型分布式应用与分布式商业模式美妙结合的产物。

　　从应用的角度讲，现有的模式多依托于大型的数据中心平台，用户个人信息及交易过程都集中存储管理。近年来，已经发生了多起大型公司服务器被攻击、用户隐私泄露事件，凸显了航空母舰式庞大的中心数据库的安全问题。而分布式的应用架构，是将数据和计算分布在多个节点上，对分布式应用的节点进行部署，以实现分布自治，在不可信的通信之上建立点到点可信的消息交互协议，降低对单一控制中心的依赖，提高系统的可靠性和隐私保护能力。

　　从商业模式看，链上代码支持使得实体之间可以点对点约定契约、直接交易，节点之间不仅可以交换数据，还可以交换价值，进行商业活动，每个数字化的个体都可以成为自主运作的代理人。在公众监督的契约约束下，这种“直销”模式可以降低交易成本，提高交易效率，挖掘新的互联网商业模式，激发市场潜能。

　　区块链起源于虚拟货币，在金融领域得到广泛关注，其影响力还渗入到互联网应用的各个领域。随着互联网的发展，在规模越来越庞大的数字化社会中，数字化个人身份、数字化设备的互联互通、数字化资产的交易等，区块链的需求越来越强烈。区块链架构不仅可以降低交易成本，提高交易效率，还可以避免由于过度依赖超级数据中心和厂商而造成的系统的脆弱性。这种新型架构将为构建互联网信任体系的基础设施服务、保证可靠可信的数字社会运作、释放数字化的市场潜能发挥重要的作用，在数字社会中具有广阔的应用前景。

2.6　本章小结

　　本章介绍了分布式计算的基本概念和特点，分布式计算的理论基础，分布式系统的相关内容，分布式存储系统，最后介绍了几个典型的分布式系统实例。

2.7　复习材料

课内复习

1. 分布式计算的定义和特征是什么？
2. 什么是 ACID 原则？
3. 什么是 CAP 理论？
4. 什么是 BASE 理论？
5. 如何理解最终一致性？
6. 分布式存储与分布式计算的区别与联系是什么？

课外思考

1. 在日常生活中，为什么我们所接触到的分布式系统越来越多了？
2. CAP 定理中的几个关键因素为什么不能同时保证？不同的组合有什么样的应用场景？

3. 通过了解区块链的背景，说说你所理解的区块链作为一种分布式系统背后的全新理念。

动手实践

1. Globus 是一个开放源码的网格的基础平台，Globus Toolkit 工具包是一个构筑网格计算环境的中间件，提供基本的资源定位、管理、通信和安全等服务。该计算工具包是模块化的，允许用户按自己的需要定制环境。利用这套工具可以建立计算网格，并可以进行网格应用的开发。

- 任务：通过 Globus Toolkit 的官方网站下载并安装使用 Globus Toolkit。

2. HTCondor 是一个专门用于计算密集型作业的负载管理系统，它为用户提供了作业排队机制、调度策略、优先计划、资源监测和资源管理，诞生于美国威斯康星大学麦迪逊分校。

- 任务：通过 HTCondor 的官方网站下载并安装使用 HTCondor，了解它是如何实现大吞吐量计算过程的。

论文研习

1. 阅读"论文阅读"部分的论文[7]，深入了解最终一致性的原理与应用场景。
2. 阅读"论文阅读"部分的论文[11]，理解 Google 的分布式数据库 Spanner。
3. 阅读"论文阅读"部分的论文[12]，理解透明计算背后的分布式原理。

3

第 3 章　云计算架构

　　云计算平台里面的所有软件都是作为服务来提供的，需要支持多租户，需要提供伸缩能力，需要采用特定的架构才能够胜任，特别是基于服务的软件架构。服务可以分成不同层级的服务，服务的发现和提供方式可以不尽相同，服务本身需要具有的各种功能及属性也可以不尽相同。

　　本章讲解云计算架构，3.1 节介绍云计算的本质，3.2 节介绍云计算的总体架构，3.3 节从两个不同的视角介绍了云计算的架构：纵向云栈和横向云体架构，从而引出 3.4 节的软件定义的数据中心，3.5 节通过流行的 OpenStack 进行实践。

3.1 云计算的本质

3.1.1 革命性概念：IT 作为服务

云计算将所有 IT 资源包装为服务予以销售，也就是所谓的"IT 作为服务"。绝不可以轻看 IT 作为服务这个概念。尽管在主机时代就是如此，但 IT 作为服务这种理念仍然具有颠覆性的特点。因为我们大部分人已经习惯拥有自己的 IT 资产，对 IT 资产由别人拥有这种模式抱有潜意识的抵触情绪。不过，如果仔细分析这个问题，我们就会发现，IT 作为服务是顺理成章的一种自然演变。

在《大切换：重新布线世界，从爱迪生到谷歌公司》一书中，作者尼古拉斯·卡尔（Nicholas Carr）说："对于任何的通用技术来说，由于它可以被任何人用来做任何事情，如果能够将这种技术的供应集中起来，就能形成巨大的规模经济效应。"

对于蒸汽技术来说，由于蒸汽难以远程传输，只能本地供给。但对于电能和 IT 资源来说，都可以集中起来并通过远程传输来进行供应。因为发电厂的出现，人们放弃了自有的发电机；因为云计算供应商的出现，人们也可以放弃自有的 IT 资产。既然没有人觉得电能控制在别人手上就觉得不安，那也没有必要因为 IT 资产掌握在他人手上而感到不安。事实上，让每个人每天与发电机打交道，绝对不是什么开心的事情。如果有人提出要每个人拥有自己的发电机，读者一定会觉得非常奇怪，甚至匪夷所思。但为什么有人说每个人都需要拥有自己的 IT 资产，就不会觉得奇怪呢？这显然是惯性思维在作怪。

不过，将 IT 资产集中化需要新的技术和新的商业模式来支持。而云计算恰恰是新的技术范式和新的商业模式的一种结合体，自然顺应了历史的潮流。

3.1.2 云计算系统工程

云计算的商业模式、计算范式和实现方式为人们带来的是一种使用 IT、交互 IT、看待 IT 的全新感受。云可以实现和发挥 IT 领域以及与其有关的所有事情。但这只是云计算的一部分，人类的生存方式也会受到云计算深远的影响。云的出现不只是一种计算平台转换，它同时也将改变人们工作和公司运营的方式。云计算不只影响着社会的各个行业，甚至还会产生各种伦理道德乃至政治问题。

云使大部分人更平等了，它打开的是新机会，它让个人或小众能够达到巨大的用户群，它让普通的开发人员在花很少费用的情况下可以使用一流的 IT 架构和资源，并随着公司的壮大而不断增加资源的用量。在云计算的世界里，每个人可以随时发布软件到云端，从而到达难以估计的潜在客户；不必支付高昂资金，就可以在非常先进的云平台上获得自己的地位；不必关心设备与用户所处的位置，更免于对平台进行配置（所谓的系统配置要求）；部署在云端的软件可以同时供多个租户使用；云供应商的强大架构和能力让部署在上面的应用程序具有自然的可靠性和可用性；云平台的弹性资源供给为应用程序提供了伸缩能力从而能够应对需求的暴增和暴跌；云资源的按需增长使任何企业都能得到持续发展。

云计算是信息技术的"系统工程"。

好的组织需要优秀的管理者，而云计算将大量计算资源组织在一起，共同工作，那么云计算需要给出一种针对大规模系统的科学管理办法。这种方法能够解决资源组织管理过程中的各种问题。例如：在增加节点、扩大系统规模的同时，还能保证系统性能的近线性提高。在系统可能出问题的情况下，保证系统整体的稳定运行。在面临不同的业务需求时，快速重新组织资源，以新的架构适应变化。这些都要求云计算创新性地将各种技术组织起来，"调和"实现各种功能，即所谓的"系统工程"。

众所周知，系统与其对应的环境保持着某种程度的质能和信息的交换。一个庞大的信息系统内部会产生多种变化，外部的需求和环境也随之而改变，所以整个系统必须不断自我管理和调整应对变化。反映在应用层面，则是指大量计算资源组织在一起，必须通过系统内部资源的整合来支撑各种应用。云计算平台具有六大技术思想：弹性、透明、模块化、通用、动态和多租赁，它们决定了云计算平台可以通过虚拟化技术整合各类软硬件资源，可以借鉴分层抽象的理念实现系统和硬件层面的松耦合，进行计算、存储和应用的自由调度，以及可以通过负载均衡等方法解决问题。

如同积木之间可随意拼接的"松耦合"性，在一个高弹性可迁移的体系架构下，可以利用工作流引擎等方式，云计算平台可实现硬件资源和应用模块的动态调用。在这种"模块化"的技术思想下，云计算平台可以将资源和模块重新组合，快速形成新的流程来应对业务需求变化。这样，企业在业务转型或业务拓展时，如果需要底层 IT 系统提供信息化支持，则只需明确业务流程，就能快速实现业务系统的重构，为业务革新带来新的可能。

可以说，云计算扩大了对服务的定义，引入了全新的计算资源管理思路和信息技术的系统工程理念。

3.1.3　云数据中心

云计算是将所有联网的计算和存储资源聚集起来形成规模效应为核心目标的。而就目前形势看，将位于不同机构或行政区划里面的计算资源聚集起来存在着种种困难，故而以前的云计算都采用了折中：用来构建云计算的节点并非跨越行政管理区划，而是由统一的一家机构所掌握。管理这些节点的机构通常将所有用来提供云计算的节点放置在同一个地方，形成所谓的数据中心，支持云计算的数据中心就称为云数据中心。

目前，云数据中心的构造主要有两种模式，一种是传统模式，即建机房、布线、放置机器，然后连接起来。国内外现有的数据中心大多是这种模式，微软的都柏林数据中心采取的也是这种模式。这种数据中心一般因为建筑机构的承载限制通常不会超过数千台服务器，面积不会超过几万平方米。例如，微软的都柏林数据中心占地只有 2.7 万平方米。

还有一种数据中心是基于集装箱的数据中心。这种模式由谷歌公司首创，使用集装箱作为机房，每个集装箱里安置有上千台服务器，最多可达 2500 台，集装箱可以叠起或并排放置，集装箱之间通过线缆连接形成巨大的数据中心。例如，谷歌公司位于美国爱达荷州的一个数据中心就由数百个集装箱组成，一个典型的集装箱数据中心如图 3.1 所示。

云数据中心建设中需要考虑的问题包括持续性问题、能耗问题、安全性问题、冷却问题、出入带宽问题、管理问题等诸多方面。每一个问题都具有相当的复杂性。通常来说，数据中心都配备有某种自动化管理机制，能够自动检测和定位有故障的机器并自动启动和关闭等。

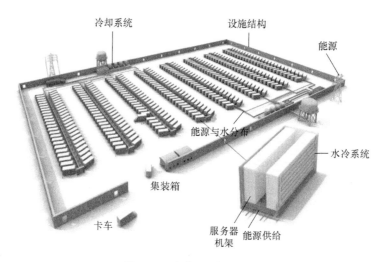

图 3.1　一个典型的数据中心

3.1.4　云的工作负载模式

云计算有自己适合的工作负载模式。如果用户使用下面这几种 IT 资源的模式中，那么利用云计算将获得巨大的优势。

1. 模式 1：时开时停模式

用户在时开时停这种工作负载模式下使用 IT 资源的方式不是连续的。使用一段时间，之后停止一段时间，如图 3.2 所示。在该模式下，如果自己拥有所有的 IT 资产，则在工作停歇阶段时这些 IT 资产将处于闲置状态，造成资源浪费。而使用云计算，因为按照用量计费，停歇时段不必付费。而云供应商凭借其巨大的客户群、优良的调度技术，可以将这些闲置资源调度给别的客户使用，避免浪费。

用户在这种模式下使用云时需要考虑的一个因素是停歇时段的长度，如果这个长度很短，则使用云计算的价值将下降。如果停歇阶段与使用时段的比值非常低的话，则拥有自己的 IT 资产可能更加方便。毕竟，从提出请求，到云供应商把资源调度出来并配置好，还是需要一段时间的。

对于很多个人用户和小型企业来说，IT 资源的用量基本上呈现时开时停模式。

2. 模式 2：用量迅速增长模式

在该工作负载模式下，用户使用 IT 资源随着时间的推移，用量不断增长，如图 3.3 所示。这是经营良好的初创公司常见的模式。

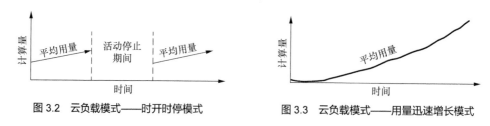

图 3.2　云负载模式——时开时停模式　　　　图 3.3　云负载模式——用量迅速增长模式

在用量迅速增长模式下，若初创公司自己拥有和管理 IT 资产，需要不断地进行采购、配置和管理。由于采购存在时间上延迟，有可能对业务形成钳制效应，阻碍业务的发展。用户可以提前采购和配置设备以消除资源对业务的钳制效应，但需要付出超前消费的代价。

但是如果使用云计算，用户就可以在无须超前消费的情况下避免资源有限对业务形成的钳制。云供应商凭借其巨大的 IT 资源池和弹性调配资源的能力，可以随着用户资源用量的增加随时增加资源的供给，提供不间断的资源扩展，从而达到资源的按需供给，为企业扩展提供后勤保障。

3. 模式3：瞬时暴涨模式

在瞬时暴涨模式下，用户平时的一般时段使用资源用量都相对稳定和平均，但会在特定时间点上出现用量的暴涨和暴跌，如图 3.4 所示。

这种暴涨可能是可以预测的，也可能是不可预测的。如果用户自己拥有和管理 IT 资产，则很可能在出现需求的突然暴涨时因 IT 资源不足而导致业务瘫痪。即使在暴涨可以预测的情形下，为了应付需求暴涨，需要购买配置大量的 IT 资产，而这些资产在平时没有用处，从而形成巨大浪费。

如果使用云计算，这个问题将迎刃而解。云供应商的巨大资源池和弹性调配资源的能力可以保证在用量暴涨时迅速增加资源供给，而在之后自动撤出这部分资源。这样，用户既不需要购买大量的设备，又可以在需要时取得所需的资源。目前的电商网站、订票网站等都可能遇到这种用量模式。

4. 模式4：周期性增减模式

在周期性增减模式下，用户的 IT 资产用量呈现周期性的增长和消减，如图 3.5 所示。在此种负载模式下，如果用户自己拥有 IT 资源，则不可避免地陷入资源浪费或业务丢失的困境。如果按照波峰配置资源，则在波谷时段将出现大量的资源闲置和浪费；如果按照平均用量配置资源，则波峰时段的业务将丢失，而这又可能导致客户的流失。

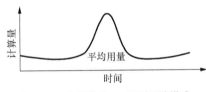

图 3.4 云负载模式——瞬时暴涨模式

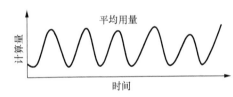

图 3.5 云负载模式——周期性增减模式

如果使用云计算，则问题将迎刃而解。云计算的资源弹性调配可以让用户随时获得资源。对于周期性的资源用量变动，用户还可以利用云环境所提供的自动伸缩能力来预先调配。

上述 4 种负载覆盖了绝大部分的 IT 用量模式。而对于那些极少数不符合这些用量模式的用户，云计算也照样适用。例如，对于用量处于恒定状态的用户来说，也可以使用云供应商的资源。只是使用云计算的主要优势已经不是资源的利用率问题，而是其他诸如可用性、可靠性和设备的升级等问题。

3.1.5 云计算的规模效应

2007 年，亚马逊公司做了一个有趣的案例分析。该案例设置的假想场景为：一个机构需要大量的存储容量，需要为此设计一个存储解决方案。亚马逊公司的 ShareThis 团队为此考虑了以下三种情景。

- 情景 1：构建自己独享的存储框架，如存储区域网。
- 情景 2：购买网络存储设备。
- 情景 3：使用基于云的亚马逊公司的 Web 服务 AWS。

在前面两种方案中，都存在时间和成本的付出。而在情景 3 里，AWS 消除了时间和成本的限制。AWS 的成本之所以低廉则主要归因于其规模优势。

云计算的规模效应有多大呢？根据美国商务部的统计数据显示，对于自有 IT 资产的企业来说，2000 年花费在资本设备上的 IT 预算为总预算的 45%，但其服务器的平均利用率只有 6%，显然非常得不偿失。在实际生活中，服务器的利用率一般为 5%～20%。

然而这种低利用率场景无法避免。因为尽管 IT 资产的平均利用率较低，但高峰利用率却可能达到 80%甚至更高，如图 3.6 所示。

图 3.6 描述的是大部分机构的 IT 资源需求变化。这种变化的特点具有周期变化形式，而资源的配置必须按照波峰来进行，否则就会在高峰供不应求。但如果按照高峰需求配置 IT 资产，则在非高峰时段将出现大量的资源浪费。

如果按照平均需求来进行 IT 资产配置，就会出现图 3.7 所示的情形。在图 3.7 中，处于容量直线之上的部

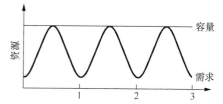

图 3.6　IT 资产的高峰利用率比平均利用率高很多

分是 IT 资源不足的部分，而这种不足可能导致营业收入的丧失或声誉的下降，或两者同时发生。

值得注意的是，资源配置不足所导致的营业收入损失很可能是永久的。因为客户一旦觉得其需求得不到满足，可能不会再次冒险使用同一个公司所提供的产品或服务。如果此种情况出现，则相关公司的 IT 资产利用率将下降，从而导致 IT 资产配置被动超出需求水平。由此出现图 3.8 所示的需求曲线。

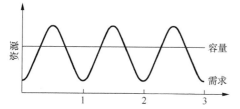

图 3.7　按照平均需求配置 IT 资产将导致高峰需求得不到满足

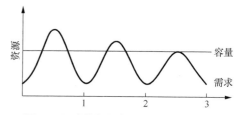

图 3.8　需求的永久消失导致资产配置溢出

如果企业既不愿意按照高峰进行配置（从而导致浪费），也不愿意因配置不足而丢失客户和收益，一种自然的选择就是 IT 租赁，这称为“托管”。用户在使用 IT 托管服务时，通常需要跟托管供应商签订某种合同，规定各种情形下的处理方案。这些情形包括诸多方面，并且随着供应商和用户的不同而有所不同。

那么，能否在租赁的基础上再往前迈一步，按照需要来使用 IT 资产和支付费用呢？资源的供给按照需求的增加而自动增加，按照需求的减少而自动减少，这是最省钱的方法，这种进一步的模式就是云计算了。云计算就是这种从业务所在地到托管再到所用即所付的一种自然结果。

云计算的规模效应让用户使用 IT 资源的门槛大为降低。用户无须制定长期投资。如果有更多的客户，则购买更多的处理能力和存储容量，支付更多的费用；如果业务有所下降，则购买较少的处理能力和存储容量，这样支付的费用将降低。云计算平台可以真正达到 24 小时×7 天×365 天运转。

3.2　云计算的架构

3.2.1　计算架构的进化

计算机出现后，计算机的软硬件都经历了长时间的演变，其中计算范式从中央集权计算（主机计算）到客户机服务器计算，再到浏览器服务器计算，再到混合计算模式。不同的计算范式对应的

是不同的计算架构,而每一种计算架构都与其所在的历史时期相符合。

计算架构的变换也由很多因素驱动,包括新的硬件、新的技术、新的应用和用户需求。新硬件的改变通常会导致软件架构的变化。新技术的出现同样会对架构产生影响,如 Web 技术的发展催生了 B/S 架构。而用户对信息系统的新需求会对软件和硬件的架构都产生影响:Web 应用程序需要服务众多的客户,从而催生出中间层结构,并进而催生出无状态的编程模型。可以说,应用程序的需求是软件架构发展的指引。

1. 中央集权架构

中央集权架构对应的是中央集权计算范式。在这种架构下,所有的计算及计算资源、业务逻辑都集中于一台大型机或者主机,用户使用一台仅有输入和输出能力的显示终端与主机连接来进行交互,如图 3.9 所示。

在这种架构下,一切权利属于主机,因此称之为中央集权架构。中央集权架构是计算机刚出现时的首选,其特点是布置简单,所有管理都在一个地方、一台机器上进行。缺点是几乎没有图形计算和显示能力,客户直接分配服务器资源进而导致伸缩性很差。显然,这种架构不具备任何弹性,也不支持资源的无限扩展性,因此不能作为云计算的架构。

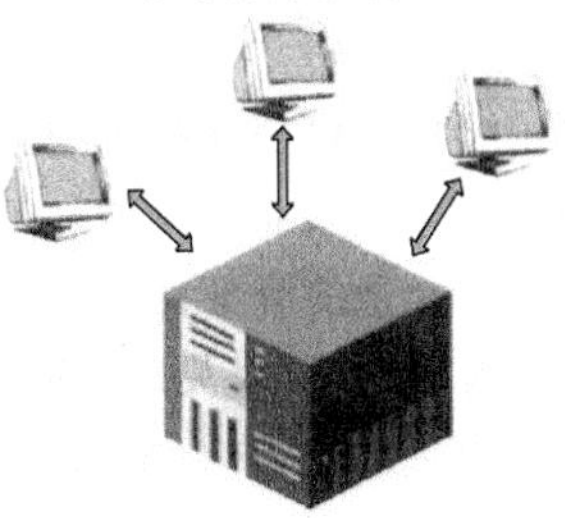

显示终端:用户界面

中央主机:应用、逻辑、数据

图 3.9 中央集权计算架构

2. 客户机/服务器(C/S)架构

客户机/服务器(C/S)架构对应的是同名计算范式。计算任务从单一主机部分迁移到客户端。客户端承载少量的计算任务和所有的 I/O 任务,服务器承载主要的计算任务。客户机在执行任务前先与主机进行连接,并在活跃的整个期间内保持与主机的持续连接。通常情况下,客户机通过远程过程调用来使用服务器上的功能和服务。

客户机/服务器架构的优点是实现了所谓的关注点分离:服务器和客户机各做各的事情。这种关注点分离简化了软件的复杂性,简化编程模式。这种架构模式的缺点则是客户机拥有到服务器的持久链接,客户持有服务器资源,从而使系统的伸缩能力受到限制,因此,此种架构也不适应巨大规模的海量计算。

3. 中间层架构

中间层架构对应的是多层客户机/服务器计算范式。它是在对客户机/服务器架构改进而产生的,其目的是简化和提升伸缩能力。所采用的方法是将业务逻辑和数据服务分别放在两个服务器上,客户机与中间服务器连接,中间层与数据服务层连接,客户机对数据的访问由中间层代理完成。图 3.10 所示是中间层架构的示意图。

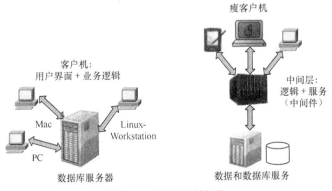

图 3.10 中间层计算架构

为了提升架构的弹性，客户机到中间层的连接均为无状态的非持久连接。这种计算架构的好处是中间层提供各种服务，方便管理，资源在客户之间能够共享从而提升了使用弹性，而不是必须使用新的编程模型，导致进入门槛的提高。由于弹性力的提升，此种模式可以被云计算有限度地采纳。

4. 浏览器/服务器（B/S）架构

浏览器/服务器架构对应的是浏览器/服务器计算范式。这种架构是对客户机和中间层的内涵进行改动后的中间层计算架构的扩展。对中间层的改动体现在中间层和客户机之间增加了一层 Web 服务器层，Web 服务器可以将中间件的各种差异屏蔽掉，提供一种通用的用户访问界面。对客户机的改动则体现在负载的进一步缩减，从承载部分计算任务改变为只显示和运行一些基于浏览器的脚本程序的状态。图 3.11 所示是浏览器/服务器计算架构的示意图。

由于这种计算架构将功能通过无状态的 Web 服务进行提供，对客户机的配置几乎没有要求。这样带来的好处是扩展性非常高，可以服务的用户数量巨大，且伸缩容易，因此适合云计算的要求。然而其对网络状况的要求非常高。

5. C/S 与 B/S 混合架构

C/S 与 B/S 混合架构对应的是混合计算范式。在应用的发展中，没有一种计算范式适合所有的场景，没有一种计算架构适合所有的应用。故而衍生出了 C/S 与 B/S 混合架构，即客户机服务器和浏览器服务器两种架构并存的一种计算架构，如图 3.12 所示。在这种架构下，一部分客户通过客户机与系统的部分服务进行连接，用来承载需要持久连接的负载，另一部客户使用浏览器与系统的另外一部分进行连接，用来承载不需要持久连接的负载。一般情况下，使用浏览器的客户为外部客户，使用客户机的客户为系统内部客户。

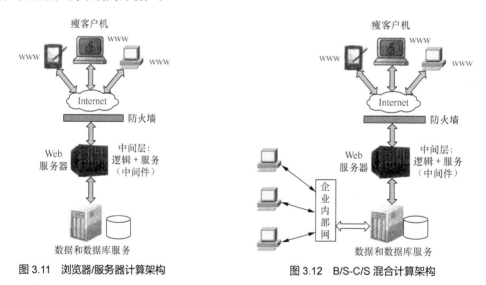

图 3.11　浏览器/服务器计算架构　　　　图 3.12　B/S-C/S 混合计算架构

6. 面向服务的架构

从之前的讨论中可以发现，中间层计算架构、浏览器服务器计算架构、混合计算架构都可以在某种程度上提供云计算所需要的伸缩能力，归因于其共有的一种特性：无状态连接和基于服务的访问。即客户机或客户所用的访问界面与（中间、数据库）服务器之间的连接是无状态的，服务器所提供的是服务，而非直接过程调用。将这种共性加以提炼，就能够得出面向服务的计算架构，如图 3.13 所示。

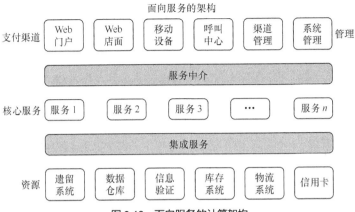

图 3.13　面向服务的计算架构

在面向服务的计算架构下，每个程序做本职任务，同时将服务暴露出来提供给其他程序使用，多个程序通过一个统一的（服务请求）界面协调工作。相对于单一系统来说，此种系统能够将复杂性限制在可控范围内，从而让整个系统的管理更加容易。

由于云计算将一切都作为服务来提供，而本质上云计算就是服务计算。只是云计算是服务计算的极致，它不仅是将软件作为服务，而是将所有 IT 资源都作为服务。

3.2.2　一般云计算架构的二维视角

从不同的角度来看，云计算架构的复杂性有一定的差异性。在最易于理解的二维视角下，云计算架构由两个部分组成：前端和后端。前端是呈现给客户或计算机用户的部分，包括客户的计算机网络和用户用来访问云应用程序的界面如 Web 浏览器；后端则是我们常说的"云"由各种组件（如服务器、数据存储设备、云管理软件等）构成。

在这种二维视角下，云架构由基础设施和应用程序两个维度组成。基础设施包括硬件和管理软件两个部分。其中硬件包括服务器、存储器、网络交换机等；管理软件负责高可用性、可恢复性、数据一致性、应用伸缩性、程序可预测性和云安全性等。图 3.14 所示是云架构的二维示意图。

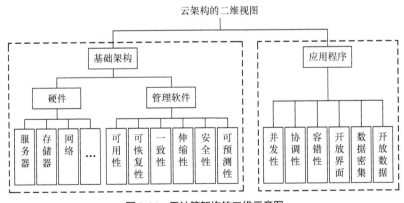

图 3.14　云计算架构的二维示意图

应用程序需要具备并发性（多实例同时执行）、协调性（不同实例之间能够协调对数据的处理及任务的执行）、容错性、开放的 API 格式、开放的数据格式（以便数据可以在各个模块之间共享）和数据密集型计算（云上面要利用数据）。

下面分别对基础架构和应用程序这两个部分做进一步的解释。

1. 基础架构的分层结构

从二维视图可以将云基础设施架构看作一个整体，它与云应用程序一起组成云计算架构的二维视图，然而云基础架构本身并非一个不可分割的整体，而是一个可以再次分层的结构。通常来说，云基础架构由四层组成：虚拟化层、Web 服务层、服务总线层、客户机界面层如图 3.15 所示。

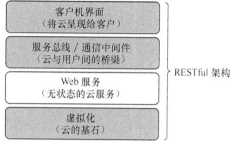

图 3.15　云基础架构的分层结构

（1）第一层是虚拟化层，其目标是将所有硬件转换为一致的 IT 资源，以方便云管理软件对资源进行各种细致的管理，如分配和动态增减计算及存储容量。从虚拟化技术的角度看，这种分配或增减可以在许多不同的抽象层上实现，包括应用服务器层、操作统过程层、虚拟机层、物理硬件的逻辑分区层等。对于云计算来说，虚拟化操作的层面基本上在虚拟机抽象层进行，虚拟化的结果是提供各种规格和配置的虚拟机，供架构上一层使用。

（2）第二层是 Web 服务层，其将云资源提供出来供用户使用。由于大部分的用户不能胜任或不想直接使用云中的虚拟机，云计算架构需要将虚拟机资源通过一个方便的界面呈现出来，而这就是 Web 服务层的作用。其优势是支持面广，对客户端的要求低，只需要浏览器即可访问。通过 Web 服务提供出来的服务均可以通过 Web 服务 API 进行访问，这种 API 叫作表征状态转移（Representational State Transfer，REST）。

（3）第三层为服务总线层，即中间件层，用来对计算服务、数据仓库和消息传递进行封装，以将用户和下面的虚拟化层进行分离，将 Web 服务与用户进行连接。不同的云计算平台在对外部服务的集成支持方面是不尽相同的，虽然一般云平台都能够支持托管在业务所在地或合作伙伴处的服务，但支持的力度可能不同。

（4）第四层为客户机用户界面，其目标是将云计算应用程序呈现给客户，以利于客户对该应用程序执行操控、查询等，或者对该应用程序进行调用操作等。通常该部分不过是一个 Web 门户，将各种混搭（Mashups）集成在一个 Web 浏览器里，其简单用户界面常常基于 Ajax 和 JavaScript，但趋势是使用功能完善的组件模型，如 JavaBeans/Applets 或者 Silvedight/.NET。该层是可以下载并安装在客户的机器上的。

2. REST 架构：云计算的软件架构

尽管基础设施架构在逻辑上分为四层，四层之间的软件架构技术纽带可以采用 REST 架构。在很多应用场景下，云计算架构应该采用无状态、基于服务的架构。REST 是无状态的架构中的一种。云计算采用 REST 的原因是其简单、开放，并已经在互联网上实现。REST 体现的正是 Web 架构的特征：源服务、网关、代理和客户。其最大的特点是除了参与者的行为规范，对其中的个体组件没有任何限制。

基于上述特点，REST 本身就适应分布式系统的软件架构，而且在 Web 服务设计模型里占据了主导地位。如果某种架构符合 REST 的限制条件，则该架构被称为 RESTful。在此种软件架构下，客户和服务器之间的请求和回应都表现为资源的转移，这里的资源可以是任何有意义的实体概念，而一个资源的表示实际上是捕捉了该资源状态的一个文档。客户在准备转移到新的状态时发送请求，当请求在等待处理的时间段内，客户被认为处于"转移"状态。REST 架构采纳的是松散耦合的方式，对类型检查的要求更低，与 SOAP 相比，且所需带宽要低于 SOAP。REST 架构的主要特点如下。

- 组件交互的伸缩性：参与交互的组件数量可以无限扩展。
- 界面的普遍性：IT 界人士都熟悉 REST 的界面风格。
- 组件发布的独立性：组件可以独立发布，无须与任何组件进行事先沟通。
- 客户机/服务器模型：使用统一的界面来分离客户机和服务器。
- 无状态连接：客户机上下文不保存在服务器中，每次请求都需要提供完整的状态。

与基于 SOAP 的 Web 服务不同的是，RESTful Web 服务不存在一个"官方"的标准。REST 只是一种架构风格，而不是一种协议或标准。虽然 REST 不是协议或标准，但基于互联网的 RESTful 实现就可以使用 HTTP、URL、XML 等标准，使用这些标准来实现 REST 架构时就可以分别设定标准。

3. 云应用程序的结构

云计算的架构与传统的计算范式的架构不同。同理，云应用程序的结构也与传统操作系统上的应用程序结构有所不同，这一点归因于传统操作系统环境和云计算环境的巨大不同。事实上，云端运行的程序和传统架构上运行的程序有着较大的区别。并不是将一个软件发布到云端就是云计算了（当然，有的传统应用程序确实可以直接发布到云端并在一定范围内正确运行），云应用软件需要根据云的特性进行构造，才能适合云环境或充分发挥云环境的优势。那么，适合云计算环境的应用程序的结构是怎样的呢？

如果熟悉云计算环境和传统操作系统上的应用程序，就不难推导出云应用软件的结构。在云计算环境下，云应用软件的结构可以分为 4 层，分别是应用程序本身、运行实例、所提供的服务和用来控制云应用程序的云命令行界面。在此，应用程序是最终的成品，但这个成品可以同时运行多个实例（这是云环境的一个重要特点），而每个实例提供一种或多种服务，服务之间则相对独立。此外，云应用程序应该提供某种云命令行界面，以方便用户对应用程序进行控制。图 3.16 所示为云应用程序的结构。

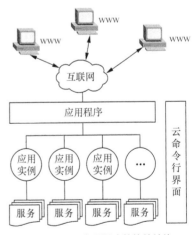

图 3.16　云应用程序的软件结构

与传统操作系统环境进行比较，云应用程序结构的 4 个部分类似传统操作系统里面的进程、线程、服务和 Shell。进程是最终的成品，这个成品可以同时运行多个指令序列（线程），每个线程提供某种功能（服务），Shell 可以用来对进程进行一定程度的控制。图 3.17 所示为传统操作系统上的应用程序结构。

另外，整个云平台可以看作一个应用程序，该程序由许多虚拟机构成，每个虚拟机上可以运行多个进程，每个程序可以由多个线程构成，在整个云平台上覆盖一层控制机制，即云控制器。图 3.18 所示就是这种视角下的云应用程序的结构。

云应用程序的结构并不仅限于此，实际上，随着云计算技术的发展，越来越多的软件都将迁移到云端，形成云端软件。本书第 10 章即为云端软件的详细介绍。

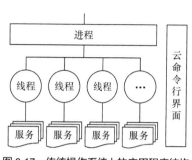

图 3.17　传统操作系统上的应用程序结构

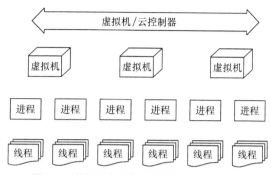

图 3.18　将云平台看作应用所展示出来的架构

3.3　云栈和云体

本节进一步结合目前广泛为大家所接受的云计算架构进行归纳和总结，期望通过不同的云计算落地实现及各种云计算参考架构呈现出能够反应云计算技术本质的结构。

和云相关的有很多概念，例如"云体""云平台""云栈""云计算"等。但是，云、云体、云平台和云系统究竟代表着什么含义呢？下面分别进行介绍。

云体是云计算的物质基础，是云计算所用到的资源集合。它是构成云计算的软硬件环境，如网络、服务器、存储器、交换机等，通过网络连接在一起。某些情况下，广义的云体也可以包括数据中心及其辅助设施如电力、空调、机架、冷却等系统。鉴于当前的云计算都是基于数据中心来进行，云体就是数据中心。

云栈又称云平台，是在云上面建造的运行环境。它能够支持应用程序的发布、运行、监控、调度、伸缩，并为应用程序提供辅助服务的机制，如访问控制和权限管理等。如微软的 Windows Azure、谷歌的 App Engine、VMWare 的 Cloud Foundry 都是云平台。

云计算则是利用云体和云平台所进行的计算或处理。可以理解为，一是云计算可以在云体上面直接进行，二是云计算可以在云平台上面进行。但不管计算在什么层面进行，只要符合按用量计费、资源可以伸缩的特点就是云计算。因此，云存储、云服务、在云上运行自己的软件或算法都是云计算。简而言之，云计算是人们利用云体和云平台所从事的活动。

显然，云体和云栈本身并没有价值，只有用来进行云计算才能提供价值。云则代指云体、云栈、云计算的结合，有时候也称为云端和云环境。

3.3.1　逻辑云栈

所谓没有规矩不成方圆，任何一个大型系统的运行都是建立在某种规则上。这些规则相互依赖，形成一个规则体系。

鉴于云计算规模巨大，提供的服务多种多样，也需要建立规则才能够便于管理，即所谓的层次架构。例如，互联网的运转依赖于一个分层的协议栈（如 OSI 的 7 层网络协议模型），协议栈里面包括一系列的网络协议（规则），不同的计算机通过这些协议进行沟通或协作。

同样，云计算也遵循着分层的规则，其组织分为多个层次，相互叠加，构成一个层次栈，这就是云计算的"云栈"，相较于传统计算机系统结构，如图 3.19 所示。

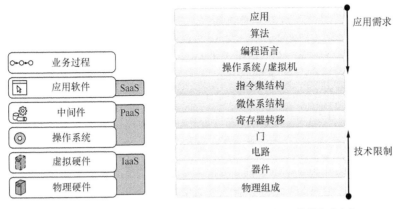

图 3.19 云计算的纵向云栈架构（左）和传统计算机系统结构（右）

在云栈里，每一层都提供一种抽象。最下面的是物理硬件层，之后每往上一层，其离物理现实的距离就更远一些，易用性就会增加一分。每一层用来实现抽象的手段都是某种或某几种服务，也称为功能。如果两个服务处于等价的抽象层，则属于云栈里的同一层。

云栈到底分多少层，并没有明确的准则，因为除了硬件之外，其他分层都是在抽象上进行，而对抽象进行分层是因时而异的。目前比较流行的分法有三种：三层模型、四层模型和五层模型。其中以三层模型为大众所知。从这个角度讲，云栈代表着云计算的纵向架构。

云栈的三层架构模式如图 3.20 所示。

在三层模式下，云计算可以很简要地概括为 IaaS、PaaS、SaaS，也就是基础设施即服务、平台服务、软件服务。其中基础设施即服务可称为效用计算（Utility Computing），平台即服务可称为弹性计算（Elastic Computing），软件即服务可称为随需应用（On-demand Applications）。

下面对三层模型里面的每一层的能力和特点进行讨论。

（1）基础设施即服务层

基础设施即服务层也称为云基础设施服务，如图 3.21 所示。

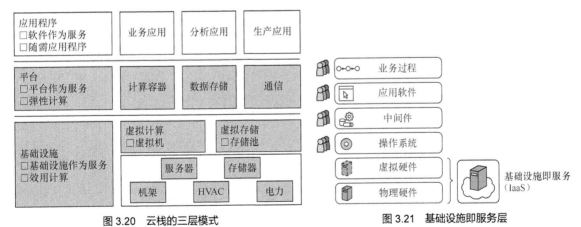

图 3.20 云栈的三层模式　　　　　图 3.21 基础设施即服务层

此层提供的是云计算的物质基础，如服务器、存储器、网络等基础设施。云计算的起始点是硬件设施及其上的虚拟化，基础设施里面包括虚拟化的原因是各种硬件规格、性能、质量的不统一，无法直接在上面建造云平台。为此，必须将各种硬件变为统一的标准件，以利于上面安装云平台。

这种虚拟化的计算能力和存储容量正是该基础设施层所提供的产品或服务。

由于基础设施即服务层位于最底层，其消费的是物理现实（服务器、存储器等），支持的是上面的云平台。有了基础设施层之后，客户就不用再购买服务器、存储器、网络设备或数据中心空间，而是将这些作为外包资源加以使用。提供商则以效用计算模式对客户使用基础设施进行收费。

（2）平台即服务层

平台即服务（Platform as a Service）层是一座桥梁，在虚拟化的 IT 基础设施上构建起应用程序的运行环境，其提供的产品包括计算环境、云存储库、通信机制、控制调度机制，统称为云计算平台或者云解决方案栈。该层消费的是云基础设施服务，支持的是上面的云应用程序，如图 3.22 所示。

（3）软件即服务层

软件即服务（Software as a Service）层有着很多别名：应用程序、随需计算、行业应用（如果在云上部署某种行业应用，如铁路客票系统）、大数据（如在云上对大数据进行处理）、Hadoop（如在云上部署 Hadoop 框架）、TensorFlow（如在云上部署人工智能框架）等。顾名思义，软件即服务层提供的是应用程序服务，也就是一般的终端客户所需要的服务。众所周知的一些服务，包括谷歌地球、微软在线 Office Live、Salesforce 的客户关系管理和一些大型的行业应用等，通过互联网进行交付，而不是将软件进行打包销售，从而避免了在客户自己的计算机上进行安装和运行的麻烦，同时简化了运维。SaaS 消费的是云平台，产出则是终端功能和用户体验，如图 3.23 所示。

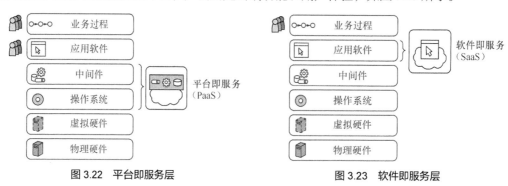

图 3.22　平台即服务层　　　　　图 3.23　软件即服务层

SaaS 的主要特点有如下几点：

- 基于网络（一般为 Web 模式）进行远程访问的商用软件；
- 集中式管理，而非分散在每个用户站点；
- 应用交付一般接近一对多模型，即所谓的单个实例多个租户架构；
- 按照用量计费（实际中一般按月或其他时间周期进行计费）。

SaaS 不一定要部署在云平台上，但如果是部署在云平台上，被称为云应用服务。因此，SaaS 与云计算的语义并不是完全重合。对于云平台上的 SaaS 来说，可以运行的应用程序的种类和规模完全取决于云平台所拥有的能力。一般来说，云平台应该能够提供各种各样的运行环境，故而几乎所有的应用程序都可以成为云上的软件而化身为服务来提供给用户使用。

云软件和云服务最大的优势是，用户不再担心系统配置或架构管理，云供应商承担了所有这些任务。使用云软件的缺点则是用户没有灵活性，只能使用供应商所提供的版本和功能。

需要强调的是，虽然软件即服务层是大多数用户与云计算打交道时所用到的层面，云计算也可以在云栈的三个层面上同时给用户提供服务，也确实有大量的客户仅仅使用下面的平台层服务或基础设施服务。

3.3.2 逻辑云体

如果说云栈是从纵向的方式来构建云计算的整体架构，那么"云体"是从横向的角度来看这种架构模式，架构模式的图可参见第 1 章的图 1.11。

在传统操作系统环境下，操作系统需要提供计算、存储、通信和控制调度的能力，学过操作系统的读者对云体架构模式更易于理解，如图 3.24 所示。

这是因为应用程序有这些需要。应用程序在运行时需要使用计算资源存取数据，以及和别的程序进行沟通。传统操作系统为此提供的抽象是进程/线程/内存管理、文件系统、进程间通信/网络等。文件系统提供的是数据的持久存储，内存因为其非稳定性而不能胜任此工作。进程间通信和网络提供的则是通信能力。此外，操作系统还备有负责应用程序控制和调度的功能模块。在云体环境下，应用程序的运行也应具备计算资源、持久存储、通信等构件，如图 3.25 所示。

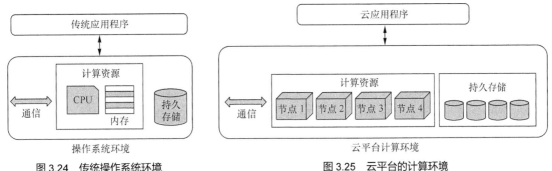

图 3.24　传统操作系统环境　　　　　　图 3.25　云平台的计算环境

计算资源提供的是 CPU 能力。与传统操作系统不同的是，在云计算平台上，计算资源包括的可能不只是一个 CPU，也不仅是一台机器上的多个计算核，而可能是无数计算节点上的很多 CPU。因为有底层虚拟化的支持，云体可以给应用程序提供一个 CPU、半个 CPU，或者 N 个 CPU。为了管理方便，云环境下所有的 CPU 计算能力都被切割并封装成一定规格的计算单元。一般情况下，用户只能按照这些预制的规格进行申请。此外，用户在申请计算单元时，通常还会同时指定该计算单元上应该部署的操作系统、Web 服务器，甚至开发运行环境。

云环境下的持久存储机制称为云存储。在传统操作系统环境下，应用程序的持久存储机制就是本地磁盘，但不同的是，在云环境下应用程序在运行过程中写在本地磁盘上的数据是非持久的，因为应用程序运行的主机是不确定的，每次运行所用到的物理机器可能是不同的。一旦应用程序结束运行，该物理机器可能立刻被分配给另外的应用程序，而已经终结的应用程序没有办法再访问到同一台物理机，自然不能将存放在该物理机磁盘上的数据读取出来。有鉴于此，云存储需要提供一种与运行应用程序的主机独立的存储位置和存储容量，这些位置和容量在应用程序结束后仍然存在，且仍然能够访问到。这与传统操作系统的磁盘类似，只不过其存储位置可能是任意地方，甚至是地理位置上遥远的地方。

云环境下的通信机制提供的是应用程序在运行时的信息沟通能力，它对于云环境可能更为重要，因为云环境下的应用程序通常是多实例并发，不同实例之间肯定需要进行沟通。故而云环境下一定要提供某种机制让应用程序的不同实例之间能够互通有无，另外，可能还需要提供不同应用程序之间的通信通道。同一个应用程序的不同实例之间的通信一般由队列机制来实现，不同应用程序之间的通信则一般由网络机制予以实现。因此，功能完整的云体平台所包含的云通信都有队列和网络两个部分。

云体平台还会提供一些模块或接口用来优化和管理云平台。应用程序可以调用这些接口来完成一些诸如增加计算实例、紧缩应用程序等在其他平台上无法完成的任务。实际上云体的一个重要功能是根据需要对应用程序进行伸缩，即动态调整一个应用程序所使用的计算能力、存储容量和通信资源。

本书接下来的第 4～6 章就是围绕构成云体的计算、存储和通信所展开的。

3.3.3　一切皆为服务

无论是横向云体架构还是纵向云栈架构；无论是三层结构、四层结构，还是五层结构；无论是公有云、私有云，还是混合云或其他云；更无论是用量暴增、是周期性增减，还是用量稳定增长，都不能改变云计算的本质——服务。如果用一个短语来描述云计算，那就是：IT 即服务。

云计算的本质就是 IT 作为服务涵盖了基础设施即服务、平台即服务、软件即服务或任何 X 即服务。在这种情况下，用户原来需要承担的 IT 资产采购、配置、运维的责任几乎全部转移到了各种服务供应商身上，从而可以轻装上阵，专注于自己的核心业务，不用为自己并不擅长的后勤花费巨大的人力和物力。

在基础设施即服务的模式下，企业将底层的 IT 环境交给第三方供应商打理，自己租用第三方的设备和环境来搭建自己的业务环境和应用，所负担的责任明显下降，需要的人力也大幅度降低。在平台即服务的模式下，企业将所有的 IT 架构交给第三方，自己只负责应用程序的开发、部署和运维。这种模式非常适合那些开发应用软件给人们享用的人，比如游戏开发商。在软件即服务模式下，用户则什么都不用管，直接使用云供应商或他人部署在云平台（或其他远程服务器）上的软件，可谓省心省力省钱，缺点当然是一切都依赖他人。

理论上说，横向扩展是不存在极限的。而云计算的强大正是体现在其横向扩展的能力方面不受限制。然则实际中，横向扩展也面临某种极限：复杂性达到一定程度后，软件的架构也可能难以胜任服务器数量的无限增加。因此，如何设计出可以无限扩展的架构，如何对复杂性进行有效管理，使其不失控就是云计算要面对的很严峻的挑战。

实际上，我们真正需要的是一个好的云软件架构。因为好的架构能让云计算的规模随意扩展，把云的复杂性控制在最低程度，至少也将其置于可控的范围内。这也是本章聚焦在云计算架构上面的根本原因。而云计算通过采用软件定义云体的方式，即软件定义的数据中心，可以胜任这种无限扩大。

3.4　软件定义的数据中心

软件定义数据中心（Software Defined Data Center，SDDC）是个新概念，2012 年以前还没有人系统阐述它。随着软件定义计算、软件定义存储、软件定义网络等一系列"软件定义"新技术的蓬勃发展，已经有几十年发展历史的数据中心将要迎来另一场深刻的变革。原有的设备还可以继续运转，但是管理员不再需要频繁去照看它们；网络不需要重新连线也可以被划分成完全隔离的区域，并且不用担心 IP 地址之间会发生冲突；在数据中心部署负载均衡、备份恢复、数据库不再需要变动硬件，也不再需要动辄几天的部署测试，管理员只需点几下鼠标，几秒钟就能完成；资源是按需分配的，再也不会有机器长年累月全速运转，而没有人知道上面运行的是什么业务；软件导致的系统崩溃几乎总是不可避免的，但是在系统管理员甚至还没有发现这些问题的时候，它们已经被自动修复了，当然，所有的过程都被记录了下来。

SDDC 所涉及的概念、技术、架构、规范都在迅速发展，但又并不同步。目前还很难用一两句话为 SDDC 下一个准确的定义。

接下来，我们循着技术发展的脉络，看看 SDDC 出现之前的数据中心是什么样的。

3.4.1　数据中心的历史

数据中心（Data Center）是数据集中存储、计算、交换的中心。从硬件角度考虑，它给人最直观的印象就是计算设备运作的环境。故而数据中心的发展是与计算机（包括分化出的存储和网络设备）的发展紧密联系在一起的。

从第一台电子计算机出现开始，这些精密的设备就一直处于严密周到的保护中。由于最早的电子计算机几乎都应用于军事，不对公众开放服务，而且每台计算机所需要的附属设施都是单独设计的，因此参考价值非常有限。

20 世纪 60 年代，商用计算机得到大量应用，其中最具代表性的是 IBM 的主机（Mainframe）系列。这些都是重达几十吨、占地数百平方米的庞然大物，与之略显不相称的是这些机器缓慢的计算速度和较小的数据存储规模。在当时，拥有这样一台计算机代价很高，而一个机房同时部署几台就更是异想天开。图 3.26 中的左图，是 20 世纪 60 年代的一个主机机房。一排排的机柜就是计算机的主体，而整个体育馆一样大小的房间就是当时的数据中心。明显这里仅有一台计算机，因此这个数据中心是不需要网络和专门的存储节点。从管理角度看，这时候数据中心的管理员是需要精细分工的，有专人管理电传打字机（Teletype）、有专人管理纸带录入、有专人管理磁带等，要使用这台计算机并非易事。

图 3.26　IBM 主机机房（左）和现代数据中心（右）

20 世纪 80 年代，随着大规模集成电路的发展，出现了大量相对廉价的微型计算机。数据的存储和计算呈现一种分散的趋势，越来越多的微型计算机被部署在政府、公司、医院、学校等。信息的交换依靠磁盘、磁带等介质。到了 90 年代，计算的操作变得越来越复杂，原有的微型计算机开始扮演客户端的角色，而大型的任务如数据库查询被迁移到服务器端，著名的客户端/服务器模式开始大行其道，直接推动了数据中心的发展。

数据中心再也不是只有一台计算机，机架式服务器的出现，大幅度提升了数据中心中服务器的密度。随着越来越多的计算机被堆叠在一起，机器之间的互联就显得日益重要起来。无论是局域网还是广域网，网络技术都在这一时期取得了飞速的发展，为互联网时代打下了坚实的基础。数据中心里的网络设备也从计算机中分化出来，不再是"用于数据交换的计算机"。软件方面，UNIX 仍然是数据中心的主流操作系统，但是 Linux 已经出现，并且在这之后的岁月里展现出了惊人的生命力。

进入 21 世纪，互联网成为社会发展的主角，数据中心从技术发展到运行规模，都经历了前所未有的发展高潮。几乎所有的公司都需要高速的网络与 Internet 相连，公司的运营对于 IT 设施的依赖性越来越高，需要不间断运行的服务器支撑公司的业务。试想，如果一家公司的电子邮件系统处于时断时续的状态，如何保证公司的正常运作？然而，每家公司都自行构建这样一套基础架构太不划算，也没有这个必要。于是，IDC（Internet Data Center）就应运而生了，这是第一次出现以运营数据中心为主要业务的公司。由于竞争的需要，IDC 竞相采用最新的计算机，采购最快速的网络连接设备和存储设备，应用最新的 IT 管理软件和管理流程，力图使自己的数据中心能吸引更多的互联网用户。不仅仅是 IT 技术，作为专业的数据中心运营商，IDC 为了提高整个系统的可靠性、可用性和安全性，对建筑规范、电源、空调等都做了比以往更详尽的设计。

可是事物的发展有着我们难以预计的不确定性。IPv4 的主地址池分了 30 年才分完，而孤立的 IDC 还不到 10 年就进入了互连互通的时期。对于 IDC 来说，推动互连互通的主要是以下一些需求：
- 跨地域的机构需要就近访问数据和计算能力；
- 分布式应用越来越多；
- 云计算的出现。

因为这些因素的推动，数据中心之间的联系变得更密不可分。不同数据中心的用户需要跨数据中心的计算资源、存储空间、网络带宽都可以共享，并非孤立存在，管理流程也很相近。

数据中心的发展历史如图 3.27 所示，数据中心中机器的数量从一台到几千几万台，似乎是朝着不断分散的目标发展。

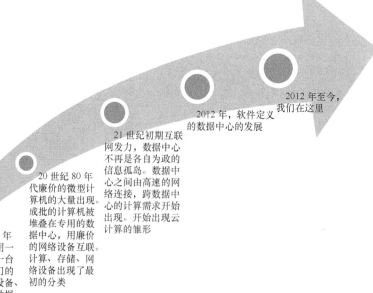

图 3.27 数据中心的发展

　　然而从管理员和用户的角度看，访问大型机上的计算资源和访问云数据中心中的计算资源是从一个大的资源池中分出一块。用户体验经历了集中到分散、再到再集中的发展过程。新的集中访问资源的模式和资源的质量都已经远远超越了大型机时代。从一台机器独占巨大的机房，到少量计算机同时各自提供服务，再到无数的机器可以高速互通信息，同时提供服务，可以分配的资源被越分越细，数据中心的密度也越来越高。然而管理数据中心的人员并没有增长得这么快，这是因为网络的发展让管理员可以随时访问数据中心中任何一台机器，使得 IT 管理软件帮助管理员可以管理数千台机器。如果管理员不借助专业 IT 管理软件，一个人管理几十台机器就已经手忙脚乱了。因此，传统的数据中心是"软件管理的数据中心"。

3.4.2　继续发展的推动力

　　尽管软件管理的数据中心已经发展得非常完善，然而就可管理的硬件数量而言并没有迅速发展的必要，场地维护、电力、空调等基础设施的管理也成熟到足够在一个数据中心容纳数万台机器。例如 Yahoo 公司曾经在美国纽约州建设的数据中心拥有 3000 多个机柜，足以容纳 5 万～10 万台服务器同时工作，DCIM（Data Center Infrastructure Management）系统会监控每一台服务器的运行状态，确保整个数据中心没有一台机器会过热，以及 UPS 在风暴来临而突然断电的时候能正确切换到工作负载上。

　　尽管数据中心发展完善，管理模式也很成熟，但对于数据中心系统管理员来说，传统模式的数据中心仍然存在着许多问题。

1. 过多的机器

　　如果要给上千台机器配置操作系统和网络连接、登记在管理系统内、划分一部分给某个申请用户使用，或许还需要为该用户配置一部分软件等，都是劳动密集型的任务。例如，Google 公司经常需要部署数千节点的 GFS 环境给新的应用，要是按照传统数据中心的模式，肯定需要一支训练有素、数量庞大的 IT 运维大军。

2. 机器的利用率过低

　　据统计，Mozilla 基金会数据中心的服务器 CPU 占用率在 6%～10%。也许这与应用的类型有关，例如在提供分式文件系统的机器上 CPU 就很空闲，与之对应的是内存和 I/O 操作很繁忙。服务器利用率低下实际上是普遍存在的问题。一个造价昂贵的数据中心再加上数额巨大的电费账单，只有不到 10% 的资源被合理利用，超过 90% 制造了热量。

3. 应用迁移太困难

　　硬件的升级换代导致数据中心每隔一段时间就需要更新硬件。困难的不是把服务器下架，交给回收商，而是把新的服务器上架，按以前一样配置网络和存储，并把原有的应用恢复起来。新的操作系统可能有种种问题，比如驱动的问题、网络和存储可能无法正常连接、应用在新环境中不能运行等。

4. 存储需求增长得太快

　　2017 年全球的数据总量为 16.8 ZB（1ZB=2^{70}B），预计到 2020 年全球的数据总量将达到 40ZB。即使不考虑为了存储这些数据需要配备的空闲存储，也意味着数据中心不得不在一年内增加 50%左右的存储容量。用不了几年，数据中心就会堆满了各种厂家、各种接口的存储设备。管理它们需要不同的管理软件，而且常常互相不兼容。存储设备的更新比服务器更关键，因为所存储的数据可能是我们每个人的银行账号、余额、交易记录。旧的设备不能随便换，新的设备还在每天涌进来。学习存储管理软件的速度也许还赶不上存储设备的增长。

以上问题只是其中很小的一部分。像以往数据中心的发展一样，首先是应用的发展推动了数据中心的发展。之前提到的超大型分布式系统和云计算服务平台都是类似的应用。我们在后面还会介绍更多这样的应用场景。这些应用有一个共同的特点就是，它们需要比以往更多的计算、存储、网络资源，而且需要灵活、迅速的部署和管理。为了满足如此苛刻的要求，仅仅增加机器已经无济于事了。与此同时，人们终于发现数据中心的服务器利用率竟然只有不到 10%。但是应用迁移却如此困难，明知有些机器在 99.9%的时间都空闲，却不得不为了那 0.1%的峰值负荷而让它们一直空转。如果说服务器只是有些浪费，还可以接受，然而存储问题更大，随着数据产生的速度越来越快，存储设备要么不够，要么实在太多无法全面管理。

3.4.3 软件定义的必要性

由于上述所说的困难，数据中心的管理员、应用系统的开发人员、最终用户，都认识到将数据中心的各个组成部分从硬件中抽象出来、集中协调与管理、统一提供服务是一件很重要的事情。如图 3.28 所示，在传统的数据中心中，如果需要部署一套业务系统，例如文件及打印服务，就要为该业务划分存储空间，分配运行文件及打印服务的服务器，配置好服务器与存储的网络。

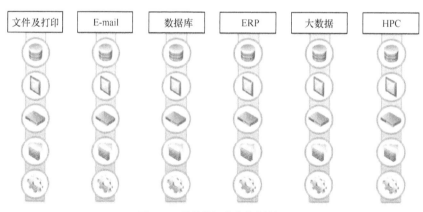

图 3.28 传统数据中心中的资源

计算中心的不同导致其有不同的管理流程，而这都要先向 IT 管理员提交一个请求，注明需要哪些资源。IT 管理员收到请求后，会在现有的资源列表中寻找适合的服务器、存储、网络资源。如果现有资源能满足要求，不需要额外采购就能满足文件服务器的要求，最快也需要 1～2 天；如果现有的资源数量和质量无法满足需求，就需要询价、采购、发货、配置上线等各项流程，至少要十几天时间。如果是核心业务系统紧急需要资源怎么办？例如，2012 年 11 月 11 日的"双十一"促销是各个电商平台的整体较量，但是促销开始不久，淘宝和京东的后台系统就从飞速变成了"龟速"，京东决定紧急采购服务器扩容。可采购、发货、配置上线等各项流程都是需要时间的，从 IT 资源的管理角度看，如果业务需要等待几天，"双十一"的促销大战是必然要受到严重影响的。

从图 3.28 中还可以看到，6 个业务系统需要 6 套服务器。在生产环境的服务器上再部署、调试其他业务只会带来更多的麻烦，而且实际上，文件打印这些服务需要的计算能力很弱，数据库系统需要很大的内存和非常好的 I/O 能力，高性能计算需要强大的 CPU。显而易见，为不同的业务采购不同配置的服务器是必需的，而且对于各项性能的要求几乎完全来自于估计，没有人会确切地知道是否需要 256GB 的内存而不是 128GB。因此，IT 管理员需要面对的就是千奇百怪的配置表和永远无法清楚描述的性能需求。因此 IT 管理员在采购硬件的时候自然而然会采取最安全的策略：尽量买最好的。这就出现了上文提到过的问题：服务器的利用率非常低。

而利用高端的存储实现存储资源池，理论上可以同时支持所有的应用。但是如果把高端存储用来支持打印服务器，又显得不切实际。实际情况下，这些业务系统会至少共享 2~3 种存储设备。每个子系统都使用各自的子网，但是一个网段分给了某项业务，即使并不会被用完，其他系统也不能再用了。

在这种情况下，需要重新考虑虚拟化技术。在计算机发展的早期，虚拟化技术早就存在了，当时的目的是可以利用昂贵的计算机。数十年后，虚拟化技术再一次变成人们重点关注的对象，这依然是因为要提高资源的利用效率。而且这次虚拟化技术不仅在计算节点上被广泛应用，相同的概念也被很好地复制到了存储、网络、安全等与计算相关的方方面面。虚拟化的本质是将一种资源或能力以软件的形式从具体的设备中抽象出来，并作为服务提供给用户。当这种思想应用到计算节点，计算本身就是一种资源，被以软件的形式（各种虚拟机从物理机器中抽象出来）按需分配给用户使用。虚拟化思想应用于存储时，数据的保存和读写是一种资源，而对数据的备份、迁移、优化等控制功能是另一种资源，这些资源被各种软件抽象出来，通过编程接口（API）或用户界面提供给用户使用。

3.4.4　软件定义数据中心的架构分析

在软件定义数据中心最底层是硬件基础设施，包括存储、服务器和各种网络交换设备，如图 3.29 所示。

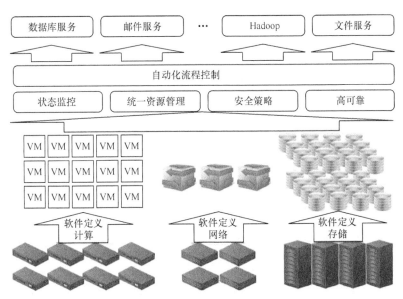

图 3.29　软件定义数据中心的分层模型

对于硬件而言，软件定义数据中心并没有特殊的要求。服务器最好能支持最新的硬件虚拟化，并具备完善的带内（In Band）和带外（Out of Band）管理功能，这样可以尽可能提升虚拟机的性能和提供自动化管理功能。但是在没有硬件虚拟化的支持的情况下，服务器一样可以工作，只是由于部分功能需要由软件模拟，性能会稍打折扣。这说明软件定义数据中心对于硬件环境的依赖性很小，新的旧的硬件都可以统一管理，共同发挥作用。此外为求更好的性能，当更新的硬件出现时，不但可以充分发挥新硬件的能力，也让用户有充足的动力不断升级硬件配置。

传统的数据中心中系统软件和应用软件处于硬件之上。但是在软件定义数据中心里，硬件的能力需要被抽象成为能够统一调度管理的资源池，而且计算、存储和网络资源的抽象方式各不相同。

（1）软件定义计算

软件定义计算最主要的解决途径是虚拟化，真正走入大规模数据中心还是在 VMware 推出基于 x86 架构处理器的虚拟化产品之后。随后，还有基于 Xen、KVM 等的开源解决方案。虚拟机成为计算调度和管理的单位，可以在数据中心甚至跨数据中心的范围内动态迁移而不用担心服务会中断。本书第 4 章将详细叙述这方面内容。

（2）软件定义存储

目前最常使用的技术方案是分离管理接口与数据读写，由统一的管理接口与上层管理软件交互，而在数据交互方面，则可以兼容各种不同的连接方式。这种方式的优点是可以很好地与传统的软硬件环境兼容，从而避免破坏性的改造。同时，如何最合理地利用各级存储资源，在数据中心的级别上提供分层、缓存也是需要特别考虑的。本书第 5 章将详细叙述这方面内容。

（3）软件定义网络

与数据读写和软件定义存储类似，管理接口首先要分离。由软件定义的包括网络的拓扑结构或者是有层叠的结构。前者可以利用开放的网络管理接口例如 OpenFlow 来完成，后者则可能是基于 VxLAN 的层叠虚拟网络。本书第 6 章将详细叙述这方面内容。

在服务器、存储和网络已经被抽象成虚拟机、虚拟存储对象（块设备、文件系统、对象存储）、虚拟网络的时候，在图 3.31 中可以发现各种资源在数量上和表现形式上都与硬件有明显区别。此时，数据中心至多可以被称为"软件抽象"，还不是软件定义的，因为各种资源现在还无法建立起有效的联系。要统一管理虚拟化之后的资源，需要用一套统一的接口进一步集中管理这些资源。例如 VMware 的 vCenter 和 vCloud Director 系列产品能够让用户对数据中心中的计算、存储、网络资源进行集中管理，并能提供权限控制、数据备份、高可靠等额外的特性。

相较于资源管理，同最终用户距离更近的是一系列的服务，比如普通的邮件服务、文件服务、数据库服务、针对大数据分析的 Hadoop 集群等服务。对于配置这些服务来说，软件定义数据中心的独特优势是自动化。例如 VMware 的 vCAC（vCloud Automation Center）就可以按照管理员预先设定的步骤，自动部署从数据库到文件服务器的几乎任何传统服务。绝大多数部署的细节都是预先定义的，管理员只需要调整几个参数就能完成配置。即使有个别特殊的服务（例如用户自己开发的服务）没有事先定义的部署流程，但也可以通过图形化的工具来编辑工作流程，并且反复使用。

从底层硬件到提供服务给用户，资源经过了分割（虚拟化）、重组（资源池）、再分配（服务）的过程，增加了许多额外的层次。从这个角度看，虽然"软件定义"有相应的代价的，但是层次化的设计有利于各种技术并行发展和协同工作。让专家去解决他们各自领域内的专业问题，无疑是效率最高的。软件定义数据中心的每一个层次都涉及许多关键技术。回顾上文的层次结构可以发现，有些技术由来已久，但是被重新定义和发展了，例如软件定义计算、统一的资源管理、安全计算和高可靠等。有些技术则是全新的，并仍在迅速发展，例如软件定义存储、软件定义网络、自动化的流程控制等，这些技术也是软件定义数据中心赖以运转的关键。

3.4.5　软件定义数据中心的发展

在计算需求的迅猛增长的情势下，往日数据中心的大客户不得不自己动手定制数据中心。Google 是这一潮流的先行者，同时也将自己的数据中心技术作为公司的核心机密。据称，Google 与接触数据中心技术的雇员签订了保密协议，即使这些雇员离职，一定期限内也不能透露其数据中心的技术细节。社交网络巨头 Facebook 也清楚地意识到下一代数据中心技术对于未来互联网乃至整个 IT 技术发展至关重要的意义。与 Google 不同，Facebook 并没有试图包揽从数据中心硬件到软件的所有设计，而是找来了很多合作伙伴，并把自己数据中心的设计"开源"出来变成了"开放计算项目"（Open Compute Project，OCP）。OCP 并不仅限于软硬件设计，还包括数据中心的建筑规范、电力、制冷、机架机械设计等内容，是一份建设数据中心的蓝图。国内的互联网和 IT 巨头也在发展自己的数据中心技术。由 BAT（百度、阿里巴巴、腾讯）发起的"天蝎计划"（Scorpio）主要包括一套开放机架设计方案，目标是提供标准化的计算模块，能够迅速部署到数据中心提供服务。他们的共同特点是模块化的设计和为大规模迅速部署做出的优化。细心的读者可能会发现，在这些标准中，涉及软件的部分很少。这么大规模的硬件部署，是如何管理的呢？是不是在下一个版本的文档发布时就会说明了？非常遗憾，这正是互联网巨头们的核心机密。不过随着开源文化与技术的发展，这些核心技术也慢慢通过过各种开源项目走进大众的视界中。

服务提供商和系统集成商对于数据中心发展的看法与传统的数据中心用户略有不同，而且并不统一。IBM 和 HP 这类公司是从制造设备向系统和服务转型的例子。在对待下一代数据中心的发展上，这类公司很自然地倾向于能够充分发挥自己在设备制造和系统集成方面的既有优势，利用现有的技术储备引导数据中心技术的发展方向。

微软作为一个传统上卖软件的公司，在制定 Azure 的发展路线上也很自然地从 PaaS 入手，并且试图通过"虚拟机代理"技术模糊 PaaS 和 IaaS 之间的界限，从而充分发挥自身在软件平台方面的优势来打造后台由 System Center 支撑、提供 PaaS 服务的数据中心。

亚马逊公司是一个特例。亚马逊公司最初的业务与 IT 服务毫无关系，图书和百货商品一直是它的主营产品，直到近些年，它开始销售计算和存储能力。亚马逊不是与谷歌、Facebook 一样的数据中心的用户，是因为 AWS（Amazon Web Service）虽然脱胎于亚马逊的电子商务支撑平台，但是已经成为一套独立的业务进行发展了。作为特例的亚马逊有特别的思路：需要数据中心服务，就使用 AWS 公有云。

传统的硬件提供商 Intel 公司作为最主要的硬件厂商之一，为了应对巨型的、可扩展的、自动管理的未来数据中心的需要，也提出了自己全新架构的硬件——RSA（Rack Scale Architecture）。在软件、系统管理和服务层面，Intel 非常积极地与 OCP、天蝎计划、OpenStack 等组织合作，试图在下一代数据中心中仍然牢牢地占据硬件平台的领导地位。从设计思路上，RSA 并不是为了软件定义数据中心而设计，恰恰相反，RSA 架构希望能在硬件级别上提供横向扩展（Scale-Out）的能力，避免"被定义"。对 RSA 架构很有兴趣的用户发现，硬件扩展能力更强的情况下，软件定义计算、存储与网络可以在更大的范围内调配资源。

通过概览未来数据中心业务的参与者，可以大致梳理一下软件定义数据中心的现状与发展方向。

1. 需求推动，先行者不断

数据中心在未来的需求巨大且迫切，以至本来数据中心的用户们必须自己动手建立数据中心，而传统的系统和服务提供商则显得行动不够迅速。曾经用户对数据中心的需求会通过 IDC 的运营商传达给系统和服务提供商，因为后者对于构建和管理数据中心更有经验，相应能提供性价比更高的服务。然而，新的由软件定义数据中心是对资源全新的管理和组织方式，核心技术是"软件"，传统的系统和服务提供商在这一领域并没有绝对的优势。数据中心的大客户们（例如 Google、Facebook、阿里巴巴）本身在软件方面恰恰有强大的研发实力，并且没有人比它们更了解自己对数据中心的需求，于是他们自己建造数据中心也是理所当然。

2. 新技术不断涌现，发展迅速

服务器虚拟化技术是软件定义数据中心起源。从 VMware 在 2006 年发布成熟的面向数据中心的 VMware Server 产品到现在只有短短的十几年时间。在这十几年里，不仅是服务器的虚拟化经历了从全虚拟化到硬件支持的虚拟化，以至下一代可扩展虚拟化技术的发展，软件定义存储、软件定义网络也迅速发展起来，并成为数据中心中实用的技术。在数据中心管理方面，VMware 的 vCloud Director 依然是最成熟的管理软件定义数据中心的工具之一。然而，以 OpenStack 为代表的开源解决方案也显现出惊人的生命力和发展速度。OpenStack 从 2010 年出现到变成云计算圈子里人尽皆知的明星项目仅仅用了两年。

3. 发展空间巨大，标准建立中

软件定义数据中心还处于高速发展时期，尚且没有一个占绝对优势的标准。现有的几种接口标准都在并行发展，也都有各自的用户群。较早接受这一概念以及真正大规模部署软件定义数据中心的用户大多是 VMware 产品的忠实使用者。热衷于技术的开发人员则往往倾向于 OpenStack，因为作为一个开源项目，其可用性非常强。而原来使用 Windows Server 的用户则比较自然地会考虑微软的 System Center 解决方案。就像在网络技术高速发展时期，有许多网络协议曾经是以太网的竞争对手一样，然而市场会决定最终的赢家。

3.5　实践：OpenStack

3.5.1　初识 OpenStack

OpenStack 提供了一个通用的平台来管理云计算里面的计算（服务器）、存储和网络，甚至应用资源。这个管理平台不仅能管理这些资源，而且不需要用户去选择特定硬件或者软件厂商，厂商特定组件可以方便地被替换成通用组件。OpenStack 可以通过基于 Web 的界面、命令行工具（CLI）和应用程序接口（API）来进行管理。

美国前总统奥巴马在上任的第一天就签署了针对所有联邦机构的备忘录，希望打破横亘在联邦政府和人民之间的有关透明度、参与度、合作方面的屏障。这份备忘录就是开放政府令。该法令签署 120 天后，NASA 宣布开放政府框架，其中包括 Nebula 工具的共享。最初开发 Nebula 是为了加快向美国宇航局的科学家和研究者提供 IaaS 资源的速度。与此同时，云计算提供商 Rackspace 宣布开源它的对象存储平台——Swift。

2010 年 7 月，Rackspace 和 NASA 携手其他 25 家公司启动了 OpenStack 项目。OpenStack 保持半年发行一个新版本，与 OpenStack 峰会举办周期一致，随后几年中，已经发行了十多个版本。该项目的参与公司已经从最初的 25 家发展为现在的超过 200 家，有超过 130 个国家或地区的数千名用户参与其中。

解释 OpenStack 的一种方式是了解在 Amazon 网站上购物的过程。用户登录 Amazon，然后购物，商品将会通过快递派送。在这种场景之下，一个高度优化的编排步骤是尽可能快并且以尽可能低的价格把商品买回家里。Amazon 成立十多年后推出 AWS（Amazon Web Services），把用户在 Amazon 购买商品这种做法应用到了计算资源的交付上。一个服务器请求可能要花费本地 IT 部门几周的时间去准备，但在 AWS 上只需要准备好信用卡，然后点击几下鼠标即可完成。OpenStack 的目标就是提供像 AWS 一样水准的高效资源编排服务。

在云计算平台管理员看来，OpenStack 可以控制多种类型的商业或者开源的软硬件，提供了位于各种厂商特定资源之上的云计算资源管理层。以往磁盘和网络配置这些重复性手动操作的任务现在可以通过 OpenStack 框架来进行自动化管理。事实上，提供虚拟机甚至上层应用的整个流程都可以使用 OpenStack 框架实现自动化管理。

在开发者看来，OpenStack 是一个在开发环境中可以像 AWS 一样获得资源（虚拟机、存储等）的平台，还是一个可以基于应用模板来部署可扩展应用的云编排平台。通过 OpenStack 框架，可以为应用提供基础设施（X 虚拟服务器有 Y 容量内存）和相应的软件依赖（MySQL、Apache2 等）资源。

在最终用户看来，OpenStack 是一个提供自助服务的基础设施和应用管理系统。用户可以做各种事情，从简单的像 AWS 一样提供虚拟机到构建高级虚拟网络和应用，都可以在一个独立的租户（项目）内完成。租户是 OpenStack 用来对资源分配进行隔离的方式。租户隔离了存储、网络和虚拟机这些资源，因此，最终用户可以拥有比传统虚拟服务环境更大的自由度。最终用户被分配了一定额度的资源，他们可以随时获得他们想要的资源。

OpenStack 基金会拥有数以百计的官方企业赞助商，以及数以万计的覆盖 130 多个国家和地区的开发者组成的社区。像 Linux 一样，很多人最初被 OpenStack 吸引，是将其作为其他商业产品的一个开源的替代品。但他们逐渐认识到，对于云框架来说，没有哪个云框架拥有 OpenStack 这样的服务深度和广度。也许更为重要的是，没有其他产品，包括商业或者非商业的，能被大多数的系统管理员、开发者或者架构师使用并为他们创造这么大的价值。

OpenStack 官方网站这样描述这个框架："创建私有云和公有云的开源软件"，以及 "OpenStack 软件是一个大规模云操作系统"。如果使用者有服务器虚拟化的经验，从上边的描述中也许会得出这样不正确的结论：OpenStack 只是提供虚拟机的另外一种方式。虽然虚拟机是 OpenStack 框架可以提供的一种服务，但这并不意味着虚拟机是 OpenStack 的全部，如图 3.30 所示。

OpenStack 不是直接在裸设备上引导启动，而是通过对资源的管理，在云计算环境里共享操作系统的特性。

在 OpenStack 云平台上，用户可以做到以下几个方面：

- 充分利用物理服务器、虚拟服务器、网络和存储系统资源；

- 通过租户、配额和用户角色高效管理云资源；
- 提供一个对底层透明的通用的资源控制接口。

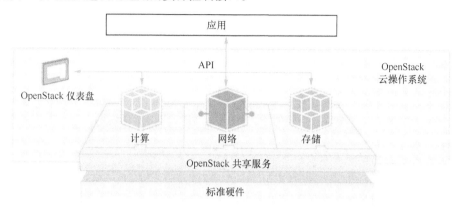

图 3.30　OpenStack 结构

这样看来 OpenStack 确实不像是一个传统操作系统，而"云"同样不像传统计算机。故而我们需重新考虑一个操作系统的根本作用。

最初，操作系统乃至硬件层面抽象语言（汇编语言）、程序都是用二进制机器码来编写的。之后传统操作系统出现了，允许用户编写应用程序代码，还能够管理硬件功能。目前管理员可以使用通用的接口管理硬件实例，开发者可以为通用操作系统写代码，用户只需要掌握一个用户交互接口即可。这样可有效地实现对底层硬件透明化，只需要操作系统一样。在计算机进化演变过程中，操作系统的发展和新操作系统的出现，给系统工程和管理领域带来了风险。

图 3.31 所示为现代计算系统的各个抽象层次。

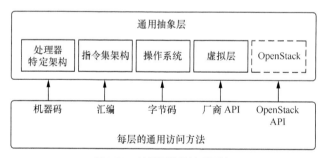

图 3.31　计算系统的抽象层次

过去的一些开发者不想因为使用操作系统而失去对硬件的直接控制，就像有些管理员不想因为服务器虚拟化而失去对底层硬件和操作系统的掌控。在每次转变过程中，从机器码到汇编到虚拟层，人们一直未曾失去对底层的控制；每次都是通过抽象手段简单标准化。人们依然拥有高度优化的硬件和操作系统，只不过更常见的是拥有这些层面之间的硬件虚拟化层。

通常是因为对标准实现优化的好处大于在这些层面上做转换（虚拟化），使得新的抽象层被广泛接受。换句话说，当整体计算资源的使用率能通过牺牲原生性能来得到很好的提升，那么这个层面的抽象就会被接受。这个现象可以通过 CPU 的例子来解释，这几十年，CPU 都遵守相同的指令集，但它们内部的架构却发生了翻天覆地的变化。

很多在 x86 处理器上执行的指令可以被处理器内部虚拟化，一些复杂的指令可以通过一系列更简单快速的指令来执行。即使是在处理器层面使用裸设备，也应用到了某种形式的虚拟化。现在，计较控制权不如通过使用一个共同的框架来管理、监控和部署基础设施和应用的私有云和公有云，这样才会真正领会 OpenStack。

从本质上讲，OpenStack 通过抽象和一个通用的 API 接口，来控制不同厂商提供的硬件和软件资源。这个框架提供了两个很重要的内容。

- 软硬件抽象，避免了所有特定组件的厂商锁定问题。这是通过使用 OpenStack 管理资源来实现的，但缺点是除了通用的必要功能外，并不是所有的厂商功能都能被 OpenStack 支持。
- 一个通用的 API 管理所有资源，允许连接各个组件进行完全编排服务。

OpenStack 提供了可伸缩和被抽象的对底层硬件的各种功能的支持。OpenStack 不能做到的是主动顺应当前的技术实践。为了能够充分利用云计算的能力，要对当前的业务和架构实践进行相应的转变。

如果业务实践只是按用户需求创建虚拟机，就没有抓住云自助服务的本质。如果架构标准是基于厂商提供的适当功能来对数据中心的所有服务器实现某些功能，会与对厂商抽象的云部署冲突。如果最终用户的请求可以被高效自动化执行，或者用户可以自我供给资源，则充分利用了云计算的能力。

3.5.2 OpenStack 组件介绍

上面介绍了 OpenStack 的基本功能，本小节分析组成 OpenStack 框架的基本组件。表 3.1 列举了多个 OpenStack 组件或核心项目。尽管还有更多处在不同开发阶段的项目，但表 3.1 中所列的是 OpenStack 的基本组件。最新的 OpenStack 服务路线图可以参考 OpenStack 路线图的网页。

表 3.1   OpenStack 的核心项目

项目	代码名称	描述
计算（Compute）	Nova	管理虚拟机资源，包括 CPU、内存、磁盘和网络接口
网络（Networking）	Neutron	提供虚拟机网络接口资源，包括 IP 寻址、路由和软件定义网络（SDN）
对象存储（Object Storage）	Swift	提供可通过 RESTful API 访问的对象存储
块存储（Block Storage）	Cinder	为虚拟机提供块（传统磁盘）存储
身份认证服务（Identity）	Keystone	为 OpenStack 组件提供基于角色的访问控制（RBAC）和授权服务
镜像服务（Image Service）	Glance	管理虚拟机磁盘镜像，为虚拟机和快照（备份）服务提供镜像
仪表盘（Dashboard）	Horizon	为 OpenStack 提供基于 Web 的图形界面
计量服务（Telemetry）	Ceilometer	集中为 OpenStack 各个组件收集计量和监控数据
编排服务（Orchestration）	Heat	为 OpenStack 环境提供基于模板的云应用编排服务

3.5.3 体验使用 OpenStack

本节通过使用一个快速部署 OpenStack 的工具——DevStack 来体验 OpenStack。

用户可以通过 DevStack 与一个小规模（更大规模部署的代表）的 OpenStack 交互，不需要深入了解 OpenStack，也不需要大量硬件，就可以在一个小规模范围内通过 DevStack 来体验 OpenStack。DevStack 可以快速部署组件，来评估它们在生产用例中的使用。DevStack 可以帮助用户在一个单服务器环境中部署与大规模多服务器环境中一样的 OpenStack 组件。

OpenStack 是由多个核心组件组成的，这些核心组件可以通过预期的设计分布在不同的节点（服务器）之间。图 3.32 展示了部署在任意数量的节点上的一些组件，包含 Cinder、Nova 和 Neutron。OpenStack 使用代码项目名称来命名各个组件，因此，图中的代码项目名称 Cinder 指的是存储组件，Nova 指的是计算组件，Neutron 指的是网络组件。

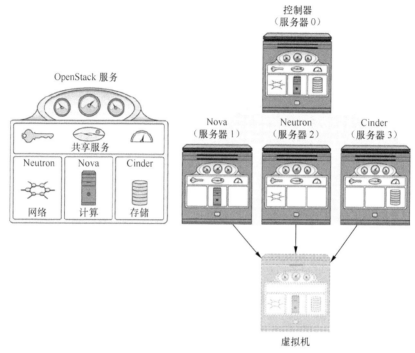

图 3.32 OpenStack 的相关组件

DevStack 的出现，使用户可以更快地在测试和开发环境中部署 OpenStack，其自然成为学习 OpenStack 框架最好的切入点。DevStack 就是一些命令行解释器 Shell 脚本，可以为 OpenStack 准备环境、配置和部署 OpenStack。

之所以使用 shell 脚本语言来写 DevStack，是因为脚本语言更加容易阅读，同时又可以被计算机执行。OpenStack 各个组件的开发者能够在组件原生代码块之外记录这种依赖，而使用者可以理解这种依赖必须在工作系统中被满足的原因。

DevStack 可以让规模巨大、复杂程度高的 OpenStack 框架看起来更简单。OpenStack 为基础设施所提供的服务，DevStack 从多层面进行了简化和抽象。

手动部署 OpenStack 是非常必要的。通过手动实践，用户能够学习 OpenStack 的所有配置项和组件，可以提升部署 OpenStack 过程中排查问题的能力。不需要了解太多 Linux、存储和网络知识，用户就能部署一个可以运行的单服务器 OpenStack 环境。利用该部署，用户可以与 OpenStack 交互，可以更好地理解各个组件和整个系统。OpenStack 里面的租户模型解释了 OpenStack 如何从逻辑上隔离、控制和分配资源给不同项目。在 OpenStack 术语中，租户和项目是可以相互转换的。最后，可以使用前面学到的知识在虚拟环境中创建一个虚拟机。

限于篇幅，使用 DevStack 来部署一个实际的 OpenStack，可以参考 DevStack 官网的教程和科迪·布姆加德纳（Cody Bumgardner）编写的《OpenStack 实战》一书第二章内容。

3.6　本章小结

计算机出现后，计算机的软硬件都经历了很多次演变，其中计算模式就经历了从中央集权计算（主机计算）到客户机服务器计算再到浏览器服务器计算再到混合计算的演变。不同的计算模式对应不同的计算架构，而每一种计算架构都与其所处的历史时期相吻合。本章首先介绍云计算的本质，然后详细地从不同视角介绍云计算的架构，接下来介绍云栈和云体，从而引出软件定义的数据中心，最后通过 OpenStack 进行实践。

3.7　复习材料

课内复习

1. 云计算中的工作负载有哪几种模式？它们的特征是什么？
2. 如何避免云计算资源"超配"带来的问题？
3. 如何理解"云栈"和"云体"的概念？
4. 什么是软件定义的数据中心？它的特点是什么？

课外思考

1. 云计算的架构是如何进化的？
2. 如何理解"软件定义一切"的说法？

动手实践

OpenStack 是一个旨在为公共云及私有云的建设与管理提供软件的开源项目。OpenStack 支持几乎所有类型的云环境，其目标是提供实施简单、可大规模扩展、丰富、标准统一的云计算管理平台。

- 任务：通过 OpenStack 的官方网站全面了解 OpenStack 作为一个开源项目的情况。
- 任务：通过 DevStack 工具来安装并体验 OpenStack。

论文研习

1. 阅读"论文阅读"部分的论文[15]和相关材料，深入了解 Eucalyptus 开源软件的发展过程，及其对云计算的推动作用。
2. 阅读"论文阅读"部分的书籍[17]，理解"数据中心即计算机"背后的技术趋势。

4 第 4 章　虚拟化技术

可以说，没有虚拟化，就没有云和云计算。本章介绍虚拟化方面的内容，4.1 节介绍虚拟化的定义，4.2 节介绍服务器虚拟化技术，4.3 节介绍商用虚拟机技术，4.4 节介绍新型硬件虚拟化，4.5 节和 4.6 节分别介绍 Xen 虚拟化技术和 KVM 虚拟化技术的实践，4.7 节介绍轻量级虚拟化技术，4.8 节介绍基于 Docker 容器技术的实践。

4.1　虚拟化的定义

"万般皆虚拟，一切乃抽象"并不夸张，而是人类社会和物理宇宙真实场景的描述。虚拟和抽象不只在计算机领域中比比皆是，在人类生活中也无处不在。例如，我们经常在虚拟和抽象的境界上与人打交道，就拿读者正在阅读的这本书来说，其写作对象就是虚拟的：本书针对的不是某个具体的人或机构，而是位于具体的人之上的一层虚拟或抽象的事物，即读者。

天圆地方，尽皆抽象。这是说一切事物都是某种抽象，即某种虚拟。虚拟的好处就是将复杂的细节隐藏，将无变为有，将不自由变为自由。这也正是云计算的魅力之所在。云计算的各种奇妙能力建立在两个基础之上：优美的软件架构和虚拟化技术。在这二者之中，虚拟化可能更加重要（或更加基础），因为虚拟化是云计算赖以存在的基础和提供的功能的实质，而优美的软件架构不过是在虚拟之上实现另一种虚拟的手段。不夸张地说，云计算完全构建于虚拟化和抽象之上，虚拟化（这里不仅指虚拟机监视器和云计算平台下的虚拟机）是云计算得以实现的核心基石。

我们先来看一个例子，一台物理主机有 16GB 内存，用户 A 的程序只需要 2GB 内存，用户 B 的程序只需要 4GB 内存，如果没有用虚拟化技术，通常的解决方案如下。

两用户的程序放到同一台物理机器上，各自配置的运行环境和资源都能满足。问题是，程序的运行环境一个是 Linux，一个是 Windows 怎么办？又如何防止用户 A 的程序不会窃取用户 B 的数据呢？

有人说，再买一台 2GB 内存的物理主机，就解决了上面两个问题。可是这样做很浪费。如果又有一个需要 1GB 内存的用户，就再买个 1GB 内存的物理主机吗？此时需要更加合理的解决方法：采用虚拟化技术，在物理主机上生成两个操作系统：一个 4GB 内存，一个 2GB 内存，操作系统的类型任选，虚拟化能够提供资源隔离的功能。

虚拟化技术的发展经历了几十年，对于虚拟化技术最早的研究出现于 20 世纪 50 年代。1959 年，克里斯托弗·斯特雷奇（Christopher Strachey）在国际信息处理大会上发表了一篇名为《大型高速计算机中的时间共享》（*Time Sharing in Large Fast Computers*）的学术论文。起初，虚拟化技术的出现源于对分时系统的需求，它解决了早期操作系统只能处理单任务而不能处理分时多任务的问题。IBM 7044 是最早使用虚拟化技术的计算机之一，之后，大型机和小型机都开始使用虚拟化技术。而在 x86 架构中对虚拟化技术的使用，使虚拟化技术得到了更加广泛的应用。在 x86 架构中，最开始实现的是纯软件的"全虚拟化"。后来又出现了 Denali 项目和 Xen 项目中的半虚拟化模式，需要对客户机操作系统进行更改，从而获得更高的性能。而后随着硬件技术的不断发展，Intel 和 AMD 等厂商都相继将对虚拟化技术的支持加入 x86 架构处理器中（例如，Intel 的 VT 技术），使原来纯软件的各项功能都可以用硬件实现。

虚拟化是一个广义的术语，对于不同的人来说可能意味着不同的东西，这取决于他们所处的环境。在计算机科学领域中，虚拟化代表着对计算资源的抽象，而不仅仅局限于虚拟机的概念。例如对物理内存的抽象，产生了虚拟内存技术，使应用程序认为其自身拥有连续可用的地址空间（Address Space），实际上，应用程序的代码和数据可能被分隔成多个碎片页或段，甚至被交换到磁盘、闪存等外部存储器上，即使物理内存不足，应用程序也能顺利执行。

虚拟化技术主要分为以下几个大类。

1. 服务器虚拟化

前面介绍过，大多数服务器的容量利用率不足 15%，这不仅导致了服务器数量剧增，还增加了部署复杂性。实现服务器虚拟化后，多个操作系统可以作为虚拟机在单台物理服务器上运行，并且每个操作系统都可以访问底层服务器的计算资源，从而解决了效率低下问题。将服务器集群聚合为一项整合资源，可以提高整体效率并降低成本。服务器虚拟化还可以加快工作负载部署速度、提高应用性能并改善可用性。

2. 网络虚拟化

网络虚拟化以软件的形式完整再现了物理网络，应用在虚拟网络上的运行与在物理网络上的运行完全相同。网络虚拟化向已连接的工作负载提供逻辑网络连接设备和服务（逻辑端口、交换机、路由器、防火墙、负载均衡器、VPN 等）。虚拟网络不仅可以提供与物理网络相同的功能特性和保证，而且具备虚拟化所具有的运维优势和硬件独立性。

3. 桌面虚拟化

通过以代管服务的形式部署桌面，可以使使用者更加快速地对不断变化的需求做出响应。企业可以快速轻松地向分支机构、外包员工、海外员工以及使用平板电脑的移动工作人员交付虚拟化桌面和应用，从而降低成本并改进服务。

4. 软件定义的存储

海量数据和实时应用使存储需求达到新的高度。存储虚拟化对服务器内部的磁盘和闪存进行抽象，将它们组合到高性能存储池，并以软件形式交付。软件定义的存储（Software Defined Storage，SDS）是一种全新的存储方法，可从根本上提高运维模式的效率。

虚拟化技术已经在市场中得到广泛的应用，它促进了云计算概念的产生，并成为其主要支撑技术之一。虚拟化技术有效地提高了硬件的利用率，使得一台服务器可以承载以前多台服务器的负载，并且实现了用户任务和数据的隔离，增强了安全性。

4.2　服务器虚拟化

我们通常所说的虚拟化主要是指服务器虚拟化技术，即通过使用控制程序隐藏特定计算平台的实际物理特性，为用户提供抽象的、统一的、模拟的计算环境（称为虚拟机）。虚拟机中运行的操作系统被称为客户操作系统（Guest OS），运行虚拟机监控器（Virtual Machine Monitor，VMM）的操作系统被称为主机操作系统（Host OS），当然，某些虚拟机监控器可以脱离操作系统直接运行在硬件之上（如 VMware 的 ESX 产品）。运行虚拟机的真实系统我们称之为主机系统，如图 4.1 所示，引入虚拟化后，不同用户的应用程序由自身的客户操作系统管理，并且这些客户操作系统可以独立于主机操作系统同时运行在同一套硬件上，这通常是通过新添加一个称为虚拟化层的软件来完成，该虚拟化层称为 Hypervisor 或虚拟机监控器。

虚拟化软件层的主要功能是将一个主机的物理硬件虚拟化为可被各虚拟机互斥使用的虚拟资源，这可以在不同层实现。如图 4.2 所示，虚拟化软件层可以位于主机操作系统之上（称之为寄居架构），也可以直接位于计算机硬件资源之上（称之为裸金属架构）。

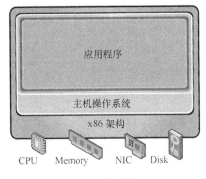
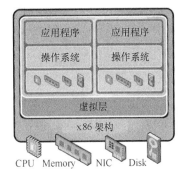

（a）传统计算机　　　　　　　　（b）虚拟化后

图 4.1　虚拟化前后的计算机体系结构

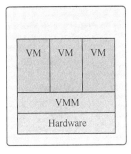
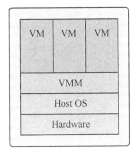

（a）裸金属架构　　　　　　（b）寄居架构

图 4.2　虚拟化软件层所处的位置

4.2.1　x86 架构对虚拟化的限制

x86 泛指一系列由英特尔公司开发的处理器架构，最早为 1978 年面世的 Intel 8086 CPU。8086
在三年后为 IBM PC 所选用，之后 x86 便成为个人计算机的标准平台，也成为最成功的 CPU 架构。由于 x86 架构设计的操作系统直接运行在裸硬件设备上，因此自动认为它们完全占有计算机硬件，如图 4.3 所示，不管是来自用户的指令还是操作系统的指令，都会直接在物理硬件上执行。x86 架构给操作系统和应用程序提供四个特权级别来访问硬件，Ring 0 是最高级别，Ring 1 次之，Ring 2 更次之。以基于 x86 架构的 Linux 操作系统来说，其具有以下特性。

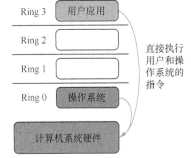

图 4.3　x86 架构下指令执行方式

- 操作系统（内核）需要直接访问硬件和内存，因此它的代码需要运行在最高运行级别 Ring 0 上，它可以使用特权指令，控制中断、修改页表、访问设备等。

- 应用程序的代码运行在最低运行级别 Ring 3 上，不能执行受控操作。如果要执行，比如访问磁盘、写文件，那就要执行系统调用。执行系统调用的时候，CPU 的运行级别会发生从 Ring 3 到 Ring 0 的切换，并跳转到系统调用对应的内核代码位置执行，这样内核就完成了设备访问，完成之后再从 Ring 0 返回 Ring 3。这个过程也称作用户态和内核态的切换。

虚拟化在这里遇到了一个难题，主机操作系统是工作在 Ring 0 上的，客户操作系统就不能也在 Ring 0 上了，但是它不知道这一点，就会以前执行什么指令，现在还是执行什么指令，但因为没有执行权限而引起系统出错。所以这时候虚拟机监控器（VMM）需要避免这件事情发生。通过 VMM 可实现客户操作系统对硬件的访问，根据其原理不同分为以下 3 种技术。

- 全虚拟化；
- 半虚拟化；
- 硬件辅助虚拟化。

4.2.2 全虚拟化

由于上述限制，x86 架构的虚拟化起初看起来是不可能完成的任务。直到 1998 年，VMware 公司才攻克了这个难关，其使用了优先级压缩技术和二进制翻译技术，使 VMM 运行在 Ring 0 级以达到隔离和性能的要求，将操作系统转移到比应用程序所在 Ring 3 级别高、比虚拟机监控器所在 Ring 0 级别低的用户级。因此，客户操作系统的核心指令无法直接下达至计算机系统硬件执行，而是需要经过 VMM 的捕获和模拟执行，其指令执行方式如图 4.4 所示。

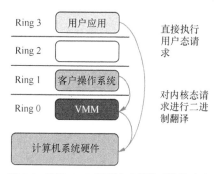

图 4.4　使用 VMM 翻译客户操作系统的请求

二进制翻译技术简称 BT，是一种直接翻译可执行二进制程序的技术，能够把一种处理器上的二进制程序翻译到另一种处理器上执行。二进制翻译技术将机器代码从源机器平台映射至目标机器平台，包括指令语义与硬件资源的映射，使源机器平台上的代码"适应"目标平台。因此翻译后的代码更适应目标机器，具有更高的运行时效率。二进制翻译系统是位于应用程序和计算机硬件之间的一个软件层，它很好地降低了应用程序和底层硬件之间的耦合度，使二者可以相对独立地发展和变化。二进制翻译也是一种编译技术，它与传统编译的差别在于其编译处理对象不同。传统编译的处理对象是某一种高级语言，经过编译处理生成某种机器的目标代码；二进制翻译的处理对象是某种机器的二进制代码，该二进制代码是通过传统编译过程生成的，再经过二进制翻译处理后生成另一种机器的二进制代码。

二进制翻译和直接指令执行相结合的全虚拟化使虚拟机系统和下层的物理硬件彻底解耦。虚拟机系统没有意识到它是被虚拟化的，因此不需要虚拟机系统做任何修改。全虚拟化是不需要硬件辅助或操作系统辅助来虚拟化敏感指令和特权指令的唯一方案。虚拟化软件层将操作系统的指令翻译并将结果缓存供之后使用，而用户级指令无须修改就可以运行，具有和物理机一样的执行速度。

4.2.3 半虚拟化

半虚拟化指的是虚拟机系统和虚拟化软件层通过交互来改善性能和效率。如图 4.5 所示，半虚拟化涉及修改操作系统内核来将不可虚拟化的指令替换为可直接与虚拟化层交互的超级调用（hypercalls）。虚拟化软件层同样为其他关键的系统操作如内存管理、中断处理、计时等提供了超级调用接口。

半虚拟化和全虚拟化不一样，全虚拟化时未经修改的虚拟机系统不知道自身被虚拟化，系统敏感的调用陷入虚拟化层后再进行二进制翻译。半虚拟化的价值在于更低的虚拟化代价，但是相对全虚拟化，半虚拟化的性能优势根据不同的工作负载有很大差别。半虚拟化不支持未经修改的操作系统（如 Windows），因此它的兼容性和可移植性较差。由于半虚拟化需要系统内核的深度修改，在生产环境中，技术支持和维护上会有很大的问题。开源的 Xen 项目是半虚拟化的一个例子，它使用一个经过修改的 Linux 内核来虚拟化处理器，而用另一个定制的虚拟机系统的设备驱动来虚拟化 I/O。

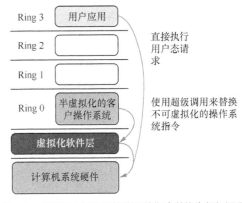

图 4.5　将不可虚拟化的操作系统指令替换为超级调用

4.2.4　硬件辅助虚拟化

随着虚拟化技术的不断推广和应用，硬件厂商也迅速采用虚拟化并开发出新的硬件特性来简化虚拟化技术。第一代技术包括 Intel 的 VT-x 和 AMD 的 AMD-V，两者都针对特权指令为 CPU 添加了一个执行模式，即 VMM 运行在一个新增的根模式下。如图 4.6 所示，特权和敏感调用都自动陷入虚拟化层，不再需要二进制翻译或半虚拟化。虚拟机的状态保存在虚拟机控制结构（VMCS，VT-x）或虚拟机控制块（VMCB，AMD-V）中。

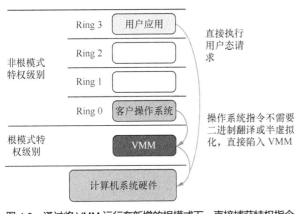

图 4.6　通过将 VMM 运行在新增的根模式下，直接捕获特权指令

Intel 和 AMD 的第一代硬件辅助特性在 2006 年发布，是虚拟化层可以不依赖于二进制翻译和修改操作系统的半虚拟化的第一步。这些早期的硬件辅助特性使创建一个不依赖于二进制翻译和半虚拟化技术的虚拟化层容易得多。随着时间的推移，可以预见到硬件辅助的虚拟化性能会超越处理器和内存半虚拟化的性能。随着对 CPU、内存和 I/O 设备进行硬件辅助开发，半虚拟化相对于硬件辅助虚拟化的性能优势将逐渐缩小。第二代硬件辅助技术正在开发之中，它将对虚拟化性能的提升有更大的影响，同时降低内存的消耗代价。

4.3　商用虚拟机技术

目前市面上有多种商用的虚拟机监视器，包括 Xen、KVM、Hyper-V、VMware ESX、VMWare Workstation、Parallels Virtuozzo 等。

1. Xen 虚拟机技术

Xen 虚拟机技术是英国剑桥大学计算机实验室原始开发的。之后，Xen 社区负责 Xen 的后续版本开发并将其作为免费开源的软件，以 GNU 通用公众执照（General Public License）（GPLv2）进行使用。Xen 虚拟机技术目前支持的计算机架构包括 Intel 公司的 IA-32、x86-64 和 ARM 公司的 ARM。

Xen 在目前已经有很多版本，著名的亚马逊 Web 服务（AWS）就建立于 Xen 虚拟机技术之上。Xen 虚拟机的最大商用支持者为美国的 Citrix 公司。

2. KVM 虚拟机技术

KVM 是基于内核的虚拟机（Kernel-based Virtual Machine）的缩写。与 Xen 虚拟机一样，KVM 也是为 Linux 环境而设计的虚拟化基础设施，后来移植到 FreeBSD 和 Illumos。KVM 支持硬件辅助的虚拟化技术（即能够充分利用硬件厂商提供的硬件虚拟化机制），其一开始支持的架构为 Intel 公司的 x86 和 x86-64 处理器，后来则被 IBM 公司移植到 S/390、PowerPC 和 IA-6L。目前，移植到 ARM 架构的工作正在进行中。

KVM 虚拟机监视器既可以在全虚拟化模式下运行，也能够为部分操作系统提供准虚拟化支持。在准虚拟化模式下，KVM 使用一种称为 VirtIO 的框架作为后端驱动。该框架能够支持准虚拟化的以太网卡、准虚拟化的控制器，调整宿主内存容量的设备，以及使用 SPICE 或 VMware 驱动程序的 VGA 图形界面。

3. Hyper-V 虚拟化技术

Hyper-V 是微软公司使用的虚拟机监视器，其前身是 Windows 服务器虚拟化（Windows Server Virtualization）。该虚拟机监视器支持 x86-64 系统，其 Beta 测试版随 Windows Server 2008 的某些 x86-64 版本一起发布，最后定型版于 2008 年 6 月 26 日发布。自此以后，Hyper-V 作为免费单机版发布给公众使用，Windows Server 2012 又对其进行了升级。

Hyper-V 也是准虚拟化的监视器，其主机操作系统为经过 Hyper-V 修改的 Windows 服务器（目前为 Windows Server 2008）。Hyper-V 提供的虚拟机容器称为划分，其中根划分里面容纳的是主机操作系统，子划分里面则运行宿主操作系统。宿主操作系统可以是非 Windows 操作系统。所有的划分之间由虚拟总线进行连接，不同的主机或宿主操作系统之间的通信均通过该总线进行。目前，Hyper-V 的使用者主要是微软的 Windows Azure。

4. VMware ESX 和 ESXi 虚拟化技术

VMware 公司的 ESX 虚拟机监视器是一个企业级的虚拟化产品，为 VMware 虚拟化产品家族（被称为 VMWare 基础设施）里的一员。目前，VMware 公司正在用 ESXi 来替换 ESX。ESX 和 ESXi 均为全虚拟化产品，都是运行在裸机上的虚拟机监视器，它们无须主机操作系统的协作，就能够将硬件的全部功能虚拟化，提供给上面的宿主操作系统使用。其之所以被称为企业级虚拟化就是这个原因，以区分于那些准虚拟化监视器。VMware 提供一个很小的管理程序对 ESX 进行控制，这个很小的程序被称为控制操作系统（VMware 自己开发的一种微型的 Linux 操作系统）。

ESX 和 ESXi 所支持的服务基本是相同的，不同点在于其对下层物理硬件的要求。ESX 是所谓的基本服务器版本，需要某种形式的持久存储机制（通常为硬盘驱动器）来存放虚拟机监视器的可执行文件和辅助文件。ESXi 为 ESX 的微缩版（也可以看作其升级版），允许将所需信息保存在专有的紧凑存储设备上。

ESX 和 ESXi 为上面可以运行任意操作系统，如 Windows、Linux、BSD 等。ESX 和 ESXi 的商用范围极为广泛，是目前市面上最成功的虚拟化产品之一。

5. VmWare Workstation

VmWare Workstation 是运行在 x86-64 体系架构上的虚拟机监视器。该虚拟机监视器与 ESX 的不同之处在于它是一个准虚拟化系统，能够桥接现有的主机网络适配器，并与虚拟机共享物理磁盘和 USB 设备。此外，它还能模拟磁盘驱动器，将 ISO 镜像挂载为一个虚拟的光盘驱动器，这跟虚拟光驱类似；它也能将.vmdk 文件虚拟成一个虚拟硬盘驱动器供用户使用。VmWare Workstation 的一个比较独特的功能是可以将多个虚拟机作为一个组来看待，一起启动、关闭、挂起、复活等，这对于搭建测试环境来说非常有用。

6. Parallels Virtuozzo 虚拟化技术

Parallels 公司的 Virtuozzo 产品采用的虚拟化技术非常独特，本质上是一个操作系统级别的虚拟化产品。Virtuozzo 目前支持的架构包括 x86、x86-64 和 IA-64，共有两个版本，Linux 版本于 2001 年发布，Windows 版本于 2005 年发布。严格来说，Virtuozzo 并不算是一个虚拟机监视器，因为其运行在主机操作系统之上，而不是与其并列或其之下。此外，它并不直接掌握硬件资源的调度和管理，只不过将主机操作系统呈现的抽象性再度封装，在其之上呈现多个虚拟机，这些虚拟机里可以运行不同的操作系统。

Parallels 公司还提供了其他几种虚拟化产品，其中的 Parallels Workstation 是一个虚拟机监视器，该虚拟化产品发布于 2005 年 12 月 8 日，支持硬件 x86 虚拟化技术，如 Intel VT-x。Parallels 还提供两个版本的 Mac OS 虚拟机监视器，一个桌面版本，一个服务器版本。桌面版本最先发布于 2006 年 6 月 25 日，服务器版本发布于 2008 年 6 月 17 日。Parallels Workstation 可以让用户在基于 Intel 的 Mac 机器上同时运行 Mac OS X 和 Windows、Linux 或其他操作系统。

4.4 新型硬件虚拟化

如上文所述，虚拟化技术已被越来越多地应用于从数据中心到智能终端等不同硬件的场景中，成为当前支撑云计算、大数据、移动互联网等新型计算和应用模型的核心技术。但由于针对新型硬件的虚拟化方法和技术的缺失，导致云计算系统无法充分利用这类资源。例如，以深度学习为代表的人工智能类应用（如图像分类、语音识别等）急需利用新型硬件实现 TB 量级数据的内存进行计算。本节从云计算系统角度出发，介绍新型硬件的虚拟化技术。

4.4.1 硬件虚拟化背景

虚拟化技术通过在数量、功能和效果上对物理硬件进行逻辑化虚拟，具有提供高层次硬件抽象、按需调配资源、系统的高移动性、强化安全隔离等优点，因此虚拟机也成为当前各类硬件平台上的主要载体。从 2009 年起，全球新增的虚拟机数目已超过新增的物理机数目。得益于虚拟化技术的深入研究，云计算平台的使用场景和应用深度得到极大的扩展，使得网络化高频交易（如 12306 火车票网上订票系统）、虚拟现实（如 AR/VR 游戏）、深度学习、高性能计算等直接部署于物理平台上的大量应用，有机会方便、高效地部署在以虚拟化技术为支撑的云平台上，大幅提升物理资源的利用率，极大降低系统的整体能耗。由此可见，解决云计算面临的新问题的关键之一在于提升虚拟化能力。

近年来，大量新型硬件得到迅速普及，如拥有数千个内核的 GPU 处理器、具有 RDMA 功能的高速网络、支持硬件加速的 FPGA 器件等。以计算能力为例，CPU/GPU/FPGA 不断延续摩尔定律，如图 4.7 所示。

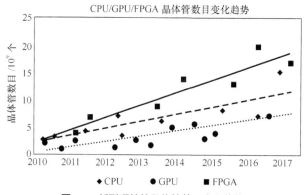

图 4.7　新型硬件的晶体管数目变化趋势

但现有虚拟化技术主要针对通用的硬件平台（如 x86 和 x86-64）和系统软件栈（如 Linux 和 Windows），强调对于物理硬件的整合和系统软件栈的兼容，目前还不能高效承载新型硬件能力供给，而且多样化的硬件异构互联与硬件资源高效利用之间存在矛盾，也不能满足领域应用提出的可扩展的性能和功能需求。

为了直接应对高通量、低延迟等需求，硬件呈现出不断发展的新特性。如 RDMA 网络、非易失性内存（NVM）、FPGA/GPU 加速硬件、AR/VR 传感设备等，这些硬件在非虚拟化环境中已能够很好地满足现有应用需求。但由于此类硬件的虚拟化方法还不完善和成熟，因此尚不能在云环境中有效使用，来满足高效能、低延迟等应用需求。为此，工业界和学术界还在寻求新型硬件的虚拟化解决方案，已经提出了 GPU、RDMA 等硬件资源的直通独占式虚拟化方案。对比 CPU、I/O 等传统硬件的虚拟化发展历程，RDMA/FPGA 等新型硬件的虚拟化尚处于早期阶段。

目前，设备虚拟化主要有软件模拟、直通独占和直通共享三种方法，如图 4.8 所示。

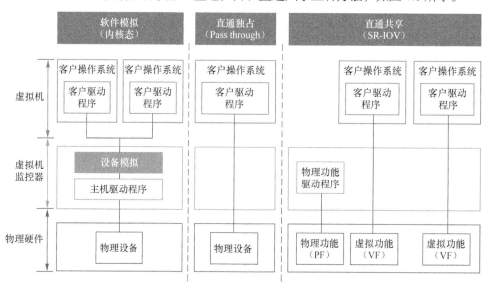

图 4.8　设备虚拟化的三种主要方法

基于软件模拟的全虚拟化方法能够支持多个设备共享，并不需要修改客户操作系统，但上下文切换开销大，性能低；基于直通独占的方式能够使虚拟机直通访问物理设备，减少了虚拟机监控器的切换开销，性能高，但共享困难；基于硬件辅助虚拟化的全虚拟化方法（以 SR-IOV 技术为代表）解决了直通和共享的矛盾，是虚拟化技术走向成熟的标志。自 2005 年 Intel 公司首次提出了针对 CPU 的硬件辅助虚拟化技术 VT-x 后，该方法已经成为主流的 x86 平台虚拟化方法。目前，基于硬件辅助的虚拟化方法在 CPU、内存、网络等传统硬件资源上获得了成功，CPU 和内存虚拟化资源已经接近物理性能。

4.4.2　硬件虚拟化的代表

下面将以 GPU、FPGA、RDMA、NVM 为典型代表，介绍新型硬件虚拟化的现状。

1. GPU 虚拟化

GPU 是计算机的一个重要组成部分，但 GPU 这类重要资源虚拟化的性能、扩展性和可用性相对于 CPU 还处于滞后的阶段。例如，英特尔的 GPU 虚拟化解决方案 gVirt 中，单个物理 GPU 仅支持 7 个虚拟 GPU（VGPU），而 Xen 支持 512 个虚拟 CPU。2013 年，亚马逊首次推出了商业化的 GPU 实例。2017 年 2 月，来自于英特尔的第一个 GPU 全虚拟化方案 KVMGT 才正式加入 Linux 内核 4.10。

传统 GPU 虚拟化通过 API 转发的方式，将 GPU 操作由虚拟机发送给虚拟机监控器代理执行，该方法被大量主流虚拟化产品采用并支持图形处理，但其并非真正意义上的完整硬件虚拟化技术，其性能和可扩展性均无法满足通用 GPU（GPGPU）计算等应用（如机器学习和高性能计算）的需要。

由于 GPU 结构复杂，技术限制多，直到 2014 年才提出了两种针对主流 GPU 平台的硬件辅助的全虚拟化方案，即基于英伟达 GPU 的 GPUvm 和基于英特尔 GPU 的 gVirt。GPUvm 支持全虚拟化，也支持半虚拟化。在全虚拟化模式下运行开销比较高；在优化过的半虚拟化模式下，性能比原生系统慢 1/3～2/3。gVirt 是第一个针对英特尔平台的 GPU 全虚拟化开源方案，为每个虚拟机都提供一个虚拟的 GPU，并且不需要更改虚拟机的原生驱动。

2. FPGA 虚拟化

FPGA 作为一种可重新配置的计算资源，与现有的虚拟化框架并不兼容。与 GPU 和 CPU 不同，FPGA 的使用情景趋向于独占。一方面，不同租户可能使用不同的访问接口，难以使用统一的指令集；另一方面，即使使用统一的接口规范，在租户切换时也需要进行耗时的重新烧写和复杂的状态保存，导致系统大量的时间和空间开销。目前 FPGA 器件与各自的开发生态（工具链、库等）具有紧密的耦合关系，特定器件型号的 FPGA 需要特定的软件支持才能生成可供烧写的二进制文件，目前还没有统一的二进制接口规范。

3. RDMA 虚拟化

近年来，人们开始探索 RDMA 硬件虚拟化技术在高性能计算等领域的应用，基于 SR-IOV 的 RDMA 在部分场景已能够媲美原生系统的高吞吐量与低延时指标。例如，微软 Azure 云计算平台已尝试性地推出带有 RDMA 网络支持的虚拟机租赁的云服务平台，然而虚拟机仅支持通过修改的 MPI 库接口使用 RDMA 硬件，且提供的性能相比现有硬件的原生性能仍然有数倍差距，导致大量基于

RDMA 优化的系统无法部署在该虚拟化环境中。

4. NVM 虚拟化

NVM 是一种新的存储技术，它同时拥有内存字节寻址的高性能以及数据存储持久化的特性，因此备受关注。但 NVM 存在价格高、容量小、使用方式多变等问题，如何进行虚拟化支持进而投入到云环境中使用，仍处在研究的起步阶段。

如何在虚拟化环境中保持不同类型存储硬件的特性（非易失）和接近非虚拟化使用时的高性能，以及利用混合存储支持当前以内存计算为代表的存储密集型应用等，将是新型存储硬件虚拟化研究的重点。

4.4.3　硬件虚拟化的未来

高效、安全、稳定的虚拟化资源供给是云计算平台的核心要素。除了可用性、扩展性和安全等方面，新型硬件虚拟化的未来研究方向如下。

1. 极端虚拟化

随着云计算系统应用范围的不断扩大，虚拟机目前正向极大和极小两个方向演化。由于新型硬件设备的加入，单机的处理能力不断增强。如单台物理主机已能够拥有超过百个 CPU 核、数千个 GPU 核、TB 量级内存以及超过 100Gbit/s 的网络带宽的硬件环境，由此产生了在单机上构建巨规模/巨型虚拟机的迫切需求。同时，针对部署在智能移动终端上、面向极端受限的特征化硬件环境的微型虚拟机，需要能够便捷共享集约化硬件资源、高效抽象具有多样性的硬件设备，按需移动和重构组件化的虚拟机，以及提供面向交互式和移动性的个性化系统软件栈。

2. 异构硬件的融合和归一化

当前硬件平台趋向于异构化，单台服务器可能同时配置 CPU 与 GPU/FPGA 处理器、具有 RDMA 特性的 InfiniBand 网卡和以太网卡、普通内存和 NVM 以及固态硬盘（SSD）等外存。因此，根据"软件定义"基础设施的指导原则，可以利用虚拟化融合和归一化异构硬件。

首先，异构硬件的融合将本着"优势互补"的原则，向应用提供优势资源以满足极端化需求，如 GPU 的高并发和高带宽、CPU 的大容量缓存、RDMA 的低延迟和 NVM 的持久性等。其次，不同的硬件需要采用不同的虚拟化方法，提供各异的接口以获得最佳的性能，但仍然需要考虑使用的灵活性。因此，要通过虚拟化实现异构硬件归一化管理，向应用提供统一的编程接口。可利用来自应用的需求信息动态判断实际的后台执行硬件，实现应用需求指导的动态硬件选择技术。

3. 多硬件和特性的聚合和抽象

目前，虚拟化侧重于"一虚多"技术，即将单个物理资源通过虚拟化技术作为多个虚拟资源提供。同时，可利用新型硬件实现对多硬件或多特性的虚拟化聚合和抽象，提升硬件性能，甚至突破单一硬件的物理极限（"多虚一"）。例如，围绕 RDMA 技术实现虚拟化硬件聚合和抽象。

首先，针对 CPU 和 GPU 设备在内存级使用输入/输出内存管理单元（IOMMU）实现两者的互通，扩展 GPU 的内存瓶颈，避免处理器间数据传递的内存复制开销。并利用 RDMA 进一步打通节点间的内存界限，避免跨节点传输过程中数据在内核/应用层、CPU/GPU/FPGA 内存间的冗余复制开销。其次，利用数据原子性、一致性和隔离性配合 NVM（映射到 CPU 内存空间）提供的数据持久性，向应用提供硬件支持的完整 ACID 事务抽象，有效地避免对锁的使用，降低硬件状态持久化的维护开销。

4.5　实践：Xen 虚拟化技术

4.5.1　Xen 的历史

20 世纪 90 年代，剑桥大学的伊恩·普拉特（Ian Pratt）和基尔·弗雷特（Keir Fraser）在一个叫作 Xenoserver 的研究项目中，开发了 Xen 虚拟机。作为 Xenoserver 的核心，Xen 虚拟机负责管理和分配系统资源，并提供必要的统计功能。当时，x86 的处理器还不具备对虚拟化技术的硬件支持，所以 Xen 从一开始是作为一个准虚拟化的解决方案出现的。因此，为了支持多个虚拟机，内核必须针对 Xen 做出特殊的修改才可以运行。为了吸引更多开发人员参与，2002 年 Xen 正式被开源。在先后推出了 1.0 和 2.0 版本之后，Xen 开始被诸如 Red Hat、Novell 和 Sun 等公司的 Linux 发行版集成，作为其中的虚拟化解决方案。2004 年，Intel 的工程师开始为 Xen 添加硬件虚拟化的支持，从而为即将上市的新款处理器做必需的软件准备。在他们的努力下，2005 年发布的 Xen 3.0 开始正式支持 Intel 的 VT 技术和 IA64 架构，从而 Xen 虚拟机可以运行完全没有修改的操作系统。2007 年 10 月，思杰（Citrix）公司出资 5 亿美元收购了 XenSource，变成了 Xen 虚拟机项目的主人。

4.5.2　Xen 功能概览

Xen 是一个直接在系统硬件上运行的虚拟机管理程序。Xen 在系统硬件与虚拟机之间插入一个虚拟化层，将系统硬件转换为一个逻辑计算资源池，Xen 可将其中的资源动态地分配给任何操作系统或应用程序。在虚拟机中运行的操作系统能够与虚拟资源交互，就好像它们是物理资源一样。图 4.9 显示了一个运行虚拟机的 Xen 系统。

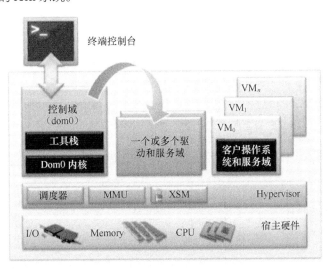

图 4.9　Xen 的总体结构

Xen 被设计成微内核的实现，其本身只负责管理处理器和内存资源。Xen 上面运行的所有虚拟机中，0 号虚拟机是特殊的，其中运行的是经过修改的支持准虚拟化的 Linux 操作系统，大部分的输入输出设备都交由这个虚拟机直接控制，而 Xen 本身并不直接控制它们。这样做可以使基于 Xen 的系统最大程度地复用 Linux 内核的驱动程序。更广泛地说，Xen 虚拟化方案在 Xen Hypervisor 和 0 号虚拟机的功能上做了聪明的划分，既能够重用大部分 Linux 内核的成熟代码，又可以控制系统之间的隔离性和针对虚拟机进行更加有效地管理和调度。通常，0 号虚拟机也被视为 Xen 虚拟化方案的一部分。

Xen 上面运行的虚拟机既支持准虚拟化，也支持全虚拟化，可以运行几乎所有在 x86 物理平台上运行的操作系统。此外，最新的 Xen 还支持 ARM 平台的虚拟化。

Xen 具有以下功能特性。

（1）Xen 服务器（即思杰公司的 Xen Server 产品）构建于开源的 Xen 虚拟机管理程序之上，结合使用半虚拟化和硬件协助的虚拟化。操作系统与虚拟化平台之间的这种协作支持开发一个较简单的虚拟机管理程序来提供高度优化的性能。

（2）Xen 提供了复杂的工作负载平衡功能，可捕获 CPU、内存、磁盘 I/O 和网络 I/O 数据，它提供了两种优化模式，一种针对性能，另一种针对密度。

（3）Xen 服务器利用一种名为 Citrix Storage Link 的独特的存储集成功能。使用 Citrix Storage Link，系统管理员可直接利用来自 HP、Dell Equal Logic、NetApp、EMC 等公司的存储产品。

（4）Xen 服务器包含多核处理器支持、实时迁移、物理服务器到虚拟机转换（P2V）和虚拟到虚拟转换（V2V）工具、集中化的多服务器管理、实时性能监控，以及对 Windows 和 Linux 客户机的良好性能。

4.5.3　Xen 实际操作

Xen 目前对 RHEL/CentOS/OEL5.X 操作系统支持情况比较好，本节以 CentOS 为例讲述 Xen 的安装配置过程。

1. 检查 CPU 是否支持 Xen 虚拟化

为了支持 Xen 虚拟化，CPU 必须能够实现物理地址扩展。打开命令行窗口，运行以下命令检验主机 CPU 是否支持：

```
grep pae /proc/cpuinfo
```

如果窗口没有输出，说明 CPU 不支持物理地址扩展，后续步骤将无法进行。若窗口中出现以下类似内容，则可以继续 Xen 的配置（注意：若是多核 CPU，以下内容会多次出现）。

```
flags: fpu tsc msr pae mce cx8 apic mtrr mca cmov pat pse36
clflush dts acpi mmx fxsr sse sse2 ss nx constant_tsc up pni ds_cpl
```

为了能够实现全虚拟化，CPU 必须包含 Intel-VT 或 AMD-V 支持。对于 Intel 的 CPU，执行：

```
grep vmx /proc/cpuinfo
```

对于 AMD 的 CPU，执行：

```
grep svm /proc/cpuinfo
```

即使 CPU 不支持上述硬件辅助虚拟化，仍可以使用半虚拟化模式的 Xen，但无法安装 Windows 作为客户操作系统。

2. 安装 Xen

Xen 的运行需要一个特制的 Linux 内核以及一系列对应的操作工具，所以首先要安装这些操作工具。

```
su -
yum groupinstall 'Virtualization'
```

上述命令会在主机操作系统上安装相应的包，并且会配置引导装载程序，以便在系统下一次引导时提供 Xen 虚拟化选项。

安装完虚拟化软件包，关闭所有正在运行的应用程序并重新启动系统。当启动画面出现时按任意键进入启动菜单并选择 CentOS Xen 启动选项。如果没有提供 Xen 引导选项，使用标准 Linux 内核进行引导，并在重新引导之前执行以下命令：

```
su -
yum install xen
```

启动完成后，照常登录并打开终端窗口。在该窗口中运行以下命令来验证已加载 Xen 支持的内核：

```
uname -r
```

如果一切正常的话，屏幕中会出现类似以下输出：

```
2.6.18-194.3.1.el5xen
```

3. 创建一个 CentOS Xen 客户操作系统

客户操作系统可以使用 virt-install 命令行工具或 virt-manager GUI 工具轻松配置，这里使用 virt-manager 工具。首先启动 virt-manager，方法是选择 Applications→System Tools→Virtual Machine Manager，或者从命令行运行/usr/sbin/virt-manager。运行之后虚拟机管理器将显示图 4.10 所示的界面。

要创建一个新的客户操作系统，在列表中选择最上面的条目（在上面的例子中是名为 centos5 的主机），然后单击 "New" 按钮显示第一个配置屏幕。单击 "Forward" 按钮进入命名屏幕并输入虚拟机的名称。在下一步中，可以选择配置完全或部分虚拟化，如图 4.11 所示。注意，完全虚拟化选项只有在硬件支持时才可以选择。

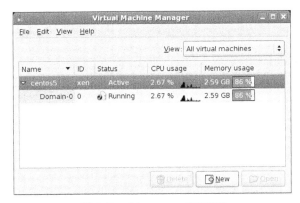

图 4.10　virt-manager GUI 工具

图 4.11　选择虚拟化方法

选择 Paravirtualized 并单击 "Forward" 按钮。下一个屏幕需要有关操作系统安装文件位置的信息。目前半虚拟化客户操作系统只能通过网络进行安装。最简单的方法是提供操作系统安装文件的 http 地址。例如，要通过互联网安装 i386 Fedora 13 Linux 发行版，需要输入由 Red Hat 在线提供的发行版映像文件的 URL。

一旦输入了合适的地址，单击 "Forward" 按钮来分配存储空间，如图 4.12 所示。

如果客户操作系统有可用的磁盘分区，将设备路径输入 "Block device(partiton)" 文本框中。否则，选择 "File(disk image)"，输入要创建的文件的路径（或接受提供的默认文件）并选择文件大小。定义了这些设置之后，再次单击 "Forward" 按钮继续。

在连接到网络主机上选择共享物理设备，然后单击"Forward"按钮，将配置客户操作系统共享主机操作系统的网络连接。

下一个界面配置客户虚拟机的内存和 CPU 使用率，如图 4.13 所示。

 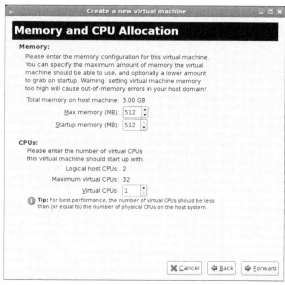

图 4.12　为虚拟机分配存储空间　　　　　图 4.13　配置客户虚拟机的内存和 CPU 使用率

接着，选择一个允许主机操作系统和客户操作系统共同使用的内存设置。在多 CPU 或多核 CPU 环境中，可以定义客户操作系统将访问多少个 CPU。注意，可以分配比主机中的物理 CPU 数量多的虚拟 CPU，但不建议这样做。最后会显示配置的信息摘要，如图 4.14 所示。

单击"Finish"按钮开始创建。在启动系统之前，虚拟机管理器将创建磁盘并从指定位置检索安装映像。根据所选客户操作系统的连接速度和安装映像的大小，此过程可能需要一些时间。加载完成之后，便开始客户操作系统的安装过程，如图 4.15 所示，之后的步骤与正常安装操作系统一致，不再赘述。

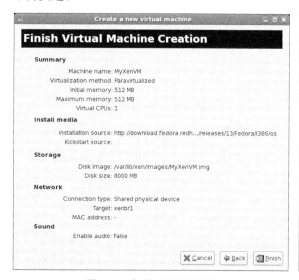 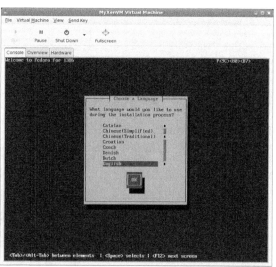

图 4.14　虚拟机配置信息摘要　　　　　图 4.15　客户操作系统开始安装

4.6　实践：KVM 虚拟化技术

4.6.1　KVM 简介

KVM 的全称是 Kernel Virtual Machine，即内核虚拟机。KVM 最初是由一个以色列的创业公司 Qumranet 开发的，是它们的 VDI 产品的虚拟机。为了简化开发，KVM 的开发人员并没有选择从底层开始新写一个 Hypervisor，而是选择基于 Linux 内核，通过加载新的模块使 Linux 内核变成一个 Hypervisor。2006 年 10 月，在完成基本功能、动态迁移以及主要的性能优化之后，Qumranet 正式对外宣布了 KVM 的诞生。同年，KVM 模块的源代码被正式接纳进入 Linux 内核，成为其内核源代码的一部分。

KVM 的运行需要主机是 x86 架构且硬件支持虚拟化技术（如 Intel VT 或 AMD-V），还需要一个经过修改的 QEMU 软件（qemu-kvm）作为虚拟机上层控制和界面。KVM 能在不改变 Linux 或 Windows 镜像的情况下同时运行多个虚拟机，并为每一个虚拟机配置个性化硬件环境。支持 KVM 虚拟化技术的操作系统有很多，包括各种 Linux 版本、FreeBSD、Solaris、Windows、Haiku、ReactOS、Plan 9、AROS Research OS、Mac OS X 等。

4.6.2　KVM 的基本安装操作

本节以 CentOS 操作系统为例讲解 KVM 虚拟机技术的简要操作。

首先查看主机硬件是否支持虚拟化。使用如下命令：

```
grep -E '(vmx|svm)' /proc/cpuinfo
```

若输出结果显示 vmx 或 svm 标识，则表示硬件支持 KVM 虚拟化；反之则不支持，后续步骤无法进行。

1. 安装 kvm 及其依赖包

运行如下命令安装 kvm 及其依赖包，主要包括 qemu 和 libvirt。

```
[root@linuxtechi ~]# yum install qemu-kvm qemu-img virt-manager libvirt libvirt-python
libvirt-client virt-install virt-viewer bridge-utils
```

启动并开启 libvirtd 服务：

```
[root@linuxtechi ~]# systemctl start libvirtd
[root@linuxtechi ~]# systemctl enable libvirtd
```

运行以下命令检查 kvm 模块是否已被加载：

```
[root@linuxtechi ~]# lsmod | grep kvm
kvm_intel              162153  0
kvm                    525409  1 kvm_intel
```

2. 启动 Virt Manager

Virt Manager 是一个图形工具，通过它可以安装和管理虚拟机。要启动 Virt Manager，从终端输入如下命令。

```
[root@linuxtechi ~]# virt-manager
```

如果执行成功，Virt Manager 会被开启，界面如图 4.16 所示。

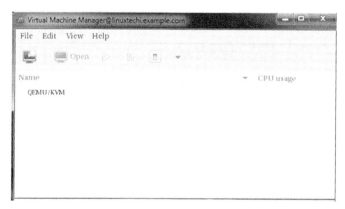

图 4.16　Virt Manager 界面

3. 配置桥接接口

开始创建虚拟机之前，先创建一个桥接接口。如果要从虚拟机管理器网络之外访问虚拟机，则需要桥接器接口。

```
[root@linuxtechi ~]# cd /etc/sysconfig/network-scripts/
[root@linuxtechi network-scripts]# cp ifcfg-eno49 ifcfg-br0
```

编辑接口文件，如下所示：

```
[root@linuxtechi network-scripts]# vi ifcfg-eno49
TYPE=Ethernet
BOOTPROTO=static
DEVICE=eno49
ONBOOT=yes
BRIDGE=br0
```

编辑桥接文件，根据本机情况更换 IP 地址和 DNS 服务器的详细信息：

```
[root@linuxtechi network-scripts]# vi ifcfg-br0
TYPE=Bridge
BOOTPROTO=static
DEVICE=br0
ONBOOT=yes
 IPADDR=192.168.10.21
NETMASK=255.255.255.0
GATEWAY=192.168.10.1
DNS1=192.168.10.11
```

重新启动网络服务以启用网桥接口：

```
[root@linuxtechi ~]# systemctl restart network
```

利用如下命令检查桥接接口：

```
[root@linuxtechi ~]# ip addr show br0
```

4. 创建虚拟机

现在可以使用"virt-install"命令或 GUI（virt-manager）从命令行创建虚拟机，假设使用"virt-manager"创建一个名为"Windows Server 2012 R2"的虚拟机。首先启动"virt-manager"，之后转到文件（File）菜单，单击"Create a new virtual machine"后，出现如图 4.17 所示界面。

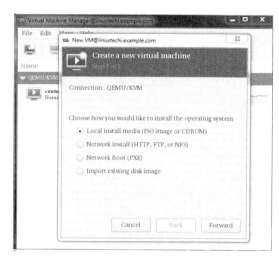

图 4.17　新建虚拟机

我们使用 ISO 文件作为安装媒体，在下一步中指定 ISO 文件的路径，如图 4.18 所示。

单击 "Forward" 按钮，指定内存和 CPU 计算资源，如图 4.19 所示。

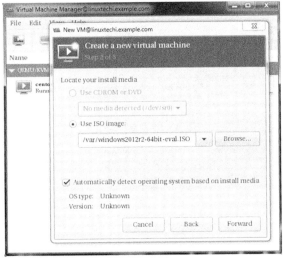

图 4.18 指定安装媒体

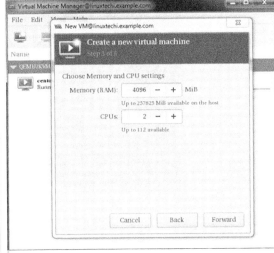

图 4.19 指定内存和 CPU 配置

单击 "Forward" 按钮继续，指定虚拟机的存储大小，在本例的情况下使用的是 25GB，如图 4.20 所示。

指定虚拟机的名称并选择网络作为 "Bridge Br0"，如图 4.21 所示。

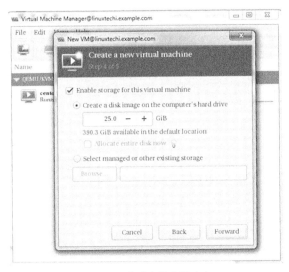

图 4.20 指定存储空间大小

图 4.21 选择网络模式

单击 "Finish" 按钮进入安装界面，如图 4.22 所示，接下来即可按照安装操作系统的步骤依次进行。

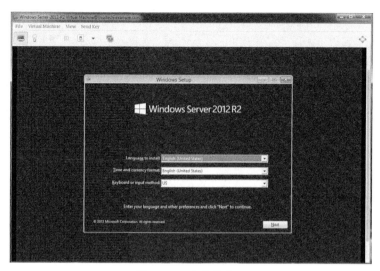

图 4.22　进入安装界面

4.7　轻量级虚拟化

通过以上内容可以发现，无论是寄居架构还是裸金属架构的服务器虚拟化技术都有一个共同的特点，即每个隔离出的空间中都拥有一个独立的操作系统。这种虚拟化方式的好处在于可以上下扩展，有可控的计算资源，安全隔离，并可以通过 API 进行部署等。但其缺点也很明显，每一台虚拟机都消耗了一部分资源用于运转一个完整的操作系统。所以，与此同时还发展了一种操作系统层面上的轻量级虚拟化技术——容器。

4.7.1　容器技术简介

容器技术近年来日趋流行，但其并非一种新兴的技术，图 4.23 对容器技术的发展过程做了一个简单的梳理。

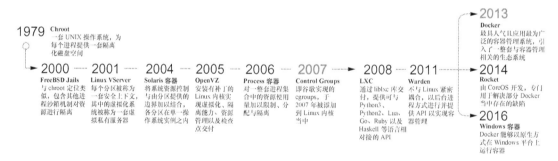

图 4.23　容器技术的发展过程

1. 1979 年——Chroot

容器技术的概念可以追溯到 1979 年的 UNIX Chroot。这项功能将 Root 目录及其子目录变更至文件系统内的新位置，且只接受特定进程的访问，其设计目的在于为每个进程提供一套隔离化磁盘空间。1982 年其被添加至 BSD。

2. 2000 年——FreeBSD Jails

FreeBSD Jails 与 Chroot 的定位类似，其中包含进程沙箱机制，以对文件系统、用户及网络等资源进行隔离。通过这种方式，它能够为每个 Jail、定制化软件安装包乃至配置方案等提供一个对应的 IP 地址。Jails 技术为 FreeBSD 系统提供了一种简单的安全隔离机制，其不足在于这种简单性的隔离也同时会影响 Jails 中的应用访问系统资源的灵活性。

3. 2004 年——Solaris Zones

Zone 技术为应用程序创建了虚拟的一层，让应用在隔离的 Zone 中运行，并实现有效的资源管理。每一个 Zone 拥有自己的文件系统、进程空间、防火墙、网络配置等。Solaris Zone 技术真正引入了容器资源管理的概念。在应用部署的时候为 Zone 配置一定的资源，在运行中可以根据 Zone 的负载来动态修改这个资源限制并且实时生效，在其他 Zone 不需要资源的时候，资源会自动切换给需要资源的 Zone，这种切换是即时的、不需要人工干预的，可以最大化资源的利用率，在必要的情况下，也可以为单个 Zone 隔离一定的资源。

4. 2008 年——LXC

LXC 指 Linux Containers，其功能通过 Cgroups 以及 Linux 命名空间实现，它也是第一套完整的 Linux 容器管理实现方案。在 LXC 出现之前，Linux 上已经有了 Linux-Vserver、OpenVZ 和 FreeVPS。虽然这些技术都已经成熟，但是还没有将它们的容器支持集成到主流 Linux 内核。相较于其他容器技术，LXC 能够在无须任何额外补丁的前提下运行在原版 Linux 内核之上。目前 LXC 项目由 Canonical 公司负责赞助及托管。

5. 2013 年——Docker

Docker 项目最初是由一家名为 DotCloud 的平台（即服务厂商）打造的，后来该公司更名为 Docker。Docker 在起步阶段使用 LXC，而后利用自己的 Libcontainer 库将其替换下来。与其他容器平台不同，Docker 引入了一整套与容器管理相关的生态系统。其中包括一套高效的分层式容器镜像模型、一套全局及本地容器注册表、一个精简化 REST API 以及一套命令行界面等。与 Docker 具有同样目标功能的另外一种容器技术就是 CoreOS 公司开发的 Rocket。Rocket 基于 App Container 规范并使其成为一项更为开放的标准。

6. 2016 年——Windows 容器

微软公司也于 2016 年正式推出 Windows 容器。Windows 容器包括两个不同的容器类型。一是 Windows Server 容器，通过进程和命名空间隔离技术提供应用程序隔离。Windows Server 容器与容器主机和该主机上运行的所有容器共享内核。二是 Hyper-V 容器，其通过在高度优化的虚拟机中运行每个容器，在 Windows Server 容器提供的隔离上进行扩展。在此配置中，容器主机的内核不与 Hyper-V 容器共享。Hyper-V 容器是一个新的容器技术，它通过 Hyper-V 虚拟化技术提供高级隔离特性。

4.7.2　容器与虚拟机的对比

为了较为直观地理解容器与虚拟机的差别，我们可以通过图 4.24 来做对比。可以看到，利用虚拟机方式进行虚拟化的显著特征就是每个客户机除了容纳应用程序及其运行所必需的各类组件（例如系统二进制文件及库）之外，还包含完整的虚拟硬件堆栈，其中包括虚拟网络适配器、存储以及 CPU。这意味着它也拥有自己的完整客户操作系统。从内部看，这套客户机自成体系拥有专用资源；

而从外部看，这套虚拟机使用的则是由主机设备提供的共享资源。假设我们需要运行 3 个相互隔离的应用，则需要使用 Hypervisor 启动 3 个客户操作系统，也就是 3 个虚拟机。因为包含了完整的操作系统，通常这些虚拟机都非常大，这就意味着它们将占用大量的磁盘空间。更糟糕的是，它们还会消耗更多 CPU 和内存。与之相反，每套容器都拥有自己的隔离化用户空间，从而使多套容器能够运行在同一主机系统之上。可以看到，全部操作系统层级的架构都可实现跨容器共享。唯一需要独立构建的就是二进制文件与库。正因为如此，容器才拥有极为出色的轻量化特性。

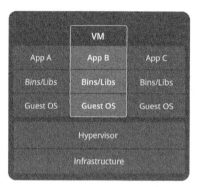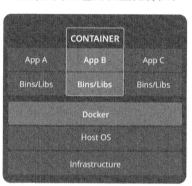

图 4.24　虚拟机（左）与容器（右）的区别

4.7.3　容器背后的内核知识

目前每个厂商对容器的实现方式都存在差别，但整体的设计思想大同小异，本节以 Docker 为例，对容器背后的内核知识进行简要的介绍。Docker 容器本质上是宿主机上的一个进程，通过 namespace 实现了资源隔离，通过 cgroups 实现了资源限制，通过写时复制技术实现了高效的文件操作。

1. namespace 资源隔离

假如我们要实现一个资源隔离的容器，需要从哪些方面考虑呢？最先想到的或许是 chroot 指令，这条指令可以切换进程的根目录，即让用户感受到文件系统被隔离了。接着为了在网络环境中能够定位某个容器，它必须具有独立的 IP、端口、路由等，这就需要对网络的隔离。同时，容器还需要一个独立的机器名以便在网络中标识自己。隔离的空间中进程应该有独立的进程号，进程间的通信也应该与外界隔离。最后，还需要对用户和用户组进行隔离以便实现用户权限的隔离。

Linux 内核中提供了 6 种 namespace 系统调用，基本实现了容器需要的隔离机制。具体系统调用名称如表 4.1 所示。

表 4.1　　　　　　　　　　　　　　　　　namespace 六项隔离

Namespace	系统调用参数	隔离内容
UTS	CLONE_NEWUTS	主机名与域名
IPC	CLONE_NEWIPC	信号量、消息队列和共享内存
PID	CLONE_NEWPID	进程编号
Network	CLONE_NEWNET	网络设备、网络栈、端口等
Mount	CLONE_NEWNS	挂载点（文件系统）
User	CLONE_NEWUSER	用户和用户组

实际上，Linux 内核实现命名空间的主要目的就是为了实现轻量级虚拟化（容器）服务。在同一个命名空间下的进程可以感知彼此的变化，而对外界的进程一无所知。这样就可以让容器中的进程产生错觉，仿佛自己置身于一个独立的系统环境中，以此达到独立和隔离的目的。

2. Cgroups 资源控制

Linux Cgroups 的全称是 Linux Control Groups，它是 Linux 内核的特性，主要作用是限制、记录和隔离进程组（process groups）使用的物理资源（CPU、内存、I/O 等）。

2006 年，Google 的工程师保罗·梅纳吉（Paul Menage）和罗希塞斯（Rohit Seth）启动了 Cgroups 项目，最初的名字叫 process containers。因为 container 在内核中有歧义，2007 时将它改名为 Control Groups，并合并到 2008 年发布的 2.6.24 内核版本。最初的版本被称为 v1，这个版本的 Cgroups 设计并不友好，理解起来非常困难。后续的开发工作由许铁军（Tejun Heo）接管，他重新设计并重写了 Cgroups，新版本被称为 v2，并首次出现在 4.5 内核版本中。

目前 Cgroups 已经成为很多技术的基础，如 LXC、Docker、systemd 等。Cgroups 设计之初的使命就很明确，为进程提供资源控制，它的主要功能包括以下几点。

- 资源限制：限制进程使用的资源上限，如最大内存、文件系统缓存使用限制。
- 优先级控制：不同的组可以有不同的优先级，如 CPU 使用和磁盘 I/O 吞吐。
- 审计：计算组的资源使用情况，可以用来计费。
- 控制：挂起一组进程，或者重启一组进程。

对于开发者来说，Cgroups 有以下四个特点。

- Cgroups 的 API 以一个伪文件系统的方式实现，用户态的程序可以通过操作文件系统来实现对 Cgroups 的组织管理。
- Cgroups 的组织管理操作单元可以细粒度到线程级别，用户可以创建和销毁 Cgroup，从而实现资源的再分配。
- 所有资源管理的功能都以子系统方式实现，接口统一。
- 子任务创建之初与其父任务处于同一个 Cgroups 的控制组。

3. 写时复制技术

在 Docker 中，镜像是容器的基础，Docker 镜像是由文件系统叠加而成的。最底端是一个引导文件系统，即 bootfs。当一个容器启动后，引导文件系统随即从内存被卸载。第二层是 root 文件系统 rootfs。rootfs 可以是一种或多种操作系统，如 Debian 或 Ubuntu。在 Docker 中，root 文件系统永远只能是只读状态，并且 Docker 利用联合加载（Union mount）技术又会在 root 文件系统层上加载更多的只读文件系统。Docker 将此称为镜像。一个镜像可以放到另一个镜像的顶部。位于下面的镜像称为父镜像（Parent Image），而最底部的镜像称为基础镜像（Base Image）。最后，当从一个镜像启动容器时，Docker 会在该镜像之上加载一个读写文件系统，这才是我们在容器中执行程序的地方。如图 4.25 所示即为一个容器镜像的文件结构。

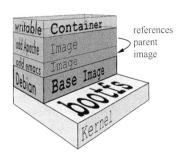

图 4.25　Docker 镜像的文件结构

当 Docker 第一次启动一个容器时，初始的读写层是空的，当文件系统发生变化时，这些变化都会应用到这一层之上。例如，如果想修改一个文件，这个文件首先会从该读写层下的只读层复制到该读写层。由此，该文件的只读版本依然存在于只读层，只是被读写层的该文件副本所隐藏，这个机制则被称之为写时复制（Copy on write）。

4.8 实践：Docker 容器

Docker 最初是 dotCloud 公司创始人索罗门·海克思（Solomon Hykes）发起的一个公司内部项目，它是基于 dotCloud 公司多年云服务技术的一次革新，并于 2013 年 3 月以 Apache 2.0 授权协议开源，主要项目代码在 GitHub 上进行维护。Docker 项目后来还加入了 Linux 基金会，并成立了推动开放容器联盟（OCI）。

Docker 自开源后受到广泛的关注和讨论，至今其 GitHub 项目已经超过 46000 个星标和 1 万多个 Fork。由于该项目的火爆，在 2013 年，dotCloud 公司改名为 Docker。Docker 最初是在 Ubuntu 12.04 上开发实现的；Red Hat 则从 RHEL 6.5 开始对 Docker 进行支持；Google 也在其 PaaS 产品中广泛应用 Docker。Docker 使用 Google 公司推出的 Go 语言进行开发实现，基于 Linux 内核的 Cgroups、命名空间以及 AUFS 类的 Union FS 等技术，对进程进行封装隔离，属于操作系统层面的虚拟化技术。由于隔离的进程独立于宿主和其他隔离的进程，因此也称其为容器。最初实现是基于 LXC，从 0.7 版本以后开始去除 LXC，转而使用自行开发的 libcontainer；从 1.11 版本开始，则进一步演进为使用 runC 和 containerd。

Docker 在容器的基础上进行了进一步的封装，从文件系统、网络互联到进程隔离等，极大地简化了容器的创建和维护，使 Docker 技术比虚拟机技术更为轻便、快捷。本节从实例出发，带领读者了解 Docker 的操作流程。

4.8.1 安装 Docker

Docker 支持在 Linux、Windows 和 MacOS 等操作系统上安装运行，本节以 Ubuntu 14.04 操作系统为例进行介绍。

从 Ubuntu 14.04 开始，一部分内核模块改为可选内核模块包（linux-image-extra-*），以减少内核软件包的体积。正常安装的系统包含可选内核模块包，而一些裁剪后的系统可能会将其精简。AUFS 内核驱动属于可选内核模块的一部分，作为推荐的 Docker 存储层驱动，一般建议安装可选内核模块包以使用 AUFS。

```
$ sudo apt-get update
$ sudo apt-get install \
linux-image-extra-$(uname -r) \
linux-image-extra-virtual
```

由于官方源使用 HTTPS 以确保软件下载过程中不被篡改，因此，我们首先需要添加使用 HTTPS 传输的软件包以及 CA 证书。

```
$ sudo apt-get update
$ sudo apt-get install \
apt-transport-https \
ca-certificates \
curl \
software-properties-common
```

为了确认所下载软件包的合法性，需要添加软件源的 GPG 密钥：

```
curl -fsSL https://download.docker.com/linux/ubuntu/gpg | sudo apt-key add -
```

然后，需要向 source.list 中添加 Docker 软件源：

```
$ sudo add-apt-repository \
"deb [arch=amd64] https://download.docker.com/linux/ubuntu \
$(lsb_release -cs) \
stable"
```

更新 apt 软件包缓存，并安装 docker-ce：

```
$ sudo apt-get update
$ sudo apt-get install docker-ce
```

测试 Docker 是否安装正确：

```
$ docker run hello-world
Unable to find image 'hello-world:latest' locally
latest: Pulling from library/hello-world
ca4f61b1923c: Pull complete
Digest: sha256:be0cd392e45be79ffeffa6b05338b98ebb16c87b255f48e297ec7f98e123905c
Status: Downloaded newer image for hello-world:latest
Hello from Docker!
This message shows that your installation appears to be working correctly.
To generate this message, Docker took the following steps:
1. The Docker client contacted the Docker daemon.
2. The Docker daemon pulled the "hello-world" image from the Docker Hub.
(amd64)
3. The Docker daemon created a new container from that image which runs the
executable that produces the output you are currently reading.
4. The Docker daemon streamed that output to the Docker client, which sent it
to your terminal.
To try something more ambitious, you can run an Ubuntu container with:
$ docker run -it ubuntu bash
Share images, automate workflows, and more with a free Docker ID:
https://cloud.docker.com/
For more examples and ideas, visit:
https://docs.docker.com/engine/userguide/
```

若能正常输出以上信息，则说明安装成功。

4.8.2　运行第一个 Docker 容器

通过以上操作，已经在本机中建立好了 Docker 环境。本节中我们会运行一个 Alpine 的容器，它是一个轻量级的 Linux 发行版，以此来学习 Docker 的基本操作。

首先在命令行中执行以下命令：

```
$ docker pull alpine
```

pull 命令从远端的 Docker 仓库中将容器镜像拉取到本地，可以利用 docker image 来查看本地已有的镜像文件：

```
$ docker images
REPOSITORY          TAG          IMAGE ID          CREATED          VIRTUAL SIZE
alpine              latest       c51f86c28340      4 weeks ago       1.109 MB
hello-world         latest       690ed74de00f      5 months ago      960 B
```

现在已经有了 alpine 的镜像，执行 docker run 命令来运行容器：

```
$ docker run alpine ls -l
```

127

```
total 48
drwxr-xr-x    2 root     root           4096 Mar  2 16:20 bin
drwxr-xr-x    5 root     root            360 Mar 18 09:47 dev
drwxr-xr-x   13 root     root           4096 Mar 18 09:47 etc
drwxr-xr-x    2 root     root           4096 Mar  2 16:20 home
drwxr-xr-x    5 root     root           4096 Mar  2 16:20 lib
......
......
```

以上发生了什么呢？我们来一步步地说明。运行 run 命令时。

- Docker 客户端通知运行在后台的 Docker 守护进程。
- Docker 守护进程检查本地文件系统查看镜像（在本例中是 Alpine）是否存在，如果不存在就从远端的 Docker 仓库里下载。
- Docker 守护进程创建 Alpine 容器，并在该容器中运行用户指定的命令。
- Docker 守护进程将容器中指令运行的结果返回给 Docker 客户端。

当执行 docker run alpine 命令的时候，给出容器中要运行的指令 ls -l，因此可以看到容器列出了其内部的文件目录。

再试试其他命令：

```
$ docker run alpine echo "hello from alpine"
hello from alpine
```

可以看到在容器内执行命令跟在自己的主机上执行效果一致，还可以注意到容器的启动速度非常快，回顾 4.4 节中启动虚拟机所用的时间，读者应该有较为直观的感受。

默认情况下容器运行完所有命令后会自动退出，我们可以用 docker ps –a 命令来查看主机上所有的容器：

```
$ docker ps -a
```

显示如下。

```
CONTAINER      IMAGE     COMMAND      CREATED     STATUS         PORTS    NAMES
ID
36171a5da744   alpine    "/bin/sh"    5 minutes   Exited (0) 2            fervent_newton
                                      ago         minutes ago

a6a9d46d0b2f   alpine    "echo 'hello  6 minutes  Exited (0) 6            lonely_kilby
                          from alp"    ago        minutes ago
```

如果不想让容器运行完命令自动退出，则可以在启动容器的时候指定-i 和-t 标志：

```
$ docker run -it alpine /bin/sh
/ # ls
bin      dev      etc      home      lib      linuxrc  media     mnt      proc     root
run      sbin     sys      tmp      usr      var
/ # uname -a
Linux 97916e8cb5dc 4.4.27-moby #1 SMP Wed Oct 26 14:01:48 UTC 2016 x86_64 Linux
```

本节简要介绍了从拉取镜像到运行容器的流程，当然容器的操作方式远不止这些，想要进一步了解的读者可以参考 Docker 的官方文档。

4.9 本章小结

本章主要介绍了支撑云计算发展的虚拟化技术。首先从虚拟化的起源讲起，阐述了虚拟化技术在实际生产生活中的应用，随后重点介绍了服务器端的虚拟化技术，以及各虚拟化厂商提出的全虚拟化、半虚拟化和硬件辅助虚拟化的解决方案，接着介绍了新型硬件虚拟化技术，最后介绍了轻量级虚拟化容器技术。如今容器作为一股新兴力量，正在如火如荼地占领原本属于虚拟机的市场。为了体现理论结合实际的理念，本章还着重介绍了 Xen、KVM、Docker 的实际操作方式，期望读者在阅读的过程中能够实际动手操作，以便为后续章节及未来云计算知识的学习打下坚实基础。

4.10　复习材料

课内复习

1. 什么是虚拟化技术？该技术有哪三种类型？
2. 全虚拟化技术和半虚拟化技术的区别是什么？
3. 硬件虚拟化技术有哪些代表？
4. 什么是轻量级虚拟化技术？其代表是什么？

课外思考

1. 虚拟化技术对提高计算资源的利用率究竟带来了怎样的好处？
2. 轻量级虚拟化技术相对于传统虚拟化技术的优势和不足是什么？
3. 容器的轻量级虚拟化技术还能进一步轻量化吗？有什么样的方式？

动手实践

1. KVM 目前已成为学术界和工业界的主流虚拟机监控器（VMM）之一，在越来越多的应用场景中使用。

- 任务：通过 KVM 的官方网站下载并安装使用 KVM，进一步了解 KVM 的原理。
- 任务：通过 Phoronix 的官方网站下载安装 Phoronix 基准测试程序（Benchmark）对一个 KVM 系统的性能进行评测和比较。

2. Docker 是目前最流行的轻量级虚拟化解决方案之一，开始在越来越多的场合中替代传统的虚拟机技术。

- 任务：通过 Docker 的官方网站下载并安装使用最新的 Docker，进一步了解 Docker 的原理。
- 任务：通过基准测试程序对容器和传统虚拟机的性能进行评测和比较。

论文研习

1. 阅读"论文阅读"部分的论文[19]，深入理解 Xen 虚拟化技术。
2. 阅读"论文阅读"部分的论文[20]，深入理解 Unikernels 虚拟化技术。
3. 阅读"论文阅读"部分的论文[21]，深入理解无服务计算。

5 第 5 章　分布式存储

分布式存储是分布式系统的一种，在前面分布式计算章节的基础上，本章详细介绍分布式存储系统的历史、发展以及特性，从而使读者对分布式存储系统有一个全面的了解。本章主要从以下几个部分来介绍：5.1 节介绍分布式存储系统的基本概念，5.2 节从文件系统的角度介绍文件存储系统的发展，5.3 节介绍从单机存储系统到分布式存储系统，5.4 节介绍分布式存储系统 Ceph 的实践。

5.1　分布式存储的基础

Amazon、Google、阿里巴巴、百度、腾讯等互联网公司的成功催生了云计算、大数据和人工智能等热门领域。这些互联网公司所提供的各种应用，其背后基础设施的一个关键目标就是构建高性能、低成本、可扩展、易用的分布式存储系统。

虽然有关分布式存储系统的研究已经有很多年的历史了，但直到最近几年，由于大数据和人工智能应用的兴起才使它大规模地应用到工程实践中。相对于传统的存储系统，新一代的分布式存储系统有两个重要特点：低成本与大规模。主要是基于互联网行业实际需求的推动，可以说是互联网公司重新定义了大规模分布式存储系统。

5.1.1　基本概念

先来看一下分布式存储系统的定义：分布式存储系统是将为数众多的普通计算机或服务器通过网络进行连接，同时对外提供一个整体的存储服务。

分布式存储系统包括以下几个特性：

- 高性能：对于整个集群或单台服务器，分布式存储系统都要具备高性能；
- 可扩展：理想情况下，分布式存储系统可以近乎无限扩展到任意集群规模，并且随着集群规模的增长，系统整体性能也应呈比例的增长；
- 低成本：分布式存储系统的自动负载均衡、容错等机制使其可以构建在普通计算机或服务器之上，成本大大降低；
- 易用性：分布式存储系统能够对外提供方便易用的接口，也需要具备完善的监控、运维等工具，方便地与其他系统进行集成。

分布式存储系统的技术挑战包括：数据和状态信息的持久化、数据的自动迁移、系统的自动容错、并发读写的数据的一致性等方面。与分布式存储相关的关键技术包括以下几个方面：

- 数据一致性：将数据的多个副本复制到不同的服务器上，即使存在异常，也能保证不同副本之间的数据一致性；
- 数据的均匀分布：将数据分布到不同服务器上，并且保证数据分布均匀性，然后实现高效的跨服务器读写操作；
- 容错与数据迁移：及时检测服务器故障，能自动将出现故障服务器上的数据和服务迁移到集群中其他服务器上；
- 负载均衡：新增服务器和集群正常运行过程中需要实现自动负载均衡，这样在数据迁移的过程中不影响已有的服务；
- 事务与并发控制：要能实现分布式事务以及多版本并发控制；
- 易用：对应于应用性，对外接口要容易使用，监控系统能方便地将系统的状态通过数据的形式发送给运维人员；
- 压缩与解压缩算法：由于数据量大，要根据数据的特点设计合理的压缩与解压缩算法，并且平衡压缩算法节省的存储空间和消耗的 CPU 计算资源之间的关系。

5.1.2 分布式存储分类

分布式存储面临的应用场景和数据需求都比较复杂，根据数据类型，可以将其分为以下三类。

- 非结构化数据：包括文本、图片、图像、音频和视频信息等。
- 结构化数据：对应存储在关系数据库中的二维关系表结构，结构化数据的模式和内容是分开的，数据的模式需要预先定义。
- 半结构化数据：介于非结构化数据和结构化数据之间，例如，HTML 文档就是典型的半结构化数据。半结构化数据的模式结构和内容混在一起，没有明显的区分，也不需要预先定义数据的模式结构。

正因为数据类型的多样性，不同的分布式存储系统适合处理不同类型的数据，因此可以将分布式存储系统分为四类：分布式文件系统、分布式键值（Key-Value）系统、分布式表系统和分布式数据库。

1. 分布式文件系统

互联网应用中往往需要存储大量的图片、音频、视频等非结构化数据，这类数据以对象的形式组织，一般称这样的数据为 Blob（Binary Large Object，二进制大对象）数据，用分布式文件系统存储，典型的有 Taobao File System（TFS）。分布式文件系统也常作为分布式表系统以及分布式数据库的底层存储，如谷歌的 GFS（Google File System）可以作为分布式表系统 Google Bigtable 的底层存储，Amazon 的 EBS（Elastic Block Store，弹性块存储）系统可以作为分布式数据库（例如，Amazon RDS）的底层存储。

总的来说，分布式文件系统用来存储三种类型的数据：Blob 对象、定长块以及大文件。在系统实现层面，分布式文件系统内部按照数据块（chunk）来组织数据，每个数据块可以包含多个 Blob 对象或者定长块，一个大文件也可以拆分为多个数据块，如图 5.1 所示。分布式文件系统将这些数据块分散存储到集群的服务器上，通过软件系统处理数据一致性、数据复制、负载均衡、容错等问题。

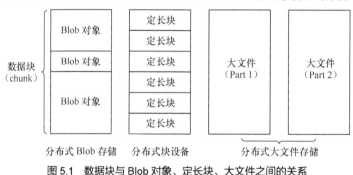

图 5.1 数据块与 Blob 对象、定长块、大文件之间的关系

2. 分布式键值系统

分布式键值系统用于存储关系简单的半结构化数据，它提供基于主键的 CRUD（Create/Read/Update/Delete）功能，即根据主键创建、读取、更新或者删除一条键值记录。典型的系统有 Amazon Dynamo。分布式键值系统是分布式表系统的一种简化，一般用作缓存，比如 Memcache。从数据结构的角度看，分布式键值系统支持将数据分布到集群中的多个存储节点。一致性散列是分布式键值系统中常用的数据分布技术，由于在众多系统中被采用而变得非常有名。

3. 分布式表系统

分布式表系统主要用于存储半结构化数据。与分布式键值系统相比，分布式表系统不仅仅支持简单的 CRUD 操作，而且支持扫描某个主键范围。分布式表系统以表格为单位组织数据，每个表格包括很多行，通过主键标识一行，支持根据主键的 CRUD 功能以及范围查找功能。典型的分布式表系统包括 Google Bigtable、Microsoft Azure Table Storage、Amazon DynamoDB 等。

4. 分布式数据库

分布式数据库是从传统的基于单机的关系型数据库扩展而来，用于存储大规模的结构化数据。分布式数据库采用二维表格组织数据，提供经典的 SQL 关系查询语言，支持嵌套子查询、多表关联等复杂操作，并提供数据库事务以及并发控制。典型的系统包括 Amazon RDS、MySQL 数据库分片（MySQL Sharding）集群以及 Microsoft SQL Azure 数据库。

分布式数据库支持的功能丰富，符合用户的使用习惯，可扩展性往往受到限制，但近年来已经得到了很大改善。例如，Google 的 Spanner 系统是一个支持多数据中心的分布式数据库，它不仅支持丰富的关系数据库功能，还能扩展到多个数据中心的成千上万台机器；而阿里巴巴的 OceanBase 系统也是一个支持自动扩展的分布式关系数据库，已经在很多应用领域取得了成功。

关系数据库是目前为止最为成熟的存储技术，功能丰富，有完善的商业关系数据库软件的支持，包括 Oracle、Microsoft SQL Server、IBM DB2、MySQL 等，其上层的工具及应用软件生态链也非常强大。然而，随着大数据时代的到来，关系数据库在可扩展性上面临着巨大的挑战，传统关系数据库的事务以及二维关系模型很难高效地扩展到多个存储节点上。为了解决关系数据库面临的可扩展性、高并发以及性能方面的问题，各种各样的非关系数据库不断涌现，这类被称为 NoSQL 的系统，可以理解为 "Not Only SQL" 的含义。每个 NoSQL 系统都有自己的独到之处，适合解决特定场景下的问题。

5.1.3　分布式存储的发展历史

分布式存储技术的发展史也是计算机的发展史，历经几十年的变迁，如图 5.2 所示。

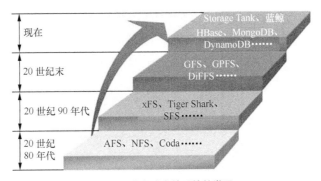

图 5.2　分布式文件系统的发展

1. 20 世纪 80 年代的代表：AFS、NFS、Coda

（1）AFS：1983 年，CMU 和 IBM 共同合作开发了 Andrew 文件系统（Andrew File System，AFS），AFS 的设计目标是将至少 7000 个工作站连接起来，为每个用户提供一个共享的文件系统，将高扩展性、网络安全性放在首位，客户端高速缓存，即便没有网络，也可以对部分数据缓存。

（2）NFS：1985 年，Sun 公司基于 UDP 开发了网络共享文件系统（Network File System, NFS），NFS 由一系列 NFS 命令和进程组成的客户机/服务器（C/S）模式，并后续加入了基于 TCP 的传输功能。

（3）Coda：1987 年，CMU 在基于 AFS 的基础上开发了 Coda 文件系统，它为 Linux 工作站组成的大规模分布式计算环境设计的文件系统，为服务器和网络故障提供了容错机制，无连接操作机制，Coda 注重可靠性和性能优化，为各种场景提供了高度的一致性功能。

2. 20 世纪 90 年代的代表：XFS、Tiger Shark、SFS

随着 Windows 的问世，极大促进了微处理器的发展和 PC 的普及，互联网和多媒体技术迅速发展起来。对多媒体数据的实时传输和应用越来越流行，同时大规模并行计算技术的发展和数据挖掘技术应用，也迫切需要能支持大容量和高速的分布式存储系统。

XFS：加州大学伯克利分校（UC Berkeley）开发了 XFS 文件系统，克服了以往分布式文件系统只适用于局域网而不适用于广域网和大数据存储的问题，提出了广域网进行缓存较少网络流量设计思想，采用层次命名结构，减少 Cache 一致性状态和无效写回 Cache 一致性协议，从而减少了网络负载，在当时获得了一定的成功。

3. 20 世纪末的代表：SAN、NAS、GPFS、GFS、HDFS

到了 20 世纪末，计算机技术和网络技术得到了飞速发展，磁盘存储成本不断降低，磁盘容量和数据总线带宽的增长速度无法满足应用需求，海量数据的存储逐渐成为互联网技术发展急需解决的问题。基于光纤通道的存储区域网络（Storage Area Network，SAN）技术和网络附连存储（Network Attached Storage，NAS）技术得到了越来越广泛的应用。

（1）SAN：通过将磁盘存储系统和服务器直接相连的方式提供一个易扩展、高可靠的存储环境，高可靠的光纤通道交换机和光纤通道网络协议保证各个设备间链接的可靠性和高效性。设备间的连接接口主要是采用 FC 或者 SCSI，如图 5.3 所示。

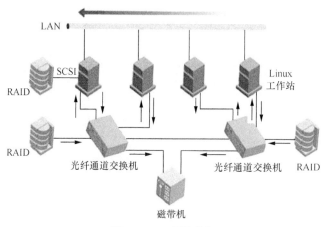

图 5.3　SAN 网络结构

（2）NAS：通过基于 TCP/IP 的各种上层应用在各工作站和服务器之间进行文件访问，直接在工作站客户端和 NAS 文件共享设备之间建立连接，NAS 隐藏了文件系统的底层实现，注重上层的文件服务实现，具有良好的扩展性，如图 5.4 所示。

（3）GPFS（General Parallel File System）：IBM 公司开发的共享文件系统，起源于 IBM SP 系

统上使用的虚拟共享磁盘技术。GPFS 是一个并行的磁盘文件系统，它保证在资源组内的所有节点可以并行访问整个文件系统。GPFS 允许客户共享文件，这些文件可能分布在不同节点的不同硬盘上；它同时还提供了许多标准的 UNIX 文件系统接口，允许应用不需修改或者重新编辑就可以在其上运行。

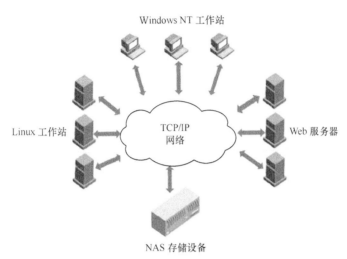

图 5.4　NAS 存储网络结构

（4）GFS（Google File System）：Google 为大规模分布式数据密集型应用设计的可扩展的分布式文件系统。GFS 能够将一万多台廉价 PC 机连接成一个大规模的 Linux 集群，具有高性能、高可靠性、易扩展性、超大存储容量等优点。GFS 采用单 Master Server 多 Chunk Server 来实现系统间的交互，Master 中主要保存命名空间到文件的映射、文件到文件块的映射、文件块到 Chunk Server 的映射，每个文件块对应三个 Chunk Server，如图 5.5 所示。

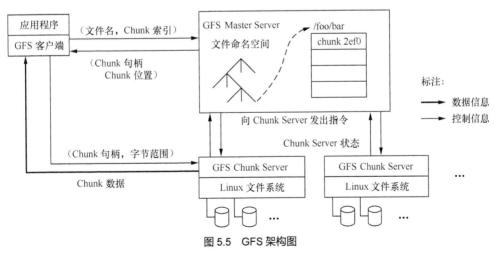

图 5.5　GFS 架构图

（5）HDFS（Hadoop Distributed File System）：是 Hadoop 项目的核心子项目，是分布式计算中数据存储管理的基础，是为了满足基于流数据模式访问和处理超大文件的需求而开发的，可以运行于廉价的商用服务器上。它所具有的高容错、高可靠性、高可扩展性、高获得性、高吞吐率等特征为海量数据提供了不怕故障的存储，为超大数据集（Large Data Set）的应用处理带来了很多便利。HDFS

135

的总体结构如图 5.6 所示。

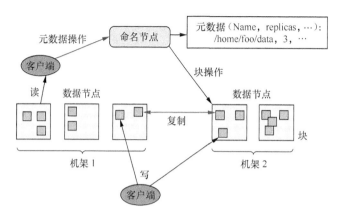

图 5.6　HDFS 总体结构示意图

4. 21 世纪的代表：Cassandra、HBase、MongoDB、DynamoDB

（1）Cassandra：是一套开源分布式 NoSQL 数据库系统，最初由 Facebook 开发，用于存储收件箱等简单格式数据，集 Google Bigtable 的数据模型与 Amazon Dynamo 的完全分布式架构于一身。由于 Cassandra 良好的可扩展性，被 Twitter 等多家著名互联网公司采纳，成为一种流行的分布式结构化数据存储方案。

（2）HBase：列存储数据库，擅长以列为单位读取数据，面向列存储的数据库具有高扩展性，即使数据大量增加也不会降低相应的处理速度，特别是写入速度。

（3）MongoDB：文档型数据库，同键值（Key-Value）型数据库类似，是键值型数据库的升级版，允许嵌套键值。Value 值是结构化数据，数据库可以理解 Value 的内容，提供复杂的查询，类似于 RDBMS 的查询条件。

（4）DynamoDB：Amazon 公司的一个分布式存储引擎，是一个经典的分布式 Key-Value 存储系统，具备去中心化、高可用性、高扩展性的特点。Dynamo 在 Amazon 中得到了成功的应用，能够跨数据中心部署于上万个节点上提供服务，它的设计思想也被后续的许多分布式存储系统借鉴。

5.2　文件存储

文件系统是存储数据最重要的载体，本节从文件系统的角度阐述存储技术的发展。文件系统是持久保存数据和管理数据的一种最普遍、最基本的手段。随着应用需求的变化和计算机技术的进步，文件系统也逐渐演变发展，形成了多种不同类型的文件系统，并有各自不同的应用场景。文件系统可划分为单机文件系统、网络文件系统、并行文件系统、分布式文件系统和高通量文件系统。不同类型的文件系统之间并不是一种进化关系，而是共同存在、发展的，服务于不同的应用需求。

5.2.1　单机文件系统

现代文件系统的起源要追溯到分时操作系统时期。1965 年，在 Multics 操作系统中首次提出使用树型结构来组织文件、目录以及访问控制的思想。这些思想被后来的 UNIX 文件系统（1973 年）所借鉴。从结构上看，它包括四个模块：引导块、超级块、索引节点和数据块。这些都被用到了之后的文件系统中。但是它也有很多缺点，如磁盘分配的单位字节数少、I/O 性能低下等。

为解决 UNIX 文件系统 I/O 性能低的问题，先后出现了 1984 年的快速文件系统（Fast File System，FFS）和 1992 年的日志结构文件系统（Log-Structured File，LFS）。FFS 将磁盘分配单位提高到 4KB，并将磁盘带宽利用率大幅提升。LFS 提出将文件系统作为日志来实现，采用 "append to log" 的方式将数据写入磁盘，不仅大幅提升写性能，而且机器崩溃后可以快速恢复。后来，很多闪存文件系统都借鉴了 LFS 的思想。

20 世纪 90 年代至今，出现了很多单机文件系统。XFS 是 SGI 公司于 1994 年发布的，它是针对当时数据库应用、科学计算应用以及视频应用等对 TB 级存储容量、TB 级文件、百万级文件数量等需求而设计的 64 位文件系统。XFS 将数据库系统中的 B+树索引技术和日志技术引入到文件系统中，极大地提高了文件系统的扩展性和性能。另一个著名的单机文件系统是 ZFS，是 Sun 公司于 2004 年发布的，它是针对 ZB 量级数据存储的需求而设计的 128 位文件系统，采用全新的文件系统结构，其特点是提出了 "存储池" 的概念来管理物理存储空间，自动检测并修复文件数据的损坏，采用写时复制事务模型来维护数据一致性等。

5.2.2　网络文件系统

1978 年，施乐公司帕洛阿尔托研究中心（Xerox PARC）发明了以太网技术，使局域网得到广泛使用。在局域网环境中，用户和数据分散在网络中的各个机器上，用户迫切要求在不同机器之间共享数据。最初的解决方案是将整个文件从一台机器复制到另一台机器上，比如 UUCP（UNIX to UNIX Copy Protocol，UNIX 间复制协议）和 FTP（File Transfer Protocol，文件传输协议），但存在数据冗余存储和维护最新版本不方便等问题。为了让用户能够以访问本地文件系统的方式来访问远程机器上的文件，各种类型的网络文件系统应运而生。其中影响最深远的是 NFS 和 AFS。

NFS（Network File System，网络文件系统）由 Sun 公司在 1984 年开发，被认为是第一个广泛应用的现代网络文件系统。NFS 的设计目标是提供跨平台的文件共享系统。由于 NFS 的实现和设计思想都相对简单，该协议很快被纳入到 RFC 标准，并开始大量应用。然而，NFS 单一服务器的结构也决定了它的扩展性有限。

AFS（Andrew File System）是美国卡耐基·梅隆大学 1982 年开发的分布式文件系统。其设计目标是支持 5000~10000 个节点的集群，扩展性是首要考虑的因素。与 NFS 等系统不同的是，AFS 中有多个服务器，整个命名空间被静态地划分到各个服务器上，因此，AFS 具有更好的扩展性。

5.2.3　并行文件系统

20 世纪 80 年代后期，天气预报、石油勘探、高能物理、核爆炸模拟等大规模科学计算需要越来越高的计算能力，而当时的计算机还是单处理器，计算能力有限。因此，出现了以追求高计算能力为目的的多处理器结构的计算机。典型的多处理器计算机采用大规模并行处理（Massively Parallel Processing，MPP）体系结构和并行编程模型。一个并行任务由多个协同工作的进程组成，每个进程可以运行在不同的节点上，这样，运行于多个计算节点上的进程共享一个全局文件系统视图，而且需要与高计算速度相匹配的读写性能。

早期的并行文件系统有 BFS（Bridge File System）和 CFS（Concurrent File System）等。它们运行在 MPP 结构的超级计算机上。20 世纪 90 年代中期，开源的 Linux 操作系统逐渐成熟并得到广泛使用，而上述并行文件系统则需要运行于特定厂商生产的 MPP 结构的超级计算机上，无法在越来越多的 Linux 集群上运行。于是出现了以 PVFS 和 Lustr 为代表的 Linux 集群上的并行文件系统。它们吸收了 MPP 并行文件系统的很多思想，包括采用一个专门的元数据服务器来维护和管理文件系统的命名空间，以及将文件数据条带化并分散存储在所有的存储服务器上等。

5.2.4　分布式文件系统

20 世纪 90 年代后期，随着互联网的发展，出现了搜索引擎这样的海量文本数据检索工具。搜索引擎需要把整个互联网上的网页都抓取回来，对它们进行分析处理（如去重、分词、计算排序等），并构建倒排索引，以便支持用户快速检索到所需要的网页。构建索引需要对整个互联网的所有网页进行处理，无论是数据量还是计算量都非常大。而且，为及时反映互联网上新增的网页，抓取网页、分析处理和建立索引的过程也是反复进行。然而，由于需要依靠价格昂贵的高端磁盘阵列来获得高峰值 I/O 带宽和高可靠性，因此当时的面向高性能计算（HPC）的并行文件系统并不能满足搜索引擎应用的需求。搜索引擎需要高吞吐率、低成本、高可靠的系统，而非高峰值处理性能的系统。于是产生了以谷歌的 Google File System（GFS）、MapReduce 为代表的新型数据处理架构。

GFS 的底层平台是大规模（数千台到数万台）的、廉价的、可靠性较低的 PC 集群，存储设备是集群中每个节点上的多块 IDE 磁盘。搜索引擎的负载具有特殊性，GFS 的设计目标是为 GB 量级以上的大文件提供高的 I/O 访问带宽，而不是低访问延迟。GFS 采用集中式管理、分布式存储架构。由一个单一的主节点（Master Server）管理整个文件系统的元数据，数据则分布存储在集群中大量的节点上（Chunk Server）。每个文件划分为 64MB 粒度的大块（Chunk），存储在不同的节点上。主节点不仅维护整个文件系统的目录和文件，而且还维护每个文件的每个块的存储位置信息，以及每个节点的状态信息。出于性能考虑，所有这些信息都在主节点的内存中维护。为保障数据的可靠性和可用性，GFS 中每个数据块都保存多份副本（默认是 3 份）。每个写操作都同时写多个副本，只保证多份副本的弱一致性。

谷歌架构被互联网企业广泛采用，现在流行的 Hadoop 就是 GFS 和 MapReduce 的一种开源实现，被很多企业采用。微软开发了文件系统 TidyFS 和并行数据处理系统 Dryad，它们在本质上分别与 GFS 和 MapReduce 相似。另外，Facebook 和淘宝分别开发了自己的 Haystack 和 TFS 专用文件系统，来满足一些应用的海量图片存储需求。这些文件系统与特定应用的耦合度高、定制性强，因此它们在特定的访问模式下的性能非常高。

5.2.5　高通量文件系统

高通量文件系统是为大型数据中心设计的文件系统，它将数据中心中大量低成本的存储资源有效地组织起来，服务于上层多种应用的数据存储需求和数据访问需求。随着云计算技术的发展，数据中心的数据存储需求逐渐成为数据存储技术和文件系统发展的主要驱动力，高通量文件系统将成为一种重要的文件系统。

大型数据中心在数据存储和数据访问方面有着与先前的应用非常不同的需求特征，主要包括：

数据量庞大、访问的并发度高、文件数量巨大、数据访问语义和访问接口不同于传统的文件系统、数据共享与数据安全的保障越来越重要等。

综上所述，从技术背景、负载特征、创新技术、性能评价标准等方面对各种文件系统进行对比，如表 5.1 所示。

表 5.1   文件系统的发展脉络

阶段	产生的技术背景	负载特征	典型代表	主要的创新技术	性能评价标准
单机文件系统	分时操作系统 多用户共享磁盘	多用户并发访问 多进程并发访问	UNIX FS FFS LFS JFS WAFL XFS ZFS	树型目录结构 索引节点（i-node） 流式访问接口 柱面组 元数据修改日志 B+树组织 写时复制 存储池	I/O 请求响应时间 聚合 I/O 带宽
网络文件系统	局域网 TCP/IP RAID FC 网络	多客户端共享访问 多用户共享访问	NFS AFS NAS SAN	XDR RPC VFS 无状态服务器 多服务器结构	聚合 I/O 带宽
并行文件系统	MPP 超级计算机 高性能互连网络 并行编程	一个作业的多任务对同一文件不同位置的并行访问 一个 I/O 请求的并行处理	Concurrent File System Vesta PVFS Lustre	文件的条带化存储 并行 I/O 接口 元数据管理与数据存储分离	并行 I/O 带宽
分布式文件系统	搜索引擎 互联网服务 Google 架构 大规模 PC 集群	数千万在线并发访问 数万并发大粒度访问	GFS HDFS Haystack TFS	非 POSIX 接口和语义集中管理 分散存储全内存元数据 处理多个副本	I/O 请求响应时间 并发访问吞吐率 聚合 I/O 带宽

5.3　从单机存储系统到分布式存储系统

5.3.1　单机存储系统

1．硬件基础

简单来说，单机存储就是散列表、B 树等数据结构在机械硬盘、SSD 等持久化介质上的实现。单机存储系统的理论来源于关系数据库，是单机存储引擎的封装，对外提供文件、键值、表或者关系模型。

由摩尔定律可知，相同性能的计算机等 IT 产品，每 18 个月价钱会下降一半。而计算机的硬件体系架构却保持相对稳定，一个重要原因就是希望最大限度地发挥底层硬件的价值。计算机架构中常见硬件的大致性能参数如表 5.2 所示。

表 5.2   常用硬件性能参数

类别	消耗的时间
访问 L1 Cache	0.5ns
分支预测失败	5ns
访问 L2 Cache	7ns
Mutex 加锁/解锁	100ns
内存访问	100ns
千兆网络发送 1MB 数据	10ms
从内存顺序读取 1MB 数据	0.25ms
机房内网络来回	0.5ms
异地机房之间网络来回	30~100ms
SATA 磁盘寻道	10ms
从 SATA 磁盘顺序读取 1MB 数据	20ms
固态盘 SSD 访问延迟	0.1~0.2ms

存储系统的性能瓶颈主要在于磁盘随机读写，设计存储引擎的时候会针对磁盘的特性做很多的处理，比如将随机写操作转化为顺序写操作，通过缓存减少磁盘随机读操作。而固态磁盘（SSD）也越来越多地运用到实际场景中。SSD 的特点是随机读取延迟小，能够提供很高的 IOPS（Input/Output Per Second，每秒读写）性能。随着容量的提升和价格的降低，SSD 越来越多地进入传统磁盘的应用场景中。

2. 存储引擎

存储引擎直接决定了存储系统能够提供的性能和功能，其基本功能包括：增、删、改、查，而读取操作又分为随机读取和顺序扫描两种。散列存储引擎是散列表的持久化实现，支持增、删、改，以及随机读取操作，但不支持顺序扫描，对应的存储系统为键值（Key-Value）存储系统。B树（B-Tree）存储引擎是树的持久化实现，不仅支持单条记录的增、删、读、改操作，还支持顺序扫描，对应的存储系统是关系数据库。LSM 树（Log-Structured Merge Tree）存储引擎和 B 树存储引擎一样，支持增、删、改、随机读取以及顺序扫描，它通过批量转储技术规避了磁盘随机写入问题，广泛应用于互联网的后台存储系统，例如 Google Bigtable、Google LevelDB 以及 Cassandra 系统等。

3. 数据模型

如果说存储引擎相当于存储系统的发动机，那么，数据模型就是存储系统的外壳。存储系统的数据模型主要包括三类：文件、关系以及键值模型。传统的文件系统和关系数据库系统分别采用文件和关系模型。关系模型描述能力强，生态好，是目前存储系统的业界标准。而新产生的键值模型、关系弱化的表格模型等，因为其可扩展性、高并发以及性能上的优势，开始在越来越多的大数据应用场景中发挥重要作用。

5.3.2 分布式存储系统

分布式系统所面临的一个重要问题就是如何将数据均匀地分布到多个存储节点。为了保证可靠性和可用性，需要将数据复制成多个副本，这就带来了多个副本之间的数据一致性问题。大规模分布式存储系统为了节省成本，往往采用性价比较高的通用服务器。这些服务器性能很好，但是故障率往往也很高，因此要求系统能够在软件层面实现自动容错。当存储节点出现故障时，系统能够自动检测出来，并将原有的数据和服务迁移到集群中其他正常工作的节点上。

1.　基本概念

（1）异常

在分布式存储系统中，将一台服务器或者服务器上运行的一个进程称为一个节点，节点与节点之间通过网络互联。大规模分布式存储系统的一个核心问题是自动容错。然而，服务器节点是不可靠的，网络也是不可靠的，因此系统运行过程中可能会遇到各种异常，包括服务器宕机、网络异常、磁盘故障等。

（2）超时

在单机系统中，只要服务器没有发生异常，每个函数的执行结果是确定的，要么成功，要么失败。然而，在分布式系统中，如果某个节点向另一个节点发起远程调用，这个远程调用执行的结果有三种状态："成功""失败"和"超时"，也称为分布式存储系统的"三态"。

（3）一致性

由于异常的存在，分布式存储系统设计时往往会将数据冗余存储多份，每一份称为一个副本（replica/copy）。当某一个节点出现故障时，可以从其他副本上读取数据。副本是分布式存储系统容错技术的重要手段，通过多个副本的同时存在并保证副本之间的一致性是整个分布式系统的理论核心。关于一致性，本书在第 2 章中有过详细讲述。

（4）衡量指标

评价分布式存储系统有一些常用的指标，主要包括以下几种。

● 性能

包括系统的吞吐能力以及系统的响应时间等。其中，系统的吞吐能力指系统在某一段时间可以处理的请求总数，通常用每秒处理的读操作数（Query Per Second，QPS）或者写操作数（Transaction Per Second，TPS）来衡量；系统的响应时间指从某个请求发出到接收到返回结果消耗的时间。这两个指标往往是矛盾的，追求高吞吐量的系统，往往很难做到低延迟；追求低延迟的系统，吞吐量也会受到限制。

● 可用性

系统的可用性（availability）是指系统在面对各种异常时可以提供正常服务的能力。系统的可用性可以用系统停止服务的时间与正常服务的时间的比例来衡量，例如某系统的可用性为 5 个 9（99.999%），相当于系统一年停止服务的时间不能超过 365 天× 24 小时× 60 分钟/100000 = 5.256 分钟。系统可用性往往体现了系统的整体代码质量以及容错能力。

● 一致性

一般来说，越强的一致性模型，用户使用起来越简单。如果系统部署在同一个数据中心，只要系统设计合理，在保证强一致性的前提下，不会对性能和可用性造成太大的影响。例如，阿里巴巴的 OceanBase 系统以及 Google 的分布式存储系统都倾向于强一致性。

● 可扩展性

随着业务的发展，对底层存储系统的性能需求不断增加，比较好的解决方式就是通过自动增加服务器来提高系统的能力，即可扩展性。系统的可扩展性（scalability）指分布式存储系统通过扩展集群服务器规模来提高系统存储容量、计算量和性能的能力。理想的分布式存储系统实现了"线性可扩展"，也就是说，随着集群规模的增加，系统的整体性能与服务器数量呈线性关系。

2. 性能分析

性能分析是用来判断设计方案是否存在瓶颈点，权衡多种设计方案的一种手段，也可作为后续性能优化的依据。性能分析与性能优化是相对的，系统设计之初通过性能分析确定设计目标，防止出现重大的设计失误，等到系统试运行后，需要通过性能优化方法找出系统中的瓶颈点并逐步消除，使系统达到设计之初确定的设计目标。设计之初首先分析整体架构，接着重点分析可能成为瓶颈的单机模块。系统中的资源（CPU、内存、磁盘、网络）是有限的，性能分析就是需要找出可能出现的资源瓶颈。

3. 数据分布

分布式系统能够将数据分布到多个节点，并在多个节点之间实现负载均衡。其方式主要有两种：
- 散列分布，如一致性散列，代表系统为 Amazon 的 Dynamo 系统；
- 顺序分布，即每张表格上的数据按照主键整体有序，代表系统为 Google 的 Bigtable。

将数据分散到多台机器后，需要尽量保证多台机器之间的负载是比较均衡的。衡量机器负载均衡涉及的因素很多，如机器 Load 值、CPU、内存、磁盘以及网络等资源使用情况，还有读写请求数及请求量等。分布式存储系统需要能够自动识别负载高的节点，当某台机器的负载较高时，将它服务的部分数据迁移到其他机器，实现自动负载均衡。

4. 复制

为了保证分布式存储系统的高可靠和高可用，数据在系统中一般存储多个副本。当某个副本所在的存储节点出现故障时，分布式存储系统能够自动将服务切换到其他的副本，从而实现自动容错。分布式存储系统通过复制协议将数据同步到多个存储节点，并确保多个副本之间的数据一致性。同一份数据的多个副本中往往有一个副本为主副本（Primary），其他副本为备用副本（Backup），由主副本将数据复制到备用副本。当主副本出现故障时，分布式存储系统能够将服务自动切换到某个备用副本，实现自动容错。

5. 容错

随着服务器规模的扩大，故障发生的概率也越来越大，大规模集群几乎每天都有故障发生。容错是分布式存储系统设计的重要目标，只有实现了自动化容错，才能减少人工运维成本，实现分布式存储的规模效应。分布式存储系统首先需要能够检测到机器故障，然后需要将服务复制或者迁移到集群中的其他正常节点。来自 Google 的一份报告中介绍了 Google 某数据中心第一年运行发生的故障数据，如表 5.3 所示。

表 5.3 　　　　　　　　　　Google 某数据中心第一年运行故障

发生频率	故障类型	影响范围
0.5	数据中心过热	5 分钟之内大部分机器断电，1～2 天恢复
1	配电装置（PDU）故障	500～1000 台机器瞬间下线，6 小时恢复
1	机架调整	大量告警，500～1000 台机器断电，6 小时恢复
1	网络重新布线	大约 5% 机器下线超过两天

续表

发生频率	故障类型	影响范围
20	机架故障	40～80 台机器瞬间下线，1～6 小时恢复
5	机架不稳定	40～80 台机器发生 50%丢包
12	路由器重启	DNS 和对外虚 IP 服务失效约几分钟

从表 5.3 可以看出，单机故障和磁盘故障发生概率最高，几乎每天都有多起事故；机架故障发生的概率相对也是比较高的，需要避免将数据的所有副本分布在同一个机架内；还可能出现磁盘响应慢，内存错误，机器配置错误，数据中心之间网络连接不稳定等故障。

6. 可扩展性

可扩展性的实现手段很多，如通过增加副本个数或者缓存来提高读取能力，将数据分片使每个分片可以被分配到不同的工作节点以实现分布式处理，把数据复制到多个数据中心等。同时，衡量分布式存储系统的可扩展性应该综合考虑节点故障后的恢复时间、扩容的自动化程度、扩容的灵活性等。

7. 分布式协议

分布式系统涉及的协议很多，例如租约、复制协议、一致性协议，其中以两阶段提交协议和 Paxos 协议最具有代表性。

（1）两阶段提交协议（Two-Phase Commit，2PC）经常用来实现分布式事务，以保证跨多个节点操作的原子性，也就是说，跨多个节点的操作要么在所有节点上全部执行成功，要么全部失败。顾名思义，两阶段提交协议由两个阶段组成：阶段 1 请求阶段（Prepare Phase）和阶段 2 提交阶段（Commit Phase）。两阶段提交协议是阻塞协议，执行过程中需要锁住其他更新且不能容错，大多数分布式存储系统都放弃了对分布式事务的支持。

（2）Paxos 协议用于解决多个节点之间的一致性问题。Paxos 协议考虑到主节点可能出现故障，系统需要选举出新的主节点的问题，该协议可以保证多个节点之间操作日志的一致性，并在这些节点上构建高可用的全局服务，例如分布式锁服务、全局命名和配置服务等。Paxos 协议有两种用法：一种用法是实现全局的锁服务或者命名和配置服务，例如 Google Chubby 以及 Apache ZooKeeper。另一种用法是将用户数据复制到多个数据中心，例如 Google Megastore 以及 Google Spanner。

5.4 实践：分布式存储系统 Ceph

5.4.1 概述

Ceph 最初是一项关于存储系统的研究项目，由塞奇·维尔（Sage Weil）在加州大学圣克鲁兹分校（UCSC）开发。Ceph 是一个统一的、分布式的存储系统，具有出众的性能、可靠性和可扩展性。其中，"统一"和"分布式"是理解 Ceph 的设计思想的出发点。

① 统一：意味着 Ceph 可以以一套存储系统同时提供"对象存储""块存储"和"文件系统"三种功能，以满足不同应用的需求。

② 分布式：意味着无中心结构和系统规模的无限（至少理论上没有限制）扩展。在实践当中，

Ceph 可以被部署于成千上万台服务器上。

从 2004 年提交第一行代码到现在，Ceph 已经走过了十多年的历程。Ceph 近几年的迅速发展既有其自身无可比拟的设计优势，也有云计算尤其是 OpenStack 的大力推动。

首先，Ceph 本身确实具有较为突出的优势，包括统一存储能力、可扩展性、可靠性、性能、自动化的维护等。在 Ceph 的核心设计思想中，充分发挥存储设备自身的计算能力，同时消除对系统单一中心节点的依赖，实现真正的无中心结构。基于此，Ceph 一方面实现了高度的可靠性和可扩展性，另一方面保证了客户端访问的相对低延迟和高聚合带宽。

其次，Ceph 目前在 OpenStack 社区中备受重视。OpenStack 是目前最为流行的开源云操作系统。随着 OpenStack 成为事实上的开源 IaaS 标准，CEPH 近几年的热度骤升，其中最有力的推动因素就是来自 OpenStack 社区的实际需求。

5.4.2　设计思想

Ceph 最初设计的目标应用场景就是大规模的、分布式的存储系统，是指至少能够承载 PB 量级的数据，并且由成千上万的存储节点组成。在 Ceph 的设计思想中，对于一个大规模的存储系统，主要考虑了三个场景变化特征：存储系统的规模变化、存储系统中的设备变化以及存储系统中的数据变化。

上述三个变化就是 Ceph 目标应用场景的关键特征。Ceph 所具备的各种主要特性也都是针对这些场景特征提出的。针对这些应用场景，Ceph 在设计之初就包括了以下技术特性。

- 高可靠性：针对存储系统中的数据而言，即尽可能保证数据不会丢失，也包括数据写入过程中的可靠性，即在用户将数据写入 Ceph 存储系统的过程中，不会因为意外情况造成数据丢失。
- 高度自动化：指数据的自动复制、自动均衡、自动故障检测和自动故障恢复。总体而言，这些自动化特性既保证了系统的高度可靠，也保障了在系统规模扩大之后，其运维难度仍能保持在一个相对较低的水平。
- 高可扩展性：指系统规模和存储容量的可扩展，也包括随着系统节点数增加聚合数据访问带宽的线性扩展，还包括基于功能丰富强大的底层 API 提供多种功能、支持多种应用的功能性可扩展。

Ceph 的设计思路基本上可以概括为以下两点。

- 充分发挥存储设备自身的计算能力：采用具有计算能力的设备作为存储系统的存储节点。
- 去除所有的中心点：一旦系统中出现中心点，一方面引入了单点故障点，另一方面也必然面临系统规模扩大时的规模和性能瓶颈。并且，如果中心点出现在数据访问的关键路径上，也必然导致数据访问的延迟增大。

除此之外，一个大规模分布式存储系统必须要解决下面两个基本问题。

- 数据写到什么地方：当用户提交需要写入的数据时，系统必须迅速决策，为数据分配一个存储位置和空间。
- 到哪里读取数据：高效准确地处理数据寻址。

针对上述两个问题，传统的分布式存储系统常常引入专用的元数据服务节点，并在其中存储用于维护数据存储空间映射关系的数据结构。这种解决方案容易导致单点故障和性能瓶颈，同时也容易导致更长的操作延迟。而 Ceph 改用基于计算的方式，即任何一个 Ceph 存储系统的客户端程序，仅仅使用不定期更新的少量本地元数据，简单计算就可以根据一个数据的 ID 决定其存储位置。

5.4.3　整体架构

Ceph 存储系统在逻辑上自下而上分为 4 个层次，如图 5.7 所示。

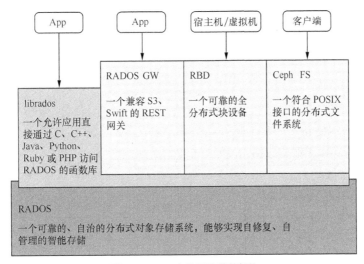

图 5.7　Ceph 存储系统整体架构

1. RADOS

RADOS（Reliable, Autonomic, Distributed Object Store）意为可靠的、自动化的、分布式的对象存储。这一层本身就是一个完整的对象存储系统，所有存储在 Ceph 系统中的用户数据最终都是由这一层来存储的，而 Ceph 的高可靠、高可扩展、高性能、高自动化等特性本质上也是由这一层所提供的。

物理上，RADOS 由大量的存储设备节点组成，每个节点拥有自己的硬件资源（CPU、内存、硬盘、网络），并运行着操作系统和文件系统。

2. librados

这一层是对 RADOS 进行抽象和封装，并向上层提供 API，以便直接基于 RADOS 进行应用开发。RADOS 是一个对象存储系统，librados 实现的 API 也只是针对对象存储功能的。

RADOS 采用 C++开发，所提供的原生 librados API 包括 C 和 C++两种。物理上，librados 和基于其上开发的应用位于同一台机器，因而也被称为本地 API。应用调用本机上的 librados API，再由后者通过 socket 与 RADOS 集群中的节点通信并完成各种操作。

3. 高层应用接口

这一层包括 3 个部分，分别是：对象存储 RADOS GW（RADOS Gateway）、块存储 RBD（Reliable Block Device）和文件系统 Ceph FS（Ceph File System），其作用是在 librados 库的基础上提供抽象层次更高、更便于应用和客户端使用的上层接口。

- RADOS GW 是一个提供与 Amazon S3 和 Swift 兼容的 RESTful API 的网关，以供相应的对象存储应用开发使用。

145

- RBD 则提供了一个标准的块设备接口，常用于在虚拟化的场景下为虚拟机创建 volume。目前，Red Hat 已经将 RBD 驱动集成在 KVM/QEMU 中，以提高虚拟机访问性能。
- Ceph FS 是一个兼容 POSIX 的分布式文件系统，由于还处在开发阶段，因而 Ceph 官网并不推荐将其用于生产环境中。

4. 应用层

这一层就是不同场景下对于 Ceph 各个应用接口的应用，例如基于 librados 直接开发的对象存储应用、基于 RADOS GW 开发的对象存储应用、基于 RBD 实现的云硬盘等。

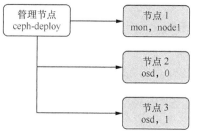

图 5.8　Ceph 存储集群准备

5.4.4　集群部署

1. 环境准备

建议安装一个 ceph-deploy 管理节点和一个三节点的 Ceph 存储集群。在下面的描述中，节点代表一台机器，如图 5.8 所示。

四台主机信息如表 5.4 所示。

表 5.4　主机信息

hostname	IP	配置
admin-node	172.20.0.195	4 核，4GB 内存，CentOS 7
node1	172.20.0.196	4 核，4GB 内存，CentOS 7
node2	172.20.0.197	4 核，4GB 内存，CentOS 7
node3	172.20.0.198	4 核，4GB 内存，CentOS 7

2. 安装 Ceph 部署工具（仅主控节点）

（1）在主控节点上执行下列命令：

```
sudo yum install -y yum-utils && sudo yum-config-manager --add-repo https://dl.fedoraproject.
org/pub/epel/7/x86_64/ && sudo yum install --nogpgcheck -y epel-release && sudo rpm --import
/etc/pki/rpm-gpg/RPM-GPG-KEY-EPEL-7 && sudo rm /etc/yum.repos.d/dl.fedoraproject.org*
```

（2）把软件包源加入软件仓库

用文本编辑器创建一个 YUM（Yellowdog Updater, Modified）库文件，其路径为/etc/yum.repos.d/ceph.repo。例如：

```
sudo vim /etc/yum.repos.d/ceph.repo
```

把以下内容粘贴进去，用 Ceph 的最新主稳定版名字（如 firefly）替换{ceph-stable-release}，用 Linux 发行版名字（el7 为 CentOS 7）替换{distro}。最后保存到/etc/yum.repos.d/ceph.repo 文件中。

```
[ceph-noarch]
name=Ceph noarch packages
baseurl=http://download.ceph.com/rpm- firefly / el7/noarch
enabled=1
gpgcheck=1
type=rpm-md
gpgkey=https://download.ceph.com/keys/release.asc
```

（3）更新软件库并安装 ceph-deploy

```
sudo yum update && sudo yum install ceph-deploy
```

3. Ceph 节点配置

（1）安装 NTP 服务（所有节点）

在所有 Ceph 节点上安装 NTP 服务（特别是 Ceph Monitor 节点），以免因时钟漂移导致故障。在所有节点上执行：

```
sudo yum install ntp ntpdate ntp-doc
```

确保在各 Ceph 节点上启动了 NTP 服务，并且要使用同一个 NTP 服务器。

（2）安装 SSH 服务器

在各 Ceph 节点安装 SSH 服务器，然后在所有 Ceph 节点上执行如下步骤，以确保所有 Ceph 节点上的 SSH 服务器都在运行。

```
sudo yum install openssh-server
```

（3）部署 Ceph 的用户

ceph-deploy 工具必须以普通用户登录 Ceph 节点，且此用户拥有无密码使用 sudo 的权限，因为它在安装软件及配置文件的过程中不需输入密码。

在各 Ceph 节点创建新用户：

```
ssh user@ceph-server
sudo useradd -d /home/{username} -m {username}
sudo passwd {username}
```

确保各 Ceph 节点上新创建的用户都有 sudo 权限。

```
echo "{username} ALL = (root) NOPASSWD:ALL" | sudo tee /etc/sudoers.d/{username}
sudo chmod 0440 /etc/sudoers.d/{username}
```

生成 SSH 密钥对，但不要用 sudo 或 root 用户。提示 "Enter passphrase" 时，直接回车，口令为空：

```
ssh-keygen
Generating public/private key pair.
Enter file in which to save the key (/ceph-admin/.ssh/id_rsa):
Enter passphrase (empty for no passphrase):
Enter same passphrase again:
Your identification has been saved in /ceph-admin/.ssh/id_rsa.
Your public key has been saved in /ceph-admin/.ssh/id_rsa.pub.
```

把公钥复制到各 Ceph 节点，把下列命令中的{username}替换成前面创建部署 Ceph 的用户里的用户名。

```
ssh-copy-id {username}@node1
ssh-copy-id {username}@node2
ssh-copy-id {username}@node3
```

（4）修改 hostname 使其和 ip 对应

在/etc/hosts 里追加以下信息

```
172.20.0.196    node1
172.20.0.197    node2
172.20.0.198    node3
```

（5）引导时联网

Ceph 的各 OSD（Object Storage Device）进程通过网络互联并向 Monitor 节点上报自己的状态。如果网络默认为 off，那么 Ceph 集群在启动时就不能上线，直到打开网络。

某些发行版（如 CentOS）默认关闭网络接口，所以需要确保网卡在系统启动时就能启动，这样 Ceph 守护进程才能通过网络通信。例如，在 Red Hat 和 CentOS 上，需进入/etc/sysconfig/network-scripts

目录并确保 ifcfg-{iface}文件中的 ONBOOT 设置成 yes。

（6）确保连通性

用 Ping 短主机名（hostname -s）的方式确认网络连通性。解决掉可能存在的主机名解析问题。

（7）所有节点开放所需端口

Ceph Monitor 节点之间默认使用 6789 端口通信，OSD 进程之间默认使用 6800:7300 这个范围内的端口通信。

某些发行版（如 RHEL）的默认防火墙配置非常严格，可能需要调整防火墙来允许相应的入站请求，这样客户端才能与 Ceph 节点上的守护进程通信。

对于 RHEL 7 上的 firewalld，要对公共域开放 Ceph Monitor 节点使用的 6789 端口和 OSD 进程使用的 6800:7300 端口范围，并且要配置为永久规则，这样重启后规则仍能有效。例如：

```
sudo firewall-cmd --zone=public --add-port=6789/tcp --permanent
```

若使用 iptables，则要开放 Ceph Monitor 节点使用的 6789 端口和 OSD 进程使用的 6800:7300 端口范围，命令如下：

```
sudo iptables -A INPUT -i {iface} -p tcp -s {ip-address}/{netmask} --dport 6789 -j ACCEPT
```

在每个节点上配置好 iptables 之后一定要保存，这样重启之后才能依然有效。例如：

```
/sbin/service iptables save
```

（8）SELinux

在 CentOS 上，SELinux 默认为 Enforcing 开启状态。为简化安装，建议把 SELinux 设置为 Permissive 或者完全禁用，也就是在加固系统配置前先确保集群的安装、配置没问题。用下列命令把 SELinux 设置为 Permissive：

```
sudo setenforce 0
```

要使 SELinux 配置永久生效，需修改其配置文件/etc/selinux/config，使 SELINUX = disabled。

4. Ceph 安装

用 ceph-deploy 从管理节点建立一个 Ceph 存储集群，该集群包含三个节点：一个 Monitor 节点和两个 OSD 守护进程。

（1）创建部署目录。

```
mkdir my-cluster && cd my-cluster/
```

（2）创建集群。

在管理节点上，进入刚创建的放置配置文件的目录，用 ceph-deploy 执行如下步骤：

```
ceph-deploy new node1
```

在当前目录下用 ls 和 cat 检查 ceph-deploy 的输出，应该有一个 Ceph 配置文件、一个 monitor 密钥环和一个日志文件。

（3）把 Ceph 配置文件里的默认副本数从 3 改成 2，这样只有两个 OSD 进程也可以达到 active + clean 状态。把下面这行代码加入[global]段：

```
osd pool default size = 2
```

（4）如果有多个网卡，可以把 public network 写入 Ceph 配置文件的[global]段。

```
public network = {ip-address}/{netmask}
```

（5）安装 Ceph。

```
ceph-deploy install admin-node node1 node2 node3
```

（6）配置初始 monitor(s)并收集所有密钥：

```
ceph-deploy mon create-initial
```

完成上述操作后，当前目录里应该会出现以下密钥环：

```
{cluster-name}.client.admin.keyring
{cluster-name}.bootstrap-osd.keyring
{cluster-name}.bootstrap-mds.keyring
{cluster-name}.bootstrap-rgw.keyring
```

5. 添加 OSD 节点

（1）添加两个 OSD 进程。为了快速地安装，把目录而非整个硬盘用于 OSD 守护进程。登录到
Ceph 节点，并给 OSD 守护进程创建一个目录。

```
ssh node2
sudo mkdir /var/local/osd0
exit
ssh node3
sudo mkdir /var/local/osd1
exit
```

然后，从管理节点执行 ceph-deploy 来准备 OSD。

```
ceph-deploy osd prepare node2:/var/local/osd0 node3:/var/local/osd1
```

最后，激活 OSD。

```
ceph-deploy osd activate node2:/var/local/osd0 node3:/var/local/osd1
```

（2）用 ceph-deploy 把配置文件和 admin 密钥复制到管理节点和 Ceph 节点，这样，每次执行
Ceph 命令行时就无需指定 monitor 地址和 ceph.client.admin.keyring 了。

```
ceph-deploy admin admin-node node1 node2 node3
```

ceph-deploy 和本地管理主机（admin-node）通信时，必须通过主机名可达。必要时可修改/etc/hosts，
加入管理主机的名字。

（3）确保对 ceph.client.admin.keyring 有正确的操作权限。

```
sudo chmod +r /etc/ceph/ceph.client.admin.keyring
```

（4）检查集群的健康状况。

```
ceph health
```

完成后，集群应该达到 active + clean 状态。

至此，整个 Ceph 的安装过程完成。

5.5　本章小结

　　本章主要讲述分布式存储系统的历史、发展以及特性，从而对分布式存储系统有一个全面的了
解，主要从以下几个部分来介绍分布式存储：分布式存储概念，分布式文件系统的发展，分布式存
储系统的分类以及分布式存储系统的特性，最后以 Ceph 为例，介绍了一个实际系统的安装部署过程。

5.6　复习材料

课内复习

1. 分布式存储的定义是什么？

2. 分布式存储有哪几种类型？

3. SAN 和 NAS 的区别是什么？

4. 比较不同文件系统的特点。

课外思考

1. 是否存在一种文件系统能够应对所有类型的文件存储？为什么？

2. Paxos 的原理和机制是什么？

动手实践

1. Ceph 从 2004 年提交第一行代码，至今已经十多年了。这个起源于 Sage 博士论文，最早致力于开发下一代高性能分布式文件系统的项目，现在成为了开源社区众人皆知的明星项目。随着云计算的发展，Ceph 乘上了 OpenStack 的春风，受到各大厂商的欢迎，成为 IaaS 三大组件（计算、网络、存储）之一。

- 任务：通过 Ceph 的官方网站下载并安装最新的软件，进一步了解 Ceph 的原理。
- 任务：理解并实践 CRUSH（Controlled Replication Under Scalable Hashing）算法。

2. Hadoop 分布式文件系统（HDFS）是一个高容错的系统，适合部署在廉价的机器上。HDFS 能提供高吞吐量的数据访问，非常适合大规模数据集上的应用。HDFS 是 Apache Hadoop Core 项目的一部分。

- 任务：通过 Hadoop 的官方网站下载并安装最新的 Hadoop 软件，进一步了解 HDFS 的工作原理。

论文研习

1. 阅读"论文阅读"部分的论文[23]，深入理解 Google 的 GFS 技术。

2. 阅读"论文阅读"部分的论文[25]，深入理解 Key-Value 存储技术。

3. 阅读"论文阅读"部分的论文[28]，全面了解云端存储技术。

6

第 6 章　云计算网络

　　云计算网络是除计算、存储之外的另一个核心基础设施服务，在整个云计算系统中举足轻重。本章将带领读者从数据中心的构建出发，自底向上地讲述软件定义网络、网络虚拟化以及租户网络管理等关键技术。本章主要内容如下：6.1 节介绍网络的基本概念，6.2 节介绍作为云计算骨架的数据中心网络，6.3 节介绍网络虚拟化的内容，6.4 节以 OpenStack 中的 Neutron 和 Group-Based Policy 为例介绍租户网络管理的内容，6.5 节通过构建一个基于 Mininet 的 OpenFlow 实验环境来开展实践工作。

6.1 基本概念

云计算是基于分布式计算原理而诞生的一种新的计算模式。尽管同以前的网格计算、服务计算相比，云计算在面向多用户时有着更灵活的服务能力，分布式计算仍然是云计算的实现基础。因而，计算机网络在云计算的方方面面都扮演着重要的角色：云计算的系统供应商需要通过网络协调资源的管理与调度，云计算的服务商需要通过网络将不同类型的资源以服务的形式供用户访问，而云计算的租户需要对自身所获取的虚拟化资源通过网络进行管理。这些需求都对云计算系统的网络架构提出了巨大的挑战。为了应对这些挑战，现代云计算网络架构从基础设施的构建、网络行为的控制、网络资源的虚拟化到网络功能的管理都做出了一系列解决方案的革新。

在探究这些关键技术之前，我们需要对云计算网络中可能涉及的一些基本概念进行简要解释。考虑到本书不同层次的读者，本节力求用简洁易懂的语言对这些基本概念进行阐述。

6.1.1 计算机网络

计算机网络是大家都不陌生的概念。通俗地讲，计算机网络指的是为多个计算设备提供信息交换支持的系统。它不仅包括底层的物理硬件、通信线路，同时也包括构建在这些硬件基础设施之上的软件驱动、协议抽象、控制与管理服务等。计算机网络是一个极其复杂的系统，为了解决网络中信息交换的稳定性问题、一致性问题及性能问题，计算机科学家和网络工程师做出了巨大的努力。

在本章中，对计算机网络相关术语的使用将参照以下定义。

网络节点（Network Node）：在计算机网络基础设施中，不是所有物理设备都能充当网络的节点。根据节点在网络中的位置与所担任的角色，可划分为以下几种类型。

- 网络终端（Network Endpoint）：位于网络边缘，可以作为网络通信端点的设备，包括服务器主机、用户的桌面计算机、笔记本、智能手机等设备。
- 交换机（Switch）：作为网络中间节点的一类网络设备，负责将网络数据包在不同端口间转发。可工作在 OSI 模型的第 2 层或第 3 层。
- 路由器（Router）：工作于网络层，负责将数据包从源 IP 向目的 IP 转发的网络设备。
- 中间盒（MiddleBox）：一切位于网络传输的非端点，负责将信息在网络终端之间传输的设备，包括网络交换机、路由器、网关服务器等。

网络链路（Network Link）：连接相邻的网络节点之间的设备，可以是同轴电缆、双绞线、光纤等有线介质，也可以是无线传输的抽象链路。

网络拓扑（Network Topology）：由网络节点和网络链路构成的有向图。

路径（Path）：也称为路由（Route），数据包从源网络终端发出到达目的网络终端的过程中经过的所有网络节点和链路。

信道（Channel）：网络终端之间建立的逻辑上的网络连接。

数据平面（Data Plane）：网络系统中承载数据流量的抽象组件。

控制平面（Control Plane）：构建于数据平面之上，网络系统中负责流量转发的逻辑控制的抽象组件。

管理平面（Management Plane）：构建于数据平面与控制平面之上，网络系统中直接面向网络管理人员操作的抽象接口组件。

网络功能（Network Function）：网络系统中提供功能性服务的组件，通常具有定义良好的外部接口和明确的功能行为。实际应用中经常指网络中间盒所提供的逻辑功能。

6.1.2 覆盖网络

覆盖网络（Overlay Network）是一种在原有网络基础上构建的网络连接抽象及管理的技术。覆盖网络中的节点可以被认为是通过虚拟或逻辑链路相连，其中每个链路对应一条路径（Path）。节点之间也可能通过下层网络中的多个物理连接相连。例如 P2P 网络或 Client/Server 应用这类分布式系统都可视为覆盖网络，因为它们的节点都运行在因特网之上。

覆盖网络通常的实现方法是在原有网络的基础上构建隧道（tunnel）。目前常用于构建隧道的网络协议有如下几种。

1. GRE

通用路由封装协议（GRE）是一种对不同网络层协议数据包进行封装通过 IP 路由的隧道协议，其标准定义于 RFC 2784 中。

GRE 是作为隧道工具开发的，旨在通过 IP 网络传输任意的 OSI 模型第 3 层协议。GRE 的实质是创建一个类似于虚拟专用网络（VPN）的专用的、点对点的网络连接。

GRE 通过在外部 IP 数据包内封装有效载荷（即需要传递到目标网络的内部数据包）来工作。GRE 隧道端点经由中间 IP 网络路由封装的分组通过 GRE 隧道发送有效载荷，沿途的其他 IP 路由器不解析有效载荷（内部数据包），它们仅在外部 IP 数据包转发给 GRE 隧道端点时才解析外部 IP 数据包。到达隧道端点后，GRE 封装将被移除，并将有效负载转发到最终目的地。

与 IP 到 IP 隧道不同，GRE 隧道可以在网络之间传输多播和 IPv6 流量。GRE 隧道的优势有以下几点：

- GRE 隧道通过单协议骨干网封装多种协议；
- GRE 隧道为有限跳数的网络提供解决方法；
- GRE 隧道连接不连续的子网络；
- GRE 隧道允许跨越广域网（WAN）的 VPN。

虽然 GRE 提供了无状态的专用连接，但它并不是一个安全协议，因为它不使用 RFC 2406 定义的 IPSec 协议封装加密有效负载（ESP）等加密技术。

2. VLAN

虚拟局域网（VLAN）是一种对局域网（LAN）进行抽象隔离的隧道协议。VLAN 可能包含单个交换机上的端口子集或多个交换机上的端口子集。默认情况下，一个 VLAN 上的系统不会看到与同一网络中其他 VLAN 上的系统关联的流量。

VLAN 允许网络管理员对其网络进行分区，以匹配其系统功能和安全要求，而无须运行新电缆或对当前网络基础架构进行重大更改。IEEE 802.1Q 是定义 VLAN 的标准，VLAN 标识符或标签由以太网帧中的 12 位组成，故在局域网上只能创建 4096 个 VLAN。

交换机上的端口可以分配给一个或多个 VLAN，从而允许将系统划分为逻辑组。例如，基于它们与哪个部门相关联，以及如何分离组中的系统进行彼此间的通信。这些内容既简单实用（一个 VLAN 中的计算机可以看到该 VLAN 上的打印机，但该 VLAN 外部的计算机不能看到），又合乎规则（例如，交易部门中的计算机不能与零售银行中的计算机交互）。

3. VXLAN

虚拟可扩展局域网（VXLAN）是一种封装协议。它的提出是为了在现有的 OSI 三层网络基础架构上构建覆盖网络。VXLAN 可以使网络工程师更轻松地扩展云计算环境，同时在逻辑上隔离云应用和租户。

对于一个多租户的网络环境，每个租户都需要自己的逻辑网络，而这又需要自己的网络标识。传统上，网络工程师使用虚拟局域网（VLAN）在云计算环境中隔离应用程序和租户，但 VLAN 规范只允许在任何给定时间分配多达 4096 个网络 ID，这可能不足以满足大型云计算环境。

VXLAN 的主要目标是通过添加 24 位段 ID 将可用 ID 增加到 1600 万个来扩展 VLAN 地址空间。每个帧中的 VXLAN 段 ID 区分了各个逻辑网络，因此数百万个隔离的第 2 层 VXLAN 网络可以共存于公共第 3 层基础架构之上。与 VLAN 一样，同一逻辑网络内只有虚拟机（VM）之间可以相互通信。

4. NVGRE

使用通用路由封装的网络虚拟化（NVGRE）是一种网络虚拟化方法，它使用封装和隧道为子网创建大量 VLAN，这些子网可以跨越分散的数据中心的第 2 层（数据链路层）和第 3 层（网络层）。其目的是启用可在本地和云环境中共享的多租户和负载平衡网络。

NVGRE 旨在解决由 IEEE 802.1Q 规范支持的 VLAN 数量有限而导致的问题，这些问题不适用于复杂的虚拟化环境，并且难以在分散的数据中心所需的长距离上扩展网段。

NVGRE 标准的主要功能包括识别用于解决与多租户网络相关问题的 24 位租户网络标识符（TNI），并使用通用路由封装（GRE）创建可能被限制隔离的虚拟第 2 层网络到单个物理第 2 层网络或跨越子网边界。NVGRE 还通过在 GRE 报头中插入 TNI 说明符来隔离各个 TNI。

NVGRE 规范由微软、英特尔、惠普和戴尔共同提出，它与另一种封装方法 VXLAN 存在竞争。

5. IPSec

IPSec 是用于网络或网络通信的分组处理层的一组安全协议的框架，通常和 VPN 等隧道技术结合进行报文的隐私保护。

早期的安全方法已经在通信模型的应用层插入了安全性。IPSec 对于实现虚拟专用网络和通过拨号连接到专用网络的远程用户访问很有用。IPSec 的一大优势是可以在不需要更改个人用户计算机的情况下处理安全性问题。思科一直是提议将 IPSec 作为标准（或标准和技术的组合）的领导者，并且在其网络路由器中包含了对 IPSec 的支持。

IPSec 提供了两种安全服务选择：允许数据发送者认证的认证报头（AH），支持发送者认证和数据加密的封装安全有效负载（ESP）。IPSec 与这些服务中的每一个相关联的特定信息都被插入 IP 报头后的头中的包中，可以选择单独的密钥协议，例如 ISAKMP/Oakley 协议。

6.1.3 大二层网络

大型 IT 企业（如微软、谷歌、亚马逊以及百度、阿里、腾讯等）为了满足各自的业务需求，都需要在全球范围的不同地理位置建立数据中心来管理它们的计算设备。为了便于管理和进行企业内部网络的流量调度，这些分布于不同地理位置的数据中心往往需要处于同一个二层网络之下，以保证它们的流量可以在网络层以下进行多路径路由，以及负载均衡等控制。因此，需要在原有数据中心网络互连的基础上，构建一张可以允许二层协议通信的覆盖网络。在数据中心互连领域，通常将这样的覆盖网络称为大二层网络。

引入大二层网络的另一个原因来自于所谓的规模可伸缩性（Scalability）需求。因为在现代数据中心网络架构的设计中，对单个数据中心设备数量的支持是有上限的（关于这一问题的具体原因将在后续内容中讨论）。因此，即便没有地理位置分布的需要，当企业的设备规模增大时，也不得不通过建立新的数据中心来进行设备管理和服务提供。也就是说，企业对其内部网络的规模有着不断扩展的需求。

大二层网络在现代云计算网络的基础设施构建中是普遍存在的。因为单一的数据中心资源有限，且难以向不同地理位置的用户提供同等优质的网络服务。这就需要通过大二层网络将多个数据中心通过因特网进行互连。构建大二层覆盖网络的技术，通常由 VLAN、GRE、VXLAN 等实现。

计算机网络从主机中的网络接口卡（NIC）开始，连接到第 2 层（L2）网络（以太网、WiFi 等）段。多个 L2 网段可以通过交换机（也称为桥）互连形成 L2 网络，L2 网络是第 3 层（L3）网络（IPv4 或 IPv6）中的一个子网。多个 L3 网络通过路由器（也称为网关）连接形成因特网。一个数据中心可能有多个 L2/L3 网络，多个数据中心可以通过 L2/L3 交换机互连。因此需要虚拟化每一个网络组件：NIC、L2 网络、L2 交换机、L3 网络、L3 路由器、数据中心和因特网。对于其中的一些组件的虚拟化，已经有多个相互竞争的标准被提出，也有一些组件的虚拟化标准目前正在开发中。

当虚拟机从一个子网移动到另一个子网时，其 IP 地址必须更改，使路由变得复杂。众所周知，IP 地址既是定位器又是系统标识符，因此当系统移动时，其 L3 标识符会发生变化。尽管有了移动 IP 的支持，在一个子网内（在一个 L2 域内）移动系统仍比在子网之间移动系统要简单得多。这是因为在 L2 网络中使用的 IEEE 802 地址是系统标识符（不是定位器），在系统移动时不会改变。因此，当网络连接通过 L3 路由器跨越多个 L2 网络时，通常需要创建跨越整个网络的虚拟 L2 网络。从松散的角度看，是几个 IP 网络一起显示为一个以太网网络。

6.1.4 租户网络

在云计算服务的供应关系中，接受云服务供应商直接提供服务的客户被称为租户（Tenant）。租户向云服务供应商租用相应的虚拟化资源，并利用这些虚拟化资源来构建自己的软件服务，完成自身的业务需求。这些虚拟化资源除了包括传统的虚拟机实例作为计算资源，以及网络磁盘作为存储资源外，通常也会包括虚拟化的网络系统，来管理和调度不同虚拟设备之间的通信。这一虚拟化的网络系统被称为租户网络（Tenant Network）。

由此引出两种不同的云计算服务架构便是"单租户架构"（Single-Tenancy）和"多租户架构"（Multi-Tenancy），其区别在于同一套云计算的管理系统是否能够同时服务于多个租户。

6.2 数据中心网络：云计算的骨架

数据中心网络的三层（3-Tiers）网络架构包括核心层（Core）、汇聚层（Aggregation）和边缘层

（Edge）。其关键属性包括：南北流量（South-North Traffic），东西流量（East-West Traffic），过量订购（Oversubscription），非阻塞性（Non-blocking）。

6.2.1　数据中心网络拓扑

数据中心网络的拓扑设计是一个长期研究的课题。其核心挑战是一个简单的矛盾冲突，即建设成本、设备规模与资源利用率之间的矛盾。

构建数据中心网络是为了支撑数据中心中的服务器主机之间的东西流量和南北流量。数据中心能够提供服务的规模取决于服务器主机的数量，而构建一个数据中心的成本还需要考虑支撑其网络通信的交换机等设备的数量。如何设计数据中心的网络架构，用尽可能少的交换机和链路为尽可能多的服务器主机提供尽可能满的资源利用率，并不是一个简单的问题。为了设计更加高效的数据中心网络，数据中心网络的拓扑结构也在不断发生着新的变化。

1. 传统树状网络设计的缺陷

传统的数据中心网络通常采用一种树状拓扑。这种树状拓扑由两层或三层的交换机或路由器构成，其中服务器作为树的叶子。在三层的树状拓扑中，树根往往由一个核心交换机构成，中间为若干个汇聚交换机，最底层为一系列边缘交换机直接与服务器相连。对于只有两层的树状拓扑，则没有汇聚交换机。在同层的交换机或不相邻层的交换机之间是没有链路的，因此，传统的数据中心网络是一个严格的树状网络。

对于这样的树状网络，所能承载的服务器数量受到交换机端口数量的限制。

2. 基于 Clos 网络（Fat Tree）的设计

为了解决传统数据中心树状网络设计所造成的成本过高、规模不足及网络带宽利用率低等问题，2008 年加州大学圣迭戈分校的穆罕默德·阿法瑞斯（Mohammad Al-Fares）等人发表了基于 Clos 网络结构的规模可伸缩的数据中心网络设计，也就是现在为人所熟知的 Fat Tree 结构。

Clos 网络结构是 1953 年由查尔斯·克洛斯（Charles Clos）博士所提出的一种针对电路交换网络的多级网络结构，最早被应用于电话网络系统中。它的主要特征是用尽可能少的交换设备构建规模可伸缩的非阻塞电路交换网络。在这里非阻塞的含义是，当网络中两个空闲的终端想要建立通信连接时，网络总能在不终止任何已有通信连接的前提下，分配出空闲的链路为这两个终端建立通信路径。而电路交换网络的特征是，任何一个网络终端不能同时和两个网络终端建立连接，并且任何一条网络链路不能同时被两个连接所使用。因此，非阻塞保证了对于一个新的网络连接请求，交换网络在任何时刻都不会因资源不足而将其阻塞。

非阻塞根据其对已存在连接的影响强弱，分为两种类型。

① 严格非阻塞：即不需要改变任何已建立的连接的链路，就可以通过未使用的链路为新的连接请求建立通信路径。

② 可重排非阻塞：不要求总能通过未使用的空闲链路为新的连接请求建立通信路径，只要通过为已建立的连接重新分配链路，就能够保证新连接和已建立的连接都能通信。

计算机网络虽然不同于电路交换网络，但在对资源的使用情况上，既允许同一终端同时与多个终端建立连接，也允许多个连接复用同一条网络链路，但对网络链路的带宽资源却是不可复用的。因此，基于以上分析，从带宽分配的角度，计算机网络依然可以沿用 Clos 网络结构，从而保证带宽利用的非阻塞性质。

由于数据中心网络允许对服务器主机间的路由进行灵活调度，为了节省构建成本，往往只需要满足可重排非阻塞的 Clos 网络即可。

一个经典的基于 Clos 网络的数据中心同样有着三层网络结构。最顶层是核心层，有 $\left(\dfrac{k}{2}\right)^2$ 个核心交换机。每个核心交换机拥有 k 个端口，每个端口连接一个不同的 PoD（Point of Pielivery）。因此基于 Clos 网络的数据中心最多支持接入 k 个 PoD，每个 PoD 都拥有一个由 $\dfrac{k}{2}$ 个汇聚交换机组成的汇聚层和一个由 $\dfrac{k}{2}$ 个边缘交换机组成的边缘层。每个汇聚交换机和边缘交换机也都拥有 k 个端口。对于每个汇聚交换机，它需要用 $\dfrac{k}{2}$ 个端口和同一个 PoD 中的每个边缘交换机相连，而另外 $\dfrac{k}{2}$ 个端口则同核心交换机相连。因此对于每个核心交换机，最多还可以连接 $\dfrac{k}{2}$ 台服务器主机。这样，一个由拥有 k 个端口的交换机构成的 Clos 数据中心网络最多可以容纳 $k\left(\dfrac{k}{2}\right)^2$ 台服务器主机。对于目前常规的交换机规格，k 取 48 时，数据中心可容纳的服务器数量为 27648。而搭建这样的一个数据中心，所需的交换机数量为 2880 台。

3. 基于 Expander 网络的设计

尽管研究人员为满足不断增长的需求做出了广泛的努力，但今天的数据中心在网络利用率、故障恢复能力、成本效益、增量可扩展性等方面的表现远非最优性能。以上所提出的 Clos 网络在考虑成本效益的情况下，被证实存在严重的网络利用率不足的问题。

尽管 Clos 网络在理想状态下可以保证高效的网络利用率，但在实际部署中考虑到成本问题，往往会对 Clos 网络进行一些剪枝，即减少所部署的核心交换机数量。这样就无法保证每一个 PoD 的汇聚层交换机的上行端口都能被利用，因此就会产生一定的过量订购（Oversubscription），而过量订购势必会影响网络的利用率。在这样的 Clos 网络中，即使仅减少一台核心交换机，当有某个 PoD 的所有主机都需要满带宽传输时，数据中心的网络也无法保证满带宽的需求。因此，网络的利用率会由于少量核心交换机的数量减少而显著下降。

如何设计出同时兼顾成本开销、网络利用率和规模可扩展性等诸多需求的数据中心网络结构，苏黎世联邦理工学院（ETH Zürich）的亚拉夫·瓦拉达尔斯基（Asaf Valadarsky）等人于 2015 年在 HotNets 上提出了一种新的数据中心网络设计——Xpander。这是一种新颖的数据中心架构，可实现接近最佳的性能，并为现有数据中心设计提供切实可行的替代方案。Xpander 的设计思路源于大量图论文献中对最优扩展图（Expander Graph）的操作实践。ETH Zürich 的研究者们通过理论分析、大量模拟、网络仿真器实验以及支持 SDN（Software Defined Network，软件定义网络）的网络测试平台的实施来评估 Xpander。研究结果表明，Xpander 显著优于传统数据中心设计。但当前 Xpander 网络的实际部署问题还面临很多挑战。本节仅简要介绍关于 Xpander 网络的基本概念与设计方案。

在图论中，扩展图是一种具有强连通性的稀疏图。Xpander 网络就是基于扩展图的网络设计。一个 Xpander 网络可以被认为由多个元节点组成，并具有以下特点：①每个元节点由相同数量的 ToR（Top-of-Rack）交换机构成，②每两个元节点通过相同数量的链路相连，③在同一个元节点内没有两个 ToR 交换机直接相连。Xpander 可以被自然地划分成更小的 Xpander（这里称之为

"Xpander-pods")且每个 Xpander-pod 不需要具有相同的大小。

目前 Xpander 网络设计的有效性已被证实。在使用同样规格交换机的前提下，Xpander 网络只需要构建 Clos 网络所需交换机数量的 80%，即用同等数量的服务器主机，Xpander 能提供更多的网络吞吐量。

6.2.2　用 Mininet 搭建数据中心仿真环境

为了加深对数据中心网络的理解，我们接下来用 Mininet 创建一个简单的由软件定义网络控制的 Clos 数据中心网络。

Mininet 是一款基于 Python 和 Linux 网络命名空间实现的轻量级网络仿真工具。由于其默认支持 OpenFlow 实现，经常被用于与软件定义网络相关的网络仿真实验中。Mininet 的最新发布版本 2.2.2 可以从其官方网站下载获得。

```python
#!/usr/bin/env python
class ClosDCTest():
    """
    构建一个基于 Clos 拓扑的数据中心仿真网络
    """
    def __init__ (self, K):
        self.K = K / 2 * 2 # Clos 网络规模

        self.setup_network()
        self.create_nodes()
        self.config_nodes()
    def setup_network(self):
        """
        创建一个 Mininet 网络实例
        """
        from mininet.net import Mininet
        from mininet.node import OVSKernelSwitch, RemoteController
        from mininet.link import TCLink
        self.net = Mininet(switch=OVSKernelSwitch, link=TCLink)
        # 这里需要在具有相应 IP 的主机上启动一个支持 OpenFlow 的 SDN 控制器
        self.net.addController("c1", controller=RemoteController, ip='127.0.0.1')
    def create_nodes(self):
        K = self.K
        K2 = self.K / 2
        # (k/2)^2 个核心交换机
        self.core = [[self.net.addSwitch('core10%d%d' % (i,j), protocol='OpenFlow13')
                      for j in range(K2)]
                      for i in range(K2)]
        # k(k/2) 个汇聚交换机和 k(k/2) 个核心交换机
        self.aggr = [[self.net.addSwitch('aggr20%d%d' % (i,j), protocol='OpenFlow13')
                      for j in range(K2)]
                      for i in range(K)]
        self.edge = [[self.net.addSwitch('edge30%d%d' % (i,j), protocol='OpenFlow13')
                      for j in range(K2)]
                      for i in range(K)]
        self.hosts = {}
        # 添加主机
        for i in range(K): # PoD
            for j in range(K2): # 边缘交换机
```

```
                for k in range(K2): # 端口
                    self.hosts[(i,j,k)] = self.net.addHost('h%d%d%d' % (i,j,k),
                        ip='10.%d.%d.%d' % (i, j, k+1))
        # 设置链路
        for i in range(K2):
            for j in range(K2):
                for k in range(K):
                    self.net.addLink(self.core[i][j], self.aggr[k][i])
        for i in range(K):
            for j in range(K2):
                for k in range(K2):
                    self.net.addLink(self.aggr[i][j], self.edge[i][k])
        for i in range(K):
            for j in range(K2):
                for k in range(K2):
                    self.net.addLink(self.edge[i][j], self.hosts[(i,j,k)])
    def config_nodes(self):
        self.net.build()
        self.net.start()
    def clean_up(self):
        """
        Clean up the environment and exit.
        """
        info('Stoping all backend tasks...\n')
        info('Exiting mininet...\n')
        self.net.stop()
    def interactive(self):
        from mininet.cli import CLI
        CLI(self.net)
        self.clean_up()
if __name__ == '__main__':
    clos_topo = ClosDCTest(8)
    clos_topo.interactive()
```

6.3　网络虚拟化

互联网带来了我们生活各个方面的虚拟化。人们的工作场所可以是虚拟的，购物、教育、娱乐也可以虚拟的。所有虚拟化的关键推动因素是互联网和各种计算机网络技术。事实证明，计算机网络本身必须被虚拟化。关于网络虚拟化，一些新的标准和技术已经被提出并被应用。

需要虚拟化资源的原因有很多，以下列举了最常见的 5 个原因。

1. 共享

当资源对于单个用户来说太大时，最好将其分成多个虚拟部分，就像多核处理器一样。每个处理器可以运行多个虚拟机（VM），并且每台机器可以由不同的用户使用。这同样适用于高速链路和大容量磁盘。

2. 隔离

共享资源的多个用户可能互不信任，因此在用户之间提供隔离很重要。使用一个虚拟组件的用户不应该能够监视或干扰其他用户的活动，即使不同的用户属于同一个组织，因为组织的不同部门

（例如财务和工程）可能拥有需要保密的数据。

3. 聚合

如果资源太小，可以构建一个大型虚拟资源，其行为类似于大型资源。存储就是这种情况，大量廉价不可靠的磁盘可以用来组成大量的可靠存储。

4. 动态

由于用户的移动性，资源需求经常变化很快，因此需要快速重新分配资源的方法。虚拟资源比物理资源更容易。

5. 管理便捷

最后但也可能是虚拟化最重要的原因是易于管理。虚拟设备更容易管理，因为它们是基于软件的，并通过标准抽象展现统一的界面。而对于网络资源虚拟化的直接需求，究其根本，主要有两点原因：快速改变网络的行为；快速部署新的功能。

6.3.1 灵活控制：软件定义网络（SDN）

依托于数据中心网络的云计算基础设施，为了能够不中断地持续向租户提供高效的服务，经常需要对网络的行为进行动态的调整。从某种角度解读，也可以理解为是对网络进行自动化管理的需要。

构成网络的核心是交换机、路由器以及诸多的网络中间盒。而这些设备的制造规范大多为 Cisco、Broadcom 等通信厂商所垄断，并不具有开放性与扩展性。因此，长期以来，网络设备的硬件规范和软件规范都十分闭塞。尤其是对于路由协议等标准的支持，用户并没有主导权。对于新的网络控制协议的支持，需要通过用户与厂商沟通之后，经过长期的生产线流程，才能形成最终可用的产品。尽管对于网络的自动化管理，已有 SNMP 等规范化的协议来定义，但这些网络管理协议并不能直接对网络设备的行为，尤其是路由转发策略等进行控制。为了能够更快速地改变网络的行为，软件定义网络的理念便应运而生。

1. 软件定义网络基础架构

经过 30 多年的高速发展，互联网已经从最初满足简单 Internet 服务的"尽力而为"网络，逐步发展成能够提供涵盖文本、语音、视频等多媒体业务的融合网络。网络功能的扩展与结构的复杂化，使得传统基于 IP 的简洁网络架构日益臃肿且越来越无法满足高效、灵活的业务承载需求。软件定义网络（Software Defined Networking，SDN）技术是一种新型的网络解决方案，其将网络的控制平面与数据平面分离的理念为网络的发展提供了新的可能。SDN 通过将网络中的数据平面和控制平面分离开来，实现对网络设备的灵活控制。

SDN 标准化组织开放网络基金会（Open Networking Foundation，ONF）提出的 SDN 体系结构包括三个层次：SDN 的基础设施层（Infrastructure Layer）、SDN 的控制器层（Controller Layer）、SDN 的应用层（Application Layer），同时包含南向接口（控制器与基础设施层的网络设备进行通信）和北向接口（控制器与上层的应用服务进行通信）两个接口层次，如图 6.1 所示。

由于网络设备的所有控制逻辑已经被集中在 SDN 的中心控制器中，使得网络的灵活性和可控性得到显著增强，编程者可以在控制器上编写策略，例如负载均衡、防火墙、网络地址转换、虚拟专用网络等功能，进而控制下层的设备。可以说，SDN 本质上是通过虚拟化及其 API 暴露硬件的可操控成分，来实现硬件的按需管理，体现了网络管理可编程的思想和核心特性。因此，北向接口（North Bound Interface，NBI）的出现繁荣了 SDN 中的应用。北向接口主要是指 SDN 中的控制器与网络应用之间进行通信的接口，一般表现为控制器为应用提供的 API 编程接口。北向接口可以将控制器内的信息暴露给 SDN 中的应用以及管理系统，它们就可以利用这些接口去进行如请求网络中设备的状态、请求网络视图、操纵下层的网络设备等的操作。利用北向接口提供的网络资源，编程者可以定制自己的网络策略并与网络进行交互，充分利用 SDN 带来的网络可编程的优点。

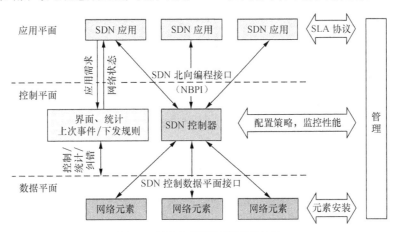

图 6.1　软件定义网络系统总体结构

软件定义网络的核心思想是，打破原有网络硬件系统对网络系统抽象分层的束缚。从系统构建的视角（而非数据传输的视角），将网络系统自底向上抽象为三个平面，即我们常说的数据平面、控制平面和应用平面。

然而，在传统的网络系统设计中，控制平面并不具有很强的可控性。因为决定网络数据转发控制的逻辑是由网络硬件在其 ASIC 芯片决定的。除非设备厂商更新固件或更换芯片，这些控制逻辑只能通过少数配置参数进行修改。即便不追求计算机编程中所谓的图灵完备，添加一个全新的转发协议也是无法做到的。

即便网络设备支持控制逻辑的修改，要实现快速灵活的控制逻辑切换，仍面临另一个挑战：位于单个网络设备上的控制平面无法获取整个网络的信息，只能通过分布式协议和相邻的网络设备进行信息交换，因此难以做出快速准确的决策。

因此，为了克服以上两点缺陷，软件定义网络对现有的网络架构提出了如下改进意见。

（1）数据平面与控制平面分离

SDN 的关键创新之一是控制平面与数据平面分离。数据平面由控制平面转发表中的数据包组成。控制逻辑被分离并在准备转发表的控制器中实现。这些交换机实现了大大简化的数据平面（转发）逻辑，大大降低了交换机的复杂性和成本。

（2）构建全局的控制平面抽象

美国国防部自 20 世纪 60 年代初期开始资助开发高级研究项目代理网络（ARPAnet）的研究，以应对整个全国通信系统可能中断的威胁。如果电信中心高度集中并由一家公司拥有，会极易受到攻击。因此，ARPAnet 研究人员提出了一种完全分布式的架构，在这种架构中，即使许多路由器变得不可操作，通信仍在继续，数据包会找到路径（如果存在的话）。数据和控制平面都是分布式的。例如，每个路由器都参与帮助准备路由表。路由器与邻居和邻居的邻居交换可达信息，依此类推。这种分布式控制模式是互联网设计的支柱之一，直到几年前都是互联网设计毋庸置疑的原则。

对于网络控制而言，集中式控制一直被认为是不合理的设计。然而现在，人们有了充分的理由来支持网络的集中式控制。事实上，大多数组织和团队都使用集中控制运行。例如一名员工生病了，他会打电话给老板，老板会安排人在他缺席的情况下继续他的工作。现在考虑一下，如果一个完全分布的团队会发生什么。假如员工小张生病了，公司规定如果他要请假，他必须给他的所有同事打电话告知这件事，并交代如何接替他的工作。而他的同事们又需要告诉他们所有其他同事，小张生病不能来上班了。经过了足够长的时间，终于每个人都知道小张生病了，然后每个人都会决定下一步该如何做，以保证目前的项目进度，直到小张康复回到岗位。这是相当低效的。但不得不说，目前的互联网控制协议就是这样工作的。集中化控制使得网络系统可以比分布式协议更快地感知网络状态，并基于状态的变化对网络进行动态调整。

当然，相比于分布式设计，集中式有规模扩展的问题。对于这两种情况，我们需要将网络划分为足够小以具有共同控制策略的子集或区域。集中控制的明显优势在于，状态变化或策略变化的传播速度比完全分布式系统要快得多。此外，如果主控制器发生故障，备用控制器可用于接管。值得一提的是，数据平面仍然是完全分布式的。

2. 基于 OpenFlow 的 SDN 系统架构

SDN 整体的系统架构通常分为 SDN 通用网络交换机、SDN 控制器和 SDN 的网络应用程序三部分。其中 SDN 的控制平面集中在一个中央控制器中，网络管理员很容易通过简单地更改控制程序来实现控制更改。实际上，通过不同的 API 调用，网络管理员可以轻松实现各种策略，并在系统状态或需求发生变化时动态更改它们。

SDN 的集中式可编程控制平面，也称为 SDN 控制器，是 SDN 最重要的组成部分，包括一组规范化的 API 定义和外部的通信方式。这些 API 功能分为三部分，其中南向 API 用于同硬件基础设施进行通信，北向 API 用于同网络应用程序通信，还有东西向 API 用于允许来自相邻域或不同域的不同控制器相互通信。控制平面可以进一步细分为管理程序层和控制系统层。可编程控制平面允许将网络划分为多个虚拟网络，这些虚拟网络可以具有完全不同的策略，但共享同样的硬件基础结构。相比之下，若使用完全分布式的控制平面，动态改变策略将变得非常困难和缓慢。目前已经有大量的开源或商用的 SDN 控制器被开发出来，有些早期的 SDN 控制器项目已不再活跃。而目前仍在开发并被广泛使用的 SDN 控制器包括 Floodlight，OpenDaylight、ONOS 和 OpenContrail 等。

SDN 的北向 API 目前还尚未被标准化，每个控制器都有着不同的编程接口规范。在此 API 标准化之前，SDN 网络应用程序的开发将受到限制。而东西向 API 并不是所有控制器都支持。只有类似 OpenDaylight 和 ONOS 这种着眼于大规模网络控制的平台，才有针对东西向 API 的设计，因为它们需要考虑分布式部署场景来提升规模的可扩展性。

南向 API 由于需要与底层硬件设备交互，因此更需要标准化的定义。在众多 SDN 控制器的南向 API 中，OpenFlow 目前最受欢迎并被广泛使用。它由 Open Networking Foundation 进行标准化。因为它提供了一种基于流的网络控制，具有良好的可编程性。它通常作为通用的南向控制 API 被使用，几乎所有的 SDN 控制器都有对它的实现。

当然也存在一些设备专用的南向 API，例如 Cisco 的 OnePK。这些南向 API 通常适用于各个供应商的传统设备。许多先前存在的控制和管理协议，如可扩展消息传送和存在协议（XMPP）、路由系统接口（I2RS）、软件驱动网络协议（SDNP）、主动虚拟网络管理协议（AVNP）、简单网络管理协议（SNMP）、网络配置（Net-Conf）、转发和控制元素分离（ForCES）、路径计算元素（PCE）和内容交付网络互连（CDNI）均可以作为南向 API。它们在不同的 SDN 控制器上都有实现和支持。但是，考虑到这些 API 都是针对其他特定应用开发的，它们作为通用南向控制 API 的适用性有限的，如图 6.2 所示。

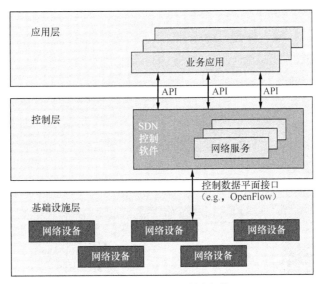

图 6.2　SDN 控制器基本架构

在过去的 30 多年里（从第一个以太网标准的标准化开始），磁盘和内存的大小按照摩尔定律指数增长，文件大小也是如此。然而，数据包大小保持不变（大约 1518 字节的以太网帧）。因此，今天的大部分流量都由一系列数据包组成，而不是一个数据包。例如，一个大文件可能需要传输数百个数据包。流媒体通常由长时间交换的数据包流组成。在这种情况下，如果对流的第一个分组做出控制决定，则可以将其重新用于所有后续分组。因此，基于流量的控制显著减少了控制器和转发单元之间的流量。当接收到流的第一个分组并且用于该流的所有后续分组时，由转发元件请求控制信息。流可以由数据包标题上的任何掩码和从中接收数据包的输入端口定义。控制表条目指定了如何处理具有匹配报头的分组。它还包含收集关于匹配流的统计信息的说明，如图 6.3 所示。

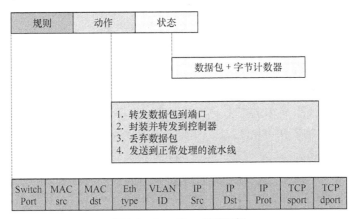

图 6.3　OpenFlow 流表示例

3. 使用 OpenDaylight 管理云网络

OpenDaylight 项目目前由 Linux 基金会负责管理，旨在开发一个开源、模块化且灵活的 SDN 控制器平台。它由许多不同的子项目组成，这些子项目可以组合成满足不同特定场景要求的解决方案，因此可以涵盖许多不同的使用案例。

因其软件架构，OpenDaylight 可用作多协议、模块化和可扩展的平台。随着下一代网络设计和标准的出现，以及 SDN 和 NFV 框架的不断发展，OpenDaylight 提供了所需的灵活性来支持日益增长的业务、应用和网络需求。SDN 控制器方法特别适用于以网络为主要业务驱动因素的公司或组织。对于这样的公司或组织来说，"正常工作"的联网解决方案是不够的，因为它们需要一个健壮而又灵活的设计以满足不同的使用情况，并能随着业务的增长而扩展。

此外，OpenDaylight 利用了一个庞大的社区和生态系统，我们认为这是当今和未来保持相关性和创新性的关键。

OpenDaylight 提供了一种模型驱动的网络连接方式，全部基于公共 API 和协议，如 RESTCONF 和 YANG。

OpenDaylight 是当今虚拟化堆栈中的关键组件，也是希望部署完全开源的 SDN 解决方案，而又不希望未来的使用受限于少数某些设备供应商的客户的首选平台，如图 6.4 所示。

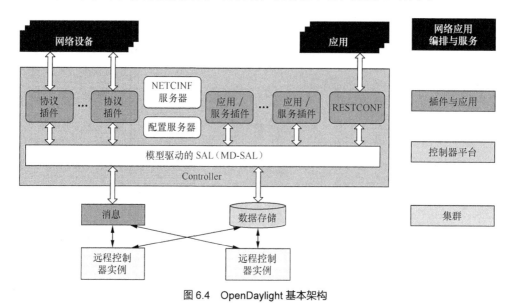

图 6.4　OpenDaylight 基本架构

4. 使用 ONOS 管理云网络

用 SDN 管理云网络的另一个选择是使用开放网络基金会（ONF）主导开发的 ONOS 控制器平台。

ONOS 同样是一个开源的 SDN 控制器，与 OpenDaylight 相比，ONOS 有着更加紧凑的项目管理模式。不像 OpenDaylight 有着诸多松散且有不同团队负责独立开发的子项目，ONOS 首先提供一个包括基本编程接口、常用南向协议的驱动、规范的北向接口、完整的网络视图及基本的二层/三层包转发应用的最小可用集合（如果只安装 OpenDaylight 核心的 Controller 组件，用户几乎无法完成任何业务需求）。

与 OpenDaylight 相比，ONOS 有着更加清晰、有组织的文档系统。跟随 ONOS 的官方项目文档，用户甚至可以在完全不了解 SDN 的前提下，从零起步了解怎样使用 ONOS 部署并管理一个 SDN 网络。

ONOS 的主要编程抽象为 Intent 编程。Intent 是 ONOS 提供的一种编程抽象。ONOS 的 Intent 框架允许运营商使用高级抽象或语言来定义策略，而 ONOS 控制器负责将这些策略转换为网络配置。通过 ONOS 的 Intent 框架，用户可以使用已经预先定义好的 Intent 程序完成一些网络策略的配置。用户也可以通过 ONOS 的 Intent 编程框架编写程序定义自己的 Intent，从而为某些应用场景自定义网络策略，供需要时调用。通过这种模式，用户可以创建与供应商和设备无关的网络结构，同时简化对日常网络的运维管理。

在 ONOS 中，Intent 是一个不可变的模型对象，用于描述应用程序对 ONOS 核心的请求，以改变网络的行为。具体而言，Intents 可以用下面的形式来描述。

- 网络资源（Network Resource）：一组对象模型，如链接，与受意图影响的网络部分相关联。
- 约束（Constraints）：表示一组网络资源取值范围，如带宽、光频率和链路类型。
- 标准（Criteria）：描述一段网络流量的数据报文的包头字段或格式。Intent 的 TrafficSelector 将条件作为一组实现 Criterion 接口的对象。
- 指令（Instructions）：适用于切片流量的操作，如标题字段修改或通过特定端口输出。Intent 的 TrafficTreatment 将指令作为一组实现指令接口的对象。

另外，Intents 通常由提交它的应用程序的 ApplicationId 和在创建时生成的唯一 IntentId 来标识。图 6.5 所示为每个 Intent 从顶层请求开始的编译过程的状态转换图。

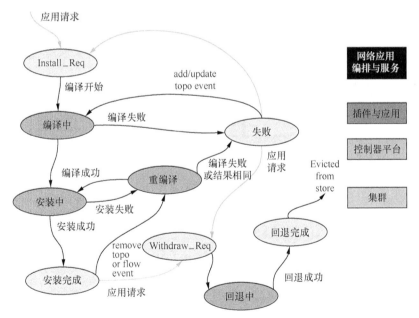

图 6.5　Intent 编译过程状态转移图

以较深颜色描绘的状态是过渡性的，预计仅会持续短暂的时间。其余的状态是 Intent 可能花费一些时间等待完成的阻塞状态。其中已提交状态是个例外，因为 Intent 可能会暂时因以下原因而暂停。

- 系统需要确定在哪里执行编译。
- 系统需要对所有以前的 Intents 执行全局重新计算/优化。

5. 未来：可编程数据平面

尽管使用 SDN 管理云网络，比起传统网络的分布式控制而言有着诸多可见的优势，但在实际商用环境的部署和实践中仍面临很大的挑战。尤其是目前主流的基于 OpenFlow 的 SDN 解决方案，在需要大量动态调度的大规模网络管理中的实际性能仍然不尽如人意。而其中一个重要的原因便是数据平面的性能问题。由于需要支持通用的南向控制接口，提供 OpenFlow 支持的交换机在造价成本上比普通交换机更贵，在实际生产环境中却无法记录足够负责转发策略的流表项。这就使硬件交换机和软件的 SDN 控制器之间不得不频繁进行交互，以完成一些复杂的控制策略的部署，而频繁的设备间交互势必会影响网络策略执行的性能。这使人们转而思考另一些解决方案，其中就包括将可编程性从控制平面向数据平面转移的思想。

P4 是目前比较受欢迎的一种可编程数据平面解决方案。它的提出者、SDN 早期的倡导者是斯坦福大学的尼克·麦基翁（Nick McKeown）教授，同时也是 OpenFlow 协议的发起人之一。

P4 是是一种 SDN 的高级编程语言。它旨在描述转发、修改或检查网络流量的任何系统或设备的数据平面的行为。P4 的程序包括三个部分的描述，分别用来描述网络协议、控制策略和转发表结构。而 P4 的程序通过其编译器和运行时环境，部署到拥有可编程的网络设备和 SDN 控制器上，如图 6.6 所示。

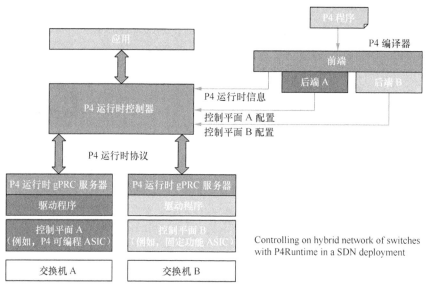

图 6.6　P4 运行时的工作流

6.3.2　快速部署：网络功能虚拟化（NFV）

SDN 并不会为网络引入新的网络功能，SDN 的主要功能是解决如何让网络的控制逻辑更好地控制网络中交换机和路由器的行为。而事实上，大多数企业网络的关键却在于丰富而日益增长的网络功能。

传统的网络功能，如防火墙、深度包检测、流量负载局衡器等，在各种类型的服务器操作系统上也都带有相关软件实现。然而，为了使其性能足够适用于大规模的企业网络或软件/内容服务提供商的网络，大多采用的是定制的高性能网络设备进行硬件实现，而非软件实现。这些提供各种网络功能的专有硬件便是我们常说的网络中间盒。

这些网络中间盒往往只能支持单一的特定网络功能，且一旦部署在网络中就难以随时更换。更重要的是，要增加一个新的网络功能，就如同在路由器和交换机中加入新的路由协议支持一样，同样需要复杂的生产线流程。

目前的标准多核处理器速度已可以使用运行在标准处理器上的软件模块来设计网络设备。通过组合许多不同的功能模块，任何网络设备（L2 交换机、L3 路由器、应用交付控制器等）都可以经济高效地组成，并具有可接受的性能。欧洲电信标准协会（ETSI）的网络功能虚拟化（NFV）组正致力于开发标准以实现这一目标。

1. ETSI 国际标准与 NFV 基础架构

NFV 概念最初是 2012 年 10 月举行的 SDN 和 OpenFlow 世界大会上由一些网络服务提供商提出的。这些服务提供商希望简化和加速添加新网络功能或应用程序的过程。基于硬件设备的限制使他们将标准的 IT 虚拟化技术应用到他们的网络中。为了加速实现这一共同目标的进程，几家网络服务提供商聚集在一起，创建了欧洲电信标准协会（ETSI）。

随后他们成立了 ETSI 网络功能虚拟化行业规范组织（ETSI ISG NFV），一个专门负责为电信网络内的各种功能（如 NFV MANO 等标准）开发虚拟化需求和架构的组织。该组织明确了规范网络功能虚拟化所面临的挑战：

- 新设备带来的系统设计的变动；
- 部署成本和物理限制；
- 需要专业知识来管理和操作新的专有硬件和软件；
- 处理新的专有设备中的硬件复杂性；
- 网络设备很快过时而造成的快速设备迭代；
- 在资本支出和投资回报平衡之前就会开始新一轮产品迭代。

为了应对这样的问题，小组开始致力于定义需求和架构框架，以支持由供应商定制硬件设备执行的网络功能的虚拟化实施。该小组使用三个关键标准提出了框架设计的建议：

- 解耦：完全分离硬件和软件；
- 灵活性：网络功能的自动化和可扩展部署；
- 动态操作：通过精细控制和监控网络状态来控制网络功能的操作参数。

基于这些标准，小组建立了一个高度抽象的架构框架，定义了不同的重点组件。在 ETSI 的定义中，这些组件的正式名称定义如下。

- 网络功能虚拟化基础架构（NFVI）组件：此块构成整个架构的基础。承载虚拟机的硬件，实现虚拟化的软件及虚拟化资源被分组到这个组件中。
- 虚拟网络功能（VNF）组件：VNF 模块使用 NFVI 提供的虚拟机，并通过添加实现虚拟化网络功能的软件构建它们。
- 管理和编排（MANO）组件：MANO 被定义为体系结构中的单独块，它与 NFVI 和 VNF 模块交互。该框架委托 MANO 层管理基础设施层中的所有资源。此外，该层创建和删除资源并管理其 VNF 的分配。

ETSI NFV 框架高层视图如图 6.7 所示。

ETSI 进一步细化每个组件的定义，并为每个组件定义具有不同角色和责任的各个功能模块。因此，高层的组件包含多个功能模块。例如，管理组件（MANO）被定义为三个功能模块的组合：虚拟化基础架构管理器（VIM）、虚拟化网络功能管理器（VNFM）和 NFV Orchestrator（NFVO）。

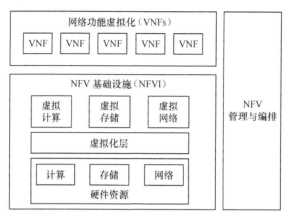

图 6.7　ETSI NFV 框架高层视图

该体系结构还定义了功能模块之间进行交互、通信和协同工作的参考点。图 6.8 所示为 ETSI 定义框架的详细视图。

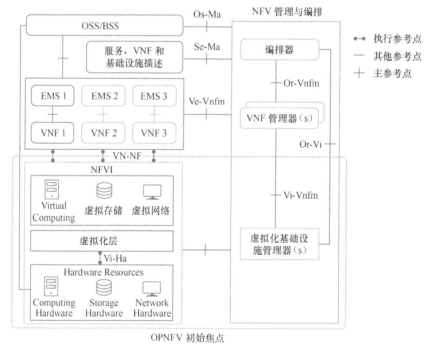

图 6.8　ETSI NFV 框架详细视图

2. 服务功能链（SFC）

服务功能链（SFC）也称为网络服务链，是一种使用软件定义网络（SDN）功能创建连接网络服务的服务链（如 L4-7、防火墙、网络地址转换、入侵保护等），并将它们连接在一个虚拟路径中。网络运营商可以使用此功能来设置套件或连接服务目录，为具有不同特征的多种服务使用单个网络连接。

服务链包括许多 SDN 和网络功能虚拟化（NFV）用例及部署，包括数据中心（链接虚拟或物理网络功能）、运营商网络（S/Gi-LAN 服务）和虚拟用户边缘，以及虚拟用户驻地设备（vCPE）部署。

通过启用可能具有不同特征的网络应用的自动配置，网络服务链在操作上是有益的。例如，视频或 VOIP 会话比简单的 Web 访问有更多的需求。自动网络服务链可以使这些会话动态设置和拆除，而无须人为干预。这也有助于确保特定应用获得适当的网络资源或特性（带宽、加密、服务质量等）。

与 SDN 结合使用时，网络服务链的另一个好处是优化网络资源的使用并提高应用程序性能。SDN 分析和性能工具可以使用最佳的可用网络资源，并以自动方式协助解决网络拥塞问题。

服务链中的"链"表示可以使用软件配置通过网络连接的服务。这在 NFV 领域尤其重要，新业务可以实例化为纯软件，在商品硬件上运行。

网络服务链功能意味着大量虚拟网络功能可以在 NFV 环境中连接在一起。由于它是使用虚拟电路在软件中完成的，因此可以根据需要去设置和移除这些连接，并通过 NFV 编排层进行服务链配置。

SFC 和 SDN 网络服务链标准正在几个行业组织中开发。互联网工程任务组（IETF）正在开发服务功能链（SFC）体系结构，以定义如何根据网络流的分类控制不同服务功能之间的路由流量。目前已通过 RFC7665 定义了关于服务功能链的架构规范；欧洲电信标准协会（ETSI）具有使用网络转发图将虚拟网络功能（VNF）与网络服务报头之间的流量进行路由的服务架构；开放网络基金会（ONF）提出了一个软件定义网络，使用 OpenFlow 的 SDN 服务链接框架，将流量引导至相应的服务功能。服务功能链（SFC）体系结构如图 6.9 所示。

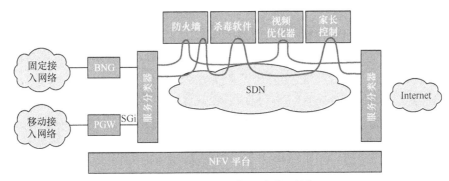

图 6.9　服务功能链（SFC）体系结构

6.4　租户网络管理

上文提到了构建云计算基础设施的相关技术，控制并管理云数据中心的相关技术。然而这些都是对云的使用者不可见的。租户作为云的直接使用者，他们同样需要对他们各自的资源进行管理和操作。这些资源自然也包括了租户的网络资源。因此，这对云计算系统提出了新的要求，即如何让租户管理自身的网络。

6.4.1　网络功能即服务

云计算的核心观念是将所有资源以服务的形式进行抽象，网络也不例外，也就是网络功能即服务（Network Function as a Service）。云服务提供商可以将自身的网络资源虚拟化，并允许租户对它们按需进行租用。

关于网络作为资源的形式是多种多样的，但其核心都围绕着以下两点需求。

- 网络孤立性与可达性划分：租户可以按需将自身的虚拟机等资源划分到不同的子网中，自定义资源之间是否相互可访问。
- 网络功能性需求：租户可以定义处理自身虚拟资源之间通信的东西向流量的网络功能，以及外部用户和自身虚拟资源交互产生的南北向流量的网络功能。

对于网络孤立性与可达性的需求，通过子网划分及 VLAN、VXLAN 等虚拟局域网技术，可以很容易实现。目前的研究热点在于如何将丰富的网络功能以服务的形式对租户进行出售，从而既满足租户对网络管理多样性的需求，又能够为云服务提供商带来新的产出。

下文将引用目前最大的开源云计算框架 OpenStack 对租户网络管理模块的实现，使大家对租户网络管理的概念与相关技术能够有更直观地了解。

6.4.2 OpenStack Neutron

OpenStack Neutron 是一个专注于在虚拟计算环境中提供网络即服务（NaaS）的 SDN 网络项目。它的前身是 OpenStack 中原有的定义网络模块管理接口的 Quanntum 项目。Neutron 目前已经在 OpenStack 中的 Quantum 里提供原有网络应用的接口（API）。Neutron 旨在解决在云环境中已知传统网络技术的缺陷。传统网络管理在多租户环境中租户缺乏对网络拓扑和寻址控制，使租户难以部署高级网络服务。

大规模的高密度多租户云环境给网络带来巨大压力，数量激增的租户同时也对这些虚拟化环境功能的动态性提出了新的挑战。在这些租户虚拟环境中，往往要求工作负载频发被迁移、添加或移除以解决新的需求，并且多个租户利用共享资源来推动自身业务发展。

在前文已经介绍的包括软件定义网络（SDN）和网络功能虚拟化（NFV）在内的新技术，正在推动云计算技术做出改进，以提高网络的灵活性和灵活性，将控制与转发平面分离开来，从而更易于配置、自动化和编排网络服务。网络虚拟化正在尝试调整网络资源，以便更好地满足多租户环境的要求。

OpenStack Neutron 为云服务供应商减轻云环境中的网络压力提供了一种方式，使其更容易在云中交付 NaaS。它旨在提供一种“插件”机制，为网络运营商提供一种通过 Quantum API 实现不同技术的选项。它还允许租户创建多个专用网络并控制其虚拟设备的 IP 寻址。通过 API 扩展，云服务提供商还可以对安全和合规策略、服务质量（QoS）、监视和故障排除以及轻松部署高级网络服务（如防火墙、入侵检测或 VPN 等）。

在 OpenStack 中网络资源管理是一项独立的服务，称之为 OpenStack Networking 服务。它通常会在多个节点上部署多个进程，这些进程与其他 OpenStack 服务进行交互。OpenStack Networking 服务的主要模块是 neutron-server，它是一个 Python 守护进程，用于暴露 OpenStack Networking API 并将租户的请求传递给一组插件以进行其他处理。

根据 OpenStack 最新的发行版本文档，提供 OpenStack Networking 服务的主要组件如下。

（1）Neutron 服务器（neutron-server 和 neutron-*-plugin）

此服务在网络节点上运行，提供网络服务的 API 及其扩展。它还负责维护每个端口的网络模型和 IP 地址。Neutron 服务器需要间接访问持久数据库，而这些数据访问是通过插件完成的，不同的

Neutron 插件使用 AMQP（高级消息队列协议）与数据库进行通信。

（2）插件代理（neutron-*-agent）

在每个计算节点上运行以管理本地虚拟交换机（vswitch）配置，所使用的插件会确定运行哪些代理。该服务需要消息队列访问权限，并取决于所使用的插件。OpenDaylight（ODL）和 Open Virtual Network（OVN）等一些插件在计算节点上不需要任何 Python 代理。

（3）DHCP 代理（neutron-dhcp-agent）

为租户网络提供 DHCP 服务。该代理在所有插件中都是相同的，并负责维护 DHCP 配置。neutron-dhcp-agent 需要消息队列访问。该组件是可选的，具体是否安装取决于插件。

（4）L3 代理（neutron-L3-agent）

为租户网络上的 VM 的外部网络访问提供 L3/NAT 转发，需要消息队列访问。该组件同样是可选的，取决于所安装的插件。

（5）网络提供商服务（SDN 服务器/服务）

为租户网络提供其他网络服务。这些 SDN 服务可以通过诸如 REST API 的通信通道与 neutron-server、neutron-plugin 和插件代理进行交互。SDN 网络提供商服务如图 6.10 所示。

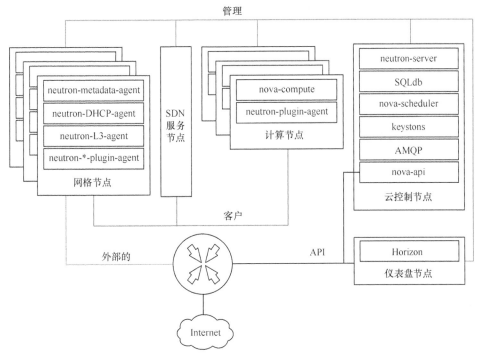

图 6.10　SDN 网络提供商服务

1. ML2 插件系统

可以看出，Neutron 网络服务模块的核心组件其实是 Neutron 服务器，所有功能通过 Neutron 服务器的插件系统实现，并暴露统一风格的 API 允许外部访问。在这些插件中，有一类插件是最重要且必不可少的，故被 Neutron 称为核心插件（Core Plugin）。这些插件负责实现并提供虚拟的局域网隔离、虚拟网桥、虚拟安全组等网络第二层（L2）的功能。起初这些核心插件作为 Neutron 项目内建的一部分提供，随着对越来越多网络功能的扩展性需求，Neutron 逐渐开发除了一套统一的规范化的插件框架。这一插件框架被命名为 Modular Layer 2（ML2）。ML2 框架是 Neutron 最重要的组成部分之一，它提供了规范的开发接口和丰富的可扩展性，使不同的网络功能或虚拟网络功能实现都可以在 ML2 框架下开发自己的驱动，并和 Neutron 服务对接。

驱动程序是 ML2 插件实现不同可扩展的网络类型和访问这些类型网络的机制。ML2 插件的驱动程序可以同时使用多种机制来访问同一虚拟网络的不同端口。例如可以通过 RPC 利用 L2 代理，或使用不同机制驱动程序与外部设备或控制器进行交互。而 ML2 框架提供两种类型的驱动方式。

（1）类型驱动

用于对接租户的不同网络类型，例如 VLAN、VXLAN 和 GRE 等。对于每种可用网络类型的支持，都需要由 ML2 的驱动程序进行管理。类型驱动程序为各种网络类型维护任何可能的网络状态。这些驱动验证 Provider 网络的类型特定信息，并负责在项目网络中分配一个空闲的 Segment。

（2）机制驱动

用于对接访问某种网络类型的机制，例如 Open vSwitch 等。机制驱动程序负责获取由类型驱动程序建立的信息，并确保在给定已启用的特定联网机制的情况下，Neutron 能够正确应用它。机制驱动程序可以利用 L2 代理（通过 RPC），或直接与外部设备或控制器交互。

Neutron 的 ML2 插件可以完全由 Plugin 编写，因此开发起来十分简单。下面就是一个简单的自定义 Neutron ML2 插件的实例。

```
from neutron.plugins.ml2 import driver_api
class MyDriver(driver_api.MechanismDriver):
def initialize(self):
    # 这个方法会被 ML2Plugin 的构造函数回调。
    # 所以可以在这里定义所有初始化操作，这些操作将会在 Neutron 服务启动后
    # 在处理所有 Neutron 客户端的请求之前执行。


def create_network_precommit(self, context):
    network = context.current
    mycontext = context._plugin_context
    # 这里 context.current 包括了发送给 ML2 插件的所有和网络相关的属性的目录。
    # context._plugin_context 包括了所有在当前会话中可用的上下文，其中包含和数据库通信等操作。
    # 此方法将在处理 Neutron 客户端请求之前执行。通常用来进行一些状态检查。
    # 类似网络创建这样的操作不应该在此方法中进行。


def create_network_postcommit(self, context):
    network = context.current
    mycontext = context._plugin_context
    # 可以获取和 create_network_precommit 相同格式的上下文信息。
    # 在这个方法中，可以自定义插件在完成来自 Neutron 客户端请求之后的一系列操作。
    # 通常用该方法完成一些诸如创新新的网络这样的操作。


[…省略其他处理逻辑 …]

# 余下的代码可以包括:
# update_network_precommit, update_network_postcommit,
# delete_network_precommit, delete_network_postcommit,
# create_port_precommit, create_port_postcommit,
```

```
# update_port_precommit, update_port_postcommit,
# delete_port_precommit, delete_port_postcommit,
# create_subnet_precommit, create_subnet_postcommit,
# update_subnet_precommit, update_subnet_postcommit,
# delete_subnet_precommit, delete_subnet_postcommit,
#
# 以上所有这些方法都是用相同的回调方式获取系统的上下文（context）。
# ML2 并不提供 get_resource 这样的操作，因为 ML2 插件本身会自己处理这些操作，并回复 Neutron 的客户端。
```

2. Neutron 和 OpenDaylight 相结合

作为目前最活跃的 SDN 控制器平台之一，OpenDaylight 已经实现了和 OpenStack Neutron 进行集成的项目。OpenDaylight 的 Neutron 集成项目包括了 OpenDaylight 和 OpenStack 两部分。在 OpenStack 上，该项目实现了相应访问 OpenDaylight 的 Neutron ML2 机制驱动；在 OpenDaylight 上，项目基于 MD-SAL 框架实现了暴露给 Neutron 插件用于控制网络服务的 OpenDaylight 北向接口，以及通过 OVSDB 等南向接口管理 OpenStack 中计算节点间网络流的相关服务。

6.4.3　Group-Based Policy

尽管 Neutron 对于网络、端口、子网、路由器和安全组等的建模为构建连接的逻辑网络拓扑结构提供了必要的构建模块。但是由于 Neutron 不能理解应用程序的详细信息（如应用程序端口号等），Neutron 并不能为应用程序管理员提供合适的抽象方法去管理网络。而应用程序的运维人员也不希望去管理与底层基础设施（网络、路由等）直接相关的细节操作。不仅如此，当前的抽象还会增加维护用户网络拓扑一致性的负担。由于缺乏对应用程序开发人员/管理员友好的声明式模型抽象，这些用户很难将 Neutron 用于工程实践。

为了向程序开发人员和应用程序运维人员提供更好的网络管理抽象，基于组的策略（Group-Based Policy，GBP）应运而生。

基于组的策略（GBP）是 OpenStack 的 API 框架，提供了一种 Intent 驱动模型，旨在以独立于底层基础架构的方式描述应用程序需求。与其提供以网络为中心的结构（如第 2 层域），GBP 引入了一个通用的"组"基元及一个策略模型来描述组之间的连接性、安全性和网络服务。虽然 GBP 目前仅专注于网络领域，但它完全可以成为一个通用的框架，在网络之外的其他领域取得应用。

GBP 通过多个 OpenStack 接口，包括 Horizon 扩展（group-based-policy-ui）、Heat（基于组的策略自动化）和 cli（基于组的策略客户端），向用户提供一种新的定义网络策略 API，服务于 Neutron 之上。GBP 本身支持两种映射到底层基础架构的形式。

- Neutron 映射驱动程序：Neutron 映射驱动程序将 GBP 资源转换为现有的 Neutron API 调用。这种方式允许 Neutron 运行任何现有的开源或供应商插件，包括 ML2。它还允许 GBP 在任何 OpenStack 环境中使用。目前，尚不支持同时将 GBP 和 Neutron API 作为终端用户 API 进行使用。

- 原生驱动程序：开发者也可以创建平台原生的驱动程序，直接通过单独的 SDN 控制器或外部实体呈现策略构建，而无须先将其转换为 Neutron API。这一点非常实用，它使控制器可以更灵活地解释和执行策略，而不受 L2/L3 行为的限制。目前有 4 个原生驱动程序，包括 Cisco APIC、Nuage Networks、One Convergence 和 OpenDaylight。

GBP 引入了一种策略模型来描述应用程序的不同逻辑组或层之间的关系。GBP 定义了一组操作原语，将其语义与底层基础架构功能分开。而在 GBP 模型中所操作的资源既可以是公共的，也可能属于本地的特定租户。在 GBP 的模型中，定义了以下 6 种原语：策略目标（Policy Target）；策略组（Policy Group）；策略类别（Policy Classifier）；策略动作（Policy Action）；策略规则（Policy Rules）；策略规则集（Policy Rule Sets）。

其中策略目标用于表示不同的资源。策略组是服从同样策略的一组策略目标的集合。策略类别标识应用策略的过滤方式（如进站、出站、双向有效等），而策略动作和策略类别构成一条策略规则，多个策略规则定义了一个规则集。

通过这样的模型，GBP 简化了应用开发者对不同资源间网络通信策略的管理。

我们通过下面的例子来看租户如何定义简单的租户网络来处理他在云端部署的一个 Web 应用。这个 Web 应用可能接受来自租户内部的两个客户组的访问，已完成某种服务。租户希望定义条策略，分别允许这两个客户组对 Web 应用进行 HTTP 和 HTTPS 协议的访问。

首先，租户需要创建描述一组 Web 服务器策略的规则集。规则集由一组包含分类器的规则组成，这些分类器旨在匹配部分流量和处理该流量的操作。常见操作包括允许或将流量重定向到网络服务的操作。

```
# 创建 Allow 动作
gbp policy-action-create allow --action-type allow
# 创建 HTTP 规则
gbp policy-classifier-create web-traffic --protocol tcp --port-range 80 --direction in
gbp policy-rule-create web-policy-rule --classifier web-traffic --actions allow
# 创建 HTTPs 规则
gbp policy-classifier-create secure-web-traffic --protocol tcp --port-range 443 --direction in
gbp policy-rule-create secure-web-policy-rule --classifier secure-web-traffic --actions allow

# Web 规则集
gbp policy-rule-set-create web-ruleset --policy-rules web-policy-rule
```

然后，租户要创建策略组并附加适当的规则集。这里定义规则集描述了一组双向规则。但是，API 只负责允许策略组"提供"描述其行为的规则集，然后其他策略组自行决定"使用"该规则集以连接到该组。因此，策略模型仅定义了为策略组提供描述其行为的规则集，而其他策略组可以选择访问与否。

```
# 创建策略组
gbp group-create web
gbp group-create client-1
gbp group-create client-2
# 对策略组关联规则集
gbp group-update client-1 --consumed-policy-rule-sets "web-ruleset=scope"
gbp group-update client-2 --consumed-policy-rule-sets "web-ruleset=scope"
gbp group-update web --provided-policy-rule-sets "web-ruleset=scope"
```

最后，在每个策略组中创建若干成员。每个成员继承组的所有属性以指定其连接和安全要求。

```
# 创建所需的策略目标（成员）
gbp policy-target-create -policy-target-group web web-1
gbp policy-target-create -policy-target-group client-1 client-1-1
gbp policy-target-create -policy-target-group client-2 client-2-1
```

6.5 实践：用 Mininet 搭建 OpenFlow 实验环境

Mininet 是一个软件工具，可以借助它在一台计算机上仿真整个的 OpenFlow 网络。Mininet 使用轻量级的基于进程的虚拟化技术（Linux 网络命名空间和 Linux 容器架构），能够在单一的操作系统内核上运行多个主机和交换机（如 4096 个），它能够创建内核级的和用户空间的 OpenFlow 交换机、用于控制交换机的控制器和主机，主机之间还可以通过仿真网络进行通信。Mininet 使用成对的虚拟以太网卡（Virtual Ethernet，Veth）连接交换机和主机，极大地简化了初始阶段的开发、排错、测试和部署过程。新的网络应用可以先在拟部署网络的仿真平台上进行开发测试，然后再迁移到实际运行的网络设施上。Mininet 的官方网站如图 6.11 所示。

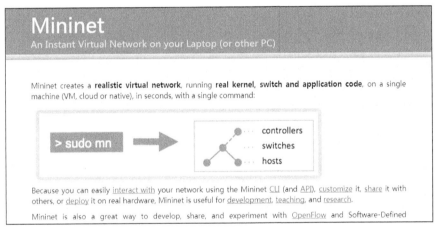

图 6.11　Mininet 的官方网站界面

默认情况下，Mininet 支持 OpenFlow 1.0 版本的规范，不过也可以通过修订来支持新版本的软件交换机，Mininet 的关键特性和优势如下。

（1）Mininet 能够创建由虚拟的主机、交换机和控制器构成的网络。

（2）Mininet 主机运行标准的 Linux 网络软件，其交换机支持 OpenFlow。可以认为 Mininet 是一个用于开发 OpenFlow 应用的低成本的实验环境，不需要实际布线搭建物理网络，就能够对复杂的网络拓扑进行测试。

（3）Mininet 包含一个命令行接口（Command-Line Interface，CLI），该 CLI 支持 OpenFlow 协议并能感知拓扑结构，可以在整个网络范围内进行测试和排错。

（4）Mininet 能够即装即用，不用任何编程。它提供一个简明且可扩展的 Python API，用于创建网络和对网络进行试验。

（5）Mininet 除了是一个模拟工具，还是一个仿真环境，能够运行真正的、原汁原味的代码，包括应用程序代码、操作系统内核代码，以及控制平面的代码（OpenFlow 控制器代码和 Open vSwitch 代码）。

（6）便于安装，可以获取运行于 VMware 虚拟机（Virtual Machine，VM）镜像的预安装包，或者针对 Mac、Windows、Linux 操作系统的已经安装了 OpenFlow v1.0 工具的 VirtualBox。

本节其余部分将介绍 Mininet 的概览及其使用指导。

6.5.1　Mininet 入门

初学 Mininet 最简便的途径就是下载一个 Mininet 的虚拟机镜像（运行于 Ubuntu 上）的预安装包，这个虚拟机包括了 OpenFlow 的所有二进制代码、支持大型 Mininet 网络的预安装工具以及 Mininet 本身。除了用虚拟机预安装包进行安装，有兴趣的读者还可以通过源代码或者 Ubuntu 安装包进行本地安装。Mininet 的最新版本可以从官网下载。

使用虚拟机镜像需要下载和安装一个虚拟机系统，可以选择 VirtualBox（GPL 自由软件）或者 VMware Player（对非商业用途免费），这些免费软件可工作于 Windows、OS X 和 Linux 操作系统。Mininet 是一个开放的虚拟化格式（Open Virtualization Format，OVF）的镜像文件，大小约为 1GB，可以通过 VirtualBox 或者 VMware Player 导入。在 VirtualBox 中双击 VM 镜像，或者在 File（文件）菜单中选择 Import Appliance（导入应用），可以导入 Mininet 的 OVF 文件。在 Settings（设置）菜单中，另外添加一个 host-only 模式的网络适配器，以便登录到 VM 镜像中。如果正在使用 VMware，它会提醒用户在虚拟机中安装 VMware 工具。

一般可以采用如下的要点步骤搭建一个完整的环境，如图 6.12 所示。

（1）启动你所选择的虚拟机程序中的 Mininet 虚拟机镜像。

（2）使用默认用户名和口令登录到 Mininet 虚拟机中，默认用户名和口令都是 mininet。登录后并没有启用根用户，用户可以使用 sudo 超级用户权限执行一个启用的命令。

（3）为了建立与 Mininet 虚拟机的 SSH 会话，必须找到虚拟机的 IP 地址。例如，VMware Player 使用的地址范围是 192.168.x.y，可以在虚拟机的命令行界面获取 IP 地址。

（4）通过 SSH 客户端 putty 登录到 Mininet 虚拟机，然后启动 Wireshark 作为后台进程。

（5）在启动 Mininet 仿真器之前，必须先在 Wireshark 中选择所用的数据包捕获设备（Capture device），或者选择环回的网络接口，然后开始对流量进行捕获。

（6）为了显示和 OpenFlow 相关的流量，需要在 Wireshark 的过滤器设置框中添加 of（指 OpenFlow 协议），并将其应用于要捕获的流量，这样就规定了 Wireshark 只显示与 OpenFlow 协议相关的流量。

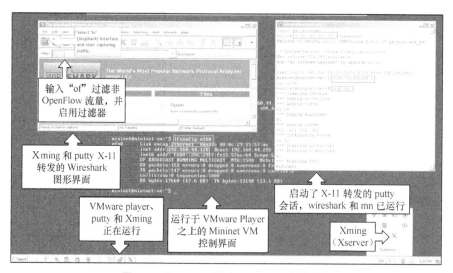

图 6.12　用 Mininet 搭建 OpenFlow 实验环境

具体构建基于 Mininet 的 OpenFlow 实验环境，可以参考官方教程（https://github.com/mininet/openflow-tutorial/wiki）。

6.5.2 Mininet 实验

Mininet 能够使用户快速地创建、定制一个 OpenFlow 原型系统，并与该系统进行交互和共享。可以用 Mininet 的命令行来创建网络（主机和交换机），其命令行接口（CLI）能够使用户通过命令方式控制和管理整个虚拟网络。此外，还可以利用 Mininet 提供的 API 来开发用户网络应用系统，只需写几行 Python 脚本。一旦定制的原型系统能够在 Mininet 上正常工作，就可以把它部署到真正的网络上。

在一个最简单的实验中，可以采用 Mininet 默认的拓扑结构，通过运行 "$ sudo mn" 命令实现。这个拓扑包括一个 OpenFlow 交换机、所连接的两台主机，再加上一个 OpenFlow 控制器。该拓扑结构也可以用命令行 "--topo=minimal" 来定义。Mininet 中的其他拓扑结构也可以直接使用，详细信息可查看 "mn-h" 命令输出中的 "--topo" 部分。

当使用默认的拓扑结构建立起 Mininet 仿真环境后，OpenFlow 控制器和交换机就启动 OpenFlow 协议的通信，这时便可在 Wireshark 的捕获窗口查看捕获的数据包了。从图 6.13 中可以观察到握手（Hello）消息、特性（feature）请求和响应消息，以及若干数据包输入（packet-in）消息，从而证明在所建立的环境中，OpenFlow 交换机已经与 OpenFlow 控制器建立了连接。

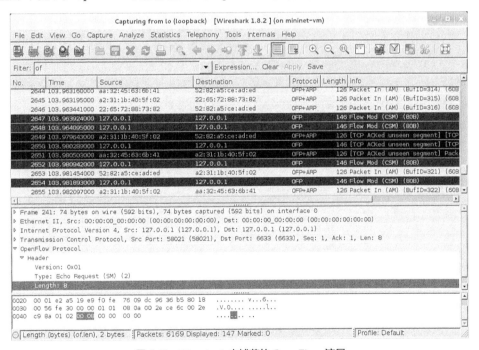

图 6.13　Wireshark 中捕获的 OpenFlow 流量

如果在 Mininet 命令行界面（提示符为：mininet>）中输入的第一个字符串是一个主机、交换机或者控制器的名称，则将在这个指定的节点上执行命令。例如，查看第一个主机（h1）的以太网卡和环回网卡，可以使用下面的命令：

```
mininet> h1 ifconfig -a
```

此时可以通过简单的 ping 命令查看 h1 与每个主机的连接情况：

```
mininet> h1 ping -c 1 h2
```

上面的命令是从主机 h1 向主机 h2 发送单个的 ping 数据包，第一台主机（h1）需要先发送 ARP 请求，以获取第二台主机（h2）的 MAC 地址，由此产生一个发给 OpenFlow 控制器的 packet_in 消息，控制器接着采用洪泛的方式发送一个 packet_out 消息，将数据包广播到交换机的其他端口。第二台主机查看了 ARP 请求后，发送一个广播响应，该响应到达控制器后，控制器将其发送给第一台主机，并且给 s1（OpenFlow 交换机）的流表中注入一条流记录，如图 6.14 所示。

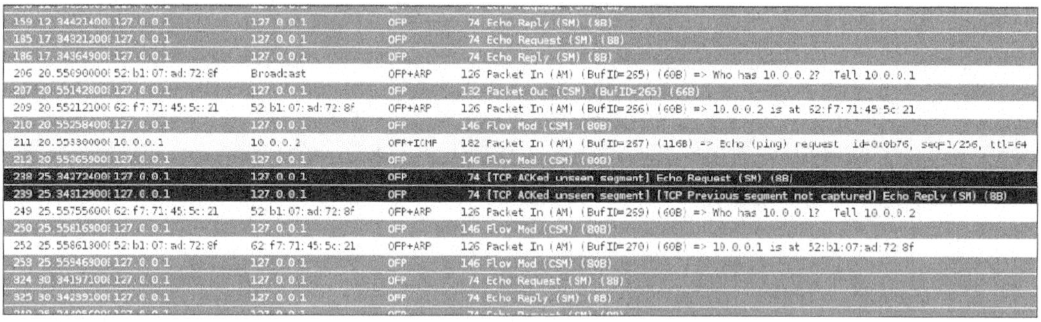

图 6.14　在 Mininet 中捕获的流量

此时，第一台主机已经获知了第二台主机的 IP 地址，可以通过 ICMP echo 请求发送 ping 数据包，该请求和第二台主机的响应均传到控制器，进而产生一条推送的流记录，同时将实际的数据包发送出去。在我们建立的环境中，得到 ping 的往返时间是 3.93ms。再重复执行一次 ping 命令。

第二次执行 ping 命令的时间减少到 0.25ms，因为之前交换机中已经存在了一条覆盖 ICMP ping 流量的流记录，所以不需要再产生控制流量，数据包得以直接通过交换机转发。一个运行该测试的简便方法是使用 Mininet CLI 内建的 pingall 命令，该命令能够对网络中的所有节点对执行 ping 测试；另一个有用的测试是自包含的回归测试。创建一个最小拓扑结构，启动 OpenFlow 控制器，运行一遍全网节点对的 ping 测试，然后拆除建立的拓扑连接及控制器。

综上所述，Mininet 能提供一个 OpenFlow 交换机和控制器实践的集成化环境，并在其中开展各种相关实验，功能非常强大。限于篇幅的现实，具体如何使用 Mininet 来运行 OpenFlow 的各种实验，读者可以参考官方教程的文档。

6.6　本章小结

本章带领读者从数据中心的构建出发，自底向上地讲述软件定义网络、网络虚拟化以及 OpenStack 中基于 Neutron 和 Group-Based Policy 的租户网络管理等关键技术，最后通过构建一个基于 Mininet 的 OpenFlow 实验环境来开展实践。

6.7　复习材料

课内复习

1. 什么是覆盖网络？

2. VXLAN 协议是什么？

3. 什么是大二层网络？

4. Clos 网络结构是什么样的？

5. 软件定义网络（SDN）的概念是什么？

6. 什么是控制平面和数据平面？

7. 什么是网络功能虚拟化（NFV）？

课外思考

1. SDN 相对于传统网络有什么优势？

2. 如果 SDN 是下一代网络技术，为什么直到现在，SDN 还没能替代传统网络？

3. ONOS 和 Opendaylight 这样的开源项目是如何推动 SDN 技术的？

动手实践

1. Mininet 是一个轻量级软件定义网络和测试平台，它采用轻量级的虚拟化技术使一个单一的系统看起来像一个完整的网络运行想过的内核系统和用户代码，也可简单理解为 SDN 网络系统中的一种基于进程的虚拟化平台，它支持 OpenFlow、Open vSwitch 等各种协议。Mininet 也可以模拟一个完整的网络，主机、链接和交换机在同一台计算机上且有助于互动开发、测试和演示，尤其是那些使用 OpenFlow 和 SDN 的技术，同时也可将此进程虚拟化平台下的代码迁移到真实的环境中。

- 任务：通过 Mininet 的官方网站下载并安装使用最新的软件，进一步熟悉 Mininet 的操作。
- 任务：在 Mininet 中安装 OpenFlow，并测试其性能。

2. OpenDaylight 是由 Linux 基金会推出的一个开源项目，聚集了行业中领先的供应商和 Linux 基金会的一些成员。其目的在于通过开源的方式创建共同的供应商支持框架，不依赖某一个供应商，而是竭力创造一个供应商中立的开放环境，每个人都可以贡献自己的力量，从而不断推动 SDN 的部署和创新。打造一个共同开放的 SDN 平台，在这个平台上进行 SDN 普及与创新，供开发者来利用、贡献和构建商业产品及技术。OpenDayLight 的终极目标是建立一套标准化软件，让用户以此为基础开发出具有附加值的应用程序。

- 任务：通过 OpenDaylight 的官方网站进一步了解 OpenDaylight。
- 任务：利用 Mininet 和 OpenDaylight 搭建一个完整的 SDN 环境，并测试其性能。

论文研习

1. 阅读"论文阅读"部分的论文[30]，深入理解 OpenFlow 的原理。

2. 阅读"论文阅读"部分的论文[32]，深入理解 Google 的数据中心网络技术。

7 第 7 章　云计算安全

　　云计算为用户提供按需服务，极大地降低了用户的使用成本，从而改变了以往的计算方式，使 IT 行业发生巨大的变革，产生出一种新的商业模式，甚至将人类带入一个全新的信息时代。然而，随着云计算的不断普及，云计算的安全问题也越来越突出，已成为制约其发展的重要障碍。本章主要内容如下：7.1 节首先对云安全进行概述，7.2 节介绍虚拟机安全，7.3 节介绍云存储安全，7.4 节介绍云数据安全，7.5 节介绍全同态加密算法的实践。

7.1 云安全概述

高德纳（Gartner）公司于 2009 年就云计算的使用情况做过一次调查，70%被调查企业的首席技术官（CTO）表示，基于数据安全性与隐私性的考虑，一般不会采用云计算。近年来如 Amazon 等大型公司的云计算服务因安全问题导致了各种信息安全事故，也使人们对云计算持怀疑态度。例如，2009 年因安全问题导致 Amazon 的"简单存储服务"中断两次，使大量依赖于网络单一存储服务的网站瘫痪。2018 年年初，Facebook 卷入史上最大个人信息泄露风波。据美国《纽约时报》报道称，Facebook 上超过 5000 万的用户信息数据被一家名为"剑桥分析（Cambridge Analytica）"的公司泄露，用于在 2016 年美国总统大选中针对目标受众推送广告，从而影响大选结果。

因此，全面分析、解决云计算面临的各种安全问题，是企业和组织选择使用云计算的保证。目前，云计算安全问题已得到越来越多的关注，著名的信息安全国际会议 CCS、CRYPTO、S&P、USENIX Security 等都将云计算安全列为焦点问题。许多企业组织、研究团体及标准化组织都启动了相关研究，安全厂商也在关注各类安全的云计算产品。

7.1.1 云计算安全挑战

在云计算安全上一直有这样一种分歧。一方认为，采用云计算能够增强安全性，通过部署集中的云计算中心，可以组织安全专家及专业化安全服务队伍实现整个系统的安全管理，避免由个人维护安全及不专业导致安全漏洞频出而被黑客利用的情况。另一方则持反对意见，认为集中管理的云计算中心将成为黑客攻击的重点目标。

信息技术的重大变革直接影响信息安全领域的发展进程。在计算机出现之前，信息安全学科的主要研究内容是密码学，以实现通信保密为主要目的。计算机出现后，信息安全的研究目标扩展到计算机系统安全。信息安全学术界形成了以安全模型分析与验证为理论基础、以信息安全产品为主要构件、以安全域建设为主要目标的安全防护体系思想，涌现出以安全操作系统、安全数据库管理系统、防火墙为代表的信息安全产品，形成了相关的信息安全产品测评标准，以及基于安全标准的测评认证制度与市场准入制度，实现了信息安全产品的特殊监管。网络时代到来后，跨地域、跨管理域的协作开始出现，多个系统之间存在频繁交互或大规模数据流动，专一、严格的信息控制策略变得不合时宜，信息安全领域随即进入了以立体防御、深度防御为核心思想的信息安全保障时代，形成了以预警、攻击防护、响应、恢复为主要特征的全生命周期安全管理，出现了大规模网络攻击与防护、互联网安全监管等各项新的研究内容。安全管理也发展到对大规模信息系统的整体风险评估与等级保护等方面。

在产学研的互相促进下，信息安全领域开始围绕云计算的发展形成一种新型的技术体系和管理体系与之相适应。从安全的角度看，实现云计算安全至少要面对关键技术、标准与法规建设以及国家监督管理制度等多个层次的挑战。

1. 建立以数据安全和隐私保护为主要目标的云安全技术框架

云计算平台的各个层次（如主机系统层、网络层及 Web 应用层等）都存在相应的安全威胁，在信息安全领域已得到较为充分的研究，并产生了一些比较成熟的产品。云计算数据安全与隐私保护带来的挑战如下。

（1）云计算服务计算模式引发的安全问题

当用户或企业将数据外包给云计算服务商，或者委托其运行应用时，云计算服务商就获得了该数据或应用的优先访问权。而由于存在内部人员失职、黑客攻击及系统故障导致安全机制失效等多种风险，用户并不能完全信赖云服务商，有理由怀疑其数据是否被正确地使用。

（2）云计算的动态虚拟化管理方式引发的安全问题

云计算是将各种资源以虚拟、租用的模式提供给用户，这些虚拟资源根据实际运行所需与物理资源相切换，这使多个虚拟资源很可能会被绑定到相同的物理资源上。如果云平台中的虚拟化软件中存在安全漏洞，那么用户的数据就可能被其他用户访问。例如，曾经曝光 VMware 虚拟化软件的 Mac 版本中存在一个严重的安全漏洞，别有用心的人可以利用该漏洞通过 Windows 虚拟机在 Mac 主机上执行恶意代码。因此，如果云计算平台无法有效隔离用户数据与其他企业用户数据，那么用户将无法相信自己的数据是安全的。

（3）云计算中多层服务模式引发的安全问题

云计算发展的趋势之一是 IT 服务专业化，即云服务商在对外提供服务的同时，自身也需要购买其他云服务商提供的服务。因而用户享用的云服务会间接涉及多个服务提供商，多层转包无疑极大地提高了问题的复杂性，进一步增加了安全风险。

云计算安全的两个核心问题是用户数据安全与隐私保护需求。对于已经成熟的技术基础，如数据外包与服务外包安全、可信计算环境、虚拟机安全、秘密同态计算等，关键在于实现上述技术在云计算环境下的实用化，形成支撑未来云计算安全的关键技术体系，最终为云用户提供具有安全保障的云服务。

2. 建立以安全目标验证、安全服务等级测评为核心的云计算安全标准及其测评体系

建立安全标准及其测评体系是实现云计算安全的另一个重要支柱。云计算安全标准是度量云用户安全目标与云服务商安全服务能力的尺度，也是安全服务提供商构建安全服务的重要参考。建立云计算安全标准及其测评体系的挑战在于以下几点。

（1）云计算安全标准应支持更广义的安全目标

云计算安全标准不仅需要支持用户描述其数据安全保护目标、指定其所属资产安全保护的范围和程度，还应支持用户尤其是企业用户的安全管理需求，如分析查看日志信息、搜集信息、了解数据使用情况以及展开违法操作调查等。而信息的搜集可能会牵涉云计算服务商的数据中心或涉及其他用户的数据，带来一定安全隐患。当前，用户与云计算服务商之间的责任与权限界定并不清晰，管理范围与权限上可能存在冲突，因此，为防止影响其他用户的权益，需要以标准形式将其确定下来，明确指出信息搜集的程度、范围、手段。

（2）云计算安全标准应支持对灵活、复杂的云服务过程的安全评估

传统安全风险评估方式是通过全面识别和分析系统架构下的威胁和弱点及其对资产的潜在影响，来确定其抵抗安全风险的能力和水平。但在云计算环境下，云服务提供商可能租用其他服务商提供的基础设施服务或购买多个服务商的软件服务，根据系统状况动态选用。因此，标准应针对云计算中动态性与多方参与的特点，提供相应的云服务安全能力的计算和评估方法。同时，标准应支持云服务的安全水平等级化，便于用户直观理解与选择。

3. 建立可控的云计算安全监管体系

与互联网监控管理体系相比，实现云计算安全监控管理必须解决以下几个问题。

（1）实现基于云计算的安全攻击的快速识别、预警与防护。如果黑客攻入了云客户的主机，使其成为自己向云服务提供商发动 DDoS 攻击的一颗棋子，那么按照云计算对计算资源根据实际使用付费的方式，这一受控客户将在不知情的情况下为黑客发起的资源连线支付巨额费用。

（2）实现云计算内容监控。云的高度动态性导致监管的难度大大增加。一方面，开启和关闭服务成本低，而操作更便利；另一方面，云服务无视地理界限，其服务范围是全球共享，导致监管范围往往超出某一个国家的领土，使得监管规则、法律存在大量灰色区域，真正出现问题时无法得到有效的法律保护。

（3）识别并防止基于云计算的密码类犯罪活动。云计算的出现降低了破解密码的难度，使得各类密码产品的安全性受到严重威胁。在云计算安全监管中有待解决的问题之一，就是防止单个用户或者多个合谋用户购得足够规模的计算能力来破解安全算法。

7.1.2　云计算安全现状

1. 各国政府对云计算安全的关注

2010 年 3 月，参加欧洲议会讨论的欧洲各国网络法律专家和领导人呼吁制定一个关于数据保护的全球协议，以解决云计算的数据安全弱点。欧洲网络和信息安全局（ENISA）表示，将推动管理部门要求云计算提供商必须通知客户有关安全攻击状况。

2010 年 11 月，美国 CIO 委员会发布关于政府机构采用云计算的政府文件，阐述了云计算带来的挑战以及针对云计算的安全防护，要求政府机构评估云计算相关的安全风险并与自己的安全需求进行比对分析。

我国从 2010 年开始，加强云计算信息安全研究，解决共性技术问题，保证云计算产业健康、可持续地发展。

2. 云计算安全标准组织及其进展

为增强互操作性和安全性，减少重复投资或重新发明，国外已经有越来越多的标准组织开始着手制订云计算安全标准，如国际电信联盟 ITU-TSG17 研究组、结构化信息标准促进组织与分布式管理任务组（Distributed Management Task Force，DMTF）。此外，云计算安全联盟也在云计算安全标准化方面取得了一定进展。

ITU-TSG17 研究组会议于 2010 年 5 月在瑞士日内瓦决定成立云计算专项工作组，旨在实现一个"全球性生态系统"，确保各个系统之间安全地交换信息。工作组评估各项标准，以便将来推出新的标准。云计算安全是其中的重要研究课题，计划推出的标准包括《电信领域云计算安全指南》。

分布式管理任务组也已启动了云标准孵化器过程。参与成员通过开发云资源管理协议、数据包格式以及安全机制来促进云计算平台间标准化的交互，致力于开发一个云资源管理的信息规范集合。该组织的核心任务是扩展开放虚拟化格式（OVF）标准，使云计算环境中工作负载的部署及管理更为便捷。

云安全联盟（Cloud Security Alliance，CSA）是在 2009 年的 RSA 大会上宣布成立的一个非营利性组织，宗旨是"促进云计算安全技术的最佳实践应用，并提供云计算的使用培训，帮助保护其他形式的计算"。自成立后，云安全联盟迅速获得了业界的广泛认可，其企业成员涵盖了国际领先的电信运营商、IT 和网络设备厂商、网络安全厂商、云计算提供商等。

目前，云安全联盟已完成《云计算面临的严重威胁》《云控制矩阵》《关键领域的云计算安全指南》等研究报告，并发布了云计算安全定义。这些报告从技术、操作、数据等多方面强调了云计算安全的重要性、保证安全性应当考虑的问题以及相应的解决方案，对形成云计算安全行业规范具有重要影响。

7.1.3 云计算安全技术框架

建立综合性的云计算安全框架，并积极开展各个云安全的关键技术研究是解决云计算安全问题的当务之急。中科院软件所冯登国团队提出了一个参考性的云安全框架建议，该框架包括云计算安全服务体系与云计算安全标准及其测评体系两大部分，为实现云用户安全目标提供了技术支撑，如图 7.1 所示。

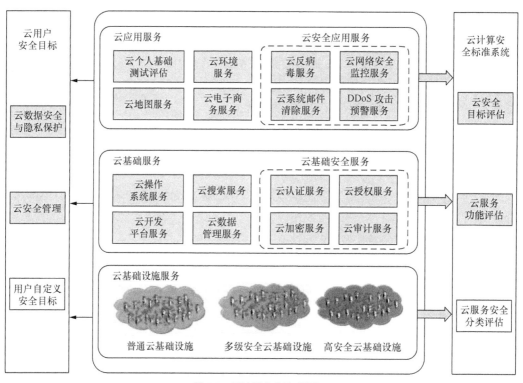

图 7.1 云计算安全技术框架

1. 云用户安全目标

数据安全与隐私保护是最重要的安全目标。包括防止云服务商恶意泄露或出卖用户隐私信息，或者对用户数据进行搜集和分析，挖掘出用户隐私数据。数据安全与隐私保护涉及用户数据生命周期中创建、存储、使用、共享、归档、销毁等各个阶段，同时涉及所有参与服务的各层次云服务提供商。

安全管理是另一个重要需求。即在不泄露其他用户隐私且不涉及云服务商商业机密的前提下，允许用户获取所需安全配置信息以及运行状态信息，并在某种程度上允许用户部署实施专用安全管理软件。

2. 云计算安全服务体系

云计算安全服务体系由一系列云安全服务构成，是实现云用户安全目标的重要技术手段。云安全服务可以分为云基础设施服务、云安全基础服务以及云安全应用服务三类。

（1）云基础设施服务

云基础设施服务是整个云计算体系的安全基石，为上层云应用提供安全的数据存储、计算等 IT 资源服务。由于用户安全需求存在差异，云平台应具备提供不同安全等级的云基础设施服务的能力，主要有抵挡来自外部黑客的安全攻击的能力和证明自己无法破坏用户数据与应用的能力。例如，存储服务中证明用户数据以密态形式保存，计算服务中证明用户代码运行在受保护的内存中等。

（2）云安全基础服务

云安全基础服务是支撑云应用满足用户安全目标的重要手段，属于云基础软件服务层，为各类云应用提供共性信息安全服务，包括云用户身份管理服务、云访问控制服务、云审计服务及云密码服务等。

（3）云安全应用服务

云安全应用服务与用户的需求紧密结合，呈现方式也各不相同，如 DDoS 攻击防护云服务、云网页过滤与杀毒应用、内容安全云服务、安全事件监控与预警云服务、云垃圾邮件过滤及防治等。

云计算可以极大地弥补传统网络安全技术在防御能力、响应速度、系统规模等方面存在的限制：云计算提供的超大规模计算能力与海量存储能力，可用于构建超大规模安全事件信息处理平台，能在安全事件采集、关联分析、病毒防范等方面实现性能的大幅提升；可以提升全网安全态势把握能力，通过海量终端的分布式处理能力进行安全事件采集，上传到云安全中心分析，极大地提高安全事件搜集与及时进行响应处理的能力。

7.1.4　云计算安全关键技术

用户数据安全、隐私保护以及云服务的版权保护需求属于云计算产业发展无法回避的核心问题。云安全与保障的技术体系如图 7.2 所示。

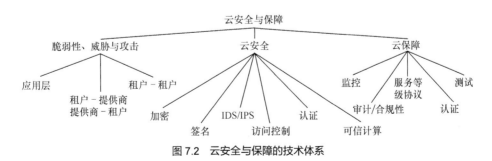

图 7.2　云安全与保障的技术体系

利用传统的信息安全技术解决云计算安全问题是最直接的做法。传统的信息安全是指信息系统的硬件、软件、数据等的安全，它们不会遭到偶然或者恶意的破坏、更改、泄露，整个系统仍可以连续可靠正常地运行。其目标是确保信息的真实性、保密性、完整性、可用性、不可抵赖性、可控制性、可审查性等。其面临的主要信息安全威胁是信息被窃取、伪造、篡改，恶意攻击、行为否认、非授权访问、传播病毒等，主要来源于人为错误、黑客攻击、自然灾害、意外事故、信息丢失、计算机犯罪、内外部泄密、电子谍报、网络协议自身缺陷等。

云计算安全近年已成为学术界和工业界的研究热点。例如，信息安全领域顶级会议 CCS（ACM Conference on Computing and Communication Security）自 2009 年设立云计算安全研讨会（Cloud Computing Security Workshop，CCSW）以来，专门讨论云计算面临的安全问题及其解决方案。2009 年成立的云安全联盟发布的《云安全指南》着重总结了云计算的技术架构模型、安全控制模型及相关的合规性模型之间的映射关系，围绕 13 个识别出来的关注点，从云用户角度阐述了可能存在的商业隐患、安全威胁，并推荐了需要采取的安全措施。

云计算带来新的技术，也导致新的安全问题，已有的安全手段并不能解决新出现的安全问题。云服务致使用户丧失了对软件和数据的物理安全保护能力，不可靠的云服务提供商更是成为潜在的安全隐患，这也是一些企业不愿将重要数据和应用部署在云端的主要原因。

随着云计算与软件即服务模式的成熟发展，云计算安全需求的重点有以下几个方面。

（1）可信访问控制

由于无法信赖服务商忠实实施用户定义的访问控制策略，所以在云计算模式下，研究者关心的是如何通过非传统访问控制类手段实施数据对象的访问控制。其中得到关注最多的是基于密码学方法实现访问控制。

（2）密文检索与处理

数据变成密文丧失了许多其他特性，导致大多数的数据分析方法失效。密文检索有两种典型的方法：基于安全索引的方法通过为密文关键词建立安全索引，检索索引查询关键词是否存在；基于密文扫描的方法对密文中每个单词进行比对，确认关键词是否存在并统计其出现的次数。

（3）数据存在与可使用性证明

由于大规模数据所导致的巨大通信代价，用户不可能将数据下载后再验证其正确性。因此，云用户需在取回很少数据的情况下，通过某种知识证明协议或概率分析手段，以高置信概率判断远端数据是否完整。

（4）数据隐私保护

云中数据隐私保护涉及数据生命周期的每一个阶段。

（5）虚拟安全技术

虚拟技术是实现云计算的关键核心技术，使用虚拟技术的云计算平台上的云架构提供者必须向其客户提供安全性和隔离保证。

（6）云资源访问控制

当云用户跨域访问资源时，需在域边界设置认证服务，对访问共享资源的用户进行统一的身份认证管理。在跨多个安全域的资源访问中，各域都有自己的访问控制策略，在进行资源共享和保护时必须对共享资源制订一个公共的、双方都认同的安全性访问控制策略。

（7）可信云计算

将可信计算技术融入云计算环境，以可信赖方式提供云服务已经成为云安全研究领域的一大热点。

7.2　虚拟化安全

如第 4 章所述，现阶段云计算与传统 IT 环境的最大区别在于其虚拟的计算环境。虚拟化是支撑云计算的技术基石，云计算中所有应用的部署环境和资源利用都依赖于虚拟平台的管理、扩展和迁移等，各种敏感操作都经由虚拟化层模拟完成。虚拟化技术通过对底层硬件（如 CPU、内存、网络）的虚拟，支持在单一服务器上并行运行多个虚拟机（Virtual Machine，VM），提高了服务器的利用率，并为应用提供了灵活可变、动态可扩展的平台服务。

虚拟化作为一把双刃剑，云计算促进了其在 IT 产业中的应用，但同时也使虚拟化软件栈成为黑客的重点攻击目标。首先，虚拟化扩增了传统服务器的软件栈，软件栈越大、越复杂，攻击面就越多，脆弱性就越强，安全性更难以保障。根据美国国家漏洞数据库（National Vulnerability Database，NVD）统计，2015 年 Xen 曝出 21 个安全漏洞，近两年 KVM 曝出 24 个以上的安全漏洞。如果具有最高特权的虚拟机监控器（Hypervisor）被控制，其上运行的所有虚拟机的安全都将难以保证。其次，在云计算平台中，物理资源通过虚拟化技术供多个租户共享，很容易使攻击者和其他用户共处同一台物理机，而虚拟化技术提供的隔离性并不强，直接降低了攻击难度。最后，攻击者利用侧信道攻击（side channel attach）也可窃取其他虚拟机的敏感数据。虚拟化软件栈安全的重要性不言而喻。例如，2007 年云服务提供商 Salesforce.com 遭受攻击，导致大量用户的敏感数据泄露丢失；2009 年 Google 发生大批用户文件泄露事件；2010 年和 2011 年微软和 Google 的邮箱服务分别出现了数据丢失事件；2014 年 iCloud 遭受攻击，导致大量好莱坞明星的私照被泄露。

除了黑客的主动攻击之外，云计算还存在信任缺失问题。云提供商的内部人员的失职、好奇等都会导致数据破坏、隐私泄露。例如，2010 年 Google 的两名员工长期窥探用户的 Google Voice 和 Gtalk 信息被曝光。此外，内部人员可以绕过部分安全机制，更易实施攻击。如今，在用户不能对云平台执行环境进行管控和安全确认的情况下，云提供商尚未能提供有效的证据来证明用户数据的安全。

这或许就是很多公司迟迟不愿将其核心业务部署到云平台的原因。为此，产业界和学术界都在不断地提出相应的安全机制和解决方案。现在虚拟化的研究主要集中在对 Hypervisor 的保护、对虚拟机的隔离以及对 VM 的内部系统、应用的保护，甚至将虚拟化从可信计算基（Trusted Computing Base，TCB）中剔除，以此来增强虚拟化软件栈的安全。

7.2.1　虚拟化软件栈安全威胁

在这一节中，我们将对攻击来源、安全威胁和攻击方式进行阐述。

1. 攻击来源

图 7.3 描述了多租户模式下虚拟化软件栈的三层架构。按攻击层次可以将攻击对象分为 Hypervisor、GOS 和应用程序，其中 Hypervisor 和 GOS 是主要的攻击对象。

攻击分为内部攻击和外部攻击。内部攻击是指客户虚拟机由平台的内部管理人员利用管理工具或软件通过 Hypervisor 提供的接口进行管控，这样内部人员可以通过管理工具对虚拟机进行恶意操作，例如虚拟机转存、快照和迁移，甚至进行虚拟镜像备份。外部攻击是来自外部的网络攻击者利用虚拟化软件栈的软件漏洞、脆弱性进行攻击，甚至可以租用同一台物理服务器上的虚拟机对其他虚拟机进行攻击。在图 7.3 中，内部攻击路径和外部攻击路径分别用虚线箭头和实线箭头表示，而双线箭头是内部和外部攻击的公共路径。两者相比，内部攻击带来的威胁和灾难危害更难控制，且更易实施、成功率更高，而且不易被发现。

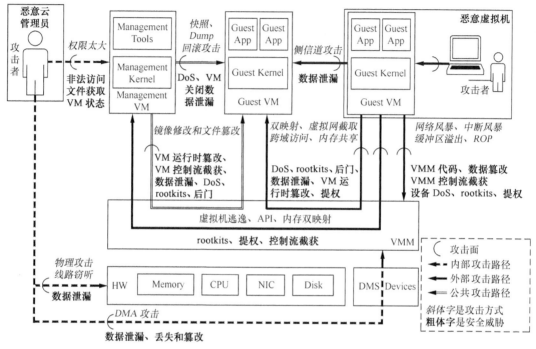

图 7.3　虚拟化软件栈的安全威胁

虚拟化中存在众多安全威胁，这些安全威胁来源于不同方式的攻击。它们之间可以相互转化、相互依托。以数据泄露为例，攻击者可以通过侧信道和虚拟机逃逸等攻击方式窃取其他虚拟机的数据。

2. 安全威胁

虚拟化中的安全威胁主要有数据泄露和丢失、拒绝服务、权限提升、运行时（Hypervisor/GOS）代码和数据篡改以及控制流截获、rootkits 和后门遗留等。而数据泄露和丢失、运行时数据篡改以及控制流截获和 rootkits 是虚拟化威胁的主要表现形式。

（1）威胁 1：数据泄露和丢失

相较于物理独立的传统计算系统而言，在多租户的虚拟化环境下，计算资源是物理共享的，其隔离是软件层面的。例如 CPU 的隔离是基于时间片轮转的，内存的隔离是基于 Hypervisor 维护的逻辑页表。虚拟化平台的多租户资源共享和动态迁移等特性使得数据泄露和丢失威胁在该框架中更容易。在虚拟化平台中，数据泄露表现为两种形式：外部数据泄露给虚拟机内部，虚拟机自身数据泄露给外部软件（其他虚拟机或程序），是主要的安全威胁。DMA（Direct Memory Access）攻击、侧信道攻击、虚拟机跨域访问等方式都可以导致严重的信息泄露，给个人或企业带来不可估量的灾难。数据丢失是指数据被删除、销毁或者毁坏。攻击者的目的并不仅仅是窃取用户的数据，而是对用户的数据进行破坏。近几年数据窃取和丢失事件不断出现，针对此类攻击采取的主要防护方式是数据加密、访问控制和隔离机制。

（2）威胁 2：控制流截获及后门、rootkits

控制流截获是攻击者利用系统漏洞或脆弱性使指令按攻击者的意图执行。控制流截获主要是对系统内部的控制结构（中断表、系统调用表）、跳转结构（控制指针、空指针）进行修改，或者利用系统原有指令组合执行。rootkits 是一类特殊的恶意代码，攻击者若想实现 rootkits 攻击，首先要将其代码嵌入系统中，然后通过截获控制流，使其代码执行，从而隐藏攻击者的行为或遗留后门，为后续攻击提供便利。上述攻击的主要目的是控制 Hypervisor 或 GOS，然后控制数据中心的网络，或者窃取用户数据，甚至可以通过控制众多客户虚拟机实施 DDoS（Distributed Denial of Service）攻击。这些攻击可以通过代码完整性、控制流完整性和影子备份等机制进行防护。

（3）威胁 3：拒绝服务（Denial of Service，DoS）

在云服务中，虚拟化层的 DoS 威胁所占比例很高，包括对硬件资源（如内存、CPU 和网卡等）及虚拟网络等资源的访问不响应。攻击者通过网络风暴、中断风暴以及挂起硬件或控制服务，导致其他虚拟机产生资源饥饿、服务不响应来实现攻击。同时攻击者在虚拟化环境下可以方便地批量租用虚拟机，或者利用虚拟平台的漏洞批量控制该平台上的虚拟机实施 DDoS 攻击。对于 DoS 威胁，主要的防护方式是对资源进行监控或者对吞吐量进行限制。

（4）威胁 4：虚拟机镜像威胁

在虚拟平台中，虚拟机的启动和容灾恢复都是利用虚拟机镜像。虽然可以直接对虚拟机镜像打补丁以防范虚拟机中的漏洞，但也为内部攻击者提供了可乘之机。如果攻击者事先对虚拟机的镜像文件进行了修改、替换，则启动后的虚拟机完全受攻击者控制。对于虚拟机镜像的防护主要是利用完整性验证方案，在系统启动之前对镜像文件进行完整性检测。

（5）威胁 5：运行时代码和数据篡改

保证系统和软件启动过程中的完整性可以利用可信启动等技术，然而该方法并不适用于运行时。代码篡改是一个非常严重的安全问题，攻击者通过缓冲区溢出、库函数映射等实现对 Hypervisor、GOS 等代码的注入和修改，这些都可导致控制流截获、安全机制被关闭或绕过、提权、隐藏攻击行为、遗留后门等。

（6）威胁 6：权限提升

权限提升包括从用户层到内核层、从内核层到虚拟化层两部分，其在虚拟化中举足轻重。权限提升可以使攻击者获得更高的权限，运行的代码级别更高，危害更大。在虚拟化中权限提升的主要表现形式是虚拟机逃逸，该威胁表现为客户虚拟机利用 Hypervisor 的脆弱性漏洞使 Hypervisor 与客户虚拟机之间的隔离被破坏，从而导致客户虚拟机的代码运行在 Hypervisor 特权级，因此可以直接执行特权指令。

（7）威胁 7：不可信的云内部人员

云提供商员工在理论上被认为是可信的。但是 Google 员工窃听用户数据事件和棱镜门事件足以证明云内部人员并非完全可信。云内部人员可能拥有过高的访问权限，而且他们的行为不受防火墙和入侵检测系统限制。正因如此，内部人员在利益驱动下很容易侵犯用户的隐私，窃取用户的数据，甚至将用户的个人数据提供给第三方。以 Xen 为例，管理员可以对用户的虚拟机做快照和 dump 备份，甚至可以监听用户的网络。对这类威胁的防护一方面是让虚拟机的管理过程对用户可见，另一方面是提供安全有效的硬件机制来保护客户的数据安全。

3. 攻击方式

上面介绍的七类安全威胁需要通过一定的攻击方式才能得以实施，下面对五类主要的攻击进行介绍。

（1）攻击 1：多重映射和虚拟机跨域访问

跨域访问是指客户虚拟机不仅能够访问自身的地址空间，同时还能够访问到其他虚拟机或 Hypervisor 地址空间中的数据。在 IaaS 模型中，每个虚拟机都有独立的 EPT（Extend Page Table）或 SPT（Shadow Page Table），并且 Hypervisor 拥有单独的地址空间。然而，攻击者利用一些软件漏洞、DMA 攻击、VLAN 跳跃攻击和 Cache 变更等可以实现虚拟机跨域访问。例如，攻击者利用 Hypervisor 漏洞或者已控制的 Hypervisor 对客户虚拟机的页表进行修改，使其映射到另一客户虚拟机的地址空间中，从而实现跨域访问。跨域访问能够窃取或篡改其他用户的数据或建立隐蔽信道。可以通过对不同虚拟机之间进行隔离，并且剥夺 Hypervisor 更新 EPT 页表的能力来防止这类攻击。

（2）攻击 2：DMA 攻击

DMA 最初是为了允许外围设备绕过 MMU，直接对物理内存进行读写操作，从而提高 I/O 效率。在 Intel VTd 提出之前，具有 DMA 功能的外设可以对物理内存进行任意访问，VTd 的提出使这一问题得到了缓解。DMA 攻击首先对外设进行改造，嵌入恶意代码；然后，将外设部署到目标主机中；最后，利用恶意代码发送 DMA 请求，实现恶意攻击。DMA 攻击的难点是定位需要访问的数据结构或代码的地址，如此才能精确地实现有目的的攻击；否则，只能利用 DMA 进行粗粒度的数据窃取。在虚拟化场景下，内部攻击者可以通过 DMA 设备，对物理内存中的代码、数据进行篡改或窃取，从而实现代码注入、控制流劫持和数据泄露等。当前的主要解决方案是结合 IO MMU 对 DMA 的读写操作进行限制。

（3）攻击 3：快照、内存转存威胁

虚拟机快照（snapshot）是 Hypervisor 提供给管理者的 API，用于容错和虚拟机维护。云提供商的内部管理员可以利用管理工具对运行中的虚拟机进行快照，为内部攻击者打开了便利之门。这样可以在用户不知情的情况下将虚拟机回滚（rollback）到特定阶段，从而绕过一些安全机制的更新。内部攻击者甚至可以利用内存转存工具对用户的内存进行转储，然后进行线下分析、窃取用户数据。防止这类攻击可利用密码学机制进行防护，或者禁用管理员的快照和转存功能。

（4）攻击 4：物理攻击和线路窃听

物理攻击是指攻击者能够物理接近攻击目标所在的物理服务器。虽然数据中心有专门的安全防护措施（例如录像监控和审计机制），但是数据中心的机房每天都有维修人员、清洁人员和管理人员出入，给安全带来了潜在的隐患。冷启动攻击就是很好的例子。通道或线路窃听可认为是另一种形式的物理攻击，攻击者通过一些特殊的方式监听受害者的通道和线路，包括外部网络、虚拟机之间的虚拟网络和内部总线等，从中窃取来自或流向虚拟机和 Hypervisor 的数据。

（5）攻击 5：跨虚拟机的 Cache 攻击

随着计算模式从独占计算硬件到云计算模式的迁移，基于共享 Cache 的侧信道攻击变得越发严重。基于 Cache 的侧信道攻击和隐蔽信道攻击使攻击者能够在数秒或数分钟内从当前流行的加密方法（RSA、AES 和 DES）中获取到受害者的密钥信息。基于 Cache 的侧信道攻击不需要获取 Hypervisor 等特权和利用其漏洞，而只需通过对时间损耗、电源损耗及电磁辐射等特性的监测、统计即可获取到其他客户虚拟机的数据。侧信道攻击可以分为基于时间驱动、基于轨迹驱动和基于访问驱动。基于时间驱动的攻击是攻击者重复检测被攻击者的加密操作使用的时间，然后通过差分分析等技术推断出密钥等信息。基于轨迹驱动的攻击通过持续地对设备的电能损耗、电磁发射等情况进行监控，获取到其敏感信息，但是这类侧信道攻击需要攻击者能够物理接近攻击目标。基于访问驱动的攻击是攻击者在执行加密操作的系统中运行一个应用，这个应用通过监控共享 Cache 的使用情况来获取密钥信息，这种攻击的优势是不需要攻击者得到受害者精确的时间信息。

7.2.2　虚拟化软件栈安全防御

虚拟化软件栈安全可分为两个层次：虚拟机自身的（GOS、应用程序）的安全和 Hypervisor（虚拟化层）的安全。从可信基的角度分类，业界的安全方案可分为基于 Hypervisor 的保护、Hypervisor 自身安全防护及虚拟机在不可信 Hypervisor 环境中的安全防护。其他方案还包括在 Hypervisor 层之下引入新的软硬件安全模块，从隔离机制、加密机制和权限访问控制这些角度对虚拟机及内部软件进行保护，以及对侧信道攻击的防护。

1. 基于 Hypervisor 的虚拟机安全保护

Hypervisor 位于虚拟化软件栈的最底层，拥有最高特权，且拥有比传统内核低两个数量级的代码量，使系统的攻击面更少、可信基更小，如表 7.1 所示。除此之外，Hypervisor 对物理服务器的硬件资源拥有管理权和分配权，能够截获到客户虚拟机对资源的请求和访问。因此，从虚拟化软件栈的层次看，Hypervisor 无疑是保护虚拟机的最佳选择。当前基于 Hypervisor 的安全防护研究主要围绕保护 GOS 安全、防护恶意 GOS 攻击用户进程，以及利用虚拟机自省技术对客户虚拟机内部的攻击和恶意行为进行检测、分析。

表 7.1　内核和 Hypervisor 代码量对比

对象	代码量	可信基
Linux	10000KLOC	Kernel
Xen	450KLOC	Xen+Dom0+Qemu
KVM	380KLOC	KVM+Qemu
VMware ESXi	200KLOC	ESXi

2. Hypervisor 及特权域的安全保护

上述方法只对恶意的 GOS 和 Apps 有效，尚未考虑虚拟化自身的威胁（Hypervisor 和特权域）和云管理员。然而，Hypervisor 拥有越来越多的代码量，攻击面也随之剧增，安全问题日益突出。针对虚拟化自身的安全威胁，目前的解决方式是采用被动打补丁。这不仅给用户带来了不便，而且也只能防范已公布的漏洞，对于零日攻击或潜在的漏洞仍然无能为力。为解决虚拟化自身的安全问题，研究者主要关注虚拟化 TCB（减少攻击面和代码）和虚拟化自身完整性保护两个方面。

3. 不安全虚拟化环境下的安全防护

上述两个方法仍不能确保 Hypervisor 的健壮性，因此，在 Hypervisor 不可信的情况下如何保证虚拟机的安全显得尤为重要。目前的技术主要包括基于隔离机制的防护、基于加密机制的防护、基于访问控制的防护等。

191

4. 侧信道攻击和隐蔽信道攻击的防护

在云计算虚拟化环境中，不同客户虚拟机共享资源，对于内存资源可以通过隔离、加密和安全CPU 等方案进行防护，但是对于共享 Cache 的侧信道攻击，这些方案却无能为力。从已有的研究可知，侧信道攻击已经从 L1 Cache 渗入 LLC（Last Level Cache），攻击强度更大，获取的信息更多。

7.2.3　虚拟化安全总结

随着云计算的发展，虚拟化安全出现了许多新的机遇和挑战，虚拟化的安全问题再次受到重视。虽然近年来虚拟化安全取得了众多成果，但还有很大的提升空间，迫切需要研究出一套高效、可行且易实施的虚拟化安全防护方案。未来有关虚拟化软件栈安全防护方面的研究着重有以下几个方向。

（1）结合虚拟化软件栈的特点，建立一个一体化的虚拟化纵深防御体系。

虚拟化软件栈中的每一层是相互关联、融为一体的。然而，现在的安全方案主要针对虚拟化的每一层进行独立防护。这种层层独立的方案增加了系统开销、存在重复工作，使得整个系统越来越繁杂、冗余，且兼容性较差。因此在未来的工作中，研究者应将虚拟化软件栈作为一个整体，结合虚拟化的多层次性，着重研究基于多层次的隔离机制、密码机制和访问控制机制，提出一个精炼、高效的多层次虚拟化软件栈防护方案。通过统一的框架对 Hypervisor、虚拟机内部的 GOS 和应用程序进行统一的行为监控、资源信息控制、密钥管理、虚拟机间的隔离以及虚拟机内部的模块和应用之间的隔离。通过多层隔离机制能够对同一层的不同对象进行隔离，实现资源独立。通过多层访问控制使得不同层对共享资源分配不同的访问权限。多层监控结合恶意行为分析可以实现整体的病毒、木马防护。多层密钥管理对每一层的密钥进行抽象，提供统一的密钥管理接口，既安全又便捷。统一框架能够从横向和纵向两个不同维度防护软件栈的威胁，还可以增加信息认证功能为云用户提供确凿的运行时证据，证明其所属数据和软件的安全。统一框架还能够依据软件栈的需求对数据共享以及动态迁移进行适应，在满足安全的同时保证云计算的服务质量。

（2）计算机安全体系结构是云计算安全的基石和未来的重要研究方向，在硬件层可为多层次的虚拟化软件栈防护提供技术支撑。

现有 CPU 提供的安全机制只能防御来自用户空间的攻击，如不可执行（NX）、SMEP 和 SMAP等。针对虚拟化系统级的安全，研究者提出使用安全增强的 CPU 框架进行防护，未来 CPU 及相关硬件应该从以下两点出发，为上层软件栈的多层防御提供支持。

① 对 CPU 的安全特性进行扩展，并结合现有的 CPU 特性（如 VPID 和 PCID 等）对多层防御方案提供支持。例如，在 TLB 进行内存地址转化时，对虚拟地址进行判断，若是代码则保证其完整性；否则，判断当前 CPU 的运行级别是否与数据地址所在级别一致，一致则访问，否则（例如 ring 0访问用户空间的内存地址）对数据进行加密。在 I/O 缓存和系统调用访问时，则要对数据进行加密，然后在设备驱动或硬件芯片中对密文进行解密，从而完成相应操作。这种"软硬结合"的方案可以为虚拟化软件栈提供一个体系化的纵深防御体系。基于硬件的方案不仅能够防止软件层次的攻击，而且能够抵御内部管理人员的物理攻击，如线路窃听。云提供商可以利用该机制向用户提供充分的证据表明自身的可信度，消除用户对数据安全的疑虑。

② 可以借鉴"软件定义网络"的思想，将单一物理服务器的内部看作一个"网络"，将 I/O 设备

（如网卡、磁盘）和 CPU（cache）等部件看作"网络节点"，每个"网络节点"都有其自身的安全机制（如加解密）和存储部件（存储每个虚拟机的密钥），将内存和缓存等中转设备看作"路由节点"，只进行数据存储和传递。根据软件层的需求，在每次创建虚拟机时由硬件芯片（如 CPU）为每个虚拟机创建随机密钥，并将该密钥传递给各个"网络节点"。此密钥将和虚拟机镜像配对存储（虚拟机迁移时使用）。在软件执行过程中，利用该密钥对每层的敏感数据（由应用程序、GOS 或 Hypervisor 指定）或跨层、跨域访存的数据加密。

7.3 云存储安全

如第 5 章所述，云存储是在云计算概念的基础上发展起来的一种新的存储方式，它是通过网格计算、集群文件系统、分级存储等现有技术，将网络中大量的存储设备通过硬件/软件的方式集合在一起，并对外提供标准的存储接口，以供个人或企业调用并存储数据的存储方式。相比传统的存储方式，云存储的出现使得一些企业或个人不再需要购买价格高昂的存储设备，只需要支付较少的费用便可以享受近乎无限的存储空间。

随着云存储理念的深入发展，越来越多的企业开始搭建属于自己的云存储平台并通过一些特定的接口为企业或个人提供存储服务，例如 Amazon 的 S3、Microsoft 的 Azure 等。近年来，云存储系统泄露用户数据的事件不断涌出，使得如何保证云存储系统的安全成为一个不可忽视的问题。

7.3.1 云存储的安全需求

云存储的安全需求不仅要像传统的存储方式一样保证数据的安全性，而且还包含密钥分发以及如何在数据密文上进行高效操作等功能需求。

1. 数据的安全性

数据安全的重要性不言而喻。云存储系统中数据的安全性可分为存储安全性和传输安全性两部分，每部分又包含机密性、完整性和可用性三个方面。

（1）数据的机密性

云存储系统中数据的机密性是指无论在存储还是传输过程中，只有数据拥有者和授权用户能够访问数据明文，其他任何用户或云存储服务提供商都无法得到数据明文，从理论上杜绝了一切泄露数据的可能性。

（2）数据的完整性

云存储系统中数据的完整性包含数据存储时和使用时的完整性两部分。数据存储时的完整性是指云存储服务提供商是按照用户的要求将数据完整地保存在云端，不能有丝毫的遗失或损坏。数据使用时的完整性是指用户使用某个数据时，确保此数据没有被任何人伪造或篡改。

（3）数据的可用性

云存储的不可控制性衍生了云存储系统的可用性研究。与以往不同的是，云存储中的所有硬件均非用户所能控制。因此，如何在存储介质不可控的情况下提高数据的可用性是云存储系统的安全需求之一。

2. 密钥管理分发机制

数据加密存储一直都是保证数据机密性的主流方法。数据加密需要密钥，因此云存储系统需要提供安全高效的密钥管理分发机制来保证数据在存储与共享过程中的机密性。

3. 其他功能需求

由于相同明文在不同密钥或加密机制下生成的密文并不相同,因此数据加密存储将会影响云存储系统中的一些其他功能,例如数据搜索、重复数据删除等,云存储系统对这些因数据加密而被影响的功能有了新的需求。

7.3.2 安全云存储系统概述

随着云存储的推广与普及,越来越多的人开始使用云存储存放自己的资料,但云存储系统的安全问题却并未从根本上得到解决。国内外的研究者做了大量研究,逐渐在云存储系统的研究中形成一个新的方向——安全云存储系统。

1. 安全云存储系统设计的一般原则

安全云存储系统指的是包含安全特性的云存储系统。安全云存储系统的设计者通常会提出一些安全方面的假设,然后根据这些假设建立系统的威胁模型与信任体系,最终设计并实现系统或原型系统。设计者需要考虑如下几个方面。

(1)安全假设。在安全领域中,安全云存储系统的设计者需要针对不同的应用场景提出相应的安全假设,并以此来保证系统的安全性。

(2)保证系统安全的关键技术。设计者往往会根据自己系统的应用场景和特征,采取一些相关技术来保证系统的安全性,这些技术也被称为安全云存储系统的关键技术。

(3)威胁模型和信任体系。设计者基于安全假设对相关实体进行分析,由此得出相关实体是否可信,然后将这些实体模型化或体系化,由此得出相应的威胁模型和信任体系。

(4)系统性能评测。系统的安全与高效是一对矛盾体,在保证系统安全性的同时必然会在一定程度上降低系统效率。在安全云存储系统中,设计者需要对系统的安全与效率进行均衡处理,使系统能够在适应所需安全需求的同时,为用户提供可接受的系统性能。

2. 安全云存储系统的现状

文件系统是构建云存储系统的一个重要部分。随着网络存储系统的发展,加密文件系统的理念也逐渐网络化、系统化,最终演变成安全网络存储系统。一般的安全网络存储系统至少包括客户端与服务器两部分,客户端由系统的使用者进行操作,为用户数据提供数据加解密、完整性校验以及访问权限控制等功能;服务器作为数据及元数据的存储介质,对数据没有任何的访问或使用权限。

云存储的廉价、易扩展等特性使其一出现就成为研究的热点,用户的数据存放在云存储中也就意味着其丧失了对数据的绝对控制权,因此云存储系统对安全性有着十分迫切的需求。

7.3.3 安全云存储系统的一般架构

云存储按照体系结构可分为存储层、基础管理层、应用接口层和访问层。在具体的安全云存储系统中,由于应用场景和研究目标的不同,其系统架构也各不相同。图7.4总结归纳了现有安全云存储系统的通用架构,具体的安全云存储系统可以根据自身的特点实现部分或全部功能。

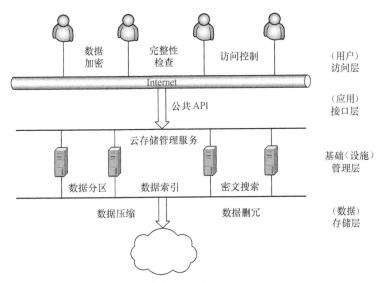

图 7.4　安全云存储系统的通用架构

通常在安全云存储系统中，数据在访问层进行加密，然后通过应用接口层的公共 API 接口上传至云存储管理服务器，也就是基础管理层。基础管理层可提供数据分块存储、数据索引、数据密文搜索等功能以提高系统效率和用户体验。最后，基础管理层将数据密文和其附加信息（一般为元数据，用来保证系统功能的正确性和高效性）通过安全高速的内部网络保存至存储层。存储层可以对上层存储的数据进行一定的压缩、删冗处理，以节省成本、提高存储空间的利用率。

现有的安全云存储系统一般分为客户端、服务器和云存储服务提供商三个组件。客户端属于访问层，服务器属于基础管理层，云存储服务提供商属于存储层。客户端与服务器之间通过公共 API 及不可信的网络进行数据交互，服务器与云存储服务提供商之间通过高速的可信网络传递数据。用户数据和访问权限信息的机密性、完整性都由客户端保障。服务器可以记录一些数据的相关信息，为用户提供数据同步、数据搜索等功能，但在任何情况下服务器均无法获得用户数据的明文。云存储服务提供商的作用相当于过去的磁盘（或磁盘阵列），用来机械地存取数据。

7.3.4　安全云存储系统的关键技术

不同的云系统会有各自定制化的特征，针对不同特征，开发者会为它们增加特有的解决方法，以达到系统安全、正确和高效的目的，这些解决方法称为安全云存储系统中的关键技术。在不同的系统中所使用的关键技术也不尽相同。特别是随着云存储的发展与应用，一些在传统安全网络存储系统中不被关注的技术在安全云存储系统中却受到了重视。现有的云存储系统中使用的关键技术大致分为以下几类。

1. 安全、高效的密钥生成管理分发机制

数据加密存储是目前云存储中解决机密性问题的主流方法。数据加密时必须用到密钥，在不同系统中，根据密钥的生成粒度不同，需要管理的密钥数量级也不一样。若加密粒度太大，虽然用户可以很方便地管理，却不利于密钥的更新和分发；若加密粒度太小，虽然用户可以进行细粒度的访问权限控制，但密钥管理的开销也会变得非常大。现有的安全云存储系统大都采用了粒度偏小或适

中的加密方式，系统在这种方式下将会产生大量的密钥，如何安全、高效地生成密钥并进行管理与分发是主要的研究方向。

2. 基于属性的加密方式

基于属性的加密方式（Attribute-based Encryption）是公私钥加密体系中一种特殊的加密方式。以属性作为公钥对用户数据进行加密，用户的私钥也和属性相关，只有当用户私钥具备解密数据的基本属性时，用户才能够解密出数据明文。

基于属性的加密方式是在公钥基础设施（PKI）体系的基础上发展起来的，它将公钥的粒度细化，使每个公钥都包含多个属性，不同公钥之间可以包含相同的属性。基于属性的加密机制有以下四个特点。

- 资源提供方仅需要根据属性加密数据，并不需要知道这些属性所属的用户，从而保护了用户的隐私。
- 只有符合密文属性的用户才能解密出数据明文，保证了数据机密性。
- 用户密钥的生成与随机多项式或随机数有关，不同用户之间的密钥无法联合，防止了用户的串谋攻击。
- 该机制支持灵活的访问控制策略，可以实现属性之间的与、或、非和门限操作。

3. 基于密文的搜索方式

在安全云存储系统中，为了保证用户数据的机密性，所有数据都以密文的形式存放在云存储中。由于加密方式和密钥的不同，相同的数据明文加密后生成的数据密文不一样，因此，如果用户需要数据搜索机制，将无法使用传统的搜索方式进行数据搜索。

近年来一些研究机构提出了可搜索加密机制（Searchable Encryption）。目前有关可搜索加密机制的研究可分为基于对称加密（Symmetry Key Cryptography Based）的 SK 机制和基于公钥加密（Public Key Cryptography Based）的 SE 机制两类。基于对称加密的 SK 机制使用一些伪随机函数生成器（Pseudorandom Function Generator）、伪随机数生成器（Pseudorandom Number Generator）、散列算法和对称加密算法构建而成；而基于公钥加密的 SE 机制主要使用双线性映射等工具，将安全性建立在一些难以求解的复杂问题之上。

基于对称加密的 SK 机制比较适用于客户端负责密钥分发的场景：当数据共享给其他用户时，数据所有者需要根据用户的搜索请求产生相应的搜索凭证，或将对称密钥共享给合法用户，由合法用户在本地产生相应的搜索凭证进行搜索。基于公钥加密的 SE 机制则更加适用于存在可信第三方的应用场景：用户可以通过可信第三方的公钥生成属于可信第三方的数据，若其他用户想要对这些数据进行搜索，只需向可信的第三方申请搜索凭证即可。基于对称加密的 SK 机制在搜索语句的灵活性等方面有所欠缺，且只能支持较简单的应用场景，但是加解密的复杂性较低；而基于公钥加密的 SE 机制虽然有灵活的搜索语句，能够支持较复杂的应用场景，但搜索过程中需要进行群元素和双线性对的计算，其开销远高于基于对称加密的 SK 机制。

4. 基于密文的重复数据删除技术

为了节省云存储系统空间，系统有时会采用一些重复数据删除（Data Deduplication）技术来删除系统中的大量重复数据。但是在安全云存储系统中，与数据搜索问题一样，相同内容的明文会被加密成不同的密文，因此也无法根据数据内容对其进行重复数据删除操作。比密文搜索更困难的是，

196

即使将系统设计成服务器可以识别重复数据，但由于加密密钥的不同，服务器依然不能删除任意一个版本的数据密文，否则有可能出现合法用户无法解密数据的情况。目前对数据密文删冗的研究仍然停留在使用特殊的加密方式，对相同的内容使用相同的密钥加密成相同的密文尚在研究中。

5. 基于密文的数据持有性证明

用户数据经加密后存放至云存储服务器，但其中许多数据用户可能会极少访问，例如归档存储等。这使得即使云存储丢失了这部分用户数据，用户也不易发觉，因此用户有必要每隔一段时间就对自己的数据进行持有性证明检测。

目前的数据持有性证明方案主要有可证明数据持有（Provable Data Possession，PDP）和数据证明与恢复（Proof of Retrievability，POR）两种。PDP 方案通过采用云存储计算数据某部分散列值等方式来验证云端是否丢失或删除数据，通过基于 RSA 的散列函数计算文件的散列值达到持有性证明的目的。在此基础上，还采用了同态验证标签、公钥同态线性认证器、校验块循环队列以及代数签名等结构或方式，分别在数据通信、计算开销、存储空间开销以及安全性与检查次数等方面进行了优化。POR 方案在 PDP 方案的基础上添加了数据恢复机制，使得系统在云端丢失数据的情况下仍然有可能恢复数据。最早的 POR 方案通过纠删码提供数据的可恢复，之后的工作在持有性证明方面做了一定的优化，但也大都使用纠删码机制提供数据的可恢复功能。

现有的数据持有性证明在加密效率、存储效率、通信效率、检测概率和精确度以及恢复技术等方面仍然有加强的空间。此外，由于不同安全云存储系统的安全模型和信任体系也不尽相同，新的数据持有性证明应该考虑不同的威胁模型，提出符合相应要求的持有性证明方案。

6. 数据的可信删除

云存储的可靠性机制在提高数据可靠性的同时也为数据的删除带来了安全隐患。当用户向存储在云端的数据使用删除指令时，云存储可能会恶意地保留此文件，或者由于某些技术机制并未删除所有副本。这样就会导致云存储非法获得数据密钥。云存储不可控的特性产生了用户对数据的可信删除机制的需求，研究人员于 2007 年左右提出了可信删除（Assured Delete）的机制，通过建立第三方可信机制，以时间或者用户操作作为删除条件，在超过规定的时间后自动删除数据密钥，从而使任何人都无法解密出数据明文。

目前可信删除的研究尚在起步阶段，需要第三方机构介入，通过删除密钥的方式保证数据的可信删除。因此在实际的安全云存储系统中，如何引入第三方机构让用户相信数据真的已经被可信删除，或是采用新的架构来保证数据的可信删除都是未来研究的领域。

7.4 云数据安全

用户在将大量数据交予云端处理的同时，也面临着巨大的安全风险。据威瑞森（Verizon）公司统计，2015 年全球有 61 个国家和地区出现了 79790 起数据泄露事件。2018 年的 5000 万用户数据失窃事件，不仅使脸书（Facebook）公司市值当时蒸发 500 亿美元，还面临巨额天价罚款。Facebook 的创始人兼 CEO 马克·扎克伯格也在第一时间道歉："我们有责任保护好用户数据，如果连这都做不到，那么就不配向用户提供服务。我创建了脸书，最终我要对发生在这个平台上的事件负责。"如图 7.5 所示。

扎克伯格公开道歉   Cambridge Analytica

图 7.5　Facebook 大规模数据泄露事件

频发的云安全事件使用户对数据外包到云端的安全性产生了担忧，多数用户和企业出于安全方面的考虑不愿意将关键数据存储于云端服务器或交给云端处理。可见数据安全问题已经严重阻碍了云计算服务的进一步应用和发展。

7.4.1　云数据面临的安全威胁

以 2015 年为例。2 月，约 5 万名 Uber 公司的司机信息被第三方获取；3 月，微软云（Microsoft Azure）因网络基础设施问题导致服务连续数天瘫痪，美国大型医疗保险商 CareFirst 被黑客攻击，致使 110 万名用户的信息泄露；8 月，谷歌计算引擎（Google Compute Engine）因受到雷电暴风袭击导致部分磁盘数据丢失；9 月，阿里云被曝存在重大安全漏洞，全部机器权限和用户资料被泄露。可以看出，在开放的网络环境下，外包于云端的用户数据面临着巨大的安全威胁，主要分为以下三个方面。

1. 数据泄露

导致数据泄露的原因包括网络攻击、云服务安全漏洞和不完善的管理措施等。

2. 非法访问

将数据外包给云服务器，用户就失去了对数据的物理控制权，云服务器对数据进行何种操作用户将不得而知。云服务提供商可能会因某种商业目的而蓄意窥探用户数据，甚至将用户数据提供给第三方使用。另外，存储于云端的用户数据还有可能在用户不知情的情况下，被第三方监听访问。恶意黑客的攻击也有可能获取系统访问权限，非法读取和使用用户数据。

3. 数据破坏或丢失

存储于云端的数据可能会因管理误操作、物理硬件失效（如磁盘损坏）、电力故障、自然灾害等原因丢失或损坏，造成数据服务不可用。另外，不可信的云服务提供商还可能为了节省存储空间、降低运营成本而移除用户极少使用的数据，造成数据丢失。

7.4.2　云数据安全研究内容

在不可信云环境下，为确保云数据存储、共享、查询和计算等云服务中的数据安全，研究者们提出了一些新的、用户可控的安全技术，如表 7.2 所示。

表 7.2 云数据安全研究内容

云数据服务	安全威胁	安全需求		研究内容
云数据存储	数据破坏或丢失	数据完整性	云数据安全验证	• 支持数据动态操作的验证 • 公开可审计验证 • 数据可恢复证明
云数据共享	非法访问	访问可控性	云数据安全共享	• 细粒度访问控制 • 访问权限动态更新 • 用户动态添加或撤销
云数据查询	数据泄露	数据机密性	云数据安全查询	• 支持丰富的查询功能 • 支持数据动态变化 • 支持查询结果排序
云数据计算	数据泄露	数据机密性	云数据安全计算	• 支持密文计算的同态加密 • 特定类型安全外包计算 • 外包计算结果验证

1. 云数据安全验证

只有可信的云服务器才能保证用户数据的完整性，而不会为了节省存储空间而故意删除用户数据。为确保数据能够正确可靠地存储于云服务器中，必然需要用户对其进行完整性验证。

2. 云数据安全共享

云数据共享是云数据的一项基础服务，也是用户使用云服务的主要目的之一。在不可信的云环境下和大规模用户中实现安全可控的数据共享，是需要研究的问题。

3. 云数据安全查询

在不可信的云环境下，出于机密性的考虑，存储于云服务器中的数据通常是被用户加密的，这使得云服务器无法为用户提供正常的数据查询功能。为解决这一问题，需要研究查询加密技术。

4. 云数据安全计算

用户期望能够借助云端强大的计算能力进行数据处理，同时不想让云服务器获知所需处理的数据内容以及相应的计算结果。针对这种需求，需要研究安全外包计算技术。

7.4.3 云数据安全研究进展

1. 云数据安全验证研究进展

在云存储环境下，由于用户带宽和存储资源的限制，用户不可能将数据全部取回进行完整性验证，也就无法直接应用传统的数据完整性验证方案。针对此问题，研究者们提出了远程验证技术，即在不下载验证数据的前提下，仅通过简单的挑战—应答方式来完成数据的验证。典型的方案是可证明数据持有（Provable Data Possession，PDP），该方案采用同态验证标签，具有聚合特性，能够将多块数据验证的证据聚合为一个验证响应，降低验证响应的带宽消耗。PPP 方案还采用了随机抽样的概率性验证方法，有效降低了通信和计算开销。解决这类问题的技术包括：支持动态数据操作、支持公开可验证及数据可恢复性证明等。

2. 云数据安全共享研究进展

数据拥有者在不可信云环境下，通常会将数据加密后上传到云服务器中，但给数据共享带来一

199

定的困难。一是大规模用户的数据共享需要大量密钥，生成、分发和保管这些密钥比较困难；二是如果制订灵活可控的访问策略，实施细粒度的访问控制，会成倍地增加密钥数量；三是当用户访问权限更新或撤销时，需要重新生成新的密钥，势必引入巨大的计算量。另一个重要问题是传统的访问控制方法依赖于一个可信的服务器，而该假设条件在不可信云计算环境下是不成立的。解决这些问题的技术包括：基于属性的加密技术、访问策略表达技术、访问权限撤销技术及访问控制效率增强技术等。

3. 云数据安全查询研究

出于数据机密性的考虑，用户会将数据以密文的形式外包存储在云服务器中。但当用户需要提取包含某些关键字的数据时，需要在云端服务器进行密文搜索。一种简单的方法是将所有密文数据下载到本地进行解密，然后再进行关键字查询，但这种方法会消耗巨大的网络带宽，给用户带来大量不必要的存储和计算开销。另一种方法是将密钥和要查询的关键字发给云服务器，由云服务器解密数据后进行查询，但这种方法会泄露用户数据，不能满足数据机密性要求。为此，支持密文搜索的查询加密（Searchable Encryption，SE）技术应运而生，其基本思想是通过构造安全索引、利用查询陷门来高效地支持密文搜索。

4. 云数据安全计算研究

在解决大规模最优化、大数据分析、生物特征匹配等问题时，会涉及大量的数据计算。对于资源有限的用户来说，承担如此巨大的计算比较困难。一种有效的解决方案是借助云端的强大计算能力为用户提供计算服务，但这会将用户的敏感数据暴露给云服务器。解决的方法是通过加密数据，让云服务器在密文数据上进行计算。另外，在不可信的云环境下，云服务器是否能够正确可靠地为用户进行所需的计算并返回正确的结果。这可以通过研究可验证外包技术来解决，包括同态加密、特定计算安全外包及可验证外包计算等。

7.5 实践：全同态加密算法

云环境中，用户的数据若都以明文的形式存储在云端，将难以保障某些用户的隐私安全，尤其是军事、商业等方面的敏感信息，因此用户迫切需要一种云端数据保护方式。全同态加密方案实现了对数据在加密条件下的操作，可解决云计算环境下的数据使用和安全问题。

全同态的思想在 1978 年被提出，但直到 2009 年 9 月，才由 IBM 的研究员克雷格·金特里（Craig Gentry）提出了第一个基于理想格上自举（Bootstrapping）技术的全同态加密方案，虽然 Gentry 提出的方案无法满足现实可行性，但是该方案开启了全同态密码研究的新篇章。例如，医疗方面为了达成与病人的互动又保证病人的隐私、商业方面为了取得顾客与商家的买卖又防止顾客的敏感信息被篡改等都可以选择全同态加密来进行保障。

本节选择 HElib 库和 FHE-CODE 两个全同态加密算法进行实践。

7.5.1 HElib 库的调试与分析

1. HElib 库简介

HElib 库是基于 C++的同态加密算法软件库（https://github.com/shaih/HElib/）。当前，能够实现的

是 BGV 同态加密体制（由 Brakerski、Gentry 和 Vaikuntanathan 三位联合提出的全同态加密算法），以及许多为了提高算法运行速度和着重聚焦使用 SV（Smart-Vercauteren）的密文封装技术和 GHS（Gentry-Halevi-Smart）的优化算法。HElib 库的编写基于 NTL 算法库和 GMP 大数库。

2. HElib 库的调试过程

本实践中的调试实验，使用配置为英特尔 Core i5 的 2.5GHz 处理器、Ubuntu-10.04 操作系统、4 GB 内存的笔记本电脑，以下是具体安装调试步骤。

（1）安装 NTL 算法库。由于 NTL 算法库是基于 GMP 大数库编写的，因此首先确定系统已正确安装 GMP 大数库。其次，通过 Linux 的 gunzip、tar、make、make install 等命令执行 NTL 安装过程。

（2）调试阶段。进入 HElib-src 文件中，对文件执行 make 操作，此时编译产生了许多的.o 文件，与此同时还可以在 src 文件夹中发现程序在运行过程中自动生成了 fhe.a 的静态链接库。

从 Makefile 文件中可以得知要通过 make check 产生可执行文件，与此同时可以查看 src 文件夹中的变化，并且实现程序的运行以及相关数据的检测。

3. HElib 的调试结果及其说明

HElib 拥有多个运行指令，在此列举其中较为常用的命令，实现其测试功能，并在给定相关参数的情况下对测试结果进行简要的说明。其中 R 为重加密轮数，p 为明文空间，c 为密钥交换矩阵的列数，k 为安全参数，L 为模数链级数，m 为给定的模数值，mvec 为模数乘积，gens 为指定向量的生成元，ords 为阶的指定向量。

（1）当运行 Test_bootstrapping_x 时，可以测试重加密程序中产生密钥的时间、重加密过程是否正常进行等内容，其运行结果如图 7.6 所示。从运行结果可以看出，在给定的参数下可以成功地对密文进行重加密操作，并且可以在相对较短的时间内生成密钥。

（2）当运行 Test_matmul_x 时，可以测试在基础域或者扩域上用密文矩阵对已加密的向量做乘法运算函数的功能，其运行结果如图 7.7 所示，可以从中确定当 G = [0, 1]时函数功能都正常实现。

图 7.6　Test_bootstrapping_x 文件运行结果

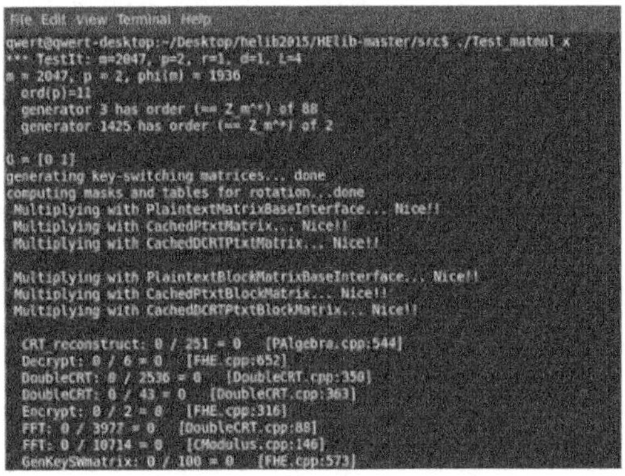

图 7.7　Test_matmul_x 文件运行结果

（3）当运行 Test_PloyEval_x 时，可以测试同态多项式的赋值情况，其运行结果如图 7.8 所示。从中可以发现，在参数选择相同的情况下，对于不同次数的多项式都能成功地匹配加密多项式和明文多项式。

（4）当运行 Test_Permutation_x 时，可以利用明文字符排列来加密向量，其运行结果如图 7.9 所示。对于给定的密文向量，利用相关参数都可以成功利用对应明文字符排列来实现这一功能，并且每一次操作所需要的时间代价都是相同的。

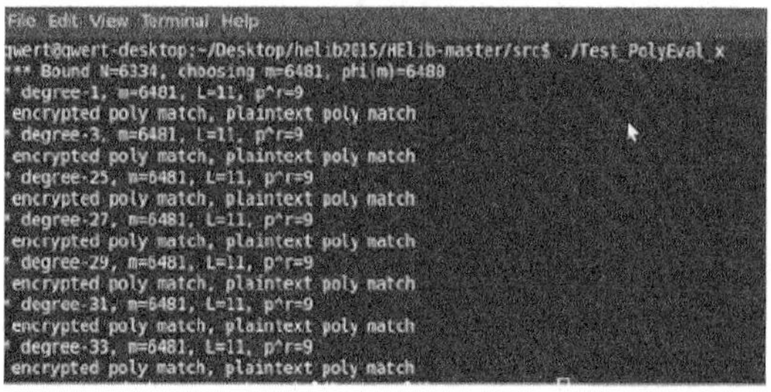

图 7.8　Test_PloyEval_x 文件运行结果

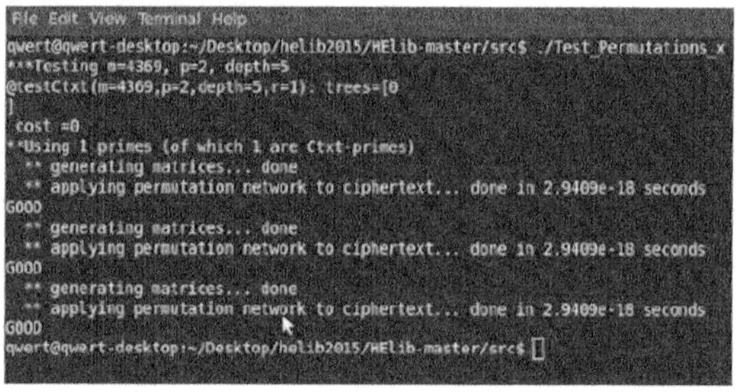

图 7.9　Test_Permutation_x 文件运行结果

7.5.2　全同态加密算法对比与分析

本小节主要从程序本身出发，通过不断地调试程序运行参数实现对程序性能的动态分析，再从理论和实践两个方面对程序及其依据的算法进行对比分析，从而为用户对于程序进行合理应用提供实践参考。属性参数分析主要包括运行时间和所占存储两个方面。

1. HElib 的分析

7.5.1 节对 BGV 算法程序进行了调试实现，并给出了程序结果的简要说明。下面将通过调试程序运行参数，对程序进行动态分析，寻找相关的变化规律。在此主要分析随着相关参数的变化，Test_General_x 中噪声与模数的关系，输入参数包括不同的轮数、固定的模数，其中轮数即为重加密的次数，输出参数为信噪比的对数。运行 Test_General_x，可以看到其使用的方法及其相关参数设定如图 7.10 所示。

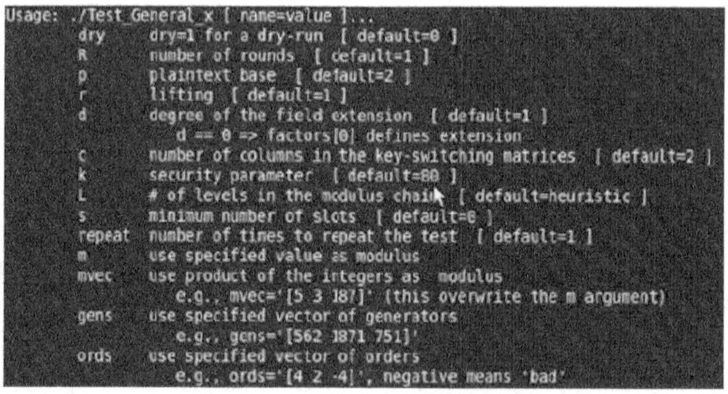

图 7.10　Test_General_x 的使用方法

图 7.11 所示为轮数 R = 1 时的运行情况。改变轮数 R，观察其中模数的级数以及噪声与模数比的对数的变化规律。下面考虑固定其他参数不变，选定模数为 255 的情况下，改变轮数 R 所得到的模数的级数以及噪声与模数比的对数结果。

图 7.12 所示为轮数从 1~15、选定模数为 255 时，第一轮操作噪声与模数比的对数和级数的关系。从图中可以发现，当轮数不断增大时，对于同一参数，级数也不断增大，并且进一步分析可以得知级数 L 与轮数 R 的关系为 L = 3（R = 1）。第一轮噪声与模数比的对数减小，且呈近似线性关系；那么噪声与模数的比也随之减小，且呈指数减小。

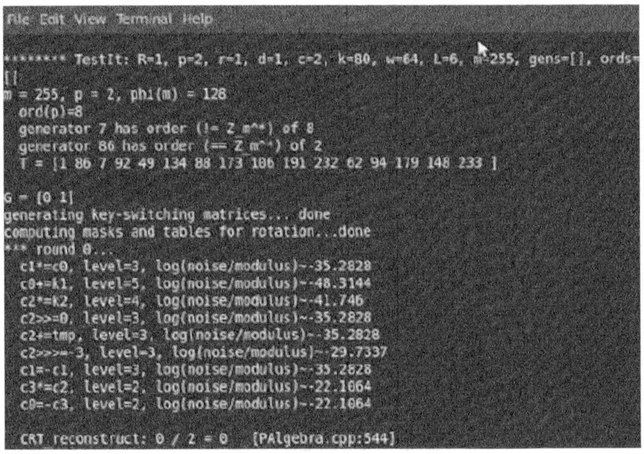

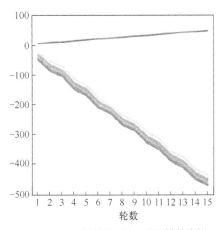

图 7.11　轮数 R=1 时的运行情况

图 7.13 所示为轮数从 1～15、选定模数为 255 时，最后一轮操作噪声与模数比的对数和级数的关系。从图中可以发现，当轮数不断增大时，对于同一参数，噪声与模数比的对数呈现一定的波动降低的趋势，那么噪声与模数的比也呈波动减小的趋势，并且每一组数据的变化趋势大致相同。

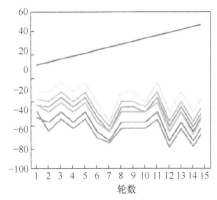

图 7.12　不同轮数第一轮噪声与模数比的
对数、级数的变化关系

图 7.13　不同轮数最后一轮噪声与模数比的
对数、级数的变化关系

图 7.14 所示为轮数 15 时每一轮噪声与模数比的对数的变化关系。由图中可知，随着轮数的增大，噪声与模数比的对数也在增大，并且呈线性增长趋势。噪声与模数的比也在增大，并且呈指数形式增长。

由以上分析结果可知，如果一个用户想要降低噪声在全同态加密过程中的影响，可以通过增大模数来实现。当模数增大，噪声与模数之比就会减小，噪声对于全同态密文刷新产生的影响就会减小。由于模数的增大势必会造成加密过程的效率较低，如果用户要求解密过程的精准，则可以通过增大模数来实现，如果用户对于结果的要求不高，而对于效率有严格要求，则可以通过降低轮数来实现。

2. FHE-CODE 的分析

分析 FHE-CODE 代码库可以从中了解到涉及这一全同态加密算法的参数主要有安全参数 secprm

（the security parameter）、the BDD-hardness(mu)、稀疏子集 s（sparse-subset size）、最大设定值 S（big-set size）、精确度 p（the precision parameter）、次数（dimension）、噪声（noise）等。本节主要研究安全参数与其他参数之间的关系，其中安全参数为 1～100。

（1）安全参数与噪声的关系。当安全参数为 1～100 时，可以看到对应的噪声变化如图 7.15 所示，噪声总体呈上升趋势，随着安全参数的提高，噪声不断放大，但噪声并不总是提高的，在某些区间，例如安全参数为 46～67 时，噪声保持在 15 不变；安全参数为 68～100 时，噪声呈平滑的上升趋势。

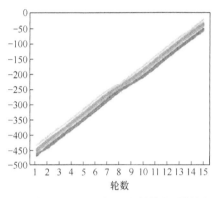 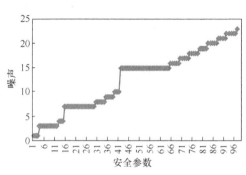

图 7.14　轮数为 14 时每一轮噪声与模数比对数的变化关系　　　图 7.15　噪声与安全参数的关系

（2）稀疏子集、最大设定值与安全参数的关系。对比图 7.16 中的两个变化趋势，可以发现两个变化情况呈正相关。当安全参数在 1～3、4～16、17～44 和 45～100 时，稀疏子集的大小与最大设定值的大小呈现出四种不同的状态，总体上仍处于上升趋势，并且在这些特定的节点上都有相关数据的波动与变化。

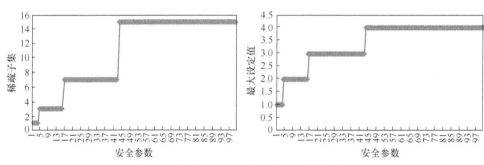

图 7.16　稀疏子集、最大设定值与安全参数的关系

综上所述，本节分别从不同的角度对两个代码库进行了分析。其中 HElib 库实现了 BGV 算法，FHE-CODE 库实现了 Gentry 的全同态加密方案。从代码的实现角度来看，HElib 库相对比较复杂，代码量较大，FHE-CODE 库明确了各个算法的具体操作，每一个代码文件用于实现不同的功能，代码的逻辑相对比较清晰。从性能方面来看，FHE-CODE 库在处理明文时是逐比特处理，在密文刷新过程中则是成串处理，也相对高效。从实现效率来看，HElib 库进行的操作较为复杂，并且需要大量的操作，所需时间较长，但是能够提供较高的安全性。两个算法均满足了用户对于效率、所占存储、算法安全等方面的需求，但是如果能做到将两种算法的优势互补则能为用户提供更大的便利。

7.6 本章小结

云计算改变了信息技术的供给和使用方式，无论从个人角度还是从商业层面上看，都为人们带来了非常广阔的应用前景。然而，随着云计算的不断发展，云计算安全所带来的问题也越来越突出。本章首先对云安全做概述介绍，然后介绍虚拟化安全，接下来是云存储安全和云数据安全，最后介绍了全同态加密算法的实践。

7.7 复习材料

课内复习

1. 云计算的安全技术框架包含哪些内容？
2. 虚拟化软件栈面临哪些安全威胁？
3. 虚拟化软件栈有哪些防御措施？
4. 安全云存储系统有哪些关键技术？

课外思考

1. 云数据的安全与隐私问题是否会阻止云计算的发展？
2. 怎样在云计算的便捷性和云计算的安全问题上进行取舍？

动手实践

1. HElib 库是基于 C++语言的同态加密算法软件库，能够实现 BGV 同态加密体制，HElib 库的编写基于 NTL 算法库和 GMP 大数库。

- 任务：通过 HElib 的项目网站（https://github.com/shaih/HElib/）进一步了解并使用 HElib。

2. FHE-CODE 是 Gentry 的全同态加密方案的一种变体，适用于 64 位的 Intel 处理器。该算法库所依据的算法包括用于密钥生成的算法、加密算法、解密算法、密文刷新算法。

- 任务：通过 FHE-CODE 的项目网站（https://github.com/rdancer/fhe）进一步了解并使用 FHE-CODE。

论文研习

1. 阅读"论文阅读"部分的论文[35]，深入理解"同态加密"的原理。
2. 阅读"论文阅读"部分的论文[36]，对云数据的安全与隐私服务进行全面的了解。

8 第8章 云原生应用的开发

　　2015 年，谷歌成立了云原生计算基金会（CNCF），目前基金会包括 Box、华为、思科、Docker、eBay、IBM、英特尔、红帽、Twitter、VMware、三星等 70 多家成员，云原生（CloudNative）开始成为应用云化开发的主流方式。云原生是一套技术体系和一套方法论，是从内到外的整体变革，主要包括 DevOps、持续交付、微服务、敏捷基础设施、康威定律等，以及根据商业能力对公司进行重组的能力，既包含技术也包含管理，可以说是一系列云技术和企业管理方法的集合，通过实践及与其他工具相结合可以更好地帮助用户实现数字化转型。本章主要内容如下：8.1 节介绍云原生应用的相关概念，8.2 节介绍云原生应用开发实践的 12 要素，8.3 节介绍云原生应用开发与落地，8.4 节以一个具体的案例介绍云原生应用的开发实践过程。

8.1　云原生的相关概念

8.1.1　云原生简介

云原生这个词由来已久，IT 行业也永远不缺乏新概念。2015 年，Pivotal 公司的马特·斯泰恩（Matt Stine）提出 Cloud Native 这一概念，并结合这个概念包装了自己的新产品 Pivotal Web Service 和 Spring Cloud。在斯泰恩所著的 *Migrating to Cloud Native Application Architectures* 一书中，他对云原生的概念进行了详细的阐述。云原生的主旨是构建运行在云端的应用程序，致力于使应用程序能够最大限度地利用云计算技术特性的优势，提供更加优质的应用服务。

云原生也是一种构建和运行应用程序的方法，它充分利用了云计算的优势，重点关注如何在云计算交付模式下创建和部署应用程序。当今云计算技术几乎影响着每个行业，云原生应用适用于公共云和私有云，开发人员可以充分利用当前云计算平台上的资源来构建应用，采用适用于云计算环境下的开发方法进行软件开发。通过云原生的方式构建和运行应用程序，使企业更敏捷地进行创新，以更快速地向市场推广产品和服务，做到更快速地响应客户需求。

云原生与传统云计算最大的区别在于，传统云计算关注的是如何提供性价比最高的计算、存储、网络资源，而云原生关注的是如何让产品能够支持快速验证业务模式，如何简化复杂的开发流程、提升研发效率，如何保障产品的高可用性让业务无须承受成长之痛，如何实现大规模弹性伸缩轻松应对业务爆发等。也正因如此，"云原生架构"虽然只有短短的五个字，其落地却隐藏了无数的变量与陷阱。

云原生准确来说是一种文化，更是一种潮流，它是云计算的一个必然导向。意义在于让云成为云化战略成功的基石，而不是障碍。

自从云的概念开始普及，许多公司都部署了实施云化的策略，纷纷搭建起云平台，希望完成传统应用到云端的迁移。但是这个过程中遇到一些技术难题，上云以后，效率并没有变高，故障也没有迅速定位。为了解决传统应用升级缓慢、架构臃肿、不能快速迭代、故障不能快速定位、问题无法快速解决等问题，云原生这一概念横空出世。云原生可以改进应用开发的效率，改变企业的组织结构，甚至会在文化层面上直接影响一个公司的决策。另外，云原生也很好解释了云上运行的应用应该具备什么样的架构特性——敏捷性、可扩展性、故障可恢复性。

综上所述，云原生应用应该具备以下几个关键词：敏捷，可靠，高弹性，易扩展，故障隔离保护，不中断业务持续更新。

以上特性也是云原生区别于传统云应用的优势特点。

目前有许多不同类型的云服务可用于支持云原生应用的开发。然而许多服务的重点是提供一个尽可能与本地 IT 运维相同的环境，因为这样做的话，如果没有什么需要改变的，迁移到云可以相对轻松容易。以基础设施即服务（IaaS）为例，假如用户是一名开发或运维人员，用户可以在云端订阅提供虚拟机的服务，这个虚拟机的环境与用户在本地使用的虚拟或物理环境一模一样，用户可以将自己的应用程序平台、框架、数据库以及其他相关环境等按照用户以往在本地操作的方式来设置。显然，这样的服务的价值是有限的。因为用户仍然需要购买任何需要产品许可的许可证，用户仍然需要手动安装、配置、维护软件运行的平台环境，并且，如果用户每次开发一个新的应用程序，都需要再重复做一遍类似的环境部署。这种方式并没有真正地提高开发和运维人员的效率。

取而代之的是将用户当前的平台或软件栈移植到云服务中的平台即服务（PaaS）产品中。这种方式可以避免单独购买授权产品，省去烦琐的安装和维护过程。通过大量使用 PaaS 服务，用户可以更充分地发挥云服务的优势，大大减少使用自行安装软件服务。PaaS 产品服务的目标是突破 IaaS 云服务所不能提供的一些平台级服务，这个目标或原则也最终被转化为软件即服务（SaaS）产品的使用。

当云服务模型中有适当的备选方案时，应该避免自己亲自去构建应用程序。因此，云原生的首要原则是"云端优先"：寻找云服务模型中可用的功能，并尽可能使用最适合需求的、最有价值的服务，最终将需要自己维护的软件数量减少到最低的、合理的水平。

例如，现在很多云服务商都提供了应用程序服务器、数据库、持续集成平台、数据分析服务、人工智能服务、缓存、负载平衡等服务，甚至还有围绕这些服务再构建定制的软件服务，这些都属于云服务的范畴，都可以直接用来开发云原生应用。

不过在采用这些服务之前，也需要考虑云服务产品的通用性，以避免一旦需要迁移时，遇到不必要的麻烦，被绑定在某一家云服务提供商上，这样对程序的后期维护以及商业上的策略都很不利。为了避免这种情况，需要权衡考虑许可证产品、开源产品和自定义代码之间的关系。如果许可证产品最适合用户的需求，则可以使用提供该产品的 PaaS 服务或使用 IaaS 服务并使用用户之前购买过的许可证，只要 PaaS 服务与许可证产品兼容，就不会有比以前更多的锁定功能。事实上，如果使用按需付费的服务合同，用户对 PaaS 服务的依赖程度应该要比以前使用非云服务化的许可证产品的依赖程度低很多。如果许可证产品中并不能提供用户所需要的附加值，那么使用开源软件可能是更好的选择。通过开源，用户可以在云供应商之间进行更多的迁移。

8.1.2　云原生的内容

云原生是面向"云"设计的应用，因此技术部分依赖于传统云计算的三层概念，即基础设施即服务（IaaS）、平台即服务（PaaS）和软件即服务（SaaS）。例如，敏捷的不可变基础设施交付类似于 IaaS，用来提供计算网络存储等基础资源，这些资源是可编程且不可变的，可以直接通过 API 对外提供服务；有些应用通过 PaaS 服务就能组合成不同的业务能力，不一定需要从头开始建设；还有一些软件只需要"云"的资源就能直接运行起来为云用户提供服务，即 SaaS 能力，用户直接面对的就是原生的应用。

应用基于云服务进行架构设计，对技术人员的要求更高。除了对业务场景的考虑外，对隔离故障、容错、自动恢复等非功能需求会考虑更多。借助云服务提供的能力也能实现更优雅的设计，例如弹性资源的需求、跨机房的高可用、11 个 9（99.999999999%）的数据可靠性等特性，基本是云计算服务本身就提供的能力，开发者直接选择对应的服务即可，一般不需要过多考虑本身机房的问题。

如果架构设计本身又能支持多云的设计，可用性会进一步提高，例如 Netflix 能处理在 AWS 的某个机房无法正常工作的情况，还能为用户提供服务，这就是云带来的魔力，当然，云也会带来更多的隔离等问题。如图 8.1 所示，目前业界公认的云原生主要包括以下几个层面的内容。

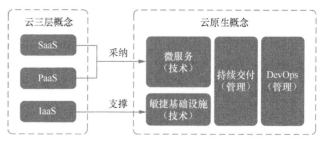

图 8.1　云原生的内容

1. 敏捷基础设施

正如通过业务代码能够实现产品需求、通过版本化的管理能够保证业务的快速变更，基于云计算的开发模式也要考虑如何保证基础资源的提供能够根据代码自动实现需求，并记录变更，保证环境的一致性。使用软件工程中的原则、实践和工具来提供基础资源的生命周期管理，意味着工作人员可以更频繁地构建更强可控或更稳定的基础设施，开发人员可以随时使用一套基础设施来服务于开发、测试、联调和灰度上线等需求。当然，同时要求业务开发具有较好的架构设计，不需要依赖本地数据进行持久化，所有的资源都可以随时拉起、随时释放，同时以 API 的方式提供弹性、按需的计算和存储能力。

技术人员部署服务器、管理服务器模板、更新服务器和定义基础设施的模式都是通过代码来完成的，并且是自动化的，不能通过手工安装或克隆的方式来管理服务器资源。运维人员和开发人员一起以资源配置的应用代码为中心，而不再是一台台机器。基础设施通过代码来更改、测试，在每次变更后执行测试的自动化流程中，确保能维持稳定的基础设施服务。

此外，基础设施的范围也更加广泛，不仅包括机器，还包括不同的机柜或交换机、同城多机房、异地多机房等。

2. 持续交付

为了满足业务需求的频繁变动，通过快速迭代，产品具备随时都能发布的能力。持续交付是一系列的开发实践方法，分为持续集成、持续部署、持续发布等阶段，用来确保从需求的提出到设计开发和测试，再到让代码快速、安全地部署到产品环境中。

持续集成是指开发人员每提交一次改动，就立刻进行构建和自动化测试，确保业务应用和服务能符合预期，从而可以确定新代码和原有代码能否正确地集成在一起。持续交付是指软件发布的能力，在持续集成完成之后，能够提供到预发布之类的系统上，达到生产环境的条件。持续部署是指使用完全的自动化过程来把每个变更自动提交到测试环境中，然后将应用安全地部署到产品环境中，打通开发、测试、生产的各个环节，自动持续、增量地交付产品，也是大量产品追求的最终目标，当然，在实际运行的过程中，有些产品还会增加灰度发布等环境。总之，持续交付更多的是代表一种软件交付的能力，过程示例如图 8.2 所示。

3. DevOps

DevOps 从字面上理解只是 Dev（开发人员）+ Ops（运维人员），实际上它是一组过程、方法与系统的统称。DevOps 的概念从 2009 年首次提出发展到现在，内容非常丰富，有理论也有实践，包括组织形式、自动化、精益、反馈和分享等不同方面。

（1）组织架构、企业文化与理念等，需要自上而下设计，用于促进开发部门、运维部门和质量保障部门之间的沟通、协作与整合。简单而言，组织形式类似于系统分层设计。

（2）自动化是指所有的操作都不需要人工参与，全部依赖系统自动完成，例如上述的持续交付过程必须实现自动化才有可能完成快速迭代。

（3）DevOps 的出现是由于软件行业日益清晰地认识到，为了按时交付软件产品和服务，开发部门和运维部门必须紧密合作。

总之，DevOps 强调的是高效组织团队之间如何通过自动化的工具协作和沟通来完成软件的生命周期管理，从而更快、更频繁地交付更稳定的软件，如图 8.3 所示。

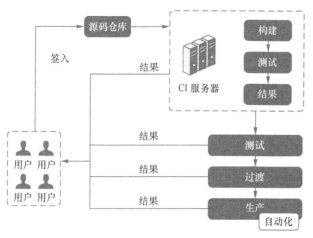

图 8.2　持续交付流程示例

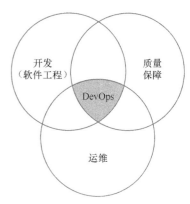

图 8.3　DevOps 强调组织的沟通与协作

4. 微服务

随着企业业务的发展，传统业务架构面临很多问题。

① 单体架构在需求越来越多的时候无法满足其变更要求，开发人员对大量代码的变更会越来越困难，同时也无法很好地评估风险，所以迭代速度慢。

② 系统经常会因为某处业务瓶颈导致整个业务瘫痪，架构无法扩展，木桶效应严重，无法满足业务的可用性要求。

③ 整体组织效率低下，无法很好地利用资源，存在大量的浪费。

因此，组织迫切需要进行变革。随着大量开源技术的成熟和云计算的发展，服务化的改造应运而生，不同的架构设计风格随之出现，最有代表性的是 Netflix 公司，它是最早基于云进行服务化架构改造的公司。2008 年因为全站瘫痪被迫停业 3 天后，Netflix 公司痛下决心改造，经过近 10 年的努力，实现了从单架构到微服务全球化的变迁，业务达到千倍增长（见图 8.4），并产生了一系列的最佳实践。

随着微服务化架构的优势展现和快速发展，2013 年，马丁·福勒（Martin Flower）对微服务概念进行了系统的理论阐述，总结了其相关的技术特征。

每个月流媒体小时数

2007 年 12 月到 2015 年 12 月超过 1000 倍的增长

图 8.4　Netflix 微服务化支撑业务千倍增长

①微服务是一种架构风格，也是一种服务；②微服务的颗粒比较小，一个大型复杂软件应用由多个微服务组成，例如 Netflix 目前由 500 多个微服务组成；③它采用 UNIX 的设计哲学——每种服务只做一件事，是一种松耦合的、能够被独立开发和部署的无状态化服务（独立扩展、升级和可替换）。微服务架构如图 8.5 所示。

由微服务的定义分析可知，一个微服务基本是一个能独立发布的应用服务，因此可以作为独立组件升级、灰度或复用等，对整个大应用的影响也较小。每个服务可以由专门的组织来单独完成，依赖方只要定好输入和输出口即可完全开发，甚至整个团队的组织架构也会更精简，因此沟通成本低、效率高。

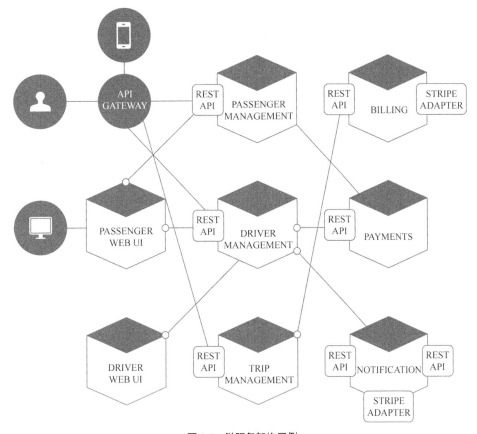

图 8.5　微服务架构示例

根据业务的需求，不同的服务可以根据业务特性进行不同的技术选型，是计算密集型还是 I/O 密集型应用都可以依赖不同的语言编程模型，各团队可以根据本身的特色独自运作。服务在压力较大时，也可以有更多容错或限流服务。

微服务架构确实有很多吸引人的地方，然而它的引入也是有成本的，它并不是"银弹"，使用它会引入更多技术挑战，例如性能延迟、分布式事务、集成测试、故障诊断等。企业需要根据业务的不同阶段进行合理的引入，不能完全为了微服务而"微服务"。

8.1.3　云原生应用的技术手段

从宏观概念上讲，云原生是不同思想的集合，集目前各种热门技术之大成，根据云原生的内容，可对应图 8.6 所示的几个关键技术。

在实际的云原生开发过程中，团队需要一个构建和运行云原生应用程序的平台，这个平台需要具有高度自动化和集成化的特点。从具体的技术手段来说，它会涉及微服务、DevOps、持续集成（Continuous Integration，CI）与持续交付（Continuous Delivery，CD）、容器等技术。

1. 微服务技术

如前所述，微服务将应用程序开发为一系列小型服务的体系结构，每个服务都实现独立的业务功能，运行在自己的进程中，并通过 HTTP API 或消息传递进行通信。每个微服务都可以独立于应用程序中的其他服务进行部署、升级、扩展和重新启动，通常作为自动化系统的一部分，能够在不影

211

响最终用户的情况下频繁更新现场应用程序。

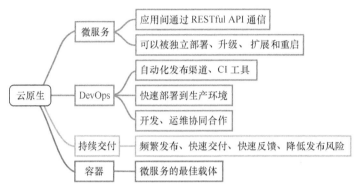

图 8.6　云原生应用的关键技术

值得一提的是，微服务领域有一个著名的"康威定律"：设计系统的组织、最终产生的设计等同于组织之内、之间的沟通结构。这意味着设计系统的企业生产的设计等同于企业内的沟通结构。图 8.7 形象地说明了这一概念，展现了企业现有沟通结构。简单地说，企业结构等于系统设计。

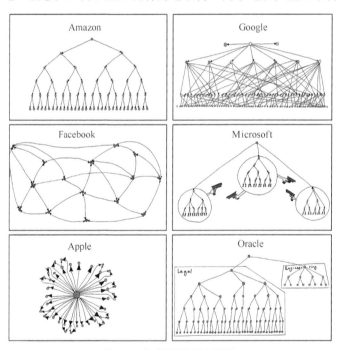

图 8.7　康威定律的形象说明

2. DevOps

DevOps 技术通过自动化软件交付和架构变更的流程，使得构建、测试、发布软件能够更加地快捷、频繁和可靠，如图 8.8 所示。

可以把 DevOps 看作开发（软件工程）、技术运营和质量保障（QA）三者的交集。传统的软件组织将开发、IT 运

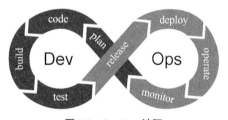

图 8.8　DevOps 流程

营和质量保障（QA）设为各自独立的部门，在这种环境下如何采用新的开发方法（例如敏捷软件开发）是一个重要的课题。按照从前的工作方式，开发和部署不需要 IT 部门支持或者 QA 跨部门的支持，而现在却需要极其紧密的多部门协作。DevOps 考虑的还不只是软件部署，它是一套针对这几个部门间沟通与协作问题的流程和方法。需要频繁交付的企业可能更需要了解 DevOps。如果一个组织要生产面向多种用户、具备多样功能的应用程序，其部署周期必然会很短。这种能力也被称为持续部署，并且经常与精益创业方法联系起来。

DevOps 的引入对产品交付、测试、功能开发和维护起到意义深远的影响。在缺乏 DevOps 能力的组织中，开发与运营之间存在着信息"鸿沟"。例如运营人员要求更好的可靠性和安全性，开发人员希望基础设施响应更快，而业务人员的需求则是更快地将更多的特性发布给最终用户使用。这种信息鸿沟就是最常出问题的地方。

以下几方面因素可能促使一个组织引入 DevOps：

- 使用敏捷或其他软件开发过程与方法；
- 业务负责人要求加快产品交付的速度；
- 虚拟化和云计算基础设施（可能来自内部或外部供应商）日益普遍；
- 数据中心自动化技术和配置管理工具的普及。

DevOps 经常被描述为"开发团队与运营团队之间更具协作性、更高效的关系"。由于团队间协作关系的改善，整个组织的效率因此得到提升，伴随而来的生产环境的风险也得到降低。

DevOps 的落地实现需要通过一套集成的工具链，具体包括以下目标：

- 开发、交付和运维工具之间的实时协作；
- 实现从需求获取和需求评审到设计和代码分析的持续规划；
- 落实测试策略以实施持续测试；
- 当成功完成代码签入后，通过自动触发构建持续集成；
- 测试自动化脚本可以按照作业计划执行，实现持续交付；
- 通过报告和仪表板持续监测程序发布质量；
- 可通过自动化的缺陷识别和解决方案，帮助用户快速响应变更；
- 可以提供基于关键绩效指标（KPI）的有价值的报告，以便用户快速做出决策；
- 通过跟踪发布流水线实现持续交付。

3. 持续集成与持续交付技术

持续集成是一种软件开发的实践方法，它要求团队成员经常整合他们的工作成果（通常是程序代码）。通常情况下，团队成员中的每人每天至少提交一次自己的代码到代码仓库做集成构建，这样对于整个项目而言，每天就会有多次集成构建。每次构建都自动集成，这个过程通常还包括通过测试用例进行验证，以尽快检测构建错误。实践证明，许多团队都发现这种方法可以显著减少软件的构建错误，并且可以让团队更快速地交付整体软件功能。

持续交付是一种以可持续的方式安全快速地将所有类型的软件变更（包括新功能开发、配置更改、Bug 修复等）转化为生产环节下的工作产品交付给用户直接使用的软件过程控制方法，它的最终目标是将变更直接部署到生产环境。即使面对大规模分布式系统、复杂的生产环境或是嵌入式系统的开发，以及平时软件的日常维护，持续交付都可以有条不紊地进行，在这个过程中，可以确保程序

213

代码始终处于可部署状态。所以，即使是面对每天都需要进行软件开发和维护的数千名开发人员的大团队，也可以做到有条不紊地系统作战，这就完全消除了传统上必须遵循的按部就班的僵化开发流程。

4. 容器技术

容器技术与虚拟机技术相比，拥有更高的资源使用效率，因为它并不需要为每个应用分配单独的操作系统，所以实例规模更小、创建和迁移速度也更快。相对于虚拟机，单个操作系统能够承载更多的容器。云提供商十分热衷于容器技术，因为在相同的硬件设备中，可以部署数量更多的容器实例。此外，容器易于迁移，但是只能迁移到具有兼容操作系统内核的其他服务器当中，这样就给迁移选择带来限制。因为容器不像虚拟机可对内核或者虚拟硬件进行打包，所以每套容器都拥有自己的隔离化用户空间，从而使得多套容器能够运行在同一主机系统之上。正因为创建和销毁容器的开销低，所以容器成为部署单个微服务的理想计算工具。

容器化最大的好处是保持运行环境的一致性，只要应用可以打包成容器镜像（通常使用 Docker 容器），就可以一次编译后，在各处运行。

同时，容器也可以作为应用运行的最小组件来部署，且更适合作为无状态应用运行。结合容器编排工具（如 Kubernetes）将大大增强系统的扩展性和自愈能力，轻松应对大流量下的高并发场景，加快业务的迭代速度。Kubernetes 作为 CNCF（云原生计算基金会）成员的核心，本身就是与云原生应用的理念紧密结合的产物。

综上，我们可以归纳出云原生的三个主要目标：

- 充分利用云计算技术的优势：采用云端优先策略，从云服务中获取最大价值；
- 实现快速、敏捷、频繁的交付模式；
- 通过技术创新更多地扩展云计算技术的边界。

云原生中包含的不同思想，与其所解释的云上应用架构应该具备的特性几乎是一一对应的：

- DevOps、持续交付对应更快的上线速度，即敏捷性；
- 微服务对应可扩展性及故障可恢复性；
- 敏捷基础设施实现了扩展能力的资源层支持；
- 康威定律在组织结构和流程上确保架构特性能够快速实施。

实际上云原生应用架构应该适用于任何应用类型。云原生应用架构适用于异构语言的程序开发，不仅仅是针对 Java 语言。目前云原生应用生态系统已经初具规模，CNCF 成员不断发展壮大，基于 Cloud Native 的创业公司不断涌现，Kubernetes 引领容器编排潮流和 Service Mesh 技术，Go 语言的兴起等，这些都为将传统应用迁移到云原生架构提供了更多的选择。

8.2 云原生应用开发实践的 12 要素

就像应用程序开发的最佳实践和设计模式一样，构建云本机应用程序也存在最佳实践，它就是开发云原生应用的"12 要素"。"12 要素"英文全称是 The Twelve-Factor App，最初由 Heroku 的工程师整理，是集体智慧的总结，其内容如图 8.9 所示。

根据基于云的软件开发模式，12 要素比较贴切地描述了软件应用的原型，并诠释了使用原生云应用架构的原因。例如，一个优雅的互联网应用在设计过程中，需要遵循的一些基本原则和云原生有异曲同工之处。通过强化详细配置和规范，类似 Rails 的基于"约定优于配置"（convention over configuration）的原则，特别是在大规模的软件生产实践中，这些约定非常重要，从无状态共享到水平扩展，从松耦合架构关系到部署环境，都会用到。基于 12 要素的上下文关联，软件生产就变成了一个个单一的部署单元；多个联合部署的单元组成一个应用，多个应用之间的关联就可以组成一个复杂的分布式系统应用。

图 8.9　"12 要素"的内容

　　这个方法用于构建基于云的应用程序，以扩展应用的可移植性，并支持构建、测试自动化，持续部署和可伸缩性。这个方法是业界从云中构建数百个大型应用程序所得到的经验教训的结果，它可以应用于用任何编程语言、平台和架构风格构建的应用程序。

　　下面简要介绍图 8.9 中的这些原则。相信部分开发者在实际开发工作中已经应用到了其中的一些原则，只是没有意识到概念本身。

1.　一份代码库与多份部署

12 要素应用通常会使用版本控制系统加以管理，如 Git、Mercurial、Subversion。一个用来跟踪代码所有修订版本的数据库被称作代码库（code repository、code repo、repo）。

　　在类似 SVN 的集中式版本控制系统中，代码库就是指控制系统中的代码库；而在 Git 的分布式版本控制系统中，代码库则是指最上游的代码库，如图 8.10 所示。

　　代码库和应用之间总是保持一一对应的关系：

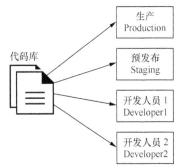

图 8.10　一份代码库（Codebase）
与多份部署（deploy）

215

- 一旦有多个代码库，就不能称为一个应用，而是一个分布式系统。分布式系统中的每一个组件都是一个应用，每一个应用可以分别使用 12 要素进行开发。
- 多个应用共享一个代码库是有悖 12 要素原则的。解决方案是将共享的代码拆分为独立的类库，然后使用依赖管理策略去加载它们。

尽管每个应用只对应一个代码库，但可以同时存在多份部署。每份部署相当于运行了一个应用的实例。通常会有一个生产环境、一个或多个预发布环境。此外，每个开发人员都会在自己的本地环境运行一个应用实例，这些都相当于一份部署。

所有部署的代码库相同，但每份部署可以使用其不同的版本。例如，开发人员可能有一些提交还没有同步至预发布环境，预发布环境也有一些提交没有同步至生产环境。但它们都共享一个代码库，我们就认为它们只是相同应用的不同部署。

2. 显式声明依赖关系

大多数编程语言都会提供一个打包系统，为各个类库提供打包服务，就像 Perl 的 CPAN 或是 Ruby 的 Rubygems。通过打包系统安装的类库可以是系统级的（称之为 "site packages"），或仅供某个应用程序使用，部署在相应的目录中（称之为 "vendoring" 或 "bunding"）。

12 要素原则下的应用程序不会隐式依赖系统级的类库。它一定通过"依赖清单"，确切地声明所有依赖项。此外，在运行过程中通过"依赖隔离"工具来确保程序不会调用系统中存在但清单中未声明的依赖项。这一做法会统一应用到生产和开发环境。

例如，Ruby 的 Bundler 使用 Gemfile 作为依赖项声明清单，使用 bundle exec 来进行依赖隔离；Python 中则分别使用两种工具：Pip 用作依赖声明，Virtualenv 用作依赖隔离。甚至 C 语言也有类似工具：Autoconf 用作依赖声明，静态链接库用作依赖隔离。无论用什么工具，依赖声明和依赖隔离必须一起使用，否则无法满足 12 要素的规范。

显式声明依赖的优点之一是为新进开发者简化了环境配置流程。新进开发者可以找出应用程序的代码库，安装编程语言环境和它对应的依赖管理工具，只需通过一个"构建命令"就能安装所有的依赖项开始工作。例如，Ruby/Bundler 下使用 bundle install，而 Clojure/Leiningen 则使用 lein deps。

12 要素应用同样不会隐式依赖某些系统工具，如 ImageMagick 或是 curl。即使这些工具存在于几乎所有系统中，但终究无法保证所有未来的系统都能支持应用顺利运行，或是能够和应用兼容。如果应用必须使用到某些系统工具，那么这些工具应该被包含在应用之中。

3. 在环境中存储配置

通常，应用的配置在不同部署（预发布、生产环境、开发环境等）间会有很大差异，如下所示。

- 数据库、Memcached，以及其他后端服务的配置。
- 第三方服务的证书，如 Amazon S3、Twitter 等。
- 每份部署特有的配置，如域名等。

有些应用在代码中使用常量保存配置，这与 12 要素所要求的代码和配置严格分离显然不符。配置文件在各部署间存在很大差异，代码却完全一致。

判断一个应用是否正确地将配置排除在代码之外，一个简单的方法是看该应用的代码库是否可以立刻开源，而不用担心会暴露任何敏感的信息。

需要指出的是，这里定义的"配置"并不包括应用的内部配置，例如 Rails 的 config/routes.rb，或是使用 Spring 时代码模块间的依赖注入关系。这类配置在不同部署间不存在差异，所以应该写入代码。

另外一个解决方法是使用配置文件，但不把它们纳入版本控制系统，就像 Rails 的 config/database.yml。这相对于在代码中使用常量已经是长足进步，但仍然有缺点：总是会不小心将配置文件签入了代码库；配置文件可能会分散在不同的目录，并有着不同的格式，这让统一管理所有配置变得不太现实。更糟的是，这些格式通常是语言或框架特定的。

12 要素推荐将应用的配置存储于环境变量中（env vars，env）。环境变量可以非常方便地在不同的部署间做修改，却不用改一行代码；与配置文件不同，不小心把它们签入代码库的概率微乎其微；与一些传统的解决配置问题的机制（例如 Java 的属性配置文件）相比，环境变量与语言和系统无关。

配置管理的另一个方面是分组。有时应用会将配置按照特定部署进行分组（或叫做"环境"），例如 Rails 中的 development、test 和 production 环境。这种方法无法轻易扩展，更多部署意味着更多新的环境，例如 staging 或 qa。随着项目的不断深入，开发人员可能还会添加他们自己的环境，例如 joes-staging，这将导致各种配置组合的激增，从而给管理部署增加了很多不确定因素。

12 要素应用中，环境变量的粒度要足够小，且相对独立。它们永远也不会组合成一个所谓的"环境"，而是独立存在于每个部署之中。当应用程序不断扩展，需要更多种类的部署时，这种配置管理方式能够做到平滑过渡。

4. 把后端服务当作附加资源

后端服务是指程序运行所需的通过网络调用的各种服务，如数据库（MySQL，CouchDB）、消息/队列系统（RabbitMQ，Beanstalkd）、SMTP 邮件发送服务（Postfix），以及缓存系统（Memcached）。

类似数据库的后端服务，通常由部署应用程序的系统管理员一起管理。除了本地服务之外，应用程序有可能使用了第三方发布和管理的服务。包括 SMTP（例如 Postmark）、数据收集服务（例如 New Relic 或 Loggly）、数据存储服务（例如 Amazon S3），以及使用 API 访问的服务（例如 Twitter、Google Maps、Last.fm）。

12 要素应用不会区别对待本地或第三方服务。对应用程序而言，两种都是附加资源，都可以通过一个 URL 或是其他存储在配置中的服务定位/服务证书来获取数据。12 要素应用的任意部署都应该可以在不进行任何代码改动的情况下，将本地 MySQL 数据库换成第三方服务（例如 Amazon RDS）。类似的，本地 SMTP 服务应该也可以和第三方 SMTP 服务（例如 Postmark）互换。上述两个例子中，仅需修改配置中的资源地址。

每个不同的后端服务是一个资源。例如，一个 MySQL 数据库是一个资源，两个 MySQL 数据库（用于数据分区）就被当作是两个不同的资源。12 要素应用将这些数据库都视作附加资源，这些资源和它们附属的部署保持松耦合，如图 8.11 所示。

部署可以按需加载或卸载资源。例如，如果应用的数据库服务由于硬件问题出现异常，管理员可以从最近的备份中恢复一个数据库，卸载当前的数据库，然后加载新的数据库，整个过程都不需要修改代码。

5. 严格分离构建和运行

代码库转化为一份部署（非开发环境）需要以下三个阶段（见图 8.12）。

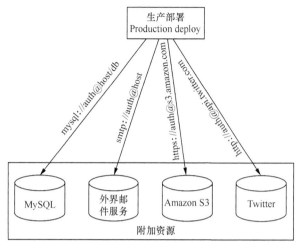

图 8.11　把后端服务（backing services）当作附加资源

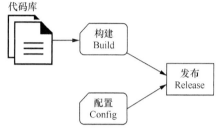

图 8.12　严格分离构建、发布和运行环境

（1）构建阶段是指将代码仓库转化为可执行包的过程。构建时会使用指定版本的代码，获取和打包依赖项，编译成二进制文件和资源文件。

（2）发布阶段会将构建的结果和当前部署所需配置相结合，并能够立刻在运行环境中投入使用。

（3）运行阶段（或者说"运行时"）是指针对选定的发布版本，在执行环境中启动一系列应用程序进程。

12 要素应用严格区分构建、发布、运行三个步骤。举例来说，直接修改处于运行状态的代码是非常不可取的做法，因为这些修改很难再同步回构建步骤。

部署工具通常都提供了发布管理工具，最引人注目的功能是退回至较旧的发布版本。例如，Capistrano 将所有发布版本都存储在一个叫 releases 的子目录中，当前的在线版本只需映射至对应的目录即可。该工具的 rollback 命令可以很容易地实现回退版本的功能。

每一个发布版本必须对应一个唯一的发布 ID，例如可以使用发布时的时间戳（2011-04-06-20:32:17）或是一个增长的数字（v100）。发布版本就像一本只能追加的账本，一旦发布就不可修改，任何的变动都产生一个新的发布版本。

新的代码在部署之前，需要开发人员触发构建操作。但是，运行阶段不一定需要人为触发，而是可以自动进行。如服务器重启或是进程管理器重启了一个崩溃的进程。因此，运行阶段应该保持尽可能少的模块，这样即使半夜发生系统故障而此刻开发人员又捉襟见肘，也不会引起太大问题。构建阶段可以相对复杂一些，因为错误信息能够立刻展示在开发人员面前，从而得到妥善处理。

6. 以一个或多个无状态进程运行应用

运行环境中，应用程序通常是以一个或多个进程运行的。最简单的场景中，代码是一个独立的脚本，运行环境是开发人员的笔记本电脑，进程是一条命令行（例如 python my_script.py）。另外一个极端情况是，复杂的应用可能会使用很多进程类型，也就是零个或多个进程实例。

12 要素应用的进程必须无状态且无共享。任何需要持久化的数据都要存储在后端服务内，例如数据库。

内存区域或磁盘空间可以作为进程执行某种事务型操作时的缓存，例如下载一个很大的文件，对其操作并将结果写入数据库的过程。12 要素应用根本不用考虑这些缓存的内容是不是可以保留给之后的请求来使用，这是因为应用启动了多种类型的进程，将来的请求多半会由其他进程来服务。即使在只有一个进程的情形下，先前保存的数据（内存或文件系统中）也会因为重启（如代码部署、配置更改或运行环境将进程调度至另一个物理区域执行）而丢失。

源文件打包工具（Jammit、django-compressor）使用文件系统来缓存编译过的源文件。12 要素应用更倾向于在构建步骤执行此操作（如 Rails 资源管道），而不是在运行阶段。

一些互联网系统依赖于"黏性 Session"，是指将用户 Session 中的数据缓存至某进程的内存中，并将同一用户的后续请求路由到同一个进程。黏性 Session 是 12 要素极力反对的。Session 中的数据应该保存在诸如 Memcached 或 Redis 这样的带有过期时间的缓存中。

7. 通过端口绑定提供服务

互联网应用有时会运行于服务器的容器之中。例如 PHP 经常作为 Apache HTTPD 的一个模块来运行，Java 运行于 Tomcat。

12 要素应用完全自我加载而不依赖于任何网络服务器就可以创建一个面向网络的服务。互联网应用通过端口绑定来提供服务，并监听发送至该端口的请求。

本地环境中，开发人员通过类似 http://localhost:5000/的地址来访问服务。在线上环境中，请求统一发送至公共域名，而后路由至绑定了端口的网络进程。通常的实现思路是将网络服务器类库通过依赖声明载入应用。例如，Python 的 Tornado、Ruby 的 Thin、Java 及基于 JVM 语言的 Jetty。完全由用户端发起请求，确切地说应该是应用的代码，与运行环境约定好绑定的端口即可处理这些请求。

HTTP 并不是唯一可以由端口绑定提供的服务。几乎所有服务器软件都可以通过进程绑定端口来等待请求。例如，使用 XMPP 的 ejabberd，以及使用 Redis 协议的 Redis。

还要指出的是，端口绑定这种方式意味着一个应用可以成为另外一个应用的后端服务，调用方将服务方提供的相应 URL 当作资源存入配置以备将来调用。

8. 通过进程模型进行扩展

任何计算机程序一旦启动，就会生成一个或多个进程。互联网应用采用多进程运行方式，如图 8.13 所示。例如，PHP 进程作为 Apache 的子进程存在，随请求按需启动。Java 进程则采取了相反的方式，在程序启动之初 JVM 就提供了一个超级进程储备了大量的系统资源（CPU 和内存），并通过多线程实现内部的并发管理。上述例子中，进程是开发人员可以操作的最小单位。

在 12 要素应用中，进程是一等公民。12 要素应用的进程主要借鉴于 UNIX 守护进程模型。开发人员可以运用这个模型去设计应用架构，将不同的工作分配给不同类型的进程。例如，HTTP 请求可以交给 Web 进程来处理，而常驻的后台工作则交由 Worker 进程负责。

这其中并不包括个别较为特殊的进程，例如通过虚拟机的线程处理并发的内部运算，或是使用诸如 EventMachine、Twisted、Node.js 的异步事

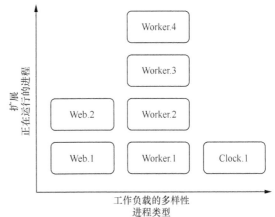

图 8.13 通过进程模型进行扩展

件触发模型。由于一台独立的虚拟机的扩展有瓶颈（垂直扩展），所以应用程序必须可以在多台物理机器间跨进程工作。

上述进程模型会在系统急需扩张时大放异彩。12 要素应用的进程所具备的无共享、水平分区的特性意味着添加并发应用会变得简单而稳妥。这些进程的类型以及每个类型中进程的数量就被称作"进程构成"。

12 要素应用的进程不需要守护进程或是写入 PID 文件。相反的，应该借助操作系统的进程管理器（例如，分布式的进程管理云平台 Upstart，或是类似 Foreman 的工具）来管理输出流，响应崩溃的进程，以及处理用户触发的重启和关闭超级进程的请求。

9. 快速启动和优雅终止可最大化健壮性

12 要素应用的进程是易处理（Disposable）的，意思是它们可以瞬间开启或停止。这有利于快速、弹性地伸缩应用，迅速部署变化的代码或配置，稳健地部署应用。

进程应当追求最少启动时间。理想状态下，进程从输入命令到真正启动并等待请求的时间应该很短。更少的启动时间提供了更敏捷的发布以及扩展过程，此外还增加了健壮性，因为进程管理器可以在授权情形下容易地将进程搬到新的物理机器上。

进程一旦接收到终止信号（Sigterm）就会优雅终止。就网络进程而言，优雅终止是指停止监听服务的端口，即拒绝所有新的请求，并继续执行当前已接收的请求，然后退出。此类型的进程所隐含的要求是 HTTP 请求大多都很短（不会超过几秒），而在长时间轮询中，客户端在丢失连接后会马上尝试重连。

对于 Worker 进程来说，优雅终止是指将当前任务退回队列。例如，RabbitMQ 中，Worker 可以发送一个 NACK 信号。Beanstalkd 中，任务终止并退回队列会在 Worker 断开时自动触发。有锁机制的系统（如 Delayed Job）则需要确定释放了系统资源。此类型的进程所隐含的要求是任务都应该可重复执行，这主要由将结果包装进事务或是重复操作幂等来实现。

进程还应当在面对突然死亡时保持健壮，例如底层硬件故障。虽然这种情况比起优雅终止来说少之又少，但终究有可能发生。一种推荐的方式是使用一个健壮的后端队列，例如 Beanstalkd，它可以在客户端断开或超时后自动退回任务。无论如何，12 要素应用都应该可以设计能够应对意外的、不优雅的终结。Crash-only design 将这种概念转化为合乎逻辑的理论。

10. 尽可能保持开发与预发布线上环境相同

从以往经验来看，开发环境（即开发人员的本地部署）和线上环境（外部用户访问的真实部署）之间存在着很多差异。这些差异表现在以下三个方面。

- 时间差异：开发人员正在编写的代码可能需要几天、几周，甚至几个月才会上线。
- 人员差异：开发人员编写代码，运维人员部署代码。
- 工具差异：开发人员使用 Nginx、SQLite、OS X，而线上环境使用 Apache、MySQL 及 Linux。

12 要素应用要想做到持续部署就必须缩小本地与线上差异。再看上面所描述的三个差异。

- 缩小时间差异：开发人员可以几小时，甚至几分钟就部署完代码。
- 缩小人员差异：开发人员不只是编写代码，更应该密切参与部署过程以及关注代码在线上的表现。
- 缩小工具差异：尽量保证开发环境以及线上环境的一致性。

将上述总结变为一个表格，如表 8.1 所示。

表 8.1　　　　　　　　　　　　　　传统应用和 12 要素应用的差异

	传统应用	12 要素应用
每次部署间隔	几周	几小时
开发人员 vs 运维人员	不同的人	相同的人
开发环境 vs 线上环境	不同	尽量接近

后端服务是保持开发与线上环境等价的重要部分，例如数据库、队列系统及缓存。许多语言都提供了简化获取后端服务的类库，例如不同类型服务的适配器。表 8.2 提供了一些例子。

表 8.2　　　　　　　　　　　　　　　后端服务示例

类型	语言	类库	适配器
数据库	Ruby/Rails	ActiveRecord	MySQL，PostgreSQL，SQLite
队列	Python/Django	Celery	RabbitMQ，Beanstalkd，Redis
缓存	Ruby/Rails	ActiveSupport::Cache	Memory，filesystem，Memcached

开发人员有时会觉得在本地环境中使用轻量的后端服务具有很强的吸引力，而那些更重量级的健壮的后端服务应该使用在生产环境。例如，本地使用 SQLite 而线上使用 PostgreSQL，本地缓存在进程内存中而线上存入 Memcached。

12 要素应用的开发人员应该避免在不同环境间使用不同的后端服务，即使适配器几乎已经可以消除使用上的差异。这是因为不同的后端服务可能意味着会突然出现不兼容，从而导致测试、预发布正常的代码在线上出现问题。这些错误会给持续部署带来阻力。从应用程序的生命周期来看，消除这种阻力需要花费很大的代价。

与此同时，轻量的本地服务也不像以前那样引人注目。借助 Homebrew、apt-get 等现代的打包系统，Memcached、PostgreSQL、RabbitMQ 等后端服务的安装与运行也并不复杂。此外，使用类似 Chef 和 Puppet 的声明式配置工具，结合像 Vagrant 这样的轻量虚拟环境就可以使开发人员的本地环境与线上环境无限接近。与同步环境和持续部署所带来的好处相比，安装这些系统显然是值得的。

不同后端服务的适配器仍然是有用的，因为它们可以使移植后端服务变得简单。但应用的所有部署，包括开发、预发布以及线上环境，都应该使用同一个后端服务的相同版本。

11. 把日志当作事件流

日志使应用程序的运行变得透明。在基于服务器的环境中，日志通常被写在硬盘的一个文件里，但这只是一种输出格式。

日志应该是事件流的汇总，即将所有运行中进程和后端服务的输出流按照时间顺序收集起来。尽管在回溯问题时可能需要看很多行，但日志最原始的格式确实是每个事件一行。日志没有确定的开始和结束，但随着应用的运行会持续增加。

12 要素应用本身并不考虑存储自己的输出流，因此不应该试图去写或者管理日志文件。相反，每一个运行的进程都会对应直接的标准输出（Stdout）事件流。开发环境中，开发人员可以通过这些数据流，实时在终端看到应用的活动。

在预发布或线上部署中，每个进程的输出流由运行环境截获，并将同其他输出流整理在一起，然后一并发送给一个或多个最终的处理程序,用于查看或是长期存档。这些存档路径对于应用来说不可见也不可配置,而是完全交给程序的运行环境管理。类似 Logplex 和 Fluent 等开源工具可以达到这个目的。

这些事件流可以输出至文件,或者在终端实时观察。最重要的,输出流可以发送到 Splunk 这样的日志索引及分析系统,或 Hadoop/Hive 这样的通用数据存储系统。这些系统为查看应用的历史活动提供了强大而灵活的功能,如下所示。

- 找出过去一段时间的特殊事件。
- 图形化一个大规模的趋势,例如每分钟的请求量。
- 根据用户定义的条件实时触发警报,例如每分钟的报错超过某个警戒线。

12. **后台管理任务当作一次性进程运行**

进程构成(Process Formation)是指用来处理应用的常规业务(例如处理 Web 请求)的一组进程。与常规业务不同,开发人员经常希望执行一些管理或维护应用的一次性任务,如下所示。

- 运行数据移植(Django 中的 manage.py migrate,Rails 中的 rake db:migrate)。
- 运行一个控制台(也称为 REPLshell)来执行一些代码或是针对线上数据库做一些检查。大多数语言都通过解释器提供了一个 REPL 工具(Python 或 Perl)或是其他命令(Ruby 使用 irb,Rails 使用 rails console)。
- 运行一些提交到代码仓库的一次性脚本。

一次性管理进程应该和正常的常驻进程一样使用同样的环境,和任何其他的进程一样使用相同的代码和配置,基于某个发布版本运行。后台管理代码应该随其他应用程序代码一起发布,从而避免同步问题。

所有进程类型应该使用同样的依赖隔离技术。例如,如果 Ruby 的 Web 进程使用了命令 bundle exec thin start,那么数据库移植应使用 bundle exec rake db:migrate。同样,如果一个 Python 程序使用了 Virtualenv,则需要在运行 Tornado Web 服务器和任何 manage.py 管理进程时引入 bin/python。

12 要素应用尤其青睐那些提供了 REPL shell 的语言,因为这会让运行一次性脚本变简单。在本地部署中,开发人员直接在命令行使用 shell 命令调用一次性管理进程。在线上部署中,开发人员依旧可以使用 SSH 或是运行环境提供的其他机制来运行这样的进程。

8.3 云原生应用开发

8.3.1 云原生应用开发的原则

云原生的开发范式是软件开发演进的一种新型范式,它不仅仅是将应用程序迁移和移植到云平台上运行,更加关注如何利用云计算并最大限度地发挥其优势。为了实现这一目标,在生产和开发过程中,软件开发相关的部门都需要认真关注如何使用云服务,进而关注并实践如何构建云原生应用。综合前面章节的内容,可以归纳云原生应用开发的几项原则。

1. 原则1:云服务优先策略

原则:云服务优先策略(Cloud-First)。

描述:在评估技术解决方案中的服务或组件时,首先要考察目前市面上是否有可用的云服务功能，并优先考虑使用最适合用户需求的云服务。

理由：将需要自己负责全新开发的软件模块数量降到最低、最合理水平。例如可以直接利用云端的应用程序平台、数据库、持续集成、持续交付、数据分析服务、缓存服务、负载平衡服务等云服务功能，开发团队仅围绕这些服务构建定制化的软件，将主要的开发精力聚焦在业务功能的实现上。

参考建议：

- 云原生的服务应该部署在云端，除非受限于一些特殊的环境因素，如安全、合规问题，或者受限于特殊的网络、集成需求问题。
- SaaS 适用于一些大中型应用功能，同时也支持自定义和个性化设置，这一点相对于版权许可软件来说更具灵活性。
- 必须权衡考虑版权许可软件和开源软件。

2. 原则 2：基础设施即代码

原则：基础设施即代码（Infrastructure as Code，IaC）。

描述：以处理应用程序代码相同的方式来管理基础设施配置以及工作流的定义。

理由：通过 API 的方式来构建环境，提供管理和执行运行环境工作流的工具，这使得环境配置可以视为软件功能的一部分。通过管理环境配置代码和应用程序代码，可以获得更好的总体配置管理体验。整个运行时环境都可以用版本化的方式进行管理。

参考建议：

- 需要使用支持 IaC 的工具；
- 需要为应用软件及其运行环境编写相应的测试脚本；
- 环境的准备和配置不可以通过手动操作的方式进行。

3. 原则 3：敏捷交付

原则：敏捷交付（Agile Delivery）。

描述：在交付过程的各个阶段争取敏捷，包括开发前的项目启动和计划阶段，以及开发后发布管理和运维管理阶段。

基本原理：敏捷软件开发过程通常能使产品更快地投入生产，但如果开发过程控制过于死板，项目开发就无法敏捷，只有力争各个阶段保持敏捷，才可以最大限度地提高效益。

理由：

- 前期开发规划应充分考虑项目迭代周期与开发交付周期之间的呼应关系，使软件的开发过程适应敏捷开发的过程控制方式。
- 必须设定一个初始交付目标，这个交付物必须是可以运行的工作成果。
- 随着业务目标的调整，对于开发过程中的需求变更应该抱有开放的态度，拥抱变化。
- 开发团队和运维团队紧密合作，力求做到频繁发布，充分采用 DevOps 的开发理念。
- 快速试错，避免冗长的 QA 测试环节，最大程度地降低交付风险。

4. 原则 4：自动化交付原则

原则：自动化交付原则（Delivery Automation）。

描述：力求在开发运维过程中做到从构建到发布的全自动化。

理由：实现软件构建、环境准备、测试和部署的自动化能力可以使得产品在加速市场化的过程中占据绝对的优势。

参考建议：

- 这个原则建立在前面的基础设施即代码的原则之上。
- 自动化测试工具是必需的。
- "快速试错"的方法是为了加快部署和自动化生产。
- 应该设计一个监控系统和回滚计划，以便快速检测和回退有问题的版本，而不用等待错误修复。

5. 原则5：基于服务架构

原则：基于服务架构（Service-Based Architecture）。

描述：必须按照既定的项目目标和期望的特点来遵循各种形式的基于服务的体系结构（SBA）。

理由：所有形式的基于服务的体系结构都有其优点，应该加以利用。

虽然在选择一种具体的形式时需要权衡，但应该考虑和评估各种服务形式，为给定的解决方案确定最合适的架构方法。

参考建议：

- 为了确定基于服务的体系结构最适合的应用，在软件开发生命周期的早期就需要进行一些分析。
- 所有形式的SBA都要求按API的规范化开发。
- 应采用API优先开发战略。
- 需要考虑API的接口风格的标准化。
- 需要考虑API的接口的安全性，并采取相应的措施保障API不暴露给不安全或不受信的网络。

6. 原则6：12要素应用

原则：12要素应用（Twelve-Factor Applications）。

描述：遵循最佳实践（如12要素应用原则），开发云原生应用程序。

理由：一些组织多年来一直致力于开发云原生应用程序，并开始记录最佳实践，需要吸取别人的教训，并在适当的时候采取最佳作法。

参考建议：

- 构建过程，发布过程和配置管理实践可能受某些最佳实践的影响。
- 一些最佳实践会影响应用程序的部署和管理方式，因此可能有必要查看运营团队成员的最佳实践。

8.3.2 云原生的落地：Kubernetes

Kubernetes是Google基于其内部使用的Borg改造的一个通用容器编排调度器，于2014年开源，并于2015年捐赠给Linux基金会下属的云原生计算基金会（CNCF）；同时它也是GIFEE（Google Infrastructure For Everyone Else）中的一员，该组织还包括了HDFS、HBase和ZooKeeper等项目。

Kubernetes的架构做得足够开放，通过一系列的接口，如CRI（Container Runtime Interface）作为Kubelet与容器之间的通信接口，CNI（Container Networking）管理网络服务，持久化存储通过各种Volume Plugin来实现。同时Kubernetes的API也可以通过CRD（Custom Resource Define）来扩

展，还可以自己编写 Operator 和 Service Catalog，基于 Kubernetes 实现更高级和复杂的功能。Kubernetes 的整体架构如图 8.14 所示。

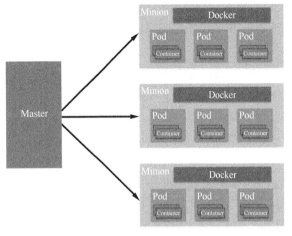

图 8.14　Kubernetes 的整体架构

Kubernetes 的基本概念如下。

- Cluster：Kubernetes 维护一个集群，Docker 的容器运行于其上。这个集群可以运维在任何云和 Bare Metal 物理机上。
- Master：Master 节点包含 apiserver、controller-manager、sheduler 等核心组件（常常也将 etcd 部署于其中）。
- Node：Kubernetes 采用 Master-Slaves 方式部署，单独一台 Slave 机器称为一个 Node（以前叫 Minion）。
- Pod：Kubernetes 的最小管理单位，用于控制创建、重启、伸缩一组功能相近、共享磁盘的 Docker 容器。虽然 Pod 可以单独创建使用，但是推荐通过 Replication Controller 管理。
- Replication Controller（RC）：管理其下控制的 Pod 的生命周期，保证指定数量（replicas）的 Pod 正常运行。
- Service：可用作服务发现，类似于 LoadBalancer，通过 Selectors 为一组 Pod 提供对外的接口。
- Label：K/V 键值对，用来标记 Kubernetes 组件的类别关系（例如标记一组 Pod 是 frontServices，另一组是 backServices）。Label 对于 Kubernete 的伸缩调度非常重要。

Kubernetes 目前已经成为容器编排调度的实际标准，Docker 官方和 Mesos 都已经支持了 Kubernetes。

云原生的概念出现在 Kubernetes 之前，只是当时还没有切实的技术解决方案。那时 PaaS 刚刚出现，PaaS 平台提供商 Heroku 提出了 12 要素应用的理念，为构建 SaaS 应用提供了方法论，该理念在云原生时代依然适用。

如今云已经可以为我们提供稳定而易得的基础设施，但是业务上云成了一个难题。Kubernetes 的出现与其说是从最初的容器编排解决方案开始，倒不如说是为了解决应用上云（即云原生应用）这个难题。CNCF 中托管的一系列项目即致力于云原生应用整个生命周期的管理，从部署平台、日志收集、Service Mesh（服务网格）、服务发现、分布式追踪、监控及安全等各个领域通过开源软件为我们提供一整套解决方案。

Google 通过将云应用进行抽象简化出 Kubernetes 中的各种概念对象，如 Pod、Deployment、Job、StatefulSet 等，形成了云原生应用的通用可移植的模型，Kubernetes 作为云应用的部署标准，直接面向业务应用，大大提高了云应用的可移植性，解决了云厂商锁定的问题，让云应用可以在云之间无缝迁移，甚至用来管理混合云，成为企业 IT 云平台的新标准。

Google 的 GKE、微软的 Azure ACS、AWS 的 Fargate 和 2018 年推出的 EKS、Rancher 联合 Ubuntu 推出的 RKE，以及华为云、腾讯云、阿里云等都已推出了公有云上的 Kubernetes 服务，Kubernetes 已经成为公有云的容器部署的标配，私有云领域也有众多厂商在做基于 Kubernetes 的 PaaS 平台。

目前大部分容器云提供的产品大同小异，从云平台管理、容器应用的生命周期管理、DevOps

到微服务架构等，大多是对原有应用的部署和资源申请流程的优化，并没有形成"杀手级"的平台级服务，都是原来容器时代的产物。而容器云进化到高级阶段云原生后，容器技术将成为该平台的基础。

2017 年是云原生蓬勃发展和大放异彩之年，而 2018 年的云原生生态圈的发展包括了以下几个方向：

- Service Mesh，在 Kubernetes 上践行微服务架构进行服务治理所必需的组件；
- Serverless，以 FaaS（Function as a Service）为代表的无服务器架构越来越流行；
- 加强数据和智能服务承载能力，例如在 Kubernetes 上运行大数据和人工智能应用；
- 简化应用部署与运维，包括云应用的监控与日志收集分析等。

Kubernetes 是云原生哲学的体现，通过容器技术和抽象的 IaaS 接口，屏蔽了底层基础设施的细节和差异，可实现多环境部署并在多环境之间灵活迁移。这样一方面可以实现跨域、多环境的高可用多活灾备，另一方面帮助用户不必被某个云厂商、底层环境所绑定。Kubernetes 已经成为 PaaS 层的重要组成部分，为开发者提供了一种应用程序部署的简单方法。

8.4　实践：基于 Node.js 的云原生应用开发

随着云计算的火热发展，云原生应用的开发实践也成为一种趋势，目前已有很多厂商都提供了支持云原生应用开发的基础设施，本节的示例将会使用 DaoCloud 的服务加以说明，以一个 Node.js 的 Hello World 的简单程序来讲述实践云原生的应用开发过程。

Node.js 官方在 Docker 成为主流容器化解决方案之后，随即发布了官方的 Node.js Docker 镜像，并保持与最新的 Node.js 版本同步更新。

下面以一个简单的例子，讲解如何使用 Node.js Docker 镜像，将 Node.js 应用 Docker 化，走上容器化之路。

1. 第一步：准备 Node.js 程序

与之前的 Node.js 开发流程一样，首先要准备好 Node.js 应用的配置。

```
$ mkdir -p node-docker-example
$ cd node-docker-example
```

开始编写主要的程序，如图 8.15 所示。

```
// app.js
```

2. 第二步：添加配置文件

我们可以给项目添加 Node.js Package 配置文件。

```
$ npm init -y
```

3. 第三步：编写 Dockerfile

Dockerfile 是一个 Docker 镜像的核心部件，所有的构建、运行入口、容器配置都依赖它，如图 8.16 所示。

从 DockerHub 拉取一个 Node.js 的官方 Docker 镜像，作为基础镜像。

4. 第四步：上传至 GitHub

为了能让 Docker 镜像通过 DaoCloud 进行自动构建，需要将代码发布到第三方代码托管平台上，此处以 GitHub 作为简单例子。

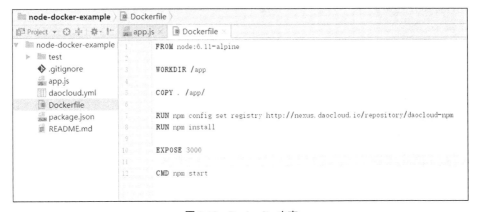

```
node-docker-example ⟩ app.js
Project ▾ ⊕ ÷ ✿· ⌐    app.js ×
  node-docker-example   1    var express = require('express');
  ▸  test               2    var fibonacci = function (n) {
    .gitignore          3        if (typeof n !== 'number' || isNaN(n)) {
    app.js              4            throw new Error('n should be a Number');
    daocloud.yml        5        }
    Dockerfile          6        if (n < 0) {
    package.json        7            throw new Error('n should >= 0')
    README.md           8        }
                        9        if (n > 10) {
                       10            throw new Error('n should <= 10');
                       11        }
                       12        if (n === 0) {
                       13            return 0;
                       14        }
                       15        if (n === 1) {
                       16            return 1;
                       17        }
                       18        return fibonacci(n - 1) + fibonacci(n - 2);
                       19    };
                       20
                       21    var app = express();
                       22    app.get('/fib', function (req, res) {
                       23        var n = Number(req.query.n);
                       24        try {
                       25            res.send(String(fibonacci(n)));
                       26        } catch (e) {
                       27            res
                       28                .status(500)
                       29                .send(e.message);
                       30        }
                       31    });
                       32    module.exports = app;
                       33    app.listen(3000, function () {
                       34        console.log('app is listening at port 3000');
                       35    });
                       36
```

图 8.15　演示程序代码结构

```
node-docker-example ⟩ Dockerfile
Project ▾ ⊕ ÷ ✿· ⌐    app.js ×   Dockerfile ×
  node-docker-example   1    FROM node:6.11-alpine
  ▸  test               2
    .gitignore          3    WORKDIR /app
    app.js              4
    daocloud.yml        5    COPY . /app/
    Dockerfile          6
    package.json        7    RUN npm config set registry http://nexus.daocloud.io/repository/daocloud-npm
    README.md           8    RUN npm install
                        9
                       10    EXPOSE 3000
                       11
                       12    CMD npm start
```

图 8.16　Dockerfile 内容

（1）首先在代码目录中初始化 Git。

```
$ git init
```

（2）添加 GitHub 的仓库信息，并将其推送上去。

```
$ git remote add origin git@github.com:YOURREPONAME/nodejs-sample.git
$ git add .
$ git commit -m 'Example init'
$ git push -u origin master
```

227

5. 第五步：通过 DaoCloud 进行构建并部署

将代码上传到 GitHub 以后，即可通过 DaoCloud 进行镜像构建和应用部署。

6. 第六步

通过 GitHub 账号登录 DaoCloud，之后再将 GitHub 下新建的项目添加到 DaoCloud 中。

（1）首先通过 DaoCloud 新建项目，如图 8.17 所示。

图 8.17　新建 DaoCloud Service 项目

（2）找到已创建的 GitHub 账号下的 nodejs-sample 项目，如图 8.18 所示。

图 8.18　关联 GitHub 项目

（3）单击"开始创建"按钮，如图 8.19 所示。

7. 第七步

使用 DaoCloud 进行代码构建，完成持续集成与 Docker 镜像的构建。

创建项目后，在"流程定义"中可以看到默认生成的"测试阶段（test）"和"构建阶段（build）"，如图 8.20 所示。

图 8.19　关联之前新建的 GitHub 项目

图 8.20　定义 CI 流程

单击右侧"切换至本地 yaml"格式，可以看到项目中 daocloud.yml 文件中的内容已被加载进来，如图 8.21 所示。

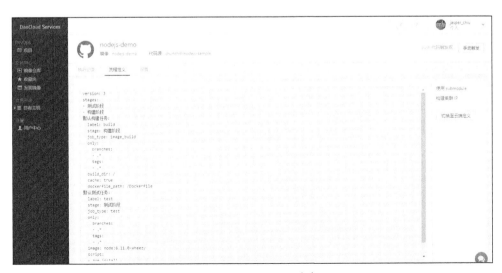

图 8.21　daocloud.yml 内容

单击右上角的"手动触发"按钮可以触发构建，如图 8.22 所示。

图 8.22　手动触发流水线

此时可看到一个正在构建的项目（见图 8.23）。

图 8.23　流水线执行过程中

8. 第八步

查看通过 DaoCloud 进行镜像构建的镜像，如图 8.24 所示。

图 8.24　流水线执行成功

单击"查看详情"按钮可以查看具体的构建状态，如图 8.25 所示。

图 8.25　查看构建状态

单击左边菜单的"镜像仓库"即可看到构建好的镜像，如图 8.26 所示。

图 8.26　部署构建好的版本

9. 第九步

尝试通过 DaoCloud 进行应用部署。单击图 8.26 中的"部署最新版本"按钮，进入图 8.27 所示的界面。

图 8.27　对接部署服务器

10. 第十步

通过 DaoCloud 向自由主机进行快速应用部署。此时可以看到，通过 DaoCloud 可以接入已经购买好的云主机，这些云主机可以是通过任意厂商购买而来的。DaoCloud 提供了一些免费的迷你主机，称为"胶囊主机"，在本次演示中，为方便起见，直接使用胶囊主机，单击"一键接入"按钮，如图 8.28 所示。

图 8.28　对接 DaoCloud 胶囊主机

231

片刻之后，DaoCloud 会从云端随机分配一台主机为我们部署应用，单击"下一步"按钮，如图 8.29 所示。

图 8.29　随机生成的 DaoCloud 胶囊主机

进入"应用设置"环节，如图 8.30 所示。

图 8.30　配置映射端口

单击"立即部署"按钮，完成部署，如图 8.31 所示。

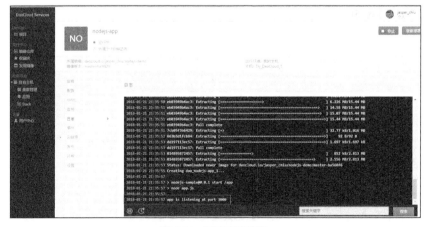

图 8.31　运行成功结果

查看应用状态，应用已经成功启动，如图 8.32 所示。

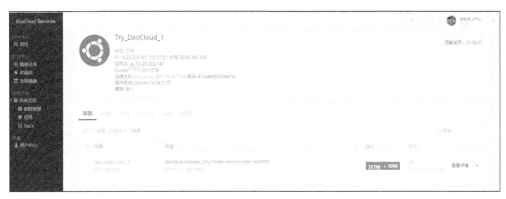

图 8.32　运行成功后状态

至此，我们已经完成了一个完整的 Node.js 从开发编码到持续集成，最终到持续部署的全过程。

8.5　本章小结

云原生是一种构建和运行应用程序的方法，充分利用了云计算的优势，能够让企业更敏捷地进行创新，以更快速地向市场推广产品和服务。本章介绍了云原生应用的相关概念，云原生应用开发实践的 12 要素，以及云原生应用的开发与落地，最后以一个具体的案例介绍云原生应用的开发实践过程。

8.6　复习材料

课内复习

1. 什么是云原生?
2. 云原生包括哪几个方面的内容?
3. 什么是持续集成与持续交付?
4. 云原生的 12 要素是什么?

课外思考

1. 相对于传统云应用，云原生应用的优势是什么?
2. 为什么 Docker 和 Kubernetes 技术成为云原生落地的最佳实践之一?

动手实践

Node.js 是一个基于 Chrome V8 引擎的 JavaScript 运行环境。Node.js 使用了一个事件驱动、非阻塞式 I/O 的模型，既轻量又高效。Node.js 的包管理器 npm 是全球最大的开源库生态系统。

- 任务：通过 Node.js 的项目网站（https://github.com/nodejs）了解并使用 Node.js 进行编程。
- 任务：在 Docker 环境中部署 Node.js，并开发或部署一个简单的网站系统。

论文研习

- 阅读"论文阅读"部分的论文[40]，全面了解云端 Web 应用的自动扩展机制。
- 阅读"论文阅读"部分的论文[42]，理解面向云计算软件工程的挑战与未来方向。

9

第 9 章　云操作系统

　　计算机技术及其应用需求的多样性，造就了操作系统领域技术和产品的丰富多彩。而无论信息技术世界如何纷繁多变，为计算机系统提供基础支撑始终是操作系统永恒的主题。本章主要内容如下：9.1 节首先介绍计算机软件与操作系统，9.2 介绍 UNIX 类操作系统的发展，9.3 节介绍云操作系统的概念，9.4 节介绍云计算编程模型与环境，9.5 节介绍云操作系统的资源调度，9.6 节通过 Mesos 来实践一个实际的云操作系统。

9.1 计算机软件与操作系统

9.1.1 计算机软件的发展

计算机软件是计算机系统执行某项任务所需的程序、数据及文档的集合。作为计算机系统的重要组成部分,它已经逐渐渗透到人类社会、经济、生活的方方面面。C++语言的设计者、著名计算机科学家本贾尼·斯特劳斯特卢普(Bjarne Stroustrup)在演讲中多次提到"人类文明运行在软件之上"。美国著名发明家和计算机科学家雷·库兹韦尔(Ray Kurzweil)在其《奇点临近:当计算机智能超越人类》一书中也断言:"如果地球上所有软件都突然停止工作,那么人类现代文明也会戛然而止。"

计算机软件技术体系主要涉及四个方面:软件范型、软件开发(构造)方法、软件运行支撑及软件质量度量与评估。软件范型是从软件工程师(或程序员)视角看到的软件模型及其构造原理,是软件技术体系的核心。软件范型的每一次演变,都会引发软件开发方法和运行支撑技术的相应变化,并促使新的软件质量度量和评估方法的出现。

随着计算平台从单机向多机、网络,乃至开放互联网的演变,软件也从最初单纯的计算与数据处理拓展到各行各业的应用。在过去 60 多年中,软件范型经历了无结构、结构化、面向对象、面向构件/面向服务化的演变历程,每一次变化都会促进软件技术的螺旋式上升。从该历程中可以看出推动计算机软件技术发展的几个基本动因:追求更具表达能力、更符合人类思维模式、易构造、易演化的软件模型;支持高效率和高质量的软件开发;支持高效能、高可靠和易管理的软件运行等。

进入 21 世纪,互联网计算环境下的软件形态出现一系列新的特点。从软件范型的研究角度来看,研究对象从"产生于相对封闭、静态、可控环境下的传统软件"转变为"运行于开放、动态、难控的网络环境下的复杂软件";质量目标的重心从"指标相对单一的系统内部和外部质量"转变为"指标比较综合的以可信度和服务质量为主的使用质量";构造方法从"满足功能需求并保障功能正确性"转变为"满足质量需求并保障可信度和服务质量";运行支撑从"凝练共性应用功能并保证软件正确运行"转变为"凝练共性管理功能并保证软件可信、高服务质量运行"。

在软件技术体系中,操作系统是软件运行支撑技术的核心,是管理硬件资源、控制程序运行、改善人机界面和为应用软件提供支持的一种系统软件。它运行在计算机上,向下管理计算机系统中的资源(包括存储、外设和计算等资源),向上为用户和应用程序提供公共服务。

结构上,操作系统大致可划分为图 9.1 所示的三个层次,分别是人机接口、系统调用和资源管理。人机接口负责提供操作系统对外服务、与人交互的功能。资源管理指的是对各种底层资源进行管理,存储、外设和计算单元等都是操作系统管理的对象。系统调用是位于人机接口和资源管理之间的一个层次,提供从人机接口到资源管理功能的调用功能。一个完整的操作系统层次结构如图 9.1 所示。

操作系统发展的初期是单机操作系统,主要为计算机硬件的发展提供更好的资源管理功能,同时为新的用户需求提供更好的易用性和交互方式。随着网络技术的发展,计算机不再是孤立的计算单元,而是经常要通过网络同

图 9.1 操作系统结构的三个层次

其他计算机进行交互与协作。因此，对网络提供更好的支持成为操作系统发展的一个重要目标。在操作系统中逐渐集成了专门提供网络功能的模块，并出现了最早的网络操作系统（Networking Operating System）。为了更好地提供对网络的支持，在操作系统之上增加了新的一层系统软件——网络中间件。作为对操作系统的补充，它专门向上提供屏蔽下层异构性和操作细节的与网络相关的共性功能。

进入 21 世纪以来，随着互联网的快速发展和普及，几乎所有的计算机系统及其操作系统都提供了方便的网络接入和访问能力。尽管如此，传统操作系统的主要管理目标依然是单台计算机上的资源。如果把互联网当作一台巨大的计算机（Internet as a computer），那么如何能够管理好互联网平台上的海量资源，为用户提供更好的服务，已经成为互联网时代操作系统亟需解决的问题。在传统操作系统的核心功能基本定型之后，面向互联网就成为操作系统发展的新主线。

可以看到，软件范型和操作系统在发展过程中彼此促进、共同成长。在早期的单机时代，软件范型和操作系统都处于原始的无结构形态。随着软件范型的结构化，出现了以 UNIX 为代表的结构化操作系统，并且直到现在依然流行。在面向对象软件范型的时代，出现了以 IBM OS/2 2.0、Java OS 等为代表的面向对象操作系统。到了网络时代，随着软件范型向构件化、服务化等方向的演化，为了更好地支持网络功能，操作系统也提供了中间件、SOA 等机制作为单机操作系统的补充。

近年来，学术界和产业界都提出了面向不同领域的操作系统的概念和实现。虽然它们可能会采用不同的名字，例如云操作系统、物联网操作系统、机器人操作系统、数据中心操作系统等，但是它们本质上都是面向互联网的操作系统，而且这些操作系统所支持的云计算、物联网、大数据等互联网应用都符合网构软件的一系列特征。

9.1.2 操作系统的发展简史

1956 年出现了历史上第一个实际可用的操作系统 GM-NAA I/O，这一系统是通用汽车公司（General Motors）和北美航空（North American Aviation）联合研制的在 IBM 704 计算机上运行的管理程序，通过提供批处理的功能，弥补处理器速度和 I/O 之间的差异，来提高系统效率。随着计算机系统能力的进一步增强，又出现了分时系统和虚拟机的概念，可以把一台大型计算机共享给多个用户同时使用。最早的计算机只用来满足科学与工程计算等专用功能，操作系统缺乏通用性。随着新应用需求的不断出现，最早软硬件捆绑的系统已无法满足灵活多变的应用需求，提供通用和易用的用户接口逐渐成为操作系统发展的必然选择。

第一个公认的现代操作系统是从 20 世纪 70 年代开始得到广泛应用的 UNIX 系统。它是第一个采用与机器无关语言（C 语言）来编写的操作系统，从而可以提供更好的可移植性。采用高级语言编写操作系统具有革命性意义，不仅极大地提高了操作系统的可移植性，还促进了 UNIX 和类 UNIX 操作系统的广泛使用。

从 20 世纪 80 年代开始，以 IBM PC 为代表的个人计算机（PC）开始流行，开启了个人计算机时代。PC 上的典型操作系统包括苹果公司的 Mac OS 系列、微软公司的 DOS/Windows 系列以及从 UNIX 系统中衍生出来的 Linux 操作系统。这一时代的操作系统主要面向个人用户的易用性和通用性需求，一方面提供现代的图形用户界面（GUI），可以很好地支持鼠标、触摸板和触摸屏等新的人机交互设备；另一方面提供丰富的硬件驱动程序，使用户可以在不同的计算机上使用相同的操作系统。

进入 21 世纪之后，在个人计算机普及的同时，出现了以智能手机为代表的新一代移动计算设备，例如黑莓（BlackBerry）、iPhone 和 Google Android 手机，智能手机性能强劲，已经成为新一代的小型计算设备。在智能手机上运行的操作系统从核心技术上讲，与传统运行在 PC 上的操作系统并无实质性变化，主要是着眼于易用性和低功耗等移动设备的特点，对传统操作系统（例如 Linux）进行了相应的裁剪，并开发了新的人机交互方式与图形用户界面。

近年来，绝大多数计算机采用的处理器已经从单核处理器发展为双核、四核甚至更多核，然而目前的多核处理器上采用的操作系统依然是基于多线程的传统架构，很难充分利用多核处理器的并行处理能力。为此，研究人员已经在尝试专门针对多核处理器开发多核操作系统的原型，但尚未得到广泛的推广和应用。

总的来看，单机操作系统发展的主要目的是为了更好地发挥计算机硬件的效率以及满足不同应用环境与用户的需求。在 UNIX 系统出现之后，单机操作系统的结构和核心功能基本定型，后续的发展主要是为了更好地适应不同的应用环境与用户需求而推出的新型用户界面与应用模式，以及针对不同应用领域的操作系统功能的裁剪。

进入网络时代之后，操作系统发展的一个新方向主要是提高操作系统的网络支持能力。操作系统上的网络支持能力大致可以分为两个层次：一个层次是通过扩展操作系统的功能来支持网络化的环境，适应局域网、广域网以及 Internet 的逐步普及，主要提供网络访问和网络化资源管理的能力；另一个层次是在操作系统和应用程序之间出现了新的一层系统软件——中间件（middleware），用以提供通用的网络相关功能，支撑以网络为平台的网络应用软件的运行和开发。

20 世纪 90 年代出现了 "网络操作系统（Networking Operating System）" 的概念，例如 Novell Netware、Artisoft LANtastic 等系统。严格来讲，这一类网络操作系统仅在原来单机操作系统之上添加了对网络协议的支持，从而使得原本独立的计算机可以通过网络协议来访问局域网（或者广域网）上的资源，本质上并不是现代意义上的网络化操作系统。

随着 20 多年来互联网的快速发展，操作系统面向的计算平台正在从单机平台和局域网平台向互联网平台转移。操作系统除需要提供网络支持能力外，更重要的是需要解决如何管理互联网平台上庞大的计算资源和数据资源，如何更好地利用分布式的计算能力等诸多问题。在互联网时代，随着单机操作系统的核心功能基本定型，网络化逐渐成为主流趋势。

在互联网流行之后，出现了 "互联网操作系统（Internet Operating System）" 的概念，许多组织和个人都曾经提出或者尝试开发过被称作是 Internet OS 的软件和系统，例如著名操作系统专家、曾在 Amiga 个人计算机上首次引入多任务概念的卡尔·萨森拉斯（Carl Sassenrath）就曾推出过基于他发明的 REBOL 语言的 REBOL Internet Operating System（IOS）。IOS 主要面向企业级用户，提供比 E-mail、Web 和即时通信（IM）更为先进的群组交流功能，包括实时交互、协作和共享机制。IOS 中还提供了大量的常见应用，所有应用都可以动态更新，并且开发和部署周期非常短。

对于 Internet OS 到底应该是什么样子，以及它所涉及的范围到底有多大，一直都没有形成共识。提姆·奥莱理（Tim O'Reilly）（著名 IT 出版商 O'Reilly 出版公司的创办人，Web 2.0 的倡导者之一）在 2010 年发表了关于 Internet OS 现状的看法（"The state of Internet operating systems"），提出 "包括 Amazon Web Services、Google App Engine 和 Microsoft Azure 在内为开发者提供存储和计算访问的云计算平台是正在涌现的 Internet 操作系统的核心"。奥莱理认为，现代的 Internet OS 应当包括以下功能：搜索、多媒体访问、通信机制、身份识别和社交关系图、支付机制、广告、位置、时间、图形和语音识别、浏览器。这在一定程度上表明，新兴互联网应用拥有的更多共性功能正在逐渐凝练为新的共性基础设施，这些共性在未来会逐步转变为网构操作系统中的一部分。

近年来，面向不同的互联网计算与应用模式，国内外都提出了许多面向云计算和数据中心的云操作系统。目前尚未有关于云操作系统的权威定义。知名信息技术网站 Techopedia 将云操作系统（Cloud Operating System）定义为设计用于管理云计算和虚拟化环境的操作系统。

云操作系统管理的对象包括虚拟机的创建、执行和维护，虚拟服务器和虚拟基础设施，以及后台的软硬件资源。

除此之外，随着移动互联网和物联网的发展，出现了面向不同领域的操作系统的概念和实现，例如物联网操作系统、机器人操作系统、企业操作系统、城市操作系统、家庭操作系统等，它们本质上都是面向新型互联网应用而构建的支持这些应用的开发和运行的网络化操作系统。

9.1.3　操作系统的软件定义本质

随着"软件定义网络"的流行，近年来出现了各种各样不同的"软件定义"概念。"软件定义"的核心技术途径是硬件资源虚拟化和管理功能可编程。

如第 4 章所述，所谓硬件资源虚拟化，是将硬件资源抽象为虚拟资源，由系统软件实现对虚拟资源的管理和调度。常见的如操作系统中虚拟内存对物理内存的虚拟、伪终端对终端的虚拟、Socket 对网络接口的虚拟、逻辑卷对物理存储设备的虚拟等。硬件资源虚拟化带来了许多好处，例如：支持物理资源共享，提高了资源利用率；屏蔽了不同硬件之间的差异，简化了对资源的管理和调度；通过系统调用接口对上层应用提供统一的服务，方便进行程序设计；应用软件和物理资源在逻辑上分离，各自可分别进行独立的演化和扩展并保持整个系统的稳定。

管理功能可编程则是应用软件对通用计算系统的核心需求，主要表现在访问资源所提供的服务以及改变资源的配置和行为两个方面。在硬件资源虚拟化的基础上，用户不仅能够编写应用程序，通过系统调用接口访问资源所提供的服务，而且能够灵活管理和调度资源，改变资源的行为，以满足应用对资源的多样需求。所有的硬件资源在功能上都应该是可编程的，如此软件系统才可以对其实施管控，一方面发挥硬件资源的最佳性能，另一方面满足不同应用程序对硬件的不同需求。从程序设计的角度，管理功能可编程意味着计算系统的行为可以通过软件进行定义，成为所谓的"软件定义的系统"。

作为计算系统中最为重要的系统软件，操作系统一方面直接管理各种硬件资源，另一方面作为"虚拟机"向应用程序提供运行环境。从操作系统的出现、发展和功能基本定型的过程中不难发现，操作系统实际上就是对计算系统进行"软件定义"的产物。相对于最早的硬件计算机，操作系统可视为一种"软件定义"的"虚拟计算机"。它屏蔽了底层硬件细节，由软件对硬件资源进行管理，用户不再直接对硬件进行编程，而是通过应用编程接口（API）改变硬件行为，实现更优的灵活性、通用性和高效性。在此意义上，操作系统体现了"软件定义的系统"技术的集大成。当前出现的所谓软件定义的网络、软件定义的存储等技术，如同设备互联技术、磁盘存储技术之于单机操作系统一样，本质上正反映了"网构操作系统"对网络化、分布式设备的管理技术诉求，也将成为"网构操作系统"核心的底层支撑技术，并在操作系统的整体协调下，发挥最佳的功效。以云计算管理系统为例，作为一种互联网环境下的新型网构操作系统，通过"软件定义"技术对网络化、规模化的各种计算资源进行高效灵活的管理。云计算管理系统通过"软件定义"的途径，一方面实现资源虚拟化，达到物理资源的共享和虚拟资源的隔离；另一方面实现管理功能可编程，打破传统硬件有限配置能力的桎梏，为用户的业务需求提供高效灵活、随需应变的支撑。因此，云计算管理系统作为一种新兴的操作系统，是贯穿了硬件资源虚拟化、管理功能可编程特性的一个典型软件定义的系统。

9.2 UNIX 类操作系统的发展

目前，云数据中心里单台机器节点上的操作系统基本都是从 UNIX 类操作系统发展而来的，构建在此基础之上的才是云操作系统。因此，本节首先介绍 UNIX 类操作系统的发展。

9.2.1 UNIX 系统简介

1971 年，UNIX 诞生于美国 AT&T 公司的贝尔实验室。经过 40 多年的发展和完善，UNIX 已经成为一种主流的操作系统技术，基于此项技术的产品也形成了一个大家族。UNIX 技术始终处于国际操作系统领域的主流地位，它支持多用户和多任务，网络和数据库功能强，可靠性高，伸缩性突出，并支持多种处理器架构，在巨型计算机、服务器和普通个人计算机等多种硬件平台上均可运行。

UNIX 的家族庞大，从贝尔实验室的 UNIX V，到伯克利的 BSD、DEC 的 Ultrix、惠普的 HP-UX、IBM 的 AIX、SGI 的 IRIX、Novell 的 UnixWare、SCO 的 OpenServer、Compaq 的 Tru64 UNIX 等，甚至苹果公司的 Mac OS X、教学用的 Minix 和开源 Linux 等都可以从 UNIX 版本演化或技术属性上归入 UNIX 类操作系统，它们为 UNIX 的繁荣做出了巨大贡献。

同时，UNIX 复杂的版本演化导致系统间相互不兼容，还带来了知识产权纷争。1980 年前后，美国 AT&T 公司启动的 UNIX 商业化计划，导致了第一次 UNIX 知识产权纷争，也催生出将源代码视为商业机密的基于二进制机读代码的版权产业（Copyright Industry）。同时，还催生出 GNU 计划和 Copyleft 版权模式以及"教学用 UNIX"——Minix。此外，也推动了 FreeBSD、Linux 等开放源代码 UNIX 类操作系统的普及与发展。1993 年，当诺威尔公司将 UNIX 商标和后来演变为"统一 UNIX 规范（Single UNIX Specification）"的规范转交给 X/Open 时，UNIX 开始变成一个商标品牌和规范认证。任何 UNIX 厂商都可以申请认证，UNIX 95、UNIX 98 或 UNIX 03 会颁发给那些符合这些规范的产品，并成为这些产品上应用迁移难易程度的标志。从诞生之初的开放代码方式，到各商业 UNIX 版本发展，再到 Sun 公司的 OpenSolaris 项目为代表的开源模式，UNIX 在开源与不开源的竞争中，在知识产权纷争的影响中不断前行。

现在，UNIX、Linux 和 Windows 成为三大类主流操作系统。UNIX 作为应用面最广、影响力最大的操作系统之一，一直是关键应用中的首选操作系统。从技术属性上看，Linux 应当归属于类 UNIX 操作系统（UNIX-like），但 Linux 作为 UNIX 技术的继承者，已日渐成为 UNIX 后续发展的重要替代产品和有力竞争者。面对 Linux 的冲击，传统 UNIX 厂商（包括 Sun、SCO、IBM、惠普、SGI 等）在对立、支持或观望中做着不同的选择。而在高速发展的同时，Linux 也面临着不同发行版本之间的不兼容以及 Linux 与 GNU 理念及其 Hurd 内核之间潜在的冲突隐患。此外，传统商业 UNIX 厂商还通过并购及不停发布功能不断增强的 UNIX 新版本来完善自己。UNIX 就是这样在与 Linux、Windows

的竞争中，在矛盾冲突中以及自身不断发展中前行。

为便于叙述和理解，本节将 UNIX 类操作系统主要成员分成两大类：商业版 UNIX 操作系统和类 UNIX 操作系统。其中，商业版 UNIX 是指基于美国 AT&T 公司贝尔实验室的 UNIX 逐步演化发展而来的各 UNIX 版本。传统意义上，它们以商业发行为主，如 Solaris、OpenServer、UnixWare、AIX、Tru64 UNIX、HP-UX、IRIX 等。类 UNIX 是指那些与 UNIX 有渊源，但按法律和商业惯例不能佩戴 UNIX 标志的系统（例如 BSD）；或者那些虽与贝尔实验室的 UNIX 没有"血缘"关系，但技术属性上与 UNIX 类似或有关的系统，包括 Minix 和 Linux 等。图 9.2 展现了 UNIX 系统的发展历史。

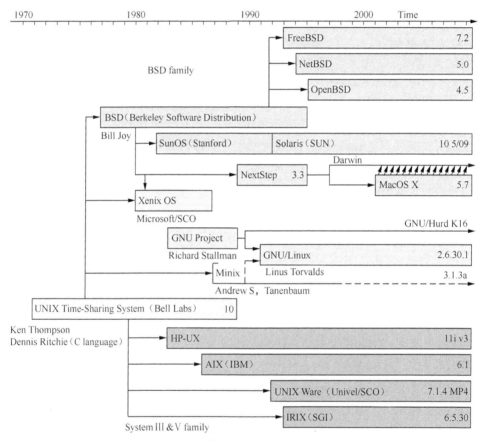

图 9.2　UINX 的发展史（引自 Wikipedia）

9.2.2　UNIX 家族的演化

UNIX 家族的演化大致可以分为三个阶段：初始研发阶段、商业推广阶段、成熟应用阶段。

1. UNIX 初始研发阶段

20 世纪 70 年代是 UNIX 初始研发阶段。1969 年，贝尔实验室研究人员肯·托普森（Ken Thompson）在推出 Multics 项目时，准备将原本在 Multics 系统上开发的"太空旅行"游戏转移到 DEC PDP-7 上运行。在转移游戏程序运行环境的过程中，托普森和里奇共同动手设计了一套包含文件系统、命令解释器以及一些实用程序的支持多任务的操作系统。与 Multics 相对应，这个新操作系统被同事开玩笑取名为 UNICS（UNiplexed Information and Computing System），之后取谐音便叫成了 UNIX。1971 年 11 月 3 日，UNIX 第一版（UNIX V1）正式诞生。

1972 年，UNIX 发布了第二版，最大的改进是添加了后来成为 UNIX 标志特征之一的管道功能。在开发 UNIX V2 的时候，里奇给 B 语言加上了数据类型和结构的支持，推出了 C 语言。随后，托普森和里奇用 C 语言重写了 UNIX。用 C 语言编写的 UNIX V4 代码简洁紧凑、易移植、易读、易修改，为此后 UNIX 的快速发展奠定了坚实基础。

1979 年，UNIX V 发布。这是历史上第一个完整意义上的 UNIX 版本，也是最后一个广泛发布的研究型 UNIX 版本。

从以上描述可以看出，初期的 UNIX 是自由发展的，依靠的也是美国 AT&T 公司工程师的"自觉"努力，因而在这段时间，UNIX 的发展完全没有组织和系统可言。初期的 UNIX 版本发布时附有完整的源代码，为大家研究和发展 UNIX 提供了基础。这种形式带来如下好处：一方面培养了大量懂得 UNIX 使用和编程的学生，使得 UNIX 更为普及；另一方面使得科研人员能够根据需要改进系统，或者将其移植到其他的硬件环境中去。UNIX 历史上著名的 BSD 就是这样发展起来的。

1974 年，托普森和里奇在《美国计算机通信》上发表了关于 UNIX 的文章，引起了加州大学伯克利分校（University of California，Berkeley）费布雷（Bob Febry）教授的极大兴趣，他决定将 UNIX 带到伯克利。

1975 年，UNIX V6 到达伯克利。托普森也应邀回母校——加州大学伯克利分校任客座教授，讲授的科目就是 UNIX。同年，乔伊（Bill Joy）大学毕业来到伯克利分校。当 UNIX V6 安装在学校的 PDP-11/70 机器上后，乔伊和他的同事便开始完善 Pascal 的性能，编写 ex 编辑器以及 csh 命令解释器等。1977 年初，乔伊制作了一卷包含新的 Pascal 编译器、ex 等程序的磁带。这就是 1BSD（1st Berkeley Software Distribution）。1983 年，4.2 BSD 发布。它是 UNIX 历史上第一个包含 TCP/IP 协议栈以及 rcp、rlogin 等网络工具的系统。

在这一阶段中，尽管 UNIX 在教育、科研领域声誉日隆，但对计算机产业的影响仍然有限，原因在于它还只是一项非商业运作的技术。

2. UNIX 商业推广阶段

UNIX 商业化实质上意味着将产生各种独立的 UNIX 版本。

1980 年，美国 AT&T 公司发布了 UNIX 的可分发二进制版（Distribution Binary）许可证，启动了将 UNIX 商业化的计划。

1981 年，美国 AT&T 公司基于 UNIX V7 开发了 UNIX System Ⅲ 的第一个版本（1982 年发布）。这是一个商业版本，仅供出售。

1983 年，美国 AT&T 公司成立了 UNIX 系统实验室（UNIX System Laboratories，USL），并综合其他大学和公司开发的各种 UNIX，开发出 UNIX System V Release 1（简称 SVR1）。这个新的 UNIX 商业发布版本不再包含源代码。

20 世纪 80 年代，UNIX 开始被修改并安装到 DEC 公司的 PDP 和 Interdata 系列、IBM 的 Series1 系列以及 VM/370 等其他计算机平台上。许多公司也开始结合各自的硬件平台开发自己的 UNIX。其中较有名的包括 SunOS、Ultrix、SCO XENIX、HP-UX、AIX 和 IRIX 等。

Sun 公司是最早的工作站厂商，并一直在 UNIX 工作站领域发展，在 UNIX 技术方面做出过许多贡献。1982 年，乔伊离开加州大学伯克利分校，参与 Sun 公司的创立，并很快基于 4.1 BSD 开发了 SunOS 1.0。1992 年，Sun 公司基于美国 AT&T 公司 UNIX SVR 4.2 开发了 Solaris 2.0。Solaris 主要是针对 Sun 的处理器 SPARC（Scalable Processor Architecture）开发的，目前也支持其他多种系统架构，包括 x86、AMD64 和 EM64T。

1980 年，微软基于 UNIX V7 开发了运行在 Intel 平台上的 UNIX 操作系统 XENIX。1982 年 SCO 公司成为微软的合作开发商，并于 1983 年开始发布 SCO XENIX System V，用于 Intel 8086、8088 处理器系列的个人计算机。在此基础上，SCO 公司不断引入美国 AT&T 公司的技术，逐渐发展成为 SCO OpenServer 系列。

除了 SCO XENIX 是基于开放的 x86 硬件平台之外，其他的主流商业版 UNIX 系统基本都是结合厂商自己的工作站、服务器等硬件设备研发的，其发行也是基于各自的硬件平台完成的。虽然 UNIX 呈现出商业推广的繁荣发展，但是各版本间的分化和由此带来的互不兼容问题也比较严重。另外，UNIX 商业推广开始与其早期的研发阶段"自由、宽松"的源代码授权发行方式产生冲突，知识产权之争在所难免。

UNIX 的商业化计划和知识产权之争带来至少两方面结果，一是崇尚自由共享理念的研究人员开始了一系列自由/开源软件项目或计划，其中包括 FreeBSD、NetBSD、OpenBSD 等，以及今天对 UNIX 构成强力竞争的 GNU 计划和 Linux；二是几乎所有的主流商业版 UNIX 厂商都改用美国 AT&T 公司的 UNIX SVR4 作为各自制作移植版本的基础，而源代码不需发布。

3. UNIX 成熟应用阶段

随着 UNIX 技术的不断发展和市场推广的不断进步，20 世纪 90 年代中后期以来，UNIX 逐步进入成熟应用阶段，它已经成为大型机、服务器及工作站的主要操作系统。当前，作为关键应用中的首选操作系统，UNIX 依然保持着旺盛的生命力。

9.2.3 类 UNIX 系统的发展

1984 年，面对美国 AT&T 公司启动的 UNIX 商业化计划和程序开发的封闭模式，麻省理工学院的理查德·斯托曼（Richard M. Stallman）发起了一项国际性的源代码开放的 GNU 计划，力图完成一个名为 GNU 的 "Free UNIX"，重返 20 世纪 70 年代利用基于开放源码从事创作的美好时光。为了保证程序源码不会再受到商业性的封闭式利用，斯托曼制订了一项 GNU 通用公共许可证（GNU General Public License，GPL）条款，称其为 Copyleft 的版权模式。

到 20 世纪 90 年代初，GNU 计划已经完成质量和数量都十分可观的系统工具。这些工具广泛应用在当时各种工作站的 UNIX 系统上。但这时的 GNU 还不是完整的操作系统，缺少一个属于自己的系统内核。

Linux 正好填补了 GNU 计划中的内核空缺，并随着 GNU 计划快速发展起来。Linux 是一套版权彻底与美国 AT&T 公司 UNIX 无关的类 UNIX 系统。最初，由于版权问题，UNIX 源码不再使用于教学，1987 年荷兰计算机科学家安德鲁 S. 塔嫩鲍姆（Andrew S. Tanenbaum）专门为此写了一个简化的类 UNIX 系统 Minix（mini-UNIX）来给入门者学习。Minix 远不是一个成熟的系统。1991 年，芬兰赫尔辛基大学（University of Helsinki）的学生托瓦尔得斯（Linus Torvalds）在使用、研究 Minix 时，不满意其提供的功能，于是决定编写一个自己的 Minix 内核，最初名为 "Linus' Minix"，后来改名为 Linux。1991 年 10 月，托瓦尔得斯第一次把 Linux 0.02 放在互联网上。这是一个偶然事件，但很快就被 GNU 计划的追随者们看中，"加工" 成了一个功能完备的操作系统。所以，Linux 确切的叫法应该是 GNU/Linux。1993 年，Linux 发布标志性的 1.0 版本。

1995 年 1 月，鲍勃·扬（Bob Young）创办了红帽（Red Hat）公司，以 Linux 为核心，集成了 400 多个源代码开放的程序模块，冠以 Red Hat Linux 品牌在市场上出售。这种称为 Linux "发行版" 的经营模式是一种创举。其实，Linux 发行商并不拥有自己的 "版权专有" 技术，但它们给用户提供技术支持和服务，它们经营的是 "方便" 而不是自己的 "专有技术"。Linux 发行商的经营活动是 Linux 在世界范围内的传播的主要途径之一，各品牌的 Linux 发行版的出现，极大地推动了 Linux 的普及和应用。

1998 年 2 月，以雷蒙德（Eric Raymond）为首的一批开源人员认识到 GNU/Linux 体系产业化道路的本质是由市场竞争驱动的，于是创办了开放源代码促进会（Open Source Initiative），在互联网世界开展了一场历史性的 Linux 产业化运动。在以 IBM、Intel、HP 和 Novell 等为首的一大批国际性重型信息技术企业对 Linux 产品及其经营模式进行投资并提供全球性技术支持下，催生了一个基于源代码开放模式的 Linux 产业。

Linux 最初是为 Intel 386 体系结构开发的，但由于其卓越的可移植性，很多厂商开始基于 Linux 来支持自己的平台。目前，Linux 可以支持 x86、SPARC、MIPS、Alpha、PowerPC、ARM 及 IA64 等多种平台。可以说 Linux 是目前运行硬件平台最多的操作系统，可以运行在个人计算机、PC 服务器、UNIX 服务器、中型机和大型计算机上，几乎涵盖了所有的计算机平台。

由此可以看出，Linux 的诞生具有偶然性，但又具有必然性。UNIX 的商业化和知识产权纷争、快速发展的通用开放硬件平台等都成为其产生的关键因素。Linux 的快速发展同样具有偶然性和必然性。1991—1993 年 Linux 刚起步时，适逢可移植操作系统接口标准的制订处于最后定稿时期，所以可移植操作系统接口标准为 Linux 提供了极为重要的信息，使得 Linux 能够与绝大多数 UNIX 系统兼容，便于应用的迁移。微软在操作系统，特别是桌面领域形成的垄断地位和强硬营销策略，使很多国家的政府以及各大软硬件厂商为打破垄断而大力支持 Linux 的发展。

9.2.4　UNIX 系统的展望

服务器是 UNIX 的传统市场。UNIX 服务器的优势也主要体现在硬件的高性能和高可靠性上。长期以来，只有 UNIX 可以和各种重量级的服务器（诸如 HP、IBM 和 SGI 等公司开发的高性能计算机）硬件完美结合，而从 x86 的个人计算机上发展而来的 Windows 和 Linux 则不具备这样的优势。但随着 AMD64、EM64T 等 x86 体系开放平台的性能和可靠性不断提升，特别是目前流行的多处理器（Multi-Processor）和多核（Multi-Core）硬件技术以及集群方面软件技术的不断成熟，它们也开始能够胜任高强度的计算和数据处理。同时，Windows、Linux 在性能上的提升以及对集群架构和高性能硬件支持的不断完善，也使用户完全可以用比传统 UNIX 服务器低几个数量级的成本，来构造出和传统 UNIX 服务器性能相当的系统，并且其维护成本也比传统 UNIX 服务器低很多。在中小服务器市场，传统的 UNIX 服务器已经没有优势，正在被更廉价、更易维护的基于 x86 的 Windows 和 Linux 的集群计算机所取代。因此，对于未来 UNIX 的发展，IBM、HP 和 SGI 等 UNIX 厂商巨头也处于两难选择。它们大都采取了"两条腿"走路的方法，一条是 UNIX，另一条则是开放的基于工业标准的服务器系统，并与开源 Linux 兼容。

开源改变了未来软件的开发模式，使得聚集大家的力量打破组织边界，持续创造出更高质量、更安全和更易用的软件成为可能。更重要的是它改变了软件的使用方式——从"使用许可"为主的商业模式变成以面向支持、咨询等服务为主的商业模式，在全球向服务经济转型的过程中扮演着日益重要的角色。本质上，开源软件的开发模式和许可机制更加适合于面向服务的商业模型，其利润核心并不是纯软件开发或者任何形式的软件产品，而是软件服务。

UNIX 从初期发展时的开放源代码到商业推广期的封闭源代码，再到后面以 Sun 公司的 OpenSolaris 为代表的开放源代码，一直在开源与不开源的交织中前行，并由此带来技术与商业的相互促进。在将软件销售分为许可证销售和订阅这两种主要模式的过程中，人们越来越认识到开源与商业并非完全对立。虽然今天仍存在自由软件与开源软件的争论、自由软件与商业利益的冲突以及 Hurd 计划与 Linux 内核的微妙关系，但随着 Linux 产业的快速发展，Linux 已经接过传统 UNIX 的接力棒，延续着 UNIX 带来的技术、文化和精神。

9.3 云操作系统概述

9.3.1 基本概念

云操作系统是指构架于服务器、存储、网络等基础硬件资源和单机操作系统、中间件、数据库等基础软件之上，管理海量的基础硬件、软件资源的云平台综合管理系统。它主要有三个作用，一是管理和驱动海量服务器、存储等基础硬件，将一个数据中心的硬件资源逻辑上整合成一台服务器；二是为云应用软件提供统一、标准的接口；三是管理海量的计算任务以及资源调配和迁移。表 9.1 展示了传统操作系统与云操作系统的区别。

表 9.1　　　　　　　　　　　　传统操作系统与云操作系统的区别

	管理的资源	运行的例程	接口功能	包含的分布式库
传统 OS	一台或多台电脑	调度器、虚拟内存分配、文件系统和中断处理程序	提供管理底层硬件的库函数	标准分布式库和软件包
云 OS	云资源	提供更多附加功能，虚拟机的分配和释放、任务的分配和融合	提供基于网络的接口管理资源	为分布式应用提供自主扩展和灵活调度的软件支持

云操作系统的三大特点如下。

（1）网络化：将"云计算"作为任务发送给各个处于不同地理位置的服务器处理，得到结果返回。这种网络是一种"云网络"，能最有效地利用服务器的计算性能，为用户提出的"云计算"任务提供高效的计算服务。

（2）安全：云计算在逻辑上的安全性。也就是说，云计算通过云服务，可以采用多种多样的安全保障措施来保证数据的安全。一是云网络操作系统内存的安全性，这种安全性于本地来说是"严格受限"的计算。任何服务都是相互隔离的，用户任务各个数据之间没有任何内在相关性。二是云网络的逻辑安全性。在云网络中传输的数据是受严格保护的，包括使用各种各样的数据加密措施来保障云计算任务与数据的安全，包括冗余存放、多重备份的网络式存储。

（3）具有"计算的可扩充性"：本地硬件资源不足可以动态地申请网络硬件资源来为用户服务，这对于用户来说是透明的、不可见的，云操作系统将使"软件即服务"成为主要的软件服务，从而根本上杜绝了软件盗版问题。云操作系统内在的网络化及安全性，保障了计算的分布式实现。

9.3.2 云操作系统实例

1. VMware vSphere

VMware vSphere 是业界第一款云操作系统，是由虚拟化技术衍生出来的。vSphere 能够更好地进行内部云与外部云之间的协同，构建跨越多个数据中心以及云提供商的私有云环境也成为其基本功能。vSphere 在功能和技术上都不断地进行更新，目前的版本为 6.7。vSphere 5 允许虚拟机拥有 32 路 SMP（对称式多处理器）和 1TB 内存、重新设计的 HA 架构、存储 DRS（数据反应系统）、配置文件驱动的存储、自动化主机部署、新的基于 Linux 的 vCenter 服务器设备，并且取消了 ESX 以支持 ESXi（服务器硬件集成），同时还对 Auto-Deploy 功能进行了强化。

2. 甲骨文 Solaris

Oracle Solaris 11 是甲骨文的一款云操作系统，能在 SPARC、x86 服务器和 Oracle 集成系统上建立大型企业级 IaaS、PaaS 和 SaaS。Oracle Solaris 11.1 提供了 300 多项新性能和增强功能，旨在与 Oracle 数据库、中间件、应用软件实现共同集成，简化管理，并对 Oracle 部署提供自动化支持；它针对最新的数据库技术进行了升级，所提供的性能、可用性和 I/O 吞吐量在运行 Oracle 数据库的 UNIX 平台中是最高的。

3. 浪潮云海 OS

浪潮云海是第一款国产的云计算中心操作系统，采用"Linux+Xen"开放标准技术路线，支持分布式计算、分布式存储等，性能更好、可用性更强、成本更低，于 2010 年底发布。2017 年，浪潮发布了面向下一代云数据中心和云原生应用的智慧云操作系统云海 OS 5.0。云海 OS 5.0 全面基于 OpenStack 架构，并提供卓越的功能性、可用性、安全性和工具化优势，在云服务、微服务、Docker 功能上进一步提升。

4. 微软 Windows Server

2012 年 9 月，微软正式发布了 Windows Server 2012 操作系统，微软称其是公司的第一个云操作系统。理论上 Windows Server 2012 每个服务器能够支撑 320 个处理器、4TB 物理内存，每个虚拟机能够搭载 64 个虚拟处理器，通过 Hyper-V 能够扩展到 1TB 的内存，并不需要支付额外的费用。虚拟磁盘空间能扩展到 64TB，性能得到了 32 倍的提升，SQL 数据库 99%都实现了虚拟化。

5. 曙光 Cloudview 云操作系统

曙光 Cloudview 是一款面向公有云和私有云的云操作系统，通过网络将 IT 基础设施资源、软件与信息按需提供给用户使用，支持 IaaS 服务，并通过部署平台服务软件和业务服务软件支持 PaaS 服务和 SaaS 服务。它采用模块化、可插拔的设计理念，向用户提供按需使用、易于管理、动态高效、灵活扩展、稳定可靠的新一代云计算中心。Cloudview 可支持 Xen 和 VMware 虚拟化技术，为用户提供自助式服务界面，管理员可以根据用户的需求添加或删除资产模板，同时还实现多租户资源共享、安全隔离和按需弹性计算等功能，大大降低了云计算中心的管理难度，能够大幅度提升云计算中心业务敏捷性、提高服务质量。

6. 华为 FusionSphere

华为云操作系统 FusionSphere 是华为自主创新的一款操作系统，提供强大的虚拟化功能和资源池管理、丰富的云基础服务组件和工具、开放的运维和管理 API 接口等，专门为云计算环境设计。FusionSphere 能够支持多厂家硬件及虚拟机，增强了面向企业关键应用及运营商业务所需的关键特性。FusionSphere 在提升数据中心整体资源利用率的同时，消除了客户对数据中心基础设施层厂家垄断（Vendor Lock-In）的担忧，使企业在各种云环境内能够无缝迁移。

7. 阿里 YunOS

YunOS 是阿里巴巴集团研发的智能操作系统，融合了阿里巴巴集团在大数据、云服务以及智能设备操作系统等多领域的技术成果，并且可搭载于智能手机、互联网汽车、智能家居、智能穿戴设备等多种智能终端，YunOS 通过可信的感知、可靠的连接、分布式计算以及高效流转的服务实现万物互联。YunOS 基于 Linux 研发，搭载自主研发的核心操作系统功能和组件，支持 HTML 5 生态和独创的 CloudCard 应用环境，增强了云端服务能力。2017 年 9 月，阿里巴巴发布全新的 AliOS 品牌及口号，面向汽车、IoT 终端、IoT 芯片和工业领域研发物联网操作系统，并整合原 YunOS 移动端业务。

9.3.3 云操作系统的挑战

大数据时代对数据的处理方法提出了新的要求，单台机器已经无法满足计算所需的资源。因此，一些新型的应用程序不断被推出，这些应用程序不再适合单个服务器，而是运行在数据中心内的一组服务器上。例如：Apache Hadoop 和 Apache Spark 等分析框架，Apache Kafka 等消息代理框架，Apache Cassandra 等关键值存储以及面向客户的应用程序（如 Twitter 和 Netflix 运行的应用程序）。

这些新型的应用程序不仅是应用程序，更是一个分布式系统。正如在单机中构建多线程应用程序一样，为数据中心构建分布式系统已经变得司空见惯。但是开发人员很难建立分布式系统，运营商也很难运行分布式系统。原因在于人们使用了错误的抽象层次——机器。

在大数据时代，以机器为单位构建和运行分布式应用程序并不是很好的抽象层次。将机器作为抽象概念暴露给开发人员，会使工程更加复杂化，软件的构建会受限于机器的特定特性（如 IP 地址和本地存储）。这使得移动和调整应用程序变得更加困难，迫使数据中心的维护成为一个很不友好的过程。

以机器作为抽象，当运营商部署应用程序来估计机器性能时，通常会采用每台机器部署一个应用程序这种最简单和最保守的方法，但机器的资源并没有得到充分利用，因为应用程序并不是为特定的机器定制打造，机器的资源通常得不到充分的利用。

例如，如果现在创建用于分布式计算的 POSIX，是一个用于在数据中心（或云）中运行的分布式系统的便携式 API，可将数据中心划分为高度静态、高度不灵活的机器分区，每个分区中运行一个分布式应用程序。

不同的应用程序运行在不同的分区，显然，这种分配方式的资源利用率较低，且框架之间无法共享资源。随着微服务的发展，面向服务的体系结构替换了单一体系结构并构建了更多基于微服务的软件，这将导致分区数量大量增加。

使用传统静态分区的方式将会带来如下一些问题。

（1）为了防止分区中的机器发生故障，需要增加额外的配置，或者可以快速重新配置另一台机器，这些措施会导致成本的上涨。

（2）在资源利用率上，为了满足应用的负载要求，我们会为应用分配峰值容量所需的资源，这意味着当流量处于最低状态时，所有的过剩容量都将被浪费。这就是一个典型的数据中心的效率只有 8%～15%的原因。

（3）在运行维护上，以机器作为抽象，数据中心必须有大量的运维人员来手动配置和维护每个分区中的每个应用程序。此时，运维人员或许将成为数据中心发展的瓶颈。

9.3.4　新一代云操作系统的职责与功能

既然传统操作系统已经很难满足数据中心的需求，那么云操作系统应该是什么样的呢？

从运营商的角度来看，它将跨越数据中心（或云）中的所有机器，并将它们聚合成一个运行应用程序的巨大资源池，不需要再为特定的应用程序配置特定的机器。所有应用程序都可以在任何机器上使用任何可用资源，即使这些机器上已经有其他应用程序正在运行。

从开发人员的角度来看，云操作系统将作为应用程序和机器之间的中介，提供通用的接口来简化构建分布式应用程序。

云操作系统不需要替换我们在云中使用的 Linux 或任何其他主机操作系统。云操作系统将在主机操作系统之上提供软件堆栈，通过使用主机操作系统来提供标准执行环境，现有的应用程序无须做任何修改即可正常运行。

云操作系统将为数据中心提供类似于单台机器上主机操作系统所提供的功能：资源管理和进程隔离。就像使用主机操作系统一样，云操作系统将允许多个用户同时执行多个应用程序（由多个进程组成），跨共享资源集合，并在这些应用程序之间显式隔离。

1. 云操作系统和传统操作系统比较

想象一下，如果用户在笔记本电脑上运行应用程序，每次启动 Web 浏览器或文本编辑器时，都必须指定要使用的 CPU、可寻址内存模块、可用的缓存等，那将是一件非常烦琐的事。值得庆幸的是，我们的笔记本电脑拥有一个操作系统，可以将我们从人工资源管理的复杂性中抽象出来。

事实上，工作站、服务器、大型机、超级计算机和移动设备都有操作系统，每个系统都针对其独特功能和外形进行了优化。

现在将云本身作为一个大型仓库计算机，那么云操作系统则扮演着抽象和管理云硬件资源的角色。云操作系统的定义特征是它为构建分布式应用程序提供了一个软件接口。

与主机操作系统的系统调用接口类似，云操作系统 API 将为分布式应用程序提供分配和撤销资源，启动、监视和销毁进程等功能。API 将提供实现所有分布式系统所需的通用功能的原语。因此，开发人员不再需要独立地重新实现基本的分布式系统原语（并且不可避免地独立地遭受相同的错误和性能问题）。

集中 API 原语中的通用功能将使开发人员能够更轻松、更安全、更快地构建新的分布式应用程序。这就像将虚拟内存添加到主机操作系统，事实上，虚拟内存的专家也有过这样的诊断："在 20 世纪 60 年代早期，操作系统的设计者非常清楚，自动存储分配可以显著简化编程。"

2. 云操作系统示例原语

云操作系统特有的两个原语，可以简化构建分布式应用程序，即服务发现和协调。与只有极少数应用程序需要发现在同一主机上运行的其他应用程序的单个主机不同，服务发现是分布式应用程序的常态。同样，大多数分布式应用程序通过一些协调和共识的手段来实现高可用性和容错性，众所周知，这是难以正确和高效地实现的。

使用云操作系统，软件接口取代了人机接口。开发人员不得不在现有的服务发现和协调工具之间进行选择，例如 Apache ZooKeeper 和 CoreOS 的 etcd。这迫使组织为不同的应用程序部署多个工具，显著增加了操作的复杂性和可维护性。

使云操作系统提供发现和协调原语不仅简化了开发，而且还支持应用程序的可移植性。组织可以在不重写应用程序的情况下更改底层实现，就像用户可以在当前主机操作系统上的不同文件系统实现之间进行选择一样。

3. 云操作系统下部署应用程序的新方法

通过云操作系统，软件界面取代了开发人员在尝试部署应用程序时通常与之交互的人机界面。开发人员要求用户调配和配置机器以运行其应用程序，开发人员使用云操作系统（例如，通过 CLI 或 GUI）启动他们的应用程序，并且应用程序使用云操作系统的 API 执行。

这将使管理员和用户之间有清晰的区别：管理员指定可分配给每个用户的资源量，用户使用他们可用的任何资源启动他们想要的任何应用程序。管理员指定有多少种类型的资源可用，但不知道哪一种是特定的资源，云操作系统以及运行在顶层的分布式应用程序可以更智能地使用特定资源，以便更高效地执行、更好地处理故障。因为大多数分布式应用程序都有复杂的调度需求（如 Apache Hadoop）和故障恢复的特定需求（如数据库），这些需求由系统来完成而非人为决策是云环境高效运行至关重要的一点。

9.4 云计算编程模型与环境

9.4.1 云计算环境下的编程困惑

在云计算飞速发展的时候，一个尴尬的事实是，程序员并不能对云系统进行很好的编程。这里的编程指的是，根据程序员掌握的分布式系统的知识，运用一种编程语言或编程环境，开发满足自身独特需求的云计算系统。在这个前提下，当前计算科学领域中，并不存在这样的编程语言或编程环境。

作为计算机科学主要研究方向之一，软件工程已经走过了近 60 年的历程。计算机软件的运行环境也发生了巨大变化。正是基于这些变化，大量不同形式的软件以及相关技术得以不断推陈出新。当前软件工程主要关注的计算环境完全由传统单机系统转变为在互联网支持下的大规模计算系统。软件工程技术的研究目的在于努力帮助开发人员尽可能便捷地开发出互联网环境下的基于云的计算系统。然而，传统计算语言（如 C、C++或者 Java 等）或者软件工程技术在面对互联网云计算环境时，开发代价已经难以承受。

为了帮助程序员快速开发云计算系统，当前的软件工程技术产生了三个发展方向。

（1）通过为特定计算环境建立基础架构系统，从而大大减轻开发人员的代价。这些基础架构系统力图通过软件工程技术把复杂的计算环境开发细节隐藏起来，即代替用户解决这些庞杂的技术问题；同时，向开发人员提供一套脚本语言或者利用现有面向对象技术，描述具体应用需求。这样，在整个开发过程中，开发人员完全不需要关心互联网计算环境的细节，只要掌握基本单机或者简单网络环境下的逻辑描述方法，就可以完成互联网环境中的软件开发。当前，这种方法被普遍采用，学术界和工业界都有众多这样的架构存在，新的架构也在不断被提出。

云计算系统作为一个互联网环境中的特殊软件，主要就是通过这种方法来开发的。这种方法的优点很明显，就是通过软件虚拟方法把复杂计算环境抽象成了简单环境，从而降低开发成本。不过，它的缺点也很明显。在整个开发过程中，开发人员完全依赖于已有架构，他们的主动开发能力完全被束缚，失去对软件系统级别上的控制能力。另外，每一个基础架构通常只能针对一种特殊环境来进行虚拟化，几乎不可能存在把互联网这样复杂系统中所有计算细节都隐藏起来的架构。因此，如果在一个具体计算环境中没有对应架构存在，开发人员的开发代价将大大提高，甚至无法进行开发。

根据前面云计算编程的定义，由于开发人员无须了解互联网复杂计算环境知识，并且完全依赖某个特殊环境中的虚拟基础架构，无法自由构造出满足各种特殊需求的云计算系统，这种开发方式不能叫作对云计算系统进行编程。

（2）提出新的应用程序接口和设计模式，并且以开放代码的方式帮助程序员开发互联网系统。由于互联网系统的复杂性，必然要求软件工程研究人员提出大量新的程序接口以及组合这些接口的设计模式。利用这些接口和设计模式，可以针对不同互联网计算环境灵活开发出各种可能的计算系统。在这个过程中，互联网计算环境中的技术细节对开发人员来说并不是完全透明的，程序员必须对互联网计算环境有所了解；同时由于应用程序接口和代码级成熟设计模式的使用，开发代价并不高。这种方式克服了利用成熟架构开发时开发人员完全被动的地位，给他们提供了利用自己的能力主动适应各种计算环境的可能性。更进一步，如果采取开放代码的方式，开发人员还可以对具体应用程序接口和设计模式进行修改，从而更加积极灵活地面对各种不同互联网计算环境的要求。这种方式的缺陷是对于开发人员的要求明显高于利用虚拟基础架构的方法。但是，可以看出，这种方法初步为程序员提供了对云计算系统进行编程的能力。目前，已经有一些学术界和工业界的工作开始往这个方面靠拢。

（3）为互联网计算系统开发环境提出新的编程语言，这当然是最直接的解决方案。Java 在起初被提出时，号称是互联网语言。相对于 C 或者 C++，它确实前进了一大步。但是，互联网计算环境的发展速度远远超出当时设计者的认识。当前，几乎没有人用 Java 标准版（Java SE）来开发互联网系统软件了。换言之，传统程序语言已经难以适应互联网系统开发，这也是大量基础架构产生的直接原因。Java 及其他传统开发环境不得不推出企业版，如 Java EE，从而降低程序员的开发难度。不过，这些做法都是打补丁，并不是为开发互联网或者云计算系统提供通用编程语言。如果说在传统单机或者简单网络环境中，程序员可以通过一个计算语言满足应用开发的要求，那么在互联网云计算环境中应该也有与之对应的方式，程序员可以利用某种语言来对云计算系统进行编程。实际上，已经开始有一些号称云计算编程语言或者编程环境被提出。但是至少到目前为止，这些方案还远远没有达到互联网或者云计算系统编程的要求，也没有出现被广泛接受的新的互联网开发语言。现有的一些新语言（如 Go 或者 Scala）更多的是在追求语言、语法上的简练或者美感。

总之，目前我们还无法像对传统单机（或者简单网络环境下）系统编程那样，对云计算系统进行有效编程，这方面还需要学术界和工业界的共同努力。

9.4.2　云计算编程模型

编程工作对于许多用户而言是复杂且有难度的，编程模型是云计算的关键技术之一。云计算编程模型受到算法结构、底层分布式计算系统架构等因素的影响。云计算中的编程模型主要基于两个目的：一是降低开发的难度，云计算编程模型必须设计得尽量简单，能够简单快速地满足不同计算的需求，使用户只需将精力集中于功能，而无须关注底层任务调度、容错、数据分布等实现细节；二是提高集群资源利用率，编程模型管理集群上的各种资源，使用调度算法进行资源分配。在云环境下，编程模型具有一些不同于传统编程模型的特点，具体体现在以下几方面。

- 大规模数据处理能力，程序运行在服务器集群中，能够满足大数据处理需求。
- 系统自动地进行任务分割、任务调度、进程通信、容错等工作。
- 对用户透明，用户无须关注底层复杂的实现细节，可快速开发并行程序。
- 通过算法实现集群资源的高效利用。

目前，已有多种编程模型被提出，根据抽象层次的不同，可分为低层编程模型和高层编程模型。典型的低层编程模型包括 Google 的 MapReduce 和微软的 Dryad 等，高层编程模型包括 Google 的 Sawzall、Yahoo 的 Pig Latin 和微软的 Dryad LINQ 等。

Dryad 是微软研发的大规模数据并行处理低层编程模型。Dryad 有比 MapReduce 更加复杂的数据流，通常用有向无环图表示。Dryad 是一种通用云计算编程模型，满足易编程性和强扩展性。由于支持多输入多输出，模型较 MapReduce 灵活性更强。但是 Dryad 对于大规模的超文本文件处理的适用性不够。Sawzall 的低层实现为 MapReduce，Sawzall 最大的特点是编程代码简短。Pig Latin 运行于 Pig 系统上，提供了 SQL 编程接口，支持复杂数据结构。SCOPE 的设计思想借鉴 SQL，适合结构化数据处理。Dryad LINQ 的低层实现为 Dryad，语言学习难度低。

MapReduce 是 Google 于 2004 年提出的用于处理和生成大规模数据集的编程模型，也是目前应用最广泛的编程模型。该编程模型最初用于建立 Google 搜索的倒排索引，之后又在文本处理、机器学习、大图处理以及统计机器翻译等应用中得到广泛应用。MapReduce 不仅能够处理大型数据集，也适用于小型数据集。

MapReduce 模式的基本思想是将准备执行的问题分解成 Map（映射）和 Reduce（化简）的方式。首先，利用 Map 程序将数据切开分割成互不相关的区块，然后调度（分派或分配）给计算机集群，实现分布式运算和处理。最后通过 Reduce 程序将结果汇总整合输出。

MapReduce 编程模型为用户实现了通用分布式编程的一些常见细节，用户只需关心如何编写 map 函数和 reduce 函数即可。待处理的原始数据由用户定义的一组 key/value 对表示，由 map 函数处理后生成不同类型的 key/value 对列表形式的中间结果。reduce 函数处理的每个 value 集合都关联相同的 key 值，首先需要对从各 map 函数的计算所得的 key/value 对按 key 值排序，然后由 reduce 函数处理生成 key/value 对结构的最终结果。一次 MapReduce 程序的执行由两个阶段的并行任务组成，MapReduce 的运行时系统负责两阶段任务的执行过程，MapReduce 编程模型包括如下特点。

① 简单而强大的接口，所有的算法需要改写成 map 函数和 reduce 函数实现。搜索引擎领域中的许多数据处理程序可以用 MapReduce 简单直观地改写。对用户而言，只要是能用 map 和 reduce 表示的算法，就可以简单高效的实现，不必关心底层细节。

② 数据类型采用 key/value 对，一种非常简单和灵活的数据组织形式。分布式文件系统中的各种

常见类型数据可以作为输入数据，并行数据库中的表也可以作为输入数据。实际使用中，只需将输入数据解释为 key/value 对的数据格式即可。

③ 高度并行执行，没有复杂的消息传递机制。map 节点之间、reduce 节点之间没有消息传递，独立完成主控节点分配的任务。map 节点和 reduce 节点之间存在简单的消息传递，map 节点存储中间计算结果，并根据分区函数将不同分区的数据传递给第二阶段的 reduce 节点。

④ 运行于无共享架构的商用计算机集群之上。每个节点有自己的本地存储，这些本地存储组成了 MapReduce 下面的分布式文件系统。任务分配考虑数据局部性，本地存储可以存放中间计算结果。这种架构有很好的可扩展性，但同时要求 MapReduce 有很强的容错能力。

⑤ 适用于大规模数据分析处理，不适用于交互频繁的操作。MapReduce 可以满足大规模数据的高吞吐率要求，并不适用于实时性强的交互处理。另外，MapReduce 适用于大文件的处理，不适用于大量的小文件处理，要处理大量的小文件需要先对这些小文件进行合并预处理。

那么，MapReduce 是如何进行高效的分布式计算的呢？MapReduce 采用"分布式数据处理"的基本理念，将大规模数据集的处理和具体操作分派给多个分节点协同完成。当然，这些分节点是统一接受一个主节点管理的。最终结果的获取源于整合各个分节点的中间过程结果。

用户使用 MapReduce 模型进行并行计算时，操作程序很简单，只是写好 map 函数、reduce 函数，然后调用 JobClient 将 Job 提交出去，这两个函数即对一组输入的键值对（key/value）进行计算，进而获取一组新的键值对。

- map:(k1, v1)—list (k2, v2)
- reduce:[k2, list(v2)]—list(k3, v3)

JobClient 并非一个单独进程，用户需根据个性化需求自定义，然后经过客户端代码将打包提交给作业服务器，并实时跟踪监控。JobTracker 收到 Job 之后，会对用户请求进行一系列配置，并交由 TaskTracker 执行。任务完成后，JobTracker 会给 JobClient 发出通知，并将结果存储进 HDFS。在执行 Map 任务或者是执行 Reduce 任务之前，都要进行本地化。所有任务完成后，JobTracker 会马上通知 JobClient，MapReduce 随即返回用户程序调用点。一种典型的 MapReduce 过程如图 9.3 所示。

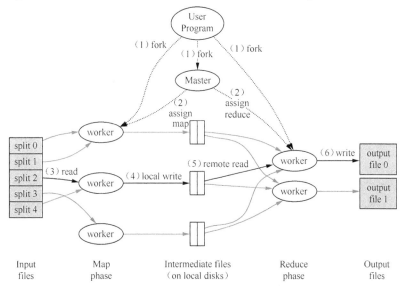

图 9.3　MapReduce 作业运行示意图

9.5   云操作系统的资源调度

在学术界和工业界，云计算资源调度问题都被认为与非确定性多项式（Non-deterministic polynomial）优化问题一样困难，即 NP 问题。因此，解决相对常规的调度问题的算法在问题的规模增大时可能会遭受维度的破坏。随着云计算的不断发展和复杂性的增加，这个问题变得更具挑战性。

9.5.1   资源调度简介

资源调度是指在特定的资源环境下，根据一定的使用规则，在不同的资源使用者之间进行资源调整的过程。这些资源使用者对应着不同的计算任务（例如一个虚拟解决方案），每个计算任务在操作系统中对应一个或者多个进程。通常存在两种途径可以实现计算任务的资源调度：在计算任务所在的机器上调整分配给它的资源使用量，或者将计算任务转移到其他机器上。

图 9.4 所示是将计算任务迁移到其他机器上的一个例子。在这个例子中，物理资源 A（如一台物理服务器）的使用率远高于物理资源 B，通过将计算任务 1 从物理资源 A 迁移到物理资源 B，使资源的使用更加均衡，从而达到负载均衡的目的。

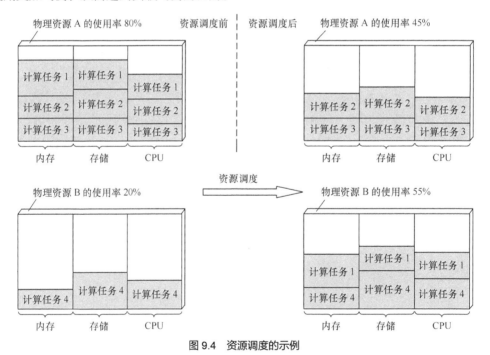

图 9.4   资源调度的示例

而云资源调度问题主要分为三层：应用程序资源调度，虚拟资源（如虚拟机）到物理资源调度，物理资源调度和落地。而且，在每一层可以有多个不同的目标进行优化。在应用层，可能要满足用户指定的服务水平目标（SLO），即调度 QoS，优化提供商的效率，或者在两者之间协商一些妥协。在虚拟资源层，可以优化负载均衡，提高资源利用率（例如 CPU 和内存的占比），此外还有成本效益或节能。

对于较小规模的云资源调度问题，使用穷举调度算法将问题转换为组合优化的问题也可以满足需求。然而，对于一个 NP 难题，我们需要随着维度或要优化的变量数量的增加而打破穷举或枚举的方法。因此，我们需要转向启发式的方法，例如，遗传算法、粒子群算法和蚁群算法等。

9.5.2　云操作系统下资源调度的挑战

虽然资源调度有很多的解决方案，例如 OpenStack Nova、kube-scheduler、oVirt 等，但没有一个万能的方案可以完全解决调度中可能增加的影响因子和支持硬件及不同需求的问题。云资源调度面临三个方面的挑战。

① 第一个挑战是平台状态一致性。例如航空公司的超售问题就是因为新旧数据的交叉导致在调度的过程中出现了临界的数据不一致。

② 第二个挑战是调度需求本身可能随时间而改变。这也是最不确定的问题，它可能来自用户，也可能来自对手，既要考虑特殊的调度请求，又要满足软件和硬件的兼容。

③ 第三个挑战是规模。随着云计算的迅速发展，资源、用户、任务和工作流程的规模不断扩大，而且可以预见未来越来越多的任务将在云环境中处理，越来越多的云资源需要在互联网普及的环境中进行管理和调度。

所以，想要设计或者实现符合自己的云平台调度方案，首先要定义需求边界和成本。我们应该如何定义它们，看重什么因素，哪些是我们完全不需要考虑兼容的，哪些是在未来可能要解决的问题，如何舍弃与妥协，这些问题在云操作系统上是极具挑战性的。例如在平台一致性问题的解决中，我们需要避免在负载高的宿主机上调度，但这样可能会降低资源的使用率。

生产环境的云平台调度主要包括两个方面的挑战：可用性和低成本，即如何在低成本的情况下满足可用性；另一个挑战是算法真正的可行性，目前业界几乎所有的调度，最有效的算法还是基于规则和资源状态的调度。工业界的终极目标是追求利益最大化，所有的事情都会基于这一点，所以提高调度性能、降低成本将是主要的功能。

目前，学者们在云计算资源管理方面进行了较多研究，其中几个主要的研究方向有：以降低云计算数据中心能耗为目标的资源分配和调度研究、以提高系统资源利用率为目标的资源管理与调度研究、基于经济学的云资源管理模型研究等。

9.5.3　云计算资源调度的策略和算法

为了解决云计算资源调度问题，研究者从各个方面做了大量的研究工作。从这些工作中可以总结出以下四个热点问题。

（1）问题 1，本地性感知任务调度问题：如何在云资源调度中增强数据本地性来提高执行效率以节约网络带宽。

在云计算中，将计算迁移到靠近本地数据所在的计算节点所需的开销远远少于将数据移动到运行应用程序的节点所需的开销。此外，由于网络带宽属于紧缺资源，为了避免网络拥堵和增加系统整体吞吐量，研究本地性感知任务调度问题来增强作业的数据本地性是非常有必要的。一般来说，好的数据本地性是指将计算任务分配到其输入数据所在节点的附近。

（2）问题 2，可靠性感知调度问题：如何减少云计算资源调度中任务的失效率来提高云系统的可靠性和执行效率。

一个云环境可能拥有成千上万个数据节点，资源发生失效是不可避免的，而且是常态的。这可能导致执行中止、数据损坏丢失、性能下降、违反服务水平协议（SLA），进而可能造成大量的客户流失。因此，研究可靠性感知调度问题来增强云系统的可靠性是极其必要和有意义的。例如，MapReduce能够自动处理故障：如果一个节点崩溃了，MapReduce 能够将任务分配到另一个节点上重新运行。现在，已经有许多研究人员将可靠性纳入云计算资源调度策略中。

（3）问题 3，能耗感知资源调度问题：如何通过降低数据中心的能源消耗来减少云提供商的运营成本。

随着数据中心规模持续增大，其能源消耗也在快速增长，这引起了各界的广泛关注。高能耗不仅增加了云提供商的运营成本，而且产生了大量具有温室效应的二氧化碳排放物，加速全球变暖。因此，在保证满足用户与云平台提供商之间的 SLA 前提下，为了尽可能多地降低能耗，有必要研究能耗感知资源调度问题。如今，已经开展了很多研究云计算中能源有效性资源调度方案的工作来节约能源。

（4）问题 4，工作流调度问题：如何优化工作流调度来权衡完成时间与成本。

在分布式系统中，通常采用工作流模型来描述大规模应用程序。在类似网格这样的分布式系统中，调度目标主要是为了获得最小工作流执行时间。然而，在云计算中，除了执行时间还有其他重要的影响因素（如成本）。一般来说，资源运行速度越快，所需的成本代价就越高。因此，研究工作流调度问题来权衡完成时间与成本是一项重要的工作。

如图 9.5 所示，根据不同的优化目标，资源调度策略及算法可以划分成三种类型：基于性能的资源调度、基于成本的资源调度、基于性能和成本的资源调度。本地性感知任务调度主要是为了提高任务的执行效率，可靠性感知任务调度主要是为了提高云系统的可靠性，都属于第一类；能量感知资源调度主要是为了减小运营成本，属于第二类；工作流调度同时优化了时间和成本，因此把它归到第三类。

图 9.5　资源调度策略及算法分类

1. 基于性能的资源调度

基于性能的资源调度策略与算法可以分为本地性感知任务调度和可靠性感知任务调度。对于前者的研究主要用来解决问题 1，对于后者的研究主要用来解决问题 2。

（1）本地性感知任务调度

云计算的海量数据处理平台（如 MapReduce、Dryad、Hadoop 等）需要同时执行大量的数据敏感性作业（每个作业包含多个子任务）。一般来说，作业之间会互相竞争计算资源和网络带宽。为了在作业执行过程中通过减少网络传输来提高执行效率，部分学者表明应该将任务尽可能地分配到距离其输入数据较近的计算节点来提高数据本地性。

（2）可靠性感知任务调度

可靠性感知任务调度就是在云计算资源调度过程中减少任务的失效率来提高云系统的可靠性以及执行效率。例如，在 Hadoop 调度器中，假设集群中数据节点是同构的，并且对任务进行线性规划，以此来决定何时重新执行掉队的任务，这些假设严重限制了调度器的性能发挥。在实际异构环境中，不同设备的计算能力、通信能力、体系结构、内存大小都有所不同。

2. 基于成本的资源调度

基于成本的资源调度策略及算法涉及能量感知资源调度。针对能量感知资源调度的研究主要用来解决问题 3。

随着计算应用程序和数据的快速增长，需要增加服务器和磁盘的数量，以便能在规定时间内快速处理程序和数据，此时，服务器和磁盘的能耗就成为数据中心的主要开销。目前已有许多解决方案，有些能够直接分配物理服务器，还有些采取了虚拟技术，还有些能够跨多个数据中心来达到能源有效性。下面从三个角度对能量感知资源调度策略及算法进行讨论分析。

（1）从服务器角度：在服务器中，现有的节约能耗的技术可以大致分为动态电压/频率缩放（DVFS）和动态电源管理（DPM）两类。

（2）从虚拟技术角度：在数据中心中，用来解决服务器能耗有效性的关键技术为虚拟技术。它通过在物理服务器上建立多个虚拟机实例来减少能源消耗以及提高资源利用率，并通过解析服务与应用程序之间 QoS 串扰来保证用户与云平台提供商之间的 SLA。各种虚拟服务被封装在 VM 中，然后根据 VM 的管理决策，能够进行动态创建、复制、迁移以及删除操作。

（3）从多数据中心角度：以上提到的各种解决方案主要以节约单个服务器或单个数据中心（拥有很多服务器）的能耗为目的。基于各种影响因素如能源成本、二氧化碳排放率、工作负载以及 CPU 能源有效性，可以提出一些简单有效的通用调度策略，使其能够在多个数据中心之间获得能源有效性。

3. 基于性能和成本的资源调度

基于性能和成本的资源调度策略及算法主要涉及工作流调度。研究工作流调度主要用来解决问题 4。

工作流调度属于全局任务调度，它需要将每一个任务映射到合适的资源上，并对每一个资源上的任务按一定性能标准进行优先排序。工作流调度策略具有两种形式：基于 best-effort 调度策略和基于 QoS 限制的调度策略。前者主要应用于类似集群、网格这种分布式系统，它们的资源可以免费访问，并在社区成员中共享，它们只需要追求使工作流应用程序的完成时间最小，而不需要考虑资金成本和用户的 QoS 请求。与之相反，后者主要应用于具有以市场为导向的商业模型的云系统，它既可以满足用户特定的 QoS 请求（如完成时间、成本、可靠性），也可以保证工作流调度系统的最优性能。

根据不同的 QoS 限制，如完成时间限制、预算限制、多个 QoS 限制等，工作流调度策略及算法包括三个方面。

（1）限制完成时间的 QoS 请求：任务调度是一个 NP 完全问题，因此，云计算工作流调度采用了启发式或元启发式方法来解决。

（2）限制预算的 QoS 请求：在满足用户限制预算的请求下，尽量使云系统中工作流执行时间最短。

（3）多 QoS 限制请求：在满足用户多个 QoS 请求的情况下，保证科学工作流系统最好的性能已经成为研究工作流调度的热点。

除了上述内容，云资源调度领域的研究方向还包括：①负载均衡是提高云计算资源调度性能的重要途径之一。在调度中结合负载均衡能够避免热点（hotspot），并且能够提高资源的利用率。②混合云计算中的资源调度引起了很多研究者的关注，它需要决定将应用程序分配到公共云还是私有云，从而根据不同云的特点来运行所有的应用程序，以达到整体开销最优。③多目标资源调度已成为热门话题，考虑的影响因子越多，获得的性能将越好，开销将越低。

9.6 实践：Mesos

Mesos 是 Apache 下的开源分布式资源管理框架，被称为是分布式系统的内核，最初由加州大学伯克利分校的 AMPLab 开发，后在 Twitter 等大公司得到广泛使用。Mesos 在 BDAS（the Berkeley Data Analytics Stack）中的位置如图 9.6 所示。

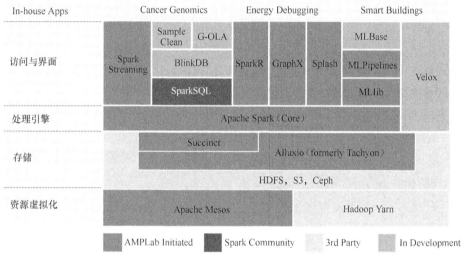

图 9.6 Mesos 在 BDAS 中的位置

Mesos 使用与 Linux 内核相同的原理构建，仅在不同的抽象层次上构建。Mesos 内核在每台机器上运行，将 CPU、内存、存储和其他计算资源从机器中抽象出来，并为应用程序提供 API，用于在整个云和云环境中进行资源管理和调度，使容错和弹性分布式系统可以轻松构建和有效运行。

Mesos 以细粒度的方式实现了跨多个集群计算框架的资源共享，为了支持框架复杂的调度器，Mesos 引入了一种称为 resource offer 的分布式两级调度机制，同时允许开发人员根据需要定制自己的调度算法，通过可插拔机制实现调度模块的轻松替换。Mesos 决定为每个框架提供多少资源，而框架决定接受哪些资源以及在其上运行哪些任务。Mesos 可以实现近乎最佳的数据局部性，具有高效、高可靠、高容错、扩展性好、错误自恢复等特点。

9.6.1 Mesos 架构

1. 设计理念

Mesos 旨在提供一个可扩展的弹性核心，使各种框架能够有效地共享集群。由于集群框架是高度多样化和快速演进的，所以 Mesos 的首要设计理念就是定义一个能够实现跨框架高效资源共享的最小化接口，将任务调度和执行的控制交给框架处理。这种理念带来了两点好处：①框架可以针对集群中的各种问题（如实现数据局部性，处理故障）实现多种解决方法，并独立地演进这些解决方案；②Mesos 可以更加简单化、最大限度地减少系统所需的更改速率，这使得 Mesos 能够更容易地保持可扩展性和可靠性。

2. 总体架构设计

图 9.7 展示了 Mesos 的主要组件，包括 Mesos master、Mesos Agent、scheduler、executor、task 等。Mesos 采用了经典的 Master/Slave（Agent）架构，可以和 ZooKeeper 结合实现高可用性。

（1）Mesos master

Mesos master 是 Mesos 的核心组件，实现了框架管理、资源分配、任务调度等功能。master 管理各个框架和 agent，能够汇总 agent 汇报的资源列表，根据调度策略将 agent 上的资源分配给框架。由于所有的框架都依赖于 master，因此，master 的高可用性至关重要，Mesos 可以通过使用 ZooKeeper 来实现高可用性。

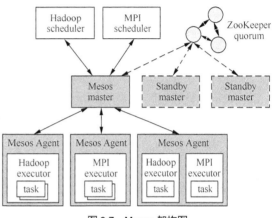

图 9.7　Mesos 架构图

（2）Mesos Agent

Mesos Agent 负责接收并执行来自 Mesos master 的命令、管理节点上的 task，并为各个 task 分配资源。当 Agent 启动时，会将节点的资源使用量（CPU、内存等）发送给 master，master 根据调度策略将资源分配给框架。当框架需要执行任务时，agent 为 task 分配资源，并向 master 汇报资源使用情况及任务执行情况。

（3）Framework

Framework 指外部的计算框架，如 Hadoop、Spark 等，框架通过注册的方式接入 Mesos，以便 Mesos 进行统一管理和资源分配。

Mesos 系统采用了两级调度机制：Mesos 调度模块将资源分配给框架，框架内的调度器将资源分配给框架内部的任务。因此，当框架接入 Mesos 时，必须有一个调度器模块，该调度器负责框架内部的任务调度。

现有的分布式计算框架均有调度器模块，因此，框架只需简单地修改，即可快速接入 Mesos。使用两级调度机制，Mesos 可以支持当前绝大部分的计算框架，并能对未来新型的计算框架提供良好支持。当前 Mesos 支持三种语言编写的调度器，分别是 C++、Java 和 Python，为了向各种调度器提供统一的接入方式，Mesos 内部采用 C++实现了一个 Mesos Scheduler Driver（调度器驱动器），框架的调度器可调用该驱动器中的接口与 master 交互，完成一系列功能（如注册、资源分配等）。

（4）Executor

Executor 用于启动框架内部的 task。由于不同的框架启动 task 的接口或者方式不同，当一个新的框架要接入 Mesos 时，需要编写一个执行器，以便 Mesos 能够正确地启动该框架中的 task。为了向各种框架提供统一的执行器编写方式，Mesos 内部采用 C++实现了一个 Mesos Executor Driver（执行器驱动器），Framework 可通过该驱动器的相关接口告诉 Mesos 启动 task 的方法。

（5）Task

Task 是框架要执行的任务。

9.6.2 Mesos 设计解读

1. 概述

Mesos master 通过 resource offer 机制来实现框架间细粒度的资源（CPU、RAM 等）共享。每个 resource offer 都包含一个 <agent ID, resource1: amount1, resource2: amount2, ...> 列表。Mesos master 根据给定的资源分配策略（如公平分享策略、严格优先级策略等）决定为每个框架提供多少资源。为了支持多种策略，master 采用模块化架构，通过插件机制可以轻松添加新的分配模块。

运行在 Mesos 之上的框架由两部分组成：一个向 master 注册以接收资源的调度器和一个在 agent 上运行框架任务的执行器。Mesos master 决定为每个框架提供多少资源，框架的调度器选择接收哪些资源。当一个框架接受提供的资源时，它会向 Mesos 传递它想要运行的任务的描述，然后 Mesos 启动相应的 Agent 以执行任务。

2. 资源分配策略

Mesos 调度模块能够实现框架间高效的资源共享。Mesos 通过插件机制实现添加新的分配模块，研究人员可以根据实际需求采用自己的分配策略。Mesos 上已经实施了两个资源分配策略：一个基于 max-min 的主导资源公平（Dominant Resource Fairness）分配策略和一个严格优先级（strict priorities）分配策略。

在正常操作中，只有当任务完成时，Mesos 才重新分配资源。然而，如果集群中包含过多的长时间任务，一些短时间的任务可能永远都得不到执行，出现饿死的情况。为了避免这种情况，Mesos 为每一个框架设置了一个保证配额，如果一个框架占有的资源量低于其保证配额，那么任何一个任务都不会被杀死，如果占有的资源量高于保证配额，则任何任务都有可能被杀死。

Mesos 使用延迟调度策略实现了较高的数据局部性。当框架所需的数据不在分配的节点中时，框架会等待一定的时间来获得含有框架所需的数据的节点，减少因数据传输带来的性能损耗。

3. 资源隔离

Mesos 通过利用现有的 OS 隔离机制，在同一个 agent 上运行的框架执行程序之间提供了资源隔离。由于这些机制与平台有关，因此，Mesos 实现了可插拔隔离模块支持多种隔离机制。目前，容器技术已经发展得较为完备，因此，采用容器技术可以轻松地实现资源隔离。

4. 容错机制

由于所有框架都依赖于 Mesos master，所以使 master 容错至关重要。为了实现这一点，Mesos 将 master 设计为软状态（soft state），使新的 master 可以从 agent 和框架调度器的信息中完整地重建其内部状态。使用 ZooKeeper，可以在主节点出现故障时快速启动备选节点。

除了处理主机故障之外，Mesos 会向框架的调度程序报告节点故障和执行器崩溃。然后，框架可以使用自己的策略来处理这些错误。

最后，为了处理调度器故障，Mesos 允许一个框架注册多个调度器，以便当一个调度器失败时，可以启用其他调度器。

5. resource offer 实例

图 9.8 展示了 resource offer 机制的简单流程。

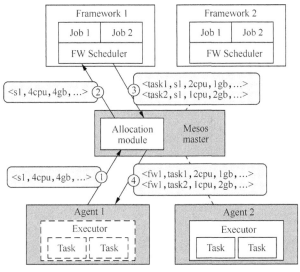

图 9.8 resource offer 实例

（1）Agent1 采用 resource offer（<s1, 4cpu, 4gb...>）的方式向 master 汇报节点上可用资源情况，然后 master 启动资源分配模块，将 Agent1 上的所有资源分配给 Framework1。

（2）Master 将资源描述发送给 Framework1。

（3）Framework1 启动框架内的调度模块，并回复 master 如下内容：

```
<task1, s1, 2cpu, 1gb, ...>
<task2, s1, 1cpu, 2gb, ...>
```

即在 Agent1 上运行 task1，分配 2 个 CPU 和 1GB 内存，在 Agent1 上运行 task2，分配 1 个 CPU 和 2GB 内存。

（4）Master 将任务描述发送给 Agent1，Agent1 分配适当的资源给框架的执行器，从而启动了两个任务。因为有 1 个 CPU 和 1GB 的 RAM 仍然是空闲的，所以分配模块现在可以将它们提供给 Framework2。此外，当任务完成并且新的资源变得空闲时，该过程会重复执行。

9.6.3 在 Mesos 上运行 Spark

Apache Spark 是一个快速和通用的集群计算系统，最初由加州大学伯克利分校的 AMP Lab 开发。它提供 Java、Scala、Python 和 R 中的高级 API，以及支持通用执行图的优化引擎。它还支持一套丰富的高级工具，包括用于 SQL 和结构化数据处理的 Spark SQL，用于机器学习的 MLlib，用于图形处理的 GraphX 及 Spark Streaming。

本实例使用 3 台虚拟机搭建 Mesos 集群，1 台作为 Master 节点，2 台作为 Agent 节点，不再配置 ZooKeeper。系统为 Ubuntu 16.04 64 位，Mesos 使用 1.4.1 版本，Spark 使用 2.2.0 版本。

1. 安装 Mesos

目前安装 Mesos 主要有两种方式。

（1）使用源码编译安装

从官网下载 Mesos 发布版本的源码，在本地机器编译安装。官网文档给出了详细的编译安装步骤，因此本节不再重复描述。安装过程中如果不想把 Mesos 安装到系统默认路径下，可以通过 configure 脚本的–prefix 参数来指定安装路径，例如，configure –prefix=/home/user/mesos。默认的安装路径是 /usr/local。

（2）使用第三方包安装

Apache Mesos 项目本身只发布源码包，可以从一些第三方项目中找到 Mesos 的二进制发布包，二进制包在安装时相对更方便一些。其中一个第三方项目是 Mesosphere。按官网所提供的安装指令即可安装和配置 Mesos。

（3）验证

集群安装完成以后，通过浏览 Mesos master 的 Web UI（其端口为 5050）来确认页面上是否显示了所有集群中的 slave 机器。

2. Spark 连接 Mesos

要在 Mesos 上运行 Spark，需要在 Mesos 能访问到的地方部署 Spark 的二进制包，并且需要配置 Spark 驱动程序（driver），以使其可以连接到 Mesos。

当然，也可以把 Spark 安装到 Mesos slave 机器上与 Mesos 相同的目录下，然后配置 spark.mesos.executor.home（默认等于${SPAKR_HOME}），使其指向这个目录。

（1）上传 Spark 包

Mesos 在某个 slave 机器上首次运行 Spark 任务的时候，slave 机器需要一个运行 Spark Mesos executor backend 的二进制包，这个 Spark 包可以放在任何能够以 Hadoop 兼容 URL 访问到的地方，包括 http://、s3n://、hdfs://。

使用预编译好的二进制包，具体如下。

① 下载 Spark 二进制包。

② 将 Spark 二进制包上传到可访问的的存储：hdfs/http/s3。

例如，要存到 HDFS 上，可以使用 Hadoop fs put 命令：

```
hadoop fs -put spark-2.2.0.tar.gz.tar.gz /path/to/spark-2.2.0.tar.gz.
```

（2）使用 Mesos Master URL

Mesos Master URL 有两种形式。

① 单 master 为 mesos://host:5050。

② 基于 ZooKeeper 的多 master 为 mesos://zk://host:2181。

（3）客户端模式

在客户端模式下，客户端机器上将会启动一个 Spark Mesos 框架，并且会等待驱动（driver）的输出。驱动需要 spark-env.sh 中的一些配置项，以便和 Mesos 交互操作。

3. 在 Spark-env.sh 中设置环境变量

```
export MESOS_NATIVE_JAVA_LIBRARY=<path to libmesos.so>
```

一般情况下，这个路径是<prefix>/lib/libmesos.so，其中 prefix 的默认值是/usr/local。见前面 Mesos 安装所述。

export SPARK_EXECUTOR_URI=<上文所述的上传 spark-2.2.0.tar.gz 对应的 URL>

同样，spark.executor.uri 也需要设成<上文所述的上传 spark-2.2.0.tar.gz 对应的 URL>。

然后，就可以向这个 Mesos 集群提交 Spark 应用了，当然，需要把 Mesos Master URL(mesos://) 传给 SparkContext，例如：

```
val conf = new SparkConf()
  .setMaster("mesos://HOST:5050")
  .setAppName("My app")
  .set("spark.executor.uri", "<path to spark-2.2.0.tar.gz uploaded above>");
val sc = newSparkContext(conf);
```

也可以在 conf/spark-defaults.conf 文件中配置 spark.executor.uri，然后通过 spark-submit 脚本来提交 Spark 应用。

如果是在 Spark shell 中，spark.executor.uri 参数值是从 SPARK_EXECUTOR_URI 继承而来的，所以不需要额外再传一个系统属性。

```
./bin/spark-shell --master mesos://host:5050
```

4. 集群模式

Mesos 支持 Spark 以集群模式提交作业，这种模式下，驱动器将在集群中某一台机器上启动，其运行结果可以在 Mesos Web UI 上看到。

要使用集群模式，首先需要利用 sbin/start-mesos-dispatcher.sh 脚本启动 MesosClusterDispatcher，并且将 Mesos Master URL（如：mesos://host:5050）传给该脚本。MesosClusterDispatcher 启动后会以后台服务的形式运行在本机。

此时，客户机可以向 Mesos 集群提交任务，如下示例，可以用 spark-submit 脚本，并将 master URL 指定为 MesosClusterDispatcher 的 URL（如 mesos://dispatcher:7077）。然后，用户可以在 Spark 集群 Web UI 上查看驱动器程序的状态。

```
./bin/spark-submit \
  --class org.apache.spark.examples.SparkPi \
  --master mesos://207.184.161.138:7077 \
  --deploy-mode cluster \
  --supervise \
  --executor-memory 20G \
  --total-executor-cores 100\
  http://path/to/examples.jar \
  1000
```

注意，spark-submit 中所涉及的 jar 包或 Python 文件必须传到 Mesos 可以用 URI 形式访问到的位置，Spark 驱动是不会自动上传任何本地 jar 包或 Python 文件的。

9.6.4 Mesos 实现容器编排

Marathon 是 Mesosphere 云操作系统（DC/OS）和 Apache Mesos 的生产级容器编排平台。使用 Marathon 可轻松搭建一个高可用，支持健康检查、事件订阅、容器化、界面美观大方的容器编排平台。Mesos 的设计为容器调度提供了良好的支持，因此，使用 Marathon 和 Mesos 很容易就能够实现容器编排。Marathon 的 UI 管理界面如图 9.9 所示。

Rancher 是当前流行的一个功能较为完备的容器管理平台，支持 Kubernetes、Docker swarm、Mesos、Cattle 等众多编排方式，用户可在 Web UI 中选择不同的编排方式。Rancher 除了提供基本的功能之外，还提供了众多的扩展应用。图 9.10 描述了 Rancher 的总体架构。

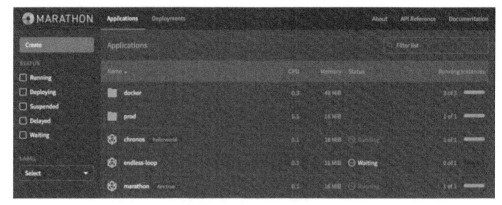

图 9.9　Marathon 的 UI 管理界面

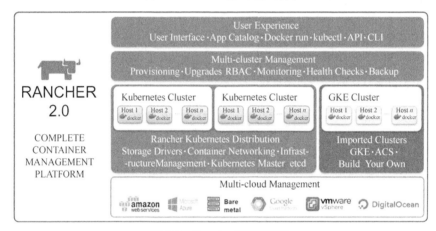

图 9.10　Rancher 的总体架构

9.7　本章小结

操作系统与硬件的发展息息相关，操作系统发展的历史就是解决计算机系统需求与问题的历史。由 PC 主导的年代，人们使用单一的设备收发消息、接入互联网、游戏和工作。智能手机、平板电脑等移动终端的出现，改变了人们使用计算设备的方式，将人们从传统 PC 上解放了出来。随着云时代的来临，云操作系统逐渐进入人们的视野，成为数据中心的一个重要选择。本章首先介绍计算机软件与操作系统和 UNIX 类操作系统的发展，然后介绍云操作系统的概念，以及云计算编程模型与环境，最后通过 Mesos 来实践一个实际的云操作系统。

9.8　复习材料

课内复习

1. 云操作系统的定义是什么?
2. 云操作系统有哪些功能?

3. 什么是资源调度?

4. 云资源调度的策略和算法分类是什么?

课外思考

1. 怎样理解"操作系统体现了'软件定义的系统'技术的集大成"?

2. 为什么类 UNIX 操作系统能发展成为占据主导地位的云端服务器操作系统?

3. 云端编程的挑战和未来是什么?

动手实践

1. Mesos 是一个开源的集群管理器,最初是由加州大学伯克利分校的 AMP Lab 开发的,已经在很多公司的生产环境上使用过,包括 Twitter 和 Airbnb。2013 年成为 Apache 的最高级项目。Mesos 通过在多种不同框架之间共享可用资源来提高资源使用率。

- 任务:通过 Mesos 的官方网站下载并安装使用最新的软件,进一步熟悉 Mesos 的操作。
- 任务:在 Mesos 中安装 Hadoop,并用 Mesos 对 Hadoop 集群进行管理。

2. Rancher 是一个开源的企业级全栈化容器部署及管理平台,简单来说,就是一个可以通过 Web 界面管理 Docker 容器的平台。

- 任务:通过 Rancher 的官方网站下载并安装使用最新的软件,进一步熟悉 Rancher 的操作。
- 任务:在 Rancher 中管理 Docker 集群,并对性能进行监控分析。

论文研习

1. 阅读"论文阅读"部分的论文[44],深入理解 Mesos 的原理。

2. 阅读"论文阅读"部分的论文[45],深入理解 POSIX 在现代操作系统中的历史与地位。

10

第 10 章　云端软件

　　随着软件的形态进一步朝着云件的形态发展，云端软件开始在越来越多的领域发挥着重要作用。本章主要内容如下：10.1 节介绍从软件到云件发展的趋势，10.2 节介绍云件系统架构与运行原理，10.3 节介绍云件的开发模式与运行效果，10.4 节通过大规模在线实训平台这样一个场景介绍云件的应用方向，10.5 节通过介绍云件应用开发实例对本章介绍的内容进行实践。

10.1　从软件到云件

10.1.1　云件的基本概念

软件是一种特殊的人工制品，是人类"智力活动"的产物。在信息化社会，软件正变得无处不在，成为信息时代的重要基础设施。纵观计算机技术发展的历史，软件技术的发展贯穿其中。软件是相对于硬件的一个概念，是一系列按照特定顺序组织的计算机数据和指令的集合，其特性与承载软件的硬件结构密切相关。随着云计算和虚拟化技术的兴起，越来越多的软件逐渐把软件主体放在云端，而客户端只需要通过互联网技术使用云端软件的服务即可，使得软件不再依赖于终端软硬件资源，这样的软件形态更多地体现为一种服务，而这样的软件形态则称之为云件（Cloudware）。近年来，云计算和互联网的兴起不仅带来了数据中心的变化，也带来了软件的开发、部署、运维和使用方式的变革。随着当前云计算和网络环境的不断完善，传统软件如何更好地利用云计算平台，并服务于终端用户是计算机软件领域的研究热点，具有广泛的现实意义。随着实时互联网、微服务、云端渲染、容器等理念和技术的不断深入发展，软件（Software）形态将逐步朝着云件的方向发展。

众所周知，自从 1946 年第一台计算机埃尼阿克（ENIAC）诞生起，计算机逐渐在人类社会中发挥了越来越重要的作用，从小型的手持终端到大型天河超级计算机，从单片机玩具到智能机器人，这一切都离不开计算机技术，可以说计算机是人类现代社会最伟大的发明之一，人类社会的进步与计算机技术的发展密切相关。现在，人类社会已经进入了一个全新的信息化时代，在全球信息化的大潮中，计算机已经成为人们办公、生活的必需品，对人们的生活与工作已经并将持续产生积极的影响和意义。计算机领域是一个年轻的领域，也是一个蕴含着无穷活力的领域，计算机技术的发展将极大地改变人们工作、消费、生活的习惯，推动和促进社会文明的进步与发展。同时，计算机技术的发展已经成为国家综合实力竞争的重要组成部分，是推动科技进步的重要力量之一。在此背景下，加强对计算机技术发展的研究有助于认识和了解计算机技术发展的历史与现状，从而更好地推动和促进人类社会的信息化进程。

从本质上讲，计算机技术的进步就是计算机硬件和软件的进步，因为计算机就是由硬件和软件构成的，硬件是软件的载体和基础环境，软件是硬件的灵魂和价值体现，所以，硬件技术和软件技术的进步是计算机技术进步的关键。继埃尼阿克之后，计算机技术先后经历了第二代晶体管计算机、第三代基于中小规模集成电路的计算机和第四代基于超大规模集成电路的计算机的发展阶段。每一代计算机都在硬件技术上有革命性的进步，极大地促进了计算机技术的快速发展。

同样地，计算机软件技术也在随着计算机系统的进步而不断发展，但是软件相比硬件更加灵活多变。从总体上来看，软件的技术架构主要经历了单机软件、C/S 软件、B/S 软件和 SaaS 软件等几个阶段，计算机软件架构的变化主要随着计算机体系结构和计算机网络技术的发展而发展。

随着互联网络发展的深入，云计算对现有的 IT 技术产生了深远的影响，软件开发、使用和运维模式由单机版向面向互联网的云计算方向转变。单机版的软件所使用的资源，是基于本地 PC 机的物理资源（如 PC 机的内存和硬盘）；而在云计算时代，这种软件模式将会完全改变，用户使用的资源不再受到本地物理资源的限制，内存的使用可以基于数据中心的服务器集群，数据库可以通过互联网存储到远端的数据中心。通过网络使用云计算数据中心的资源是当前云计算系统的主要工作模式之一，这种方式能够极大程度地实现资源共享和数据整合。

软件主机从本地迁移到云端，未来将会逐渐向"云件"方向发展。

10.1.2 从软件到云件的变迁

1. 本地部署软件架构

本地部署软件（On-Premise-Software）架构是一种完全运行在本地环境中且依赖本地资源的软件模式，传统的单机软件大都属于 On-Premise-Software，这种软件需要在本地部署软件依赖的全部库和相关组件，如果有特殊硬件依赖比如 GPU 加速器等，则需要用户自己安装。同时，软件的管理、部署和运维也完全依赖于用户自身，产生的数据也都存储在本地，所以还需要采取额外的措施来保证系统的安全。

在进行本地部署软件的开发时，程序员需要考虑其所有依赖的软件环境和硬件配置，设定硬件配置的下限和软件环境的版本号，如某些游戏需要至少 2GB 内存，且需要至少 Windows XP 以上的操作系统支持。

在进行云计算应用开发时，程序员应更加关注云计算架构下分布式的计算资源组成，例如，这种应用在哪个计算集群中运行，应用之间内部通信的网络带宽，分布式资源的存储位置等。

2. C/S 软件架构

C/S 软件架构，即 Client/Server（客户机/服务器）软件架构，是目前广泛使用的软件系统体系结构，通过它可以充分利用两端硬件环境的优势，将任务合理地分配到 Client 端和 Server 端，从而降低系统的通信开销。

传统的 C/S 体系结构虽然采用的是开放模式，但这只是系统开发一级的开放性。在特定的应用中，无论是 Client 端还是 Server 端都还需要特定的软件支持。由于未能提供用户期望的开放环境，C/S 结构的软件需要针对不同的操作系统开发不同版本的软件。再加上软硬件的更新换代很快，已经很难适应百台计算机以上局域网用户同时使用，同时，代价高、效率低。服务器通常采用高性能的PC、工作站或小型机，并采用大型数据库系统，如 Oracle、Sybase、Informix 或 SQL Server。客户端需要安装专用的客户端软件。

相对于上述本地部署软件，C/S 架构软件具有以下优点。

（1）数据的操作速度较快。因为 C/S 架构可以从服务器一次性获得大量数据，可以长时间不进行服务器通信，从而降低了通信的时间成本，也大大降低了服务器的压力。同时，由于其可以直接对本地文件进行操作，所以无论是服务器端还是客户端的速度都得到了提高。

（2）应用服务器运行数据负荷较轻。最简单的 C/S 体系结构的数据库应用由两部分组成，即客户应用程序和数据库服务器程序，二者可分别称为前台程序与后台程序。运行数据库服务器程序的机器，也被称为应用服务器。一旦服务器程序被启动，就随时等待响应客户程序发来的请求。客户应用程序运行在用户的计算机上，对应于数据库服务器，可称为客户计算机。当需要对数据库中的数据进行操作时，客户程序就自动地寻找服务器程序并向其发出请求，服务器程序根据预定的规则做出应答，返回结果。

（3）数据的存储管理功能较为透明。在数据库应用中，数据的存储管理功能是由服务器程序和客户应用程序分别独立进行的，前台应用可以违反规则，通常把那些不同的（不管是已知还是未知的）运行数据不在服务器程序中集中实现，例如，访问者的权限、编号可以重复，必须由客户建立这样的规则。这些规则对工作在前台程序上的最终用户来说是"透明"的，他们无须过问（通常也无法干涉）背后的过程，就可以完成交给自己的工作。在客户机/服务器架构的应用中，复杂的事情都由服务器和网络完成。在 C/S 体系下，数据库不能真正成为公共、专业化的仓库，它受到独立的专门管理。

3. B/S 软件架构

B/S 结构，即 Browser/Server（浏览器/服务器）结构，是随着 Internet 技术的兴起，对 C/S 结构的改进。在这种结构下，只需在客户机上安装一个浏览器（Browser），如 Chrome 或 Internet Explorer，在服务器中安装 Oracle、Sybase 或 SQL Server 等数据库，在上层通过 Http 服务器实现 Web Server 服务，用户就可以通过浏览器使用软件。

用户界面完全通过浏览器实现，极少部分事务逻辑在前端实现，但是主要事务逻辑在服务器端实现，这样就大大简化了客户端计算机载荷，减轻了系统维护与升级的成本和工作量，降低了用户的总体成本。

以目前的技术看，局域网建立的 B/S 结构的网络应用，并通过 Internet 模式建立的数据库应用，相对易于掌握，成本也较低。它是一次到位的开发，能实现不同人员从不同地点以不同的接入方式（如 LAN、WAN、Internet/Intranet 等）访问和操作共同的数据库；它能有效地保护数据平台和管理访问权。特别是在 Java 这样的跨平台语言出现之后，B/S 架构管理软件就更加方便、快捷和高效了。

传统的 B/S 结构主要是利用了不断成熟的浏览器技术，结合浏览器的多种脚本语言（VBScript、JavaScript）和 ActiveX 技术，使用通用浏览器就实现了原来需要复杂专用软件才能实现的强大功能，并节约了开发成本，是一种相对于 C/S 的全新的软件系统构造技术。随着各种操作系统将浏览器技术植入操作系统内部，这种结构更是成为当今应用软件的首选体系结构。

从本质上讲，B/S 软件架构也是一种 C/S 软件架构，只不过是客户端使用了通用浏览器平台，而且更强调基于 Web 的软件形式，这种软件架构具有以下优点。

（1）B/S 适用于广域网环境，支持更多的客户。可根据访问量动态配置 Web 服务器、应用服务器，以保证系统性能。采用面向对象技术，代码可重用性好。

（2）维护和升级方式简单。当前软件系统的改进和升级越来越频繁，B/S 架构的产品优势就体现得更加明显了。对于大中型企业来说，系统管理人员如果需要在几百甚至上千部计算机之间来回奔跑，效率和工作量是可想而知的。但 B/S 架构的软件只需要管理服务器就行了，所有的客户端只是浏览器，无需做任何的维护。无论用户的规模有多大，有多少分支机构都不会增加维护升级的工作量，所有的操作只需要针对服务器进行。系统的扩展非常容易，只要客户机能上网，再由系统管理员分配一个用户名和密码，就可以正常使用了。所以 B/S 模式下的客户机越来越"瘦"，而服务器越来越"胖"。

（3）跨平台设备接入。众所周知，无论在桌面计算机上还是智能手机上，浏览器几乎成为标准配置，每个设备上都会配备浏览器，它是非常重要的互联网入口，这也为 B/S 软件提供了得天独厚的发展优势，使得 B/S 软件能够很好地适应不同的设备和平台。

4. SaaS 软件架构

传统的 ERP、CRM 和 OA 等软件大部分都采用了本地部署软件架构，随着云计算技术的发展，基于云计算的软件服务模式——SaaS 软件架构就诞生了。前面章节中介绍过，在 SaaS 模式中，软件服务商将应用软件部署在云端服务器上，客户根据自身的实际需求通过网络按需购买软件服务商提供的软件服务并支付相应的费用。SaaS 提供商为企业搭建信息化所需的所有网络基础设施及软件、硬件运作平台，并负责前期实施、后期维护等一系列服务，企业无需再购买软硬件、建设机房、招聘 IT 人员，即可通过互联网使用信息系统。就像打开自来水龙头就能用水一样，企业根据实际需要，向 SaaS 提供商租赁软件服务。

SaaS 软件是继 C/S 架构软件和传统 B/S 架构软件后，为企业在线提供按需服务的软件应用服务模式（用户端也是采用浏览器，但企业无需部署服务器）。基于云计算技术的 SaaS 软件采用创新的计算模式，使用户可通过互联网随时获得近乎无限的计算能力和丰富多样的信息服务，它创新的商业模式实现了用户对计算和服务的取用自由、按量付费。云计算融合了以虚拟化、服务管理自动化和标准化为代表的大量革新技术。云计算借助虚拟化技术的伸缩性和灵活性，提高了资源利用率，简化了资源和服务的管理和维护；利用信息服务自动化技术，将资源封装为服务交付给用户，减少了数据中心的运营成本；利用标准化，方便了服务的开发和交付，缩短了客户服务的上线时间。

随着云计算技术的发展，越来越多的传统软件提供商向 SaaS 方向发展，SaaS 不仅降低了企业信息化的成本，也为企业向智能化、自动化、流程化和敏捷化发展提供了坚实的基础，SaaS 之所以有如此强大的发展潜力，主要是因为 SaaS 架构有以下优点。

（1）软件复用，动态资源。软件复用是 SaaS 的显著特性，因为 SaaS 软件的主体部署在云端，所以软件能够被更多的用户分享复用。同时，基于云计算的云端环境为 SaaS 提供了良好的弹性资源环境，SaaS 能够按照客户的需求动态地调整所需的软硬件资源，同时，根据用户的需求个性化定制其资源，实现对资源的动态分配。

（2）按需付费，成本低廉。用户可以根据自身对软硬件的需求按需购买 SaaS 服务，使得用户可以根据自身业务的发展需求购买相应的软件服务，从而降低软件成本。另外，共享的云端软硬件资源提升了系统的资源利用率，从而进一步降低了中小型企业和个人用户的成本。

（3）快速部署，统一运维。云端部署的 SaaS 软件由专门的软件服务商负责开发、运维，软件的部署、升级和更新直接在云端进行，更容易实现快速部署和统一运维。

5. 云件架构

云件是一种将运行环境全部置于云端的模式，也属于 SaaS 的一种服务方式，主要通过互联网技术使用云端的服务。但是与传统的 SaaS 服务（如网盘、邮箱和在线办公）相比，其主要差别在于传统 SaaS 软件往往是将桌面软件进行大规模的改造，大部分软件仍需要相应的客户端程序，大量的计算还需要本地软硬件的支持，如某些在线制图的工具，将传统桌面制图软件用 HTML 5 和 Flash 等相关技术进行了 Web 重构，这是极其繁重的工作，且需要本地渲染的支持。而云件则是将终端的操作系统和运行环境迁移到了云端，使得传统桌面软件可以不进行任何修改即可进行云化，客户端采用统一的交互平台（如浏览器）来实现交互功能，最终实现与本地同样用户体验但不依赖本地资源的软件模式。图 10.1 所示是一种典型的云件交

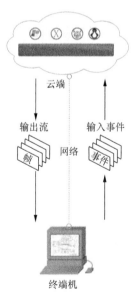

图 10.1　云件交互架构

互架构,终端通过网络与云件通信,应用程序的图像输出通过流媒体方式传输到终端,终端的输入事件通过网络发送给应用软件,从而实现远程交互。

云件是未来互联网和云计算环境下软件的发展方向之一,也是目前研究软件演化和软件工程的关键。首先,IT 资源服务化的思想日益普及,呈现出一切皆服务(X as a Service,XaaS)的趋势,用户通过成熟的互联网技术可以轻松享受到不同层次的软件服务,服务成为云计算和互联网的本质和核心概念,以 IaaS、PaaS 和 SaaS 为代表的服务模型已经得到了广泛的使用和实践。同时,随着虚拟化和容器技术的不断发展深入,以 Docker 技术为代表的容器化微服务技术逐渐渗透到云计算的各个层面,系统从开发、部署到运维的整个过程都可以微服务化,微服务架构(Microservices Architecture)成为一种架构风格(Architectural Style)和设计模式。该模式提倡将应用分割成一系列细小的服务,每个服务专注于单一业务功能,运行于独立的进程中,进而使得服务之间边界清晰,并可以采用轻量级通信机制(如 HTTP/REST)相互沟通、配合来实现完整的应用,满足业务和用户的需求。微服务作为对架构模式的变革,其诞生绝非偶然,它是当传统服务架构在互联网时代遭遇挑战时,开发人员对于架构模式、开发和运维方法论的一种反思。

另外,随着网络环境的不断优化,尤其是 5G 等相关无线通信技术的兴起,使用户的网络接入能力和网络质量有了大幅度提升,为传统软件逐渐向云计算平台迁移提供了通信保障。对用户来说,浏览器是通向互联网世界的主要入口,并且浏览器技术也在不断发展深入,从简单的 HTML 文件解析到新兴的 HTML 5、CSS 3 和 Web OS 等技术,为软件向云端迁移和 Web 化的访问方式方面打下了坚实的基础。通过浏览器方式获取软件服务将是未来软件发展的重要方向,软件的 Web 化和云化也将成为未来软件的重要形态之一。

所以,利用云计算提供的微服务环境构建软件的开发、部署和运行环境,同时利用先进的互联网技术实现软件的 Web 化将是云计算环境下软件的发展方向和趋势。在当前云计算环境下,软件将不再是一个简单的代码实体,而是由一系列服务构成的服务综合体,通过网络交付给用户,这样的软件形态被称为云件,是一种"互联网+软件"的新型软件形态,它将是未来云环境下软件的主要形态,使得在任何时间、任何地点通过浏览器使用任何软件成为可能。

总之,云件的形态主要有以下几个特性。

(1)云件主体在云端运行。云件将传统桌面软件部署在云端运行,其依赖的配置、库和相关组件全部由云端的服务提供。

(2)按需资源分配。云件能够按照自身类型分配不同的资源,且能够随时调整资源用量,如对于计算密集型的云件可以提供多核支持,进而满足不同用户的需求,实现弹性云件。

(3)云端渲染,终端显示。对于图形化交互的云件,尤其是具有 GPU 需求的云件,可在云端实现云端渲染,然后将渲染后的结果传输给终端,而不用受限于终端的硬件资源。

(4)无需安装,快速启动。云件的启动可以达到本地启动软件的速度,能够秒级启动大型软件,且不用事先安装相关插件等额外组件。

(5)通过网络交付。云件的服务全部通过网络交付,保证数据和云件状态能够实时保存在云端,终端只需要针对某次连接会话做必要的缓存即可。

(6)统一交互平台。云件需要有统一化的交互平台,交互平台需要有广泛的终端适应性和普遍性,保证相同云件可以使用不同终端进行交互,且具有相同的交互方式和体验。

（7）文件透明传输。由于云件产生的文件全部存储在云端，所以需要相应的机制连接不同的云件和终端文件系统，实现互相透明访问，使文件对用户不存在远程和本地的区别。

从上述特征可以看出，云环境下的软件不再是一个简单的代码实体，而是由一系列微服务构成的服务综合体，通过互联网进行交付，体现为一种更加契合云环境的软件形态，这就是云件的本质。云件和 Web 应用以及云桌面应用的区别（关于云桌面的详细介绍参见本书第 12 章），分别如表 10.1 和表 10.2 所示。

表 10.1   云件和 Web 应用的区别

	云件	Web 应用
计算位置	全云端计算	终端辅助计算
应用输出	窗口交互图像	HTML、CSS 等
应用输入	鼠标、键盘等事件	HTTP 请求
数据存储	全云端存储	部分终端存储
程序状态恢复	可恢复	不可恢复

表 10.2   云件和云桌面应用的区别

	云件	云桌面
计算位置	全云端计算	部分依赖客户端
服务类型	仅包含软件服务（SaaS）	桌面系统服务（DaaS）
软件安装	即搜即用	通过浏览器下载安装
程序输出	窗口交互图像	显存渲染信息

10.1.3 云件的关键技术

在云计算和互联网发展的早期，实现上述云件特性几乎是不可能的，然而，随着近年来容器技术、GPU 虚拟化技术、5G 网络技术和 HTML 5 等前端交互技术的不断成熟，使得上述功能的实现成为可能。具体来看，云件的实现主要依赖以下几个相关技术。

1. 虚拟化技术

虚拟化技术可以为云件运行在云端提供虚拟化的运行环境、不同平台的操作系统及其依赖的库和组件服务。

2. 云端渲染交互技术

云端渲染交互技术是将渲染过程放在云端，将生成的 RGBA 图像编码为流数据格式，通过互联网将数据传输到终端进行解码后直接显示，同时将终端的交互事件如鼠标、键盘等事件通过网络传输到云端，从而实现云端渲染交互过程。

3. 容器技术

容器技术是近年来兴起的轻量级虚拟化技术，通过这种技术用户能够在几毫秒内启动一个镜像实例，且只占用很少的额外资源。利用容器技术可以实现应用的快速部署和启动，以及与本地桌面软件比拟的启动速度。同时，利用容器技术如 Docker 等工具，可以很容易实现微服务，将应用程序依赖的其他组件封装在 Docker 镜像中按需启动，进一步提高了云件的部署灵活性。

4. 媒体流数据压缩技术

为了提高云件的交互用户体验，尽可能地降低交互的时延，同时保证远程渲染的输出帧质量，需要依赖相关的实时交互和流媒体数据压缩传输技术，如目前广泛使用或研究的 H.264、H.265 和 Webm 等技术，都是解决云件交互用户体验的关键技术。

5. 终端交互技术

云件的主体运行在云端，终端只需要配备统一的交互平台即可。纵观整个终端的软硬件平台，浏览器是能够适应不同终端平台的交互组件的首选。同时，随着近年来 HTML 5、CSS 3 等技术的发展，极大地增强了浏览器的处理和交互能力，为构建云件的终端统一交互平台奠定了坚实的基础。

10.1.4　云件的开发、部署和运行模式

1. 云件的开发模式

在传统软件的开发过程中，开发人员需要自己构建相应的软件开发环境，如 IDE 和编译工具链等。而随着 Git 和任务管理系统的兴起，云件的开发也越发地体现为云端开发过程，即利用云端 IDE 和编译微服务完成软件的整个开发任务，同时利用云端协作软件进行任务追踪，从代码编写和软件工程角度对软件开发过程进行云化。

同时，云件的开发应当遵循微服务的理念，将软件尽可能地划分为不同的构件，并分别以服务的形式进行封装，通过相应的 API 接口进行复用，实现软件模块的解耦，同时方便测试过程的持续集成。尤其是在团队开发软件时，类似 Docker 这样的容器技术可以提供可复用的运行环境、灵活的资源配置和便捷的集成测试方法。在云件开发过程中，对功能的调用不再是像传统软件那样对操作系统库的调用，而是对微服务的调用，云件的开发应当以面向微服务构件的形式进行，而不依赖于特定的操作系统和硬件资源。

2. 云件的部署模式

云件的部署其实就是微服务的部署。目前以 Docker 为代表的微服务容器技术的发展越来越成熟。Docker 中包含了一系列的容器部署工具，为开发者提供了一种新颖、便捷的软件集成测试与部署方法。

云件的部署应当以服务发布的形式体现，不同的构件可以单独部署，也可以集成部署。提供向下兼容的服务部署形式，保证云件的不中断运行，这也是云服务的基本需求。

3. 云件的运行模式

云件在设计时就以微服务的形式体现，云件的运行其实就是微服务的集成运行。云件与传统软件的不同点在于云件主体运行在云端，而传统软件主体运行在客户端。那么，对云件来说，云端的服务如何与用户交互则是云件要解决的核心问题，尤其是桌面软件这样的交互式软件。

由于云件的主体运行在云端，计算和存储过程都发生在云端服务器上，那么对客户端来说，只需要一个交互式的服务环境即可。近年来，软件的 Web 化是软件演化的一种趋势，云件可以将浏览器视为运行在客户端的提供交互服务的构件。这样一来，客户端就完全只依赖于浏览器，而不需要安装如传统软件依赖的 GL、JDK 和.NET 等类似的运行库，这就是一种客户端无依赖（Client Independent）的设计方法。

浏览器的交互过程在本质上是一个输入/输出的可视化过程，只需要将客户端的鼠标和键盘等输入发送到云端服务器，将处理后的结果返回到客户端进行渲染，就可以实现类似本地软件的使用效果。

10.2 云件系统的架构设计与运行原理

10.2.1 计算与存储分离的设计理念

传统的计算机是一个虚拟化的典范，它的计算实体是基于图灵-哥德尔可计算理论和冯·诺依曼体系结构来构建的，基本实现思路是用最简单的加法运算和与非逻辑运算进行组合与迭代，最后实现各种复杂的运算功能。

与传统的基于标准的冯·诺依曼体系结构的操作系统不同，云件模式使得计算机系统的输入、输出、存储和计算都不在单一的计算机系统中。这些操作可能分布在互联网的各个地方，再通过网络连接在一起。如输入和输出部署在终端机器上，而云件的存储、控制和计算则部署在云端服务器上，从而使得云件的输入、输出和计算都自成系统，通过互联网并基于相应的网络协议实现通信，这样的计算模型又被称为松耦合冯·诺依曼计算模型，该模型是云件系统设计的理论基础。

如果将计算看作是指令存储、指令执行和结果展示，传统操作系统是将三者局限于一台单机；而早期的瘦客户机技术则是将指令存储、指令执行与结果展示进行部分分离；而云计算时代的云件模式则是将指令存储、指令执行与结果展示完全彻底分开，甚至可以按需定制。

云件系统设计的关键在于如何将冯·诺依曼机的五个模块进行解耦，解耦的关键在于各个模块需要自成系统，并且能够独立运行，各个部件之间通过相应的网络协议通信，其设计理念如图 10.2 所示。

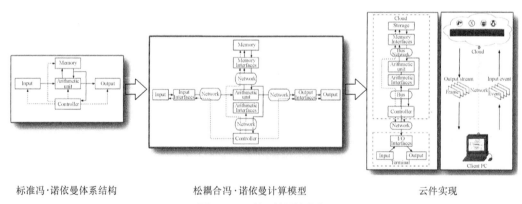

标准冯·诺依曼体系结构　　　　松耦合冯·诺依曼计算模型　　　　云件实现

图 10.2　云件系统设计理念

云件系统一方面直接管理各种计算资源，另一方面作为"虚拟机"为云件应用程序提供运行环境。在此基础上，云件系统体现了"软件定义的系统"的特征。当前出现的软件定义的网络、软件定义的存储等技术如同设备互联技术、磁盘存储技术之于单机操作系统一样，从本质上反映了"网络化操作系统"对网络化、分布式设备的管理技术需求，而云件系统则反映了"云操作系统"对应用软件"触手可及""用完即走"理念的需求，这些技术将成为"云化操作系统"核心的底层支撑技术。

云件系统通过"软件定义"的途径，一方面实现资源虚拟化，达到物理资源的共享和虚拟资源的隔离；另一方面实现了管理功能的可编程化，打破了传统硬件配置能力有限的桎梏，为用户的软件需求提供了高效灵活、随需而变的支撑。

10.2.2　基于微服务架构的云件模型

1. 微服务架构

在分布式、云计算以及微服务理念提出之前，计算机软件往往是一种单体式应用程序。该应用程序包含了所有必要的业务功能，并通过主从式或多层次架构进行实现。在这种应用程序中，每个业务的功能都是不可分割的。如果要对应用进行扩展，则需要对应用的所有功能模块进行重新开发、编译、测试以及对外发布。事实上，该应用中需要更新或修改的部分可能仅仅涉及某个微小业务的内容，但是因为单机应用无法分割出该部分的功能，也就无法对这部分功能进行单独维护与更新，这将造成较大的人力与资源的浪费。为了弥补单机应用架构存在的弊端，软件微服务架构应运而生。微服务架构提出之初，开发人员通常以业务功能划分服务，软件应用在设计时需要按照业务流程进行分割，每个子服务都能被独立地执行并完成一定业务功能，服务之间利用特定的协议进行通信调用，最后再组合成一个完整的应用程序。后来，随着对微服务研究的深入，研究人员开始从软件工程的角度对微服务的整体架构进行设计与改进，他们按照软件交互、计算以及存储等功能模块对软件应用服务进行划分，改进后的微服务架构如图 10.3 所示。

该微服务架构由通信模块、样式模块、数据模块、子服务模块、安全登录模块、配置模块、服务发布模块、服务日志模块以及测试模块组成。每个模块的具体组成及功能描述如下。

（1）通信模块：该模块的主要功能是完成服务间的通信，其定义了 API 网关、服务间的通信方式和服务发现方式。API 网关定义了客户端连接服务的方法；服务间的通信可以通过消息队列或远程调用实现；服务的发现包括服务器端注册发现和客户端注册发现两种方式。

（2）样式模块：样式模块定义了服务整体的 UI 风格，具体样式实现可以分成服务端页面渲染和客户端页面渲染两种。

（3）数据模块：数据模块实现不同服务对应数据的存储功能。单个微服务的数据可以由一个独立的数据库存储，或者可以将多个微服务的数据存储在一个数据库的不同数据表中。具体选择哪种方式实现，需要根据实际需求确定。

（4）子服务模块：子服务模块由具体的业务功能组成，可以根据业务功能的不同对整体业务进行划分。业务子模块之间涉及的通信、数据存储等方面的需求，需要调用其他功能模块来实现。

（5）安全登录模块：安全登录模块负责用户的安全接入。具体来说，该模块就是用户登录模块，主要完成访问令牌的存储与管理功能。

（6）配置模块：配置模块主要完成所有微服务的配置，如微服务架构中不同模块组成的配置以及一些外部交互环境变量的配置等。

（7）服务发布模块：服务发布模块定义了服务发布的方式，可以分成在一台服务器上发布一个或者多个服务两种方式。

（8）服务日志模块：服务日志模块主要用于记录该架构中不同服务的运行情况，包括用户使用日志、服务运行日志和异常抛出及处理日志等。

（9）测试模块：测试模块包含了所有服务的自动化测试部分，其可以细分成独立服务功能自动化测试和不同微服务间的调用集成自动化测试等。

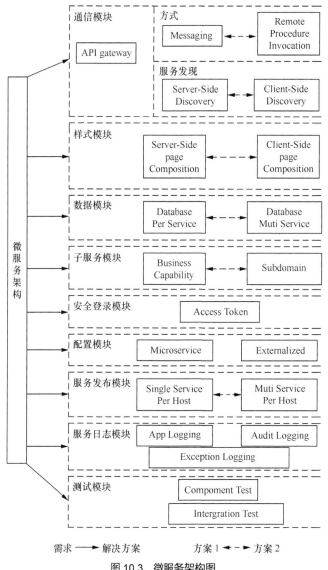

图 10.3　微服务架构图

微服务架构适用于持续交付的开发流程，在该架构中，内部服务之间属于一种对称关系，每个服务都容易被替代。同时，由于软件的功能被拆分成多组服务，因而可以采用不同的编程语言和数据存储方式来实现。云计算以其分布式计算能力而著称，而这一点与微服务的特性相符，因此，采用微服务架构设计云件将为软件的开发效率及软件的使用性能方面带来较大的提升。

2. 微服务云端软件模型

传统应用软件开发历史悠久，如 Office、Matlab、Photoshop 等，在设计开发过程中凝聚了许多相关从业人员的智慧。如果能够将这些传统软件有效地封装成云端软件，并作为一种 SaaS 服务供用户使用，将能够为传统软件提供一种全新的交付方式，极大地提高软件的使用效率，真正地实现软件即开即用。根据上述微服务架构，采用微服务对传统软件进行服务拆分和封装，最终使其能够通过网络供用户使用。

从狭义上讲，传统软件可以抽象成一组具有有效输入/
输出，通过依赖库或者操作系统对计算机资源进行调用，以
完成一些特定功能的运算集。其简化结构如图 10.4 所示。

在图 10.4 中，该软件的所有操作过程都在一台计算机
中完成。而云件的输入和输出一般在终端完成，终端通过网
络与云端进行交互，软件所有的存储、控制以及计算功能则
在云端实现。结合上述典型的微服务架构，设计微服务云件
模型结构如图 10.5 所示。

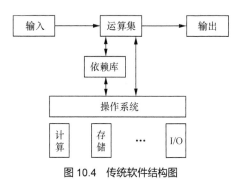

图 10.4 传统软件结构图

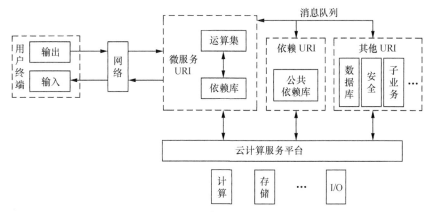

图 10.5 微服务云件结构模型图

在图 10.5 中，将传统软件及其独有的依赖库封装成一个独立服务，并使用统一资源标识符
（Uniform Resource Identifier，URI）来标记该服务。封装完成的微服务通过消息队列等方式与同样
具备 URI 的公共依赖库以及其他功能服务模块进行通信和调用。微服务的控制、计算和存储任务
通过服务内运算以及服务间调用在云计算服务平台完成。用户的输入/输出则通过网络与终端进行
交互。

用户在使用云件时，SaaS 系统屏蔽了传统软件云化的实现细节，普通用户可以在 SaaS 平台的应
用软件服务池中选取其所需的软件进行使用。软件应用只关心自身服务是否能够正常工作，它的相
关依赖需要从微服务池中调用，用户的登录和管理则由用户相关的微服务完成。因此，根据上述描
述，构造云端服务器所有软件的整体结构关系如图 10.6 所示。

3. 云件的交互过程

软件与用户之间的交互方式在软件设计过程中占有重要地位。应用软件服务需要通过合理方式
有效地交付给用户，使用户能够高效地使用软件，这是软件的真正价值所在。对于单机软件，软件
运行与用户操作是在同一台计算机中完成的。而云件则是在云端运行的，用户的相关操作从终端输
入，并通过网络传给云端执行，云端最终再将执行结果反馈给终端。图 10.7 展示了一种单机软件
的简化交互实现流程，单机软件从键盘、鼠标等一系列 I/O 设备接受用户输入，程序根据用户的输入
执行，执行完毕后通过 X11 指令对系统内核渲染部分进行调用，渲染相应的图形化结果，最后将图
像通过显示器展示给用户。

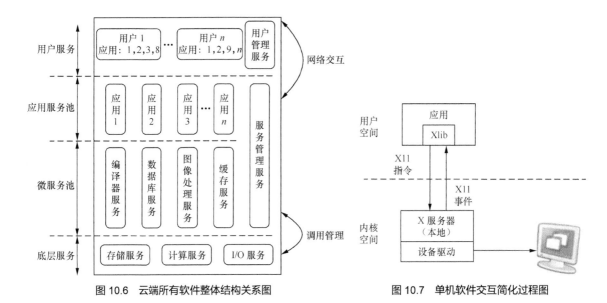

图 10.6　云端所有软件整体结构关系图　　　　　图 10.7　单机软件交互简化过程图

对于云件，可以根据传输数据类型的不同，将其远程交互渲染分为基于指令集的渲染、基于图像的渲染以及指令和图像混合渲染这三种方法。基于指令集的软件渲染方法对终端配置要求较高，同时该方法不具备通用性，不同软件需要通过设计不同的渲染指令集来完成软件的远程交互渲染工作。因此，这种基于指令集的方法不适用于传统软件云化后的通用交互过程实现。基于图像的软件交互渲染是一种通用渲染方法，该方法通过在终端与云端传输渲染完成的图像实现软件的远程交互。在通信与互联网技术越来越发达的今天，基于图像的软件远程交互渲染方法也受到了越来越多研究人员的重视。基于图像的云件交互过程如图 10.8 所示。

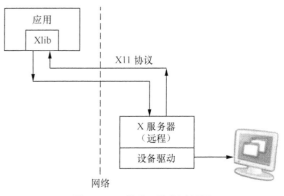

图 10.8 中所示为云件交互的完整过程：用户终端负责接收并记录用户鼠标、键盘等操作，然后将操作指令数据通过网络传输到云端；云端接收到指令后在相应的软件服务中执行指令操作；

图 10.8　云件交互简化过程图

指令被执行完成后，云端将软件渲染图像结果通过网络返回给终端；终端再解析请求中的图像并进行展示。云件通过发送图像的方式与用户进行交互，实现了用户输入、软件输出与软件计算与存储之间的隔离。用户可以通过任意连接网络的 Web 终端访问云件，使得软件的使用更加快捷方便。

10.2.3　云件的系统级架构设计

云件的系统级整体架构如图 10.9 所示。从图中可以观察到，云件系统软件层架构主要由三个部分组成：Container Service、X Service 和 Web Service。

Container Service 主要提供应用程序的运行环境服务，每个应用程序都被封装为服务镜像（如 Docker 镜像），在服务镜像中分配一定的内存和存储空间，由一个代理器管理各个服务的生命周期，并与 X Service 通信。X Service 提供 Xserver 服务，向下通过通信协议（如 X11 协议）与 Container Service

通信，向上通过 TCP 协议与 Web Service 通信，Xserver 的生命周期由 X 代理器管理。Web Service 提供
Web 方式的交互和数据服务，其本身可以分为前端 Web 和后端 API 两个独立模块。后端 API 提供
Restful 形式的接口，由前端 Web 调用，实际的数据则通过后端 API 和数据库的交互完成。另外，由
于应用程序的交互是实时有状态的，而 HTTP 协议是无状态的，Web Service 中的 WebSocket Server
实现了从浏览器到 X Service 的双向实时通信。

基于上述架构，云件系统的各服务之间的通信过程可以分为控制平面和数据平面，整体结构如
图 10.10 所示。

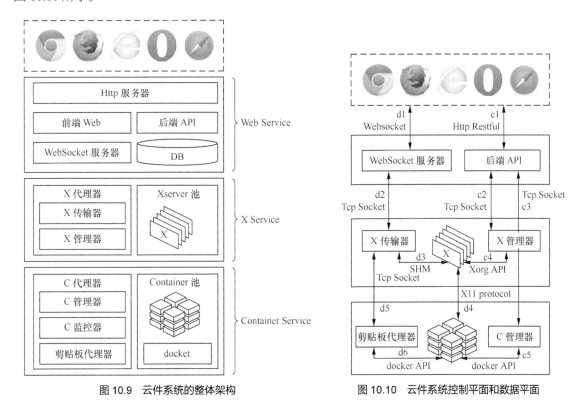

图 10.9　云件系统的整体架构　　　　图 10.10　云件系统控制平面和数据平面

其中，c1~c5 为控制平面通道，d1~d6 为数据平面通道。控制平面主要用于实现云件的生命周
期控制，如云件的运行、关闭和重启等。c1 为用户通过浏览器调用后端 API 的过程，基于 Http Restful
API 将用户的请求发送到云端。对于云件系统来说，主要的请求包括 X Service 请求（分辨率调整、
鼠标键盘事件等）和 Container Service 请求（应用程序运行、关闭和重启），分别通过 c2 和 c3 基于
TCP 协议与 X 管理器和 C 管理器通信。X 管理器利用 Xorg 提供的如 Xlib 和 XCB 等库对 Xorg 程序
进行控制，C 管理器则通过 Docker 提供的 API 和相应的语言绑定实现对 Docker 的控制。

数据平面则主要关注交互层的数据流，d1 为浏览器和 Websocket Server 的通信过程，通过
Websocket 协议将用户的鼠标和键盘等输入发送到 Websocket Server，Websocket Server 将云件的流实
时传输到浏览器；d2 为 Websocket Server 和 X Service 的数据交互，基于 TCP 协议，对上述的事件和
图像进行转发，再交由 X Transmitter 进一步处理；d3 为 X 传输器和 Xorg 的交互过程，X Transmitter
利用 XCB 等库和 Xtest 扩展将鼠标键盘事件发送给 Xorg，同时将 Xorg 的帧缓存中发生变化的图像
经过 H.264/VP8 等视频流压缩程序压缩后发送给 Websocket Server，再由 Websocket Server 进一步发

277

送到终端浏览器。

为了能够快速获取变化的图像，X 传输器采用了与 Xorg 共享内存的方式获取对应的渲染位图，并将渲染位图进行 H.264/VP8 编码成为视频数据流；d4 为云件 X11 客户端应用程序和 Xorg 通信的数据通道，该过程完全基于 X11 协议实现；d5 为剪贴板扩展的数据通道，以实现用户在客户端以及不同云件之间的数据复制过程，客户端数据可以通过 d5 发送到剪贴板代理器，然后通过 d6 的数据通道发送到对应云件应用程序的剪贴板缓冲区。

由于云件系统本身采取了微服务架构进行设计，可以借助当前流行的容器编排系统（如 Kubernetes、Rancher 和 Mesos 等）实现灵活的调度策略，使云件系统的各项服务运行在最合适的环境中。一种典型的分层微服务化云件系统架构如图 10.11 所示。

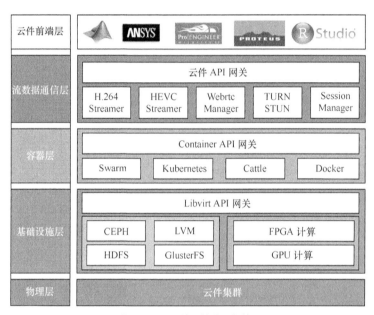

图 10.11　云件系统分层架构

系统从下到上分为五个层次，即：物理层、基础设施层、容器层、流数据通信层和云件前端层。其中，最底层为物理层，主要由物理服务器集群和相关网络设备构成；基础设施层提供分布式存储和支持特殊硬件加速的虚拟化服务，向上为 Libvirt 形式的虚拟机管理器接口；容器层基于 Swarm 和 Kubernetes 等容器编排系统实现统一管理，并向上提供 HTTP 方式的容器生命周期管理和监控 API；流数据通信层负责云件的流数据传输和网络链路建立，在 WebRTC 通信方式下，能够提供实现 P2P 连接的 TURN/STUN Service，同时负责终端连接的 Session 管理和断线重连机制；最上层提供基于浏览器的云件交互环境，主要负责流数据解码、事件收发和 Session 保存。WebRTC 建立视频流传输的基本流程如图 10.12 所示。

从计算模型的角度看，云件利用终端设备环境实现输入设备和输出设备的自治系统，通过 TCP（UDP）/IP 协议与云端的计算、存储和控制模块进行交互，云端的程序可通过存储接口调用存储资源，也可以调用操作系统的系统调用进行存储，计算模块则利用物理机提供的 CPU 实现，控制器由相应的云件应用程序承担。在云件的概念中，各个模块抽象为服务，云件的交互服务部署在终端，计算和存储服务部署在云端，如图 10.13 所示。

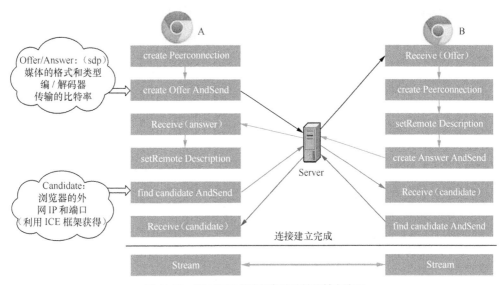

图 10.12　WebRTC 建立视频流传输的基本流程

10.3　云件的开发模式与效果

10.3.1　云件的开发模式

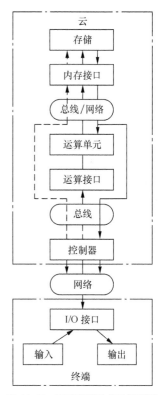

图 10.13　云件的模块化计算模型

在前面的内容介绍过，Docker 技术是基于容器技术的一种实现，而容器技术是一种轻量级的虚拟化技术，容器能有效地将由单个操作系统管理的资源划分到孤立的组中，以便更好地在孤立的组之间平衡有冲突的资源使用需求。轻量级，是因为容器的思想就是把单独的进程进行封装，在不影响系统内的程序的情况下运行。封装能使容器内的进程所运行的环境与其他操作系统相独立。这一点也符合应用软件虚拟化技术的将操作系统与应用软件运行环境相分离的要求，所以，容器技术与应用软件虚拟化技术十分相似。但二者还是有所区别的，容器技术所依赖的是其运行底层的操作系统的内核，所以它并没有完全实现与操作系统的解耦合。但容器技术通过独立的命名空间，保证了其运行的独立性。命名空间（Namespace）是 Linux 的内核针对实现容器虚拟化而引入的一个特性，它能实现对内存、CPU、网络 I/O、存储空间、文件系统、网络、PID、UID、IPC 等的相互隔离。所以，通过容器运行应用软件，能够使应用程序与操作系统实现极低的耦合。

如果考虑其使用的内核是通过封装的接口，且其依赖内核只是为了做到轻量化，才采取共用内核的措施，并与本地系统在内核上已实现了相互隔离，就可以认为其在一定程度上实现了与操作系统的解耦合。Docker 容器技术是一种能够很好地支持云件特性的技术。

在容器技术的支撑下，云件开发过程可以变得非常迅速，主要得益于微服务架构的持续集成（Continuous Integration，CI）和持续部署（Continuous Deployment，CD）特性。CI 是一种软件开发实践，即团队开发成员经常集成他们的工作，若每个成员每天至少集成一次，也就意味着每天可能会发生多次集成。每次集成都通过自动化的构建（包括编译、发布和自动化测试）来验证，从而尽早地发现集成错误。CD 是通过自动化的构建、测试和部署循环来快速交付高质量的产品，它能从某种程度上代表一个开发团队工程化的程度，因为快速运转的互联网公司人力成本会高于机器，投资机器优化开发流程也相对地提高了人的效率，从而达到总体生产效率最大化。一种典型的云件 CI/CD 结构如图 10.14 所示，整个开发过程分成三个子过程，即：编码、构建和运行。编码过程要求将云件本身的代码或可执行文件进行整理，将云件运行的配置文件、资源文件和运行时库等整理出来，并编写相应的构建脚本描述；构建过程读取编码过程提供的构建脚本，按照脚本描述自动化打包云件的各项资源，形成云件的容器镜像；运行过程则根据实际环境需求隔离不同的运行环境，自动化部署构建过程的云件镜像，并支持回滚操作，防止因新功能的引入导致不可恢复的问题。

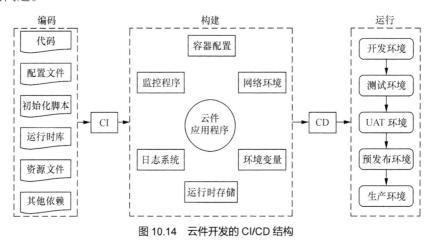

图 10.14　云件开发的 CI/CD 结构

Docker 作为当前主流的微服务封装部署工具，能够很好地契合云件镜像的封装，图 10.15 描述了基于 Docker 容器技术的云件封装过程。应用程序需要在相应的运行环境才能够运行，而部署在云端的云件可以利用 Docker 容器技术将依赖的库和组件封装到镜像中，从而解除对外界库的依赖，这样就能更容易地实现迁移和扩展（Scaling）。

容器技术与云件的特性非常契合，主要是因为它具有以下几个优点。

1. **资源独立、隔离**

资源隔离是云计算平台最基本的需求。Docker 通过 Linux Namespace、Cgroups 限制了硬件资源与软件运行环境，与宿主机上的其他应用实现了隔离，做到了互不影响。不同应用或服务以"集装箱"（Container）为单位装"船"或卸"船"，在"集装箱船"（运行 container 的宿主机或集群）上，数千数万个"集装箱"排列整齐，不同公司、不同种类的"货物"（运行应用所需的程序、组件、运行环境、依赖）保持独立。

2. **环境一致性**

开发工程师完成应用开发后建立一个 Docker 镜像，基于这个镜像创建的容器就像是一个"集装箱"。无论这个"集装箱"在什么环境：开发环境或测试环境、生产环境，都可以确保集装箱里面的"货物"种类与个数完全相同，软件包不会在测试环境中缺失，环境变量不会在生产环境中忘记配置，开发环境与生产环境不会因为安装了不同版本的依赖而导致应用运行异常。这样的一致性得益于"发货"(build docker image)时已经密封到"集装箱"中，而每一个环节都是在运输这个完整的、不需要拆分合并的"集装箱"。

3. 轻量化

与传统的虚拟化技术相比，使用 Docker 在 CPU、内存、磁盘 I/O 和网络 I/O 上的性能损耗都有同样甚至更优的表现，并在容器的快速创建、启动和销毁方面具有不小的优势。

4. 一次构建到处运行

应用在私有云、公有云等服务之间迁移交换时，迁移只需符合标准规格和装卸方式的"集装箱"，就能削减耗时费力的人工"装卸"(上线、下线应用)，从而带来巨大的时间和人力成本的节约。

利用容器技术能够实现应用程序的秒级启动，相比传统的基于虚拟机的模式要快得多，而且容器之间相互隔离互不影响，且"集装箱"式的部署和升级模式很容易实现云件在云环境中的部署。所以，容器技术是实现云件的重要工具之一。

10.3.2 云件的效果展示

1. 云件运行环境配置

云件平台是由多组微服务组成，为了满足快速部署与灵活配置等要求，系统需要部署和运行在基于微服务的 IaaS 平台上。在具体实现时，云件平台系统可以运行在多台云主机上，每台云主机配置为 4~8 个核心、16GB

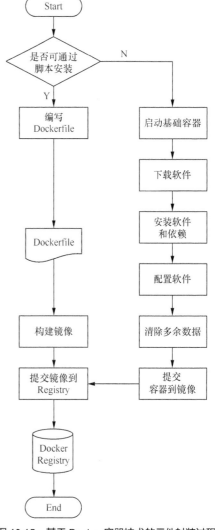

图 10.15　基于 Docker 容器技术的云件封装过程

以上的内存和 500GB 以上的硬盘，同时，为了保证对外服务质量，云服务器的带宽应不低于 20Mbit/s。窗口服务和容器服务则运行在另外一台云主机上，这两种服务放在一台服务器上可以通过内存进行通信，从而提高容器和 Xorg 之间的通信效率，减少云端服务器内部不必要的传输开销。云件的范例系统，读者可以通过 CloudwareHub 官方网站进行了解 (开源地址: https://github.com/cloudwarehub)。

目前，范例系统的所有云件服务都是在 Linux 下构建，基于 Ubuntu 14.04 系统，安装 Docker 组件与 Xorg 相关驱动以及依赖库。系统的 Web 服务采用 Tomcat 进行搭建。另外，由于云件交互过程需要占用多个端口，因此要对端口进行管理，并对系统防火墙进行配置，使其能够通过防火墙对外服务。

2. 效果展示

在范例 CloudwareHub 系统中，用户登录服务网站，注册完毕后，即可通过 Chrome、Firefox 等浏览器登录访问该平台。为了方便使用，可以对云件进行简单分类，如将云件分成办公软件类、常用 IDE 以及科学计算软件等。用户可以根据需求，从对应分类中快速找到需要的云件进行使用。具体云件的分类情况如图 10.16 所示。

图 10.16　云件分类结果图

分别选取办公类软件 Sublimetext 与集成开发软件 Eclipse 两种不同类型的云件进行展示，其交互运行过程如图 10.17 和图 10.18 所示。

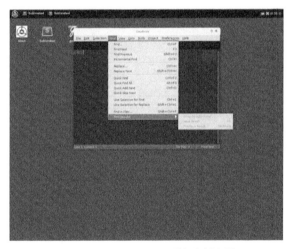

图 10.17　SublimeText 云件运行过程图

图 10.18　Eclipse 云件运行过程图

由上面的内容可以看出，云件界面保留了与对应的传统软件的相似性，用户在使用云件时无需学习额外的技巧，这也从一定程度上改善了云件的用户体验。

10.4　云件在大规模在线实训平台中的应用

本节针对传统教育的基础设施已经难以满足灵活开放、大规模弹性扩展、快速部署和安全性等方面的挑战，探索了云计算和互联网环境下如何部署与使用云件的问题。并基于云端渲染技术和微服务架构，针对高校典型应用场景，设计并实现了新一代基于云件系统的大数据实践教学平台，为下一代教育信息化公共服务平台带来了新的方法和机遇。

10.4.1　实训平台提出的背景

构建网络化、数字化、个性化、终身化的教育体系，建设"人人皆学、处处能学、时时可学"的学习型社会，培养大批创新人才，是人类共同面临的重大课题。随着计算思维的推广、大数据时代的来临、工程认证的履行，以及新工科概念的提出，基于互联网与云计算的工程实践平台建设势在必行。因此，我们需要重新逐步构建教育信息化基础设施，以支持新一代工程实践平台的建设。

目前，一方面，现有的传统教育的基础设施出现了诸如配置部署复杂，安全性难以满足，软件硬件升级成本高，机密数据分散，不便于数据的集中管理和维护等问题；另一方面，大数据领域持续发展，各行各业都在积极地应用大数据设施处理和分析数据。为了适应大数据时代的新要求，与大数据相关的理念、处理方法、操作的教学与实践改革势在必行。

基于前面介绍的云件技术，可以构建基于云件服务的新一代大数据工程实训平台。简单地说，就是将所有实训软件全部迁移到云端，并通过浏览器为终端用户提供大数据实训服务。这为大规模重构教育信息化基础设施，建设下一代教育信息化公共服务平台带来了新的方法和机遇。

该实训平台针对高校工科类实训场景，通过将传统桌面软件和大数据软件进行云端化，使用户通过浏览器就可以方便使用 Matlab、Hadoop 等大型软件环境，无需修改传统软件，即能做到为广大师生提供大规模 SaaS 化的实训服务。基于云件系统的大数据实践平台改变了传统的实验方式，节约了机房场地及试验设备，丰富了教学形式，简化了教学过程，为广大师生提供了便捷高效的工程实践环境。

目前，由云计算驱动的教育信息化基础设施的改造主要体现在虚拟化桌面上。虚拟化桌面，即虚拟桌面基础架构（Virtual Desktop Infrastructure，VDI），是近年来虚拟化技术由服务器虚拟化向桌面虚拟化延伸的一个技术名称，是云计算的一种应用模式。但是，随着大规模教育信息化的推进，基于虚拟桌面的基础设施难以满足海量、轻量级、廉价甚至免费的教育场景。教育不同于商业场景，对基础设施的灵活性、即用即走、价格、海量部署、长尾效应等特性有着特殊的需求。因此，教育信息化的公共服务基础设施不能按照目前既有的云计算基础设施构建的思路来建设，而需要探索一个全新的思路。软件和应用的轻量级虚拟化技术成为一个可行的解决方案，它是未来云环境下软件的主要形态，它使得用户在任何时间、任何地点通过浏览器使用任何软件成为可能。图 10.19 展示了从传统虚拟桌面到软件上云方式的变革。

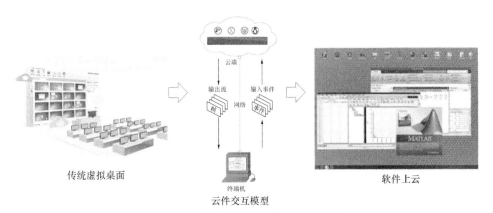

图 10.19　基于云件技术的软件上云的方式

有了软件上云，用户可以一键使用部署好的软件，以此提供大数据的基础设施和环境，通过采用微服务架构设计，使得该平台具有较好的可扩展、规模化部署、容灾和灵活配置等特性。同时，基于高校应用场景，搭建了教师管理系统和学生作业系统，它能为课程提供工程软件的训练，为面向工程设计与计算创新设计的学生提供学习和实践的平台，教师也可以直接在平台上布置和检验作业。

该平台基于新一代微服务架构和自主研发的云件服务技术，在互联网、软件服务和教育三个交叉领域进行软件服务创新。它将传统的 PC 桌面软件（如 Matlab 和 SPSS）和服务器端分布式软件（如 Hadoop、Spark）全部进行云端化，使用户仅仅通过浏览器就可以直接获得这些软件服务或访问编程环境。它将大数据实训的各个环节连接到一起，最终做到大数据工程实训服务的触手可及、随时可用，秒级启动，用完即走。

10.4.2 构建基于云件系统的大数据工程实训平台

首先，构建一个面向云件服务的 PaaS 平台，它是云件开发、测试、部署和运维的集成操作平台，既面向开发者提供云件开发工具和云件运行环境，也面向用户提供云件服务。然后，在上面构建大数据实训环境。图 10.20 所示为构建在云件平台上的大数据工程实训模块的示例。

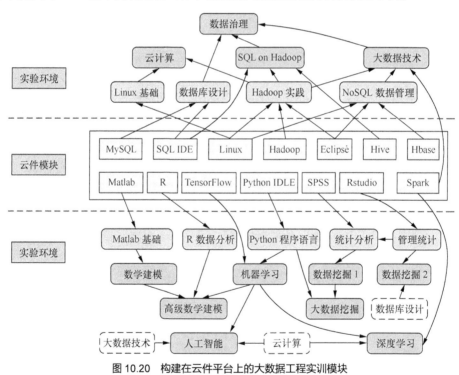

图 10.20　构建在云件平台上的大数据工程实训模块

基于该云件服务平台研发的相关核心技术包括：基于松耦合冯·诺伊曼模型的计算分散化范式、面向云件的云端操作系统、云端实时交互式渲染技术以及云件系统性能检测与容器化调度技术。

基于微服务架构和云件技术，针对高校需求设计并实现了基于云件系统的大数据实践教学平台，该平台包括以下主要功能模块。

- 教师端功能：定制课程实验内容、上传文件、实验管理、学生管理、查看学生算法、成绩管理、报告管理。

- 学生端功能：查看实验内容、阅读实验指导书、算法演示、改进算法、算法对比分析、提交算法、提交报告、查看成绩、修改个人信息。
- 平台管理功能：查看资源、查看计算作业、节点运算管理、创建容器环境、管理容器环境、恢复容器环境、查看进度、强制关闭。
- 开发环境：提供相应的开发环境，如 R、Python、Matlab 及 Hadoop 等环境。
- 算法库：能方便地提供数据分析和挖掘的常用及经典算法，及基于 R/Python 实现的代码。
- 综合实验项目案例库：能提供不同行业的数据资源库，提供综合实验项目案例，供课程选用。
- 数据资源库：能提供多种数据资源库，包含真实数据和模拟数据，供算法及案例选用。

图 10.21 所示为大数据工程实训平台的微服务总体架构和大数据工程实训平台的部署方案。

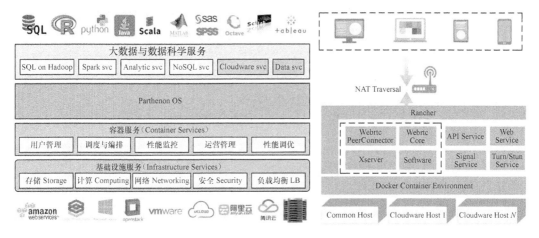

工程实训平台的微服务总体架构　　　　　　　　大数据工程实训平台的部署方案

图 10.21　大数据工程实训平台微服务架构和部署方案

图 10.22 展示了整个平台的功能以及最终呈现给用户的初步界面，通过 Web 系统的方式以菜单栏展现实验操作，便于师生的学习和操作。

整体结构　　　　　　　　云端代码实践环境　　　　　　浏览器中运行 Matlab 软件

图 10.22　大数据工程实训平台功能和界面

平台用户分为教师、学生和管理员三类。

（1）教师端：教师登录平台后，可以以菜单的方式看到课程、内容和环境。课程管理中包含系统提供的基础课程，教师可在此基础上根据实际情况进行内容筛选和排课；教师通过内容管理模块可对知识点内容进行编辑管理，也可进行课程拓展；还可通过环境管理模块完成容器镜像的维护工作。

（2）学生端：学生登录平台后，可以看到相关的课程列表，点击相应课程可进入相应课程的学习；课程包含知识点分类列表，知识点实训的实验指导书、实验环境及实验成果的提交等菜单项；进入实验环境，也可以方便地查看实验文档，包括详细参考、实验笔记和实验视频；提交实验成果后，学生可查看老师给出的评分，以及实验笔记。

（3）管理员：管理员登录平台后，可以看到环境、课程、内容和用户。环境管理模块主要用于完成对系统、设备、容器等的状态检测；课程管理模块主要针对基础和拓展的课程进行管理和维护；内容管理模块可对系统和教师提供的内容进行维护；用户管理模块主要用于管理教师和学生的账号。

新一代大数据工程实训平台的构建，有助于为学生和老师提供一个完整的实训平台，其主要优点如下。

- 独享：学生能够独享自己的实验环境，无须与不同时间段上机的同学共享一台 PC。学生还可以在实验环境中下载自己的代码文件，对系统进行定制。因此，实验环境也会更加安全可控。
- 快速：学生只需打开浏览器，1 秒内即可创建新的实验环境，省去本地搭建开发环境的麻烦，同时实验报告可以在线编写、提交。
- 经济：无需采购大量硬件，同时也省去了对大量 PC 环境的运维工作。所有实验运维工作都在 Web 页面进行，老师及管理员可以为所有学生定制统一环境。
- 高效：资源的利用率更高，一台服务器可以提供几百个甚至上千个容器环境，满足多名学生的实训需要。全部实训在云端进行，不再受本地计算机配置限制，可以完美支持大数据这种需要分布式环境的实训类别。
- 灵活：只要有互联网，学生就可以随时随地访问实训环境，在课堂外也能继续完成上机课的实训任务。

大数据工程实训平台最终以 Web 系统的方式呈现，在互联网 PC 端和移动端均可以通过浏览器进行访问。通过在云端构建完整的微服务容器运行环境，实现规模化部署、容灾和灵活配置，系统的部署和运行也以微服务形式架设在 IaaS 云计算系统上。图 10.23 所示为大数据工程实训平台主页面范例和平台整体服务网络架构。

 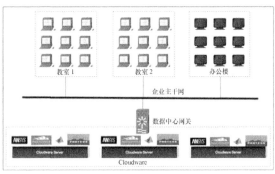

图 10.23　大数据工程实训平台主页面示范和平台服务网络架构

目前在该平台上陆续构建了如下实训模块（见图 10.24）：

- 基础语言学习实验（4 个子模块，42 个实验）；
- 数据分析与挖掘实验（4 个子模块，28 个实验）；
- 大数据基础实验（4 个子模块，13 个实验）；
- 大数据挖掘实验（2 个子模块，12 个实验）；

- 案例分析实验（3 个子模块，18 个实验）。

• R语言编程基础实验	• 数据探索与预处理实验	• 数据清洗实验	• R语言分类预测基本流程实验
• R语言统计与建模实验	• 数据质量分析实验	• 数据集成实验	• R语言数据预处理实验
• Python语言编程基础实验	• 数据特征分析实验	• 数据变换实验	• R语言决策树分类方法实验
• Python语言统计与建模实验	• 统计特征函数实验	• 数据规约实验	• R语言高级分类方法实验
	• 统计作图函数实验		• R语言聚类分析实验
			• R语言关联分析实验
• Python数据分析实验	• Hadoop大数据分析实验	• 大数据分析与商务智能技术	• 数据实时流处理
• Python数据降维实验	• HDFS基本操作实验	• 数据预处理及试探性分析	• 分布式数据存储
• Python聚类分析实验	• MapReduce基础实验	• Spark大数据处理方法	• 分布式数据计算
• Python K近邻分类实验	• MapReduce高级特性实验	• Hadoop分布式集成训练	• 高并发数据查询
• Python回归分析实验	• 送代式MapReduce程序开发实验	• Flume回归分析实验	
• Python决策树分类实验	• Hive基本操作实验	• Kafka分类实验	

图 10.24　大数据工程实训平台主要实验模块

10.5　实践：云件应用开发实例

本节以封装并部署 Gnome 下的开源文本编辑器 Gedit 云件为示例介绍云件应用的开发过程。按照 10.3 节所述，云件的开发主要包括编码、构建和运行过程，以 Ubuntu Server 14.04.5 为整个 Gedit 云件的编码、构建系统，以 Ubuntu Server 16.04 作为云件运行的操作系统，可以通过官方网站下载操作系统镜像。

1. 编码

Gedit 本身已经存在于 Ubuntu 的官方镜像源，首先，分析 Gedit 云件需要依赖哪些配置、资源和库；然后在编码过程中将这些依赖进行合理的整合或分解；最后，就是实现流数据处理和事件交互的程序。

Gedit 包含了数量众多的 GUI，在该示例中，选择 Xorg 作为 Xserver，轻量级图形环境选择 Xfce4，流数据处理和事件交互则采用 Pulsar 程序。因此，整个编码过程也就自然分成了 3 个独立部分。下面列出这 3 个部分对应的用于下一步构建镜像的 Dockerfile 描述文件以及相应的配置依赖，完整编码文件可以查看官方网站。

```
Dockerfile: Xorg
FROM ubuntu:14.04
RUN apt-get update
RUN apt-get install -y xorg xserver-xorg-video-dummy wget
COPY xorg.conf /etc/xorg.conf
```

代码 10-1　Xorg 构建脚本

```
Dockerfile: Xfce4-min
FROM cloudwarelabs/xorg:latest
RUN apt-get update
RUN apt-get install dictionaries-common
RUN /usr/share/debconf/fix_db.pl && dpkg-reconfigure dictionaries-common
RUN apt-get install -y gnome-themes-standard xfce4
RUN apt-get remove -y xscreensaver xscreensaver-data
RUN mkdir -p /root/.config/xfce4/xfconf/xfce-perchannel-xml
COPY xsettings.xml /root/.config/xfce4/xfconf/xfce-perchannel-xml/
COPY xfce4-panel.xml /root/.config/xfce4/xfconf/xfce-perchannel-xml/
RUN mkdir -p /root/.config/autostart
```

```
ENTRYPOINT startxfce4
```

代码 10-2　Xfce4 构建脚本

```
Dockerfile: Gedit
FROM ubuntu:14.04
RUN apt-get update
RUN apt-get install -y gedit
ENV DISPLAY :0
CMD gedit
```

代码 10-3　Gedit 构建脚本

```
Dockerfile: Pulsar
FROM ubuntu:14.04
RUN apt-get update
RUN apt-get install -y libwebp-dev libx11-dev libxdamage-dev libxtst-dev libpng12-0
COPY build/pulsar /usr/local/bin/pulsar
COPY libwebsockets.so.11 /usr/lib/
COPY pulsar.desktop /root/.config/autostart/
ENV DISPLAY :0
ENV PULSAR_PORT 5678
CMD pulsar
EXPOSE 5678
```

代码 10-4　Pulsar 构建脚本

代码编写完毕后，将上述文件上传到相应的 GitHub 仓库，供下一步构建使用。

2. 构建

云件的构建过程选择 Docker 官方提供的容器镜像构建云环境作为 CI 的整体基础。首先，在 https://cloud.docker.com 上注册一个账号，并关联自己的 GitHub 账号；然后，分别创建 3 个 repository，其中构建配置填写对应的 GitHub 地址，Pulsar 的配置如图 10.25 所示；最后，单击 "Create & Build" 按钮，等待镜像构建完成即可。

图 10.25　Pulsar 构建配置

3.　运行

云件的运行依赖于容器环境，当前流行的 Swarm、Kubernetes 和 Rancher 等都可以作为云件系统的编排调度环境。下面以 Rancher 为例对云件的运行过程进行说明。

Rancher 是一个通用的容器编排系统，甚至支持 Kubernetes 和 Swarm 作为底层。有关 Rancher 的详细说明和安装过程，可以查看官方文档（http://rancher.com/docs/rancher/latest/en）进行了解。

部署好 Rancher 后，再添加两个 Host，并分别设置 label 标签，如图 10.26 所示。

图 10.26　Rancher Host 配置

运行 Gedit 云件需要启动 3 个容器，即：Xorg 容器、Gedit 容器和 Pulsar 容器。其中，Xorg 容器以服务方式启动，Gedit 容器和 Pulsar 容器以独立方式启动。因为 Rancher 的容器网络模式需要用独立容器模式启动，以保证容器被调度到同一台主机上，图 10.27 所示为 Pulsar 容器启动的配置详情。

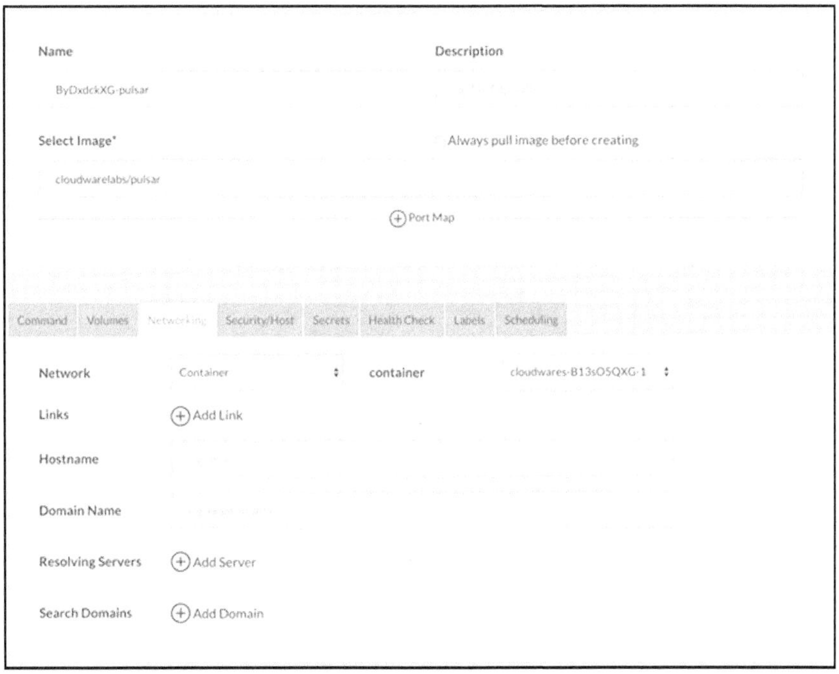

图 10.27　Pulsar 容器配置

从图 10.27 中可以观察到，镜像直接填写之前在 Docker 云上构建好的镜像名称，网络以容器网络模式连接到 Xorg 服务。启动后，相应的 Pulsar 程序开始监听连接，云件前端连接 Pulsar 监听的 IP 和端口即可实现云件的交互。

10.6　本章小结

本章首先介绍从软件到云件发展的趋势，然后介绍云件系统架构与运行原理和云件的开发模式，并通过大规模在线实训平台这样一个场景介绍云件的应用方向，最后通过介绍云件应用开发实例完成本章的实践内容。

10.7　复习材料

课内复习

1. 云件的概念是什么？
2. 云件形态的特征主要有哪些？
3. 云件和 Web 应用，以及云桌面有什么区别？
4. 云件系统的分层架构包括哪些内容？

课外思考

1. 松耦合冯·诺依曼计算模型和传统模型有什么不同？
2. 云件作为一种应用虚拟化的形式，与桌面虚拟化在本质上有哪些不同？
3. 在线实训环境会成为一种大规模的云端服务资源吗？为什么？
4. 如 Matlab、SAS、AutoCAD 等这样的大型传统桌面软件，会以云端软件的形式在云端给用户提供服务吗？

动手实践

1. 网页实时通信（Web Real-Time Communication，WebRTC）是一个支持网页浏览器进行实时语音对话或视频对话的技术，谷歌在 2010 年收购 Global IP Solutions 公司时获得了该项技术。2011年 Google 开放了所有工程的源代码，在行业内得到了广泛的支持和应用，在下一代视频会议、桌面虚拟化、云端软件等场景中有着广泛的应用。

- 任务：通过 WebRTC 的官方网站下载并安装使用最新的软件，运行 WebRTC 自带的实例程序和演示项目。
- 任务：基于 WebRTC 实现一个简单的视频会议系统。

2. CloudwareHub 是一个专门构建和展示云端软件的平台，能帮助用户方便地将传统软件上云，通过浏览器为终端用户提供服务。

- 任务：通过 CloudwareHub 的开源项目主页（https://github.com/cloudwarelabs）学习最新的软件版本，运行自带的实例程序和演示项目。
- 任务：选一款传统的桌面软件，利用 CloudwareHub 实现云端软件。

论文研习

1. 阅读"论文阅读"部分的论文[48]，深入理解云件提出的背景与背后的原理。
2. 阅读"论文阅读"部分的论文[49]，挖掘如何将桌面应用软件放到云端运行的方法。
3. 阅读"论文阅读"部分的论文[50]，理解云游戏的核心技术和未来发展的方向。

11 第 11 章　云计算运维

　　当用户使用在线系统来搜索网页、编辑文档、存储图片、听音乐、看视频、玩游戏，并享受着网络带来的各种便捷服务时，正有几十万到上百万台服务器坚守在大后方，为用户提供 7×24 小时的可靠支持。超大的规模和超高的复杂度给服务的可靠性、可用性和性能都带来了极大的挑战。近年来，利用人工智能技术解决大规模在线系统服务的运维问题，成为众多云服务与产品的发展趋势。本章主要介绍云计算运维的相关内容，11.1 节介绍云服务环境的监控，11.2 节介绍云监控解决方案，11.3 节介绍智能运维。

11.1 云服务环境的监控

11.1.1 云监控概述

云平台将众多的物理资源及虚拟资源进行整合并通过虚拟化技术实现服务量的动态伸缩，将服务按需提供给用户。只有提供了高质量的服务才能给用户带来良好的体验，因此，保障云平台服务高质量和稳定地运行，是云平台运维工作的重中之重。而随着云平台规模的不断扩大及资源的不断增多，云平台中存在的问题也越发突出。例如，没有方便有效的监控系统，云平台管理员需要每天手动地对多台机器进行检查；没有告警机制，云平台在使用过程出现的故障就不能得到及时的处理。这些弊端必然会影响云平台用户的体验。

监控作为云平台中云服务稳定性支持方面的一个重要角色，它能为云平台中的资源调度、故障检测及分析预测等提供强有力的支持，对云平台中云服务质量的提高有着非常重要的作用。为了使运营者能对云平台的总体运行情况有比较清晰的了解和把握，同时便于云平台中资源性能及可用性的及时优化，确保云平台能顺利地为用户提供服务，需要一个高可靠、稳定的监控系统对云平台进行实时监控。通过监控软件，对系统中的重要资源进行监控，发现系统存在的问题及其具体节点，在云平台中的主机或服务发生故障时能主动及时地向系统管理员发出警报，管理员就可以在最短的时间内对系统进行调整恢复，并利用监控得到的数据分析云平台的瓶颈，为云平台的负载均衡提供可靠的支撑。

典型的云计算场景由基础设施提供商（InP）、服务提供商（SP）和客户组成，InP 负责提供可由 SP 租用的虚拟资源（例如，计算、存储、网络等资源），SP 则将客户的需求考虑在内，并为客户提供相应的服务应用来满足这些需求。最后，客户提出他们需要什么样的服务以及他们对服务质量的期望，通常这个期望通过服务水平协议（SLA）来表示。在满足 SLA 的过程中，需要妥善处理云计算模式下所引发的各种复杂问题，这些问题通常都需要得到快速解决。因此，最好能够及时甚至是预见性地发现问题，这就要求在云计算资源的管理中添加一些关键性的任务，云监控就是其中之一。对 InP 和 SP 的云监控意味着观察已授权或已分配的虚拟或物理资源。通过监控，SP 可以向客户展示云资源信息。同时，从云监测中获取的信息也是决定如何降低能耗、提高系统可靠性或调整云响应时间的基础。

在第 8 章中已经介绍过，当前云原生应用开发的研究和实践已经开始受到产业界和学术界的重视。云计算作为云原生应用开发的优先采用策略，可以用来提高应用程序的可用性和可伸缩性，同时降低运营成本。在这样的背景下，资源管理是改善云计算的重要手段。因此，对资源的监控也就成为实现云计算的关键。本节首先介绍云资源监控的概念及相关云监控解决方案的比较。

11.1.2 云监控特性

云计算通过网络共享成功地实现了计算资源的高效利用，但是，云资源分配的动态性、随机性、开放性使得云平台的服务质量保障难题日益突出。云环境下资源状态的监控技术可以通过深入挖掘、分析监控数据，及时发现计算资源的异常运行状态，然后根据历史运行数据等对资源的未来使用状态做出预测，以便及时发现潜在的性能瓶颈和安全威胁，为用户提供可靠稳定的云服务。

云计算本身的特性决定了这些特性必须由云监控来进行具体的实现和支持，换句话说，云监控的活动是围绕着云计算本身的特性所展开的。云计算的特性以及对应云监控系统必须支持的要求如下。

- 可扩展性（Scalability）：可扩展性是指可通过增加计算资源来提高系统性能的能力。为了实现这一功能，监控系统需要使用大量潜在的探测器（探针）来保持对系统性能的高效监控。
- 弹性（Elasticity）：弹性是根据特定应用程序或系统的目标，按需增加或减少计算资源的能力。弹性旨在提升云计算环境的性能的同时降低成本，为了实现这一目的，监控系统需要对虚拟资源的创建和销毁进行跟踪记录，以真正实现系统的扩展与伸缩。
- 可迁移性（Migration）：可迁移性体现了系统可根据特定应用程序或系统的目标来改变计算资源位置的能力。可迁移性要求云平台服务商必须为用户在性能、能耗和成本方面提供更多的改进。在迁移过程中，必须监控从一台物理主机迁移到另一台物理主机的虚拟资源，并保证监控过程中的正确性，以确保迁移时不会丢失任何信息，并且监控系统不会受到被监控资源潜在迁移的负面影响。

除此之外，云监控系统还必须能够适应云计算环境的动态性和复杂性。基于以上特性的要求，云监控系统应该具备的功能总结如下。

- 准确性：准确性是指检测系统测量能力的准确程度。在云计算环境中，因为 SLA 是系统的固有部分，所以准确性非常重要。如果监控系统准确性不够可能会导致 InP 和 SP 受到经济损失，并损害客户的信心，进而可能损害公司的声誉，甚至造成客户群的流失。
- 自治性：在云计算环境中，动态是一个关键因素，因为各种变化是非常激烈和频繁的。自治性是监控系统自行管理其配置以保持自身在动态环境中的工作能力。在云监控系统中保持自治性是很复杂的，因为它需要具备接收和管理来自多种探测器的输入。
- 全面性：云计算环境中包含多种类型的资源（例如，不同的虚拟化资源和物理资源）和信息。监控系统需要具备支持多种资源的监控和数据收集的能力。因此，监控系统必须能够从不同类型的资源、多种类型的监控数据以及大量的用户中获取更新状态。

11.1.3　云监控需求

可靠性是云平台的重要属性，是保证云平台为用户提供服务的基础。为提高云服务的可靠性、安全性和可用性，保证用户可以放心使用云计算的资源，云平台需要时刻保持安全稳定的状态以及在云平台发生故障时能及时告警解决。因此，对云平台的监控一般有如下的要求。

- 能从负载、CPU、内存、存储和网络等几个方面对物理节点进行监控。
- 可对云平台中所有物理节点按集群分组并进行监控。
- 可对监控得到的数据进行完整持久保存，以便系统管理员查询及分析，针对一些常见问题提出解决方案和提供历史数据支持。
- 监控系统在发现云平台出现故障时，能及时判断故障的等级并在管理界面提示管理员或发出告警信息通知管理员。
- 对操作系统中特定进程的流量进行监控，确保云平台中网络的通畅。
- 将所监控的信息采用图形化的形式形象直观地向系统管理员展示，便于管理员分析系统状态的未来趋势。

- 云平台的资源具有动态性，资源的分布也十分广泛。用户需要根据实际情况对监控的节点和资源进行配置。因此，云平台监控系统应具有良好的扩展性，能对新加入云平台的资源节点进行有效监控，并在主机节点有新的监控需求时能及时实现。

在整个监控系统中，监控系统的管理员能够灵活地添加或删除被监控对象，对监控信息进行配置，设置监控主机和主机组、服务和服务组、监控对象、监控时间段，可在浏览器上实时查看云平台监控信息，查看服务、被监控主机的监控数据图，能应用故障管理功能，设立故障监控的告警阈值、故障报警联系人。监控管理员还能通过查看监控的历史信息或最近时间段的状态走势图，分析系统未来可能的运行状态趋势，提前发现系统的潜在问题。监控系统管理员管理系统的用例图如图 11.1 所示。

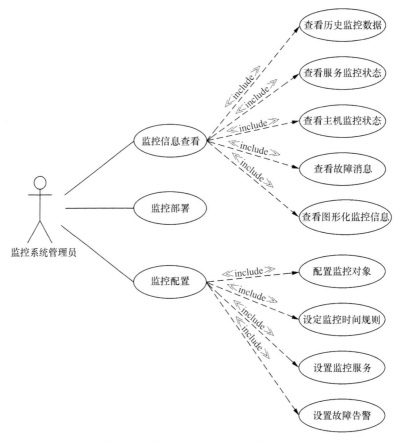

图 11.1　监控系统管理员管理系统的用例图

1. 基本功能需求

（1）物理服务器监控：云平台中有多台服务器，物理服务器上运行着虚拟机，云平台把虚拟机作为云服务提供给用户。如果运行着虚拟机的服务器由于某些故障导致服务器的正常使用受到影响，也会直接影响运行在物理机上的虚拟机的可用性。因此，保障云中服务器的安全尤为重要，这就需要对云中物理服务器进行监控。

（2）物理节点上虚拟机资源监控：云平台提供了成千上万的虚拟机供用户使用。为保证虚拟机的正常运行，能通过系统资源调度来实现虚拟机负载的有效调节，以改善云平台资源的使用效率，就需要对云平台中所有接入的虚拟机的运行状态、CPU、内存利用率、硬盘的使用空间、未使用空间和运行的进程数等进行监控。

（3）对操作系统中特定进程的流量监控：为防止网络阻塞，需要对云平台中操作系统主机中特定进程的流量进行监控。以便对网络主机进行管理，确保云平台中的网络通畅。

（4）对云中的各类网络服务的监控：云中部署运行着各种网络服务，其服务质量的好坏极大地影响着用户所使用服务的稳定性和可靠性，网络服务的不可用将直接导致云的不可用。因此，需要对云中的网络服务（如 SMTP、HTTP 等服务）进行监控，以实时了解每类网络服务的状态。

2. 性能需求

（1）可扩展性：云平台中的资源具有动态性，当云平台中的虚拟节点发生动态变化时，监控系统能适应这种变化，继续保持稳定的运行状态。即当有新的节点加入云平台中时，监控系统应该在不对之前的逻辑结构进行大改的前提下，实现对监控节点的动态扩展。当有监控的项目调整需求时，能在不影响现有监控项目的前提下及时方便地调整相应的监控模块。

（2）高可靠性：可靠性高的系统，运行稳定，不易造成监控信息的异常丢失。云平台监控系统投入使用后，需要整天、整月甚至整年不中断地运行。一旦监控服务器因为某些原因如宕机、断电、物理损坏、网络故障等不能正常地提供监控服务而造成重大影响时，监控系统应能及时采用高可用手段及时解决问题。

3. 数据处理需求

（1）数据完整持久存储：监控系统应该具有将监控数据持久存储在数据库中的功能，以便管理员对历史监控数据进行查看与分析。

（2）Web 页面监控数据图形化显示：监控系统需要为管理员提供清晰明了的图形化监控数据，以便管理员查看监控信息并分析云平台未来的走势，及时发现平台潜在的问题，尽可能地降低对用户造成的影响。

4. 故障管理需求

云平台正常运行需要有明确的告警机制，能在云平台出现故障时准确地诊断故障的级别并及时地向管理员通知告警消息。如何提高故障诊断的准确性以及如何有效地告警就成为云监控系统研究的一个问题。故障管理不仅仅包括个人主机操作不规范的监控告知，还应包括对服务器运行状态不良的诊断和提示，监控系统需要对告警通知消息、告警联系人、告警级别等进行灵活配置，并将告警通知信息写入日志。当收集到的监控数据被系统诊断为故障时，监控系统应能够通过邮件、短信或其他方式及时通知系统管理人员。当收集到监控数据时，系统利用故障诊断对故障进行等级评定，如果达到故障标准，系统能自动发送告警通知系统管理人员。

11.1.4　云监控结构

通常地，一个云服务平台的资源大量分布在数据中心上。由于云服务的运营实体（例如 SP 和 InP）需要清楚地掌握这些资源相关的信息，所以必须连续监视这些资源，主要体现在两个方面：首先，评估云中托管的服务的状态；其次，根据资源的状态信息来执行控制活动（例如，资源按需分配和迁移）。一般地，不同的云服务的服务模型是不同的，它们由不同类型的资源组成。对云资源的高效管理取决于对其结构的全面监控。为了提供全面的监控，一般将云监控的结构划分为三大组件：云模型、监控视图和监控焦点（见图 11.2）。

1. 云模型

云模型由软件即服务（SaaS）、平台即服务（PaaS）和基础设施即服务（IaaS）三部分组成。软件即服务在向客户提供应用程序服务时体现；平台即服务在向 SP 提供一个平台时体现，在这个平台上用户可以部署应用程序服务，InP 控制底层资源的分配，SP 只需提供应用程序服务；基础设施即服务在向 SP 提供访问虚拟机服务时体现，SP 可以安装自己的平台和应用程序。

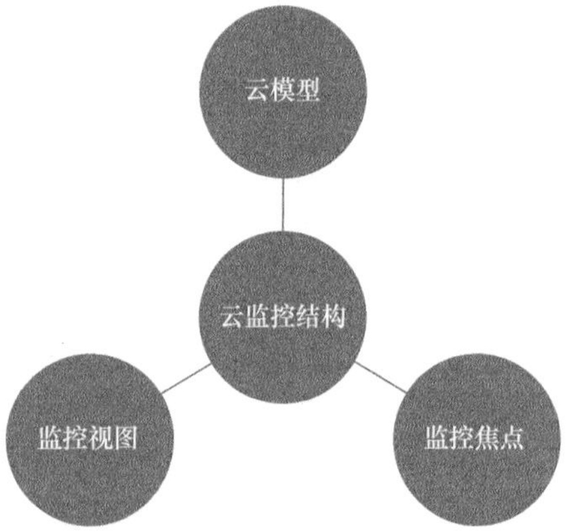

2. 监控视图

资源视图取决于谁想要获取信息，是 InP、SP 还是客户？InP 是基础设施的所有者，通常只关注基础设施是否正确运行以及利用是否高效？InP 需要获得关于虚拟层和物理层的信息。此外，InP 在底层上进行控制活动。SP 则主要为客户提供指导性支持，一般来说，SP 需要获得有关虚拟层的信息，例如，在平台的不同组件中观察到的响应时间和延迟，以及关于监控结构、客户体验的客观性能问题或瓶颈之间的关联。客户则需要能随时查看正在使用的应用程序服务的状态信息。因此，云监控必须根据不同的用户层面来设置不同的监控视图，具体来说，就是要根据 InP、SP 和客户的需求来设置不同的监控视图（见图 11.3）。

图 11.2　云监控的结构

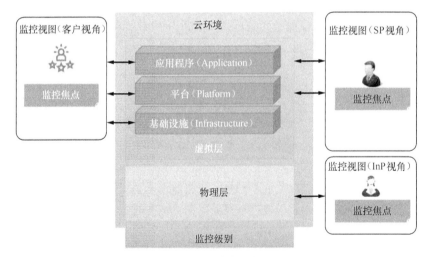

图 11.3　监控视图

3. 监控焦点

监控解决方案的设计和实施取决于被监控的资源类型（例如，计算、网络）或服务（例如，SLA、QoS）。监控焦点是由特定监控解决方案或一组监控解决方案定义的目标（资源类型或服务）来确定的，以便满足 InP、SP 和客户的特定需求。监控焦点可以用两种方法来划分：云模式或目标。第一个是指服务模型：SaaS、PaaS 或 IaaS，第二个是指由 InP、SP 或客户执行的监视的目标（例如，SLA、计费）。

云监控解决方案的主要目标是根据它们的云模型来定义的，可以根据不同的云模型讨论具体目标。

（1）在 IaaS 中，云资源是在物理硬件之上创建的，通常使用虚拟化技术来实现。在 IaaS 上，代表 InP 的监控解决方案监控支持基础设施的实际硬件，而 SP 旨在获取关于他们租用的虚拟资源的信息。IaaS 由公共 IaaS 云提供商提供，如 Amazon EC2、阿里云等，或者通过使用 Eucalyptus 和 OpenStack 等解决方案构建私有云。IaaS 提供的资源通常采用虚拟机的形式（如 Xen），虚拟机主要由计算、网络和存储等组成。因此，在 IaaS 中，云监控解决方案的目标是虚拟机的基本监控指标。

（2）PaaS 由编程环境和运行环境组成。阿里云的 PaaS 级产品、Google App Engine 和 Heroku 都是 PaaS 的范例。PaaS 旨在为应用程序开发（例如，API 和编程语言）提供合适的环境。此外，PaaS 还可提供服务来支持应用程序的部署和执行，包括容错、自动扩展和配置等功能。在 PaaS 上，云监控提供信息来帮助 InP 处理自配置和容错管理等问题。从 SP 的角度来看，监控的目标是确保平台支持自适应应用程序，保证监控程序收集到的信息与客户的观察保持一致。

（3）SaaS 的用户可能遍及世界的各个角落，用户的数据量也可能是百万级甚至千万级。一个典型的办公应用程序，如文字处理软件 Word 和电子表格 Excel 的在线替代品，在 SaaS 服务的模式下，其多样性必定会不断地增长。为了应对 SaaS 的多样性，云监控系统需要具备非同寻常的能力，既需要应对异构的 API，还需要应对不同层面的监控。为此，SP 和客户需要定义 SLA 来规范两者之间的服务协议。SP 需要根据 SLA 的服务级别向用户提供能够满足 SLA 的服务，而衡量服务是否能够满足服务级别则需要通过监控来实现。

11.1.5　关键技术

1. SNMP 协议

简单网络管理协议（Simple Network Management Protocol，SNMP）属于 TCP/IP 五层协议中的应用层协议，主要用于管理网络设备。由于 SNMP 协议简单可靠，受到了众多厂商的欢迎，成为目前应用最为广泛的网管协议。

SNMP 协议主要由两大部分构成：SNMP 管理站和 SNMP 代理。SNMP 管理站是一个中心节点，负责收集维护各个 SNMP 元素的信息，并对这些信息进行处理，最后反馈给网络管理员；而 SNMP 代理是运行在各个被管理的网络节点之上，负责统计该节点的各项信息，并且与 SNMP 管理站交互，接收并执行管理站的命令，上传各种本地的网络信息。

SNMP 管理站和 SNMP 代理之间是松散耦合，它们之间的通信是通过 UDP 协议完成的。在一般情况下，SNMP 管理站通过 UDP 协议向 SNMP 代理发送各种命令，当 SNMP 代理收到命令后，返回 SNMP 管理站需要的参数。而且，当 SNMP 代理检测到网络元素异常的时候，也可以主动向 SNMP 管理站发送消息，通告当前异常状况。

SNMP 的基本思想：为不同种类、不同生产厂家以及不同型号的设备，定义一个统一的接口和协议，使得管理员可以通过统一的外观对这些网络设备进行管理。通过网络，管理员可以管理位于不同物理空间的设备，从而大大提高网络管理的效率。

SNMP 的工作方式：管理员需要向设备获取数据，所以 SNMP 提供了"读"操作；管理员需要向设备执行设置操作，所以 SNMP 提供了"写"操作；设备需要在重要状况改变的时候，向管理员通报事件的发生，所以 SNMP 提供了"Trap"操作。图 11.4 所示为 SNMP 的工作方式。

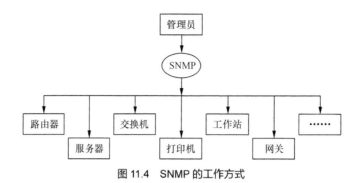

图 11.4　SNMP 的工作方式

2. 代理监控技术

代理指的是在被监控主机上安装的一个或多个监控代理程序。代理程序主要用于被监控主机的状态或服务信息的收集，收集到数据后再发送给主监控机。一般地，按被监控主机上是否部署监控代理将监控分为两种方式：无代理的监控和基于代理的监控。无代理监控由主监控机来完成监控请求及状态的监测；基于代理的监控方式，监控请求的完成既可通过主监控机也可通过代理程序本身，但只能由代理程序完成监控对象状态的检测，并在检测完成后将结果上报给主监控机。

无代理监控方式大多适用于主动监控模式系统，通常是主监控机主动地向无代理的被监控节点发出监控的请求。无代理监控的被监控端只需要对主监控机发来的监控请求做出响应，而主监控机则需处理和分析返回的监控信息，得到被监控端节点的运行状态。无代理监控通常适用于能主动响应监控请求的服务或设备的监控，如 MySQL、Apache、HTTP、Web、Ping、telnet 等服务及其他提供了 SNMP 服务的设备。

基于代理的监控模式可以采取主动和被动监控模式。基于代理的被动监控模式需要在被监控端安装相关的监控代理程序，代理程序可以依照已配置好的监测策略主动地执行相关的程序获取数据，并将数据按主监控机预先设定好的数据格式处理后发送给主监控机。在基于代理的主动监控模式中，代理程序会在收到主监控机的监控请求后，启动相关的程序来获得结果并将结果返回给主监控机。从某种程度上看，在基于代理的被动监控模式中，代理程序会对获取的数据进行处理再提交给主监控机，这种处理方式对主监控机的压力有一定的缓解作用，但同时也略微增加了被监控端的负载。基于代理的监控通常适用于对主机的 CPU、进程数和内存等的监控。

无代理监控模式和基于代理的监控模式各有所长，有各自适用的应用范围。基于代理的监控模式需要在被监控端上安装客户端，可以直接通过 SSL 安全通信，同时它依靠代理收集数据，并将数据处理后再反馈到主监控机，具有较广的监测范围。无代理监控模式不需要安装客户端，需要将相应的端口对主监控机开放，并且发送给主监控机的数据是未经处理过的。在实际的系统监控中，可以根据实际的情况选择一种或两种监控模式相结合的方式来满足监控的需求。

3. 主动监控与被动监控

在监控系统中，监控数据主要通过主动模式或被动模式在主监控机和被监控端之间传送，表 11.1 为两种监控模式的对比。通过对比可以发现，主动监控模式开销大，实时性高，适用于主监控机对被监控节点周期轮询的场景中；被动监控模式实时性比较差，但开销小。在具体的场景中还需结合实际情况，灵活运用这两种监控模式，以达到在提高数据采集准确性的同时使开销降到最低。

表 11.1 主动监控模式与被动监控模式的比较

	描述	优点	缺点
主动监控模式	主监控机按检测周期主动地获取被监控端的数据。主要是由主监控机向被监控端发送监控请求，被监控端监控代理采集数据后再反馈给主监控机	实时性较好	使用这种方式，需要主监控机主动收集被监控端的性能参数，开销较大
被动监控模式	被监控端主动发送数据到主监控机。被监控端监控代理按已经配置好的设置采集本地数据，并将数据处理完后主动发送给主监控机。主监控机只需要被动接收数据，再进行下一步处理	使用这种方式，处理数据的其他工作基本都由被监控端完成（包括数据的传输），从而避免了因被监控主机数量太大而造成轮询时间过长而引发的监控反应延迟的问题	实时性较差

11.2　云监控解决方案

11.2.1　云监控的通用技术

云计算环境的监控解决方案可分为三种类型：通用解决方案、集群和网格解决方案和基于云平台特有的监控解决方案。通用解决方案可用于监控通用的计算机系统，它不考虑系统有关的具体特征，这些解决方案被广泛用于获取托管资源的基本信息。但是，通用解决方案可能并不适用于云平台的某些特定功能。集群和网格解决方案则是以一些特定领域为基础创建的，也缺乏对云平台特定功能的支持。因此，需要设计和开发云平台特有的监控解决方案。不同层次的监控解决方案如表 11.2 所示。

表 11.2 不同层次的监控解决方案

类别	描述
通用解决方案	通用解决方案用于监控通用的传统计算机系统，并不考虑系统有关的具体特征，这类监控方案包括 Cati、Zabbix、Nagios 等，可以提供对计算机系统的基础信息的监控，如内存、CPU、网络和存储等的基本使用情况，并提供对监控信息的可视化展示。它们也可以用于监控云环境中的计算机的基本状态信息。但 Cati、Zabbix、Nagios 并非专门针对云监控的需求和特性而设计，如在收集云的弹性、自治性方面的监控信息时就相对较弱
集群和网格解决方案	这类监控方案用于监控集群和网格系统，针对集群系统的监控方案有 PARMON 和 RVision 等，针对网格系统的监控系统则有 GridEye 和 Ganglia 等。集群和网格解决方案与云监控解决方案的监控焦点有很大的重合，例如，云环境中的集群是由多台机器连接而成的一个网络，在云环境中的集群要比普通的集群在 SLA 的关注度上高得多，对集群的监控在可视化方面的要求也要比普通的集群高得多
云监控解决方案	完全为云环境而设计的监控方案，如 Amazon 的 CloudWatch，它能够收集如 CPU、内存、网络和存储等基本的监控指标，同时，它还能够监控整个云环境的一些自配置信息。类似的解决方案还有 Accelops、Copperegg、Zennoss、Monitis 和 Rackspace Cloud Monitoring 等

在监控领域，市场上出现的监控软件主要分为商业软件和开源软件两类。其中，开源软件有着应用空间广泛及监测效果好的优势，并且其源码是对外开放的，用户可以在开源的基础上定制开发满足自身需求的监控软件。目前，Nagios、Cacti、Zabbix、Ntop 和 Ganglia 等都是应用比较广泛的监控软件。以下分别对这几款热门的监控软件进行简要介绍。

1. Nagios

Nagios 是一款开源的免费网络监视工具，能有效地监控 Windows、Linux 和 UNIX 的主机状态，交换机、路由器等网络设置，以及打印机等设备。在系统或服务状态异常时，它能发出邮件或短信报警，第一时间通知网站运维人员，在状态恢复后同样发出正常的邮件或短信通知。

Nagios 具备的功能如下：

- 监控网络服务（SMTP、POP3、HTTP、NNTP 和 PING 等）；
- 监控主机资源（处理器负荷和磁盘利用率等）；
- 简单的插件设计使得用户可以方便地扩展自己的服务检测方法；
- 并行服务检查机制；
- 具备定义网络分层结构的能力，用"parent"主机定义来表达网络主机间的关系，这种关系可被用来发现和明晰主机宕机或不可达状态；
- 当服务或主机问题产生与解决时，能将相关信息发送给联系人（通过 E-mail、短信或用户定义等方式）；
- 可定义一些处理程序，使之能够预防服务或主机发生故障；
- 自动的日志滚动功能；
- 可以支持并实现对主机的冗余监控；
- 可选的 Web 界面用于查看当前的网络状态、通知和故障历史、日志文件等。

2. Cacti

Cacti 是一套基于 PHP、MySQL、SNMP 及 RRDtool 开发的网络流量监测图形分析工具。简单地说，Cacti 就是一个 PHP 程序，它通过使用 SNMP 协议获取远端网络设备的相关信息（其实就是使用 Net-SNMP 软件包的 snmpget 和 snmpwalk 命令获取），并使用 RRDtool 工具绘图，再通过 PHP 程序展现出来。使用 Cacti 可以展现出监控对象在一段时间内的状态或性能趋势图。

Cacti 可通过 snmpget 来获取数据，使用 RRDtool 来绘制图形，而且用户完全不需要了解 RRDtool 复杂的参数。它提供了非常强大的数据和用户管理功能，可以指定单个用户是否具有查看树状结构、host 及任何一张图的权限，还可以与 LDAP 结合进行用户验证，同时还能增加模板，功能非常强大、完善，界面也十分友好。Cacti 的目的是期望 RRDtool 的用户侧能更方便地使用该软件，除了基本的 SNMP 流量与系统信息监控外，Cacti 还可外挂脚本及模块做出各式各样的监控图。

3. Zabbix

Zabbix 是一个基于 Web 界面的提供分布式系统监视以及网络监视功能的企业级的开源解决方案。Zabbix 能监视各种网络参数，保证服务器系统的安全运营，其提供的通知机制可以令系统管理员快速定位并解决存在的各种问题。Zabbix 由两部分构成：Zabbix server 与可选组件 Zabbix agent。Zabbix server 可以通过 SNMP、Zabbix agent、ping 和端口监视等方法提供对远程服务器、网络状态的监视和数据收集等功能，并且可以运行在 Linux、Solaris、HP-UX、AIX、FreeBSD、OpenBSD 和 OS X 等平台上。

4. Ntop

Ntop 是一种既灵活又功能齐全的用于监控和解决局域网问题的工具。Ntop 显示网络的使用情况比其他的网络管理软件更加直观、详细，甚至可以列出每个节点计算机的网络带宽利用率。它同时还提供命令行输入和 Web 页面，可应用于嵌入式 Web 服务。Ntop 主要包含以下功能：

- 自动从网络中识别有用的信息；
- 将截获的数据包转换成易于识别的格式；

- 对网络环境中通信失败的情况进行分析；
- 探测网络通信的时间和过程。

5. Ganglia

Ganglia 是加州大学伯克利分校（UC Berkeley）发起的一个开源实时监视项目，通过测量数以千计的节点，为云计算系统提供系统静态数据以及重要的性能度量数据。Ganglia 系统包含以下三大部分：

- Gmond：它运行在每台计算机上，主要监控每台机器收集和发送的度量数据（如处理器速度、内存使用量等）；
- Gmetad：它运行在集群的一台主机上，作为 Web Server，或者用于与 Web Server 进行沟通；
- Ganglia Web 前端：主要用于显示 Ganglia 的 Metrics 图表。

11.2.2　容器的监控

近年来，容器技术不断成熟并得到广泛应用，Docker 作为容器技术的一个代表，目前也处于快速发展中，基于 Docker 的各种应用也正在普及。与此同时，Docker 对传统的运维体系也带来了冲击。在建设运维平台的过程中，用户需要去面对和解决与容器相关的问题。Docker 的运维是一个体系，而监控系统作为运维体系中的重要组成部分，在 Docker 运维过程中需要重点考虑。本节介绍针对 Docker 容器的自动化监控实现方法，旨在为 Docker 运维体系的建立提供相关的解决方案。

谈到容器，大部分用户首先会想到 LXC（Linux Container），它是一种内核虚拟化技术，是一种操作系统层次上的资源的虚拟化。在 Docker 出现之前，已经有一些公司在使用 LXC 技术。容器技术的使用，大大提升了资源利用率，降低了成本。直接使用 LXC 会有些复杂，导致企业使用容器技术具有一定的门槛，而 Docker 的出现则改变了这一局面。Docker 对容器底层的复杂技术做了一个封装，大大降低了使用复杂性，从而降低了使用容器技术的门槛。Docker 给出了一些基本的规范和接口，用户只需熟悉 Docker 的接口，就能够轻松玩转容器技术。所以 Docker 的出现大大加快了容器技术的使用普及度，甚至被业界看作容器的规范。

当以用户的容器收集标准进行度量时，会有很多选项。在考察了一些对容器监控有用的软件和服务后，可以引入一个混合了自托管的开源解决方案以及商业云服务的方式，以反映当前的场景。

1. Docker stats

Docker Engine 提供了访问大部分需要用户收集的、可以作为原生监控功能的核心度量指标的功能。运行 Docker stats 命令可以访问运行在用户主机上的所有容器的 CPU、内存、网络和磁盘利用率，如图 11.5 所示。

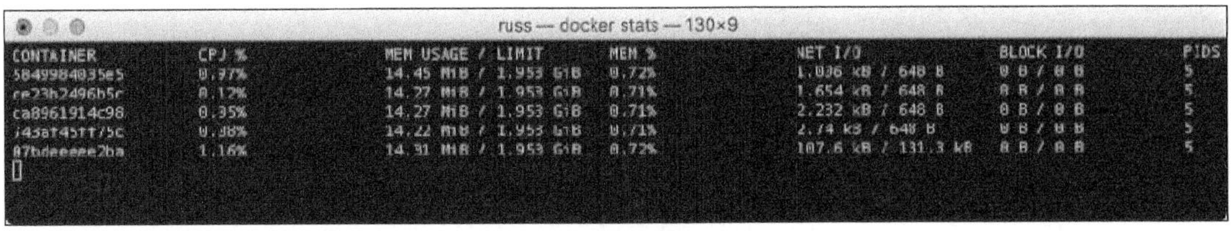

图 11.5　Docker 的监控示例

如果用户需要在任何时刻获取容器相关的状态信息，那么，监控所产生的数据流是很有用的，例如，可以添加一些 flag：

- flag -all 显示停止了容器，尽管看不到任何度量指标；
- flag -no-stream 显示第一个运行的输出，然后停止度量指标的数据流。

这种方式有两个缺点：第一，数据没有在任何地方存储——不能回溯并审查度量指标；第二，在没有参考点的情况下，端点一个个不断被刷新，很难观察到数据中有什么奥秘。

Docker stats 命令实际上是一个对 stats 应用程序接口（API）端点的命令行界面，stats API 暴露了 stats 命令所有的信息。若要亲自查看，可以运行以下命令：

```
curl --unix-socket /var/run/Docker.sock http:/containers/container_name/stats
```

从输出中可以看到，会有更多的返回信息，它们都使用 JSON Array 封装，并且可以被第三方工具所接纳。

2. cAdvisor

cAdvisor 是来自 Google 的原生支持 Docker 容器的监控工具，它是一个集收集、整合、处理以及输出当前运行容器信息于一体的守护进程。cAdvisor 就是运行 Docker stats -all 命令获得信息的图形化版本。

```
Docker run \
--volume=/:/rootfs:ro \
--volume=/var/run:/var/run:rw \
--volume=/sys:/sys:ro \
--volume=/var/lib/Docker/:/var/lib/Docker:ro \
--publish=8080:8080 \
--detach=true \
--name=cadvisor \
google/cadvisor:latest
```

cAdvisor 容易启动和运行，因为它是在一个容器里交付的。用户只需要运行上述命令就可以启动 cAdvisor 容器，并在端口 8080 上公开 Web 界面。

一旦启动之后，cAdvisor 会在运行于宿主机上的 Docker Daemon 里打入一个钩子，并且立即开始收集所有正在运行的容器（包括 cAdvisor 容器在内）的度量指标。在浏览器中打开 http://localhost:8080/ 将会直接跳转到 Web 界面，如图 11.6 所示。

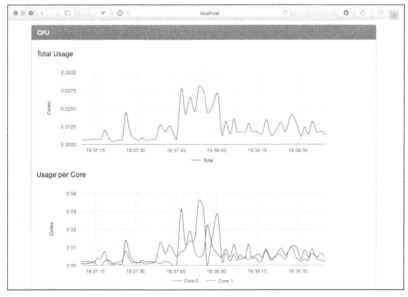

图 11.6　cAdvisor 的监控界面

如图 11.6 所示，图中有一段实时数据流，同时，Google 已经通过引入一些选项来从 cAdvisor 导出数据到时间序列数据库，例如 Elasticsearch、influxDB、BigQueery 和 Prometheus。

cAdvisor 能快速洞悉正在运行的容器所发生的事件，安装非常简单，并能赋予用户比开箱即用的 Docker 更细粒度的度量指标。同时，它也可以作为一个其他工具的监控代理。

3. Prometheus

Prometheus 是一个开源的监控系统和时间序列数据库，最初是由 SoundCloud 搭建的，目前由云原生计算基金会（Cloud Native Computing Foundation，CNCF）托管，同样的项目还有 Kubernetes 和 OpenTracing。Prometheus 可从主机上的数据节点提取数据并存储到自身的时间序列数据库中。目前，Docker 已经支持直接从 Prometheus 来获取容器的度量指标。

Prometheus 最大的优势是可以作为数据源。用户可以用 Prometheus 与 Grafana 收集数据，其中，Grafana 在 2015 年就开始支持 Prometheus 了，现在已成为 Prometheus 推荐的前置系统。并且，Grafana 也可以作为容器启动。

一旦启动并运行后，唯一需要的配置是添加用户的 Prometheus URL 作为数据源，然后导入一个预定义的 Prometheus Dashboard。Dashboard 显示了来自于 cAdvisor 并存储在 Prometheus 用 Grafana 渲染的超过一个小时的信息，Prometheus 基本上是以当前 cAdvisor 的状态作为快照的。Prometheus 还具有告警功能，通过使用内置的上报语言，可以创建如下的告警：

```
ALERT InstanceDown
IF up == 0
FOR 5m
LABELS { severity = "page" }
ANNOTATIONS {
summary = "Instance {{ $labels.instance }} down",
description = "{{ $labels.instance }} of job {{ $labels.job }} has been down for more
than 5 minutes.",
}
```

一旦告警已经写完并在 Prometheus 服务器上部署，可以使用 Prometheus Alertmanager 进行路由告警。在上面的例子中，已经指定了一个标签 severity = "page"，Alertmanager 将会拦截告警并转发告警到一个服务，例如，PagerDuty、OpsGenie、Slack、HipChat channel，或者任意数量的不同端点。

Prometheus 是一个强大的平台，并且作为不同技术的"中间人"表现优异。它可以非常容易地从类似于上述的基本安装起步，进行扩展后就可方便地获得容器和宿主机实例信息，如图 11.7 所示。

4. Sysdig

Sysdig 有两个不同的版本，第一个是在宿主机上安装了一个内核模块的开源版本，第二个是名为 Sysdig Cloud 的云和本地解决方案，它使用开源版本并且将收集的度量指标流向 Sysdig 自己的服务器。Sysdig 的开源版本如同运行 Docker stats 命令，服务会在宿主机内核打钩，因此，它完全不用依赖从 Docker Damon 来获得度量指标。使用 Csysdig 这个内置的基于 ncurses 的命令行接口，用户可以查看宿主机的各种信息。例如，运行 csysdig -vcontainers 命令可以获得图 11.8 所示的视图。

从图 11.8 中可以观察到，监控界面不仅展示了宿主机上运行的所有容器，还可以进入容器内部查看单个进程所消耗的资源，就如同运行 Docker stats 命令和使用 cAdvisor 一样。Sysdig 的开源版本也可以获得容器的实时视图，并且可以使用如下的命令来记录和回放系统活动：

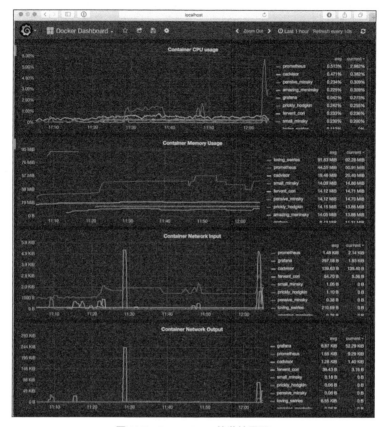

图 11.7　Prometheus 的监控界面

- csysdig -w trace.scap 命令记录系统活动到一个跟踪文件；
- csysdig -r trace.scap 命令回放跟踪文件。

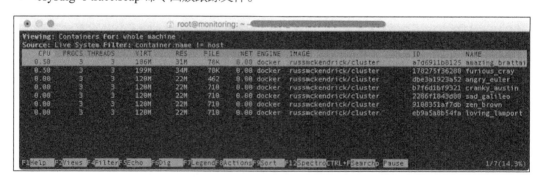

图 11.8　Sysdig 的监控界面

　　Sysdig 的开源版本不是传统监控工具，它允许用户深入自己的容器以获取更广泛的信息；它还允许用户通过直接在编排系统打钩来添加编排上下文环境，从而允许对 Pod、集群、命名空间以及其他方面进行故障排除。

　　Sysdig Cloud 可以获取 Sysdig 的所有监控数据后再用 Dashboard 展示出来，Dashboard 具备告警功能。在图 11.9 中可以看到显示容器使用率的实时视图的 Dashboard，用户还可以深入单独的进程。

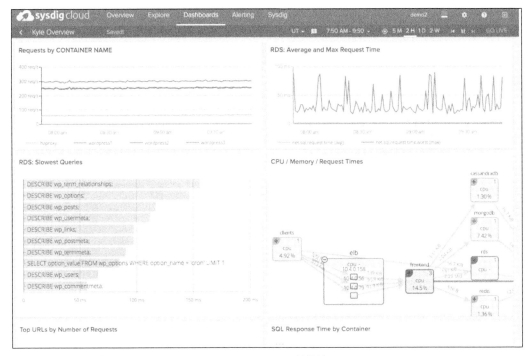

图 11.9　Sysdig Cloud 的监控界面

11.3　智能运维

当代社会的生产生活，许多方面都依赖于大型、复杂的软硬件系统，包括互联网、高性能计算、电信、金融、电力网络、物联网、医疗网络和设备、航空航天、军用设备及网络等。这些系统的用户都需要良好的用户体验。因此，这些复杂系统的部署、运行和维护都需要专业的运维人员，以应对各种突发事件，确保系统安全、可靠地运行。由于各类突发事件会产生海量数据，因此，智能运维从本质上可以被视作一个大数据分析的具体场景。

图 11.10 展示了智能运维涉及的范围，它是机器学习、软件工程、行业领域知识、运维场景知识四者相结合的交叉领域，智能运维的顺利开展离不开这四者的紧密合作。

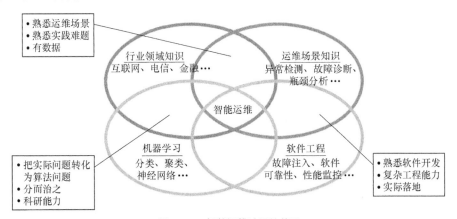

图 11.10　智能运维涉及的范围

11.3.1 智能运维的历史

运维部门是最早开始通过实时监控来掌握系统的运行状况，从而保证系统的服务质量和用户体验，达到对异常事件及时进行分析与处理的目的。追溯运维发展历史，手工运维是最初的形态，费时耗力，需要众多的运维人员。随后，大量自动化脚本的出现实现了运维的自动化，运维效率得到很好地提升。但是随着系统规模的日益增长，自动化运维开始无法满足业界需求。

得益于大数据和人工智能，今天的运维方式开始迈向智能化阶段，智能运维开始被越来越多的企业所关注。公司和组织通过集中监控平台采集系统的各项运行状态和执行逻辑信息，例如网络流量、服务日志等，进而实现对系统运行状态的全面感知。随着系统规模的增长，运维数据也出现爆炸式增长，每天有上百十亿条的监控数据、日志等产生，给运维带来了种种困难与挑战，并促使智能运维技术不断发展。从手工运维到智能运维的发展过程如图 11.11 所示。

阶段	手动运维阶段		规模化阶段		生态化阶段	
	初始化	专业化	工具化	平台化	云化	智能化
描述	运维从研发分化出来，负责业务以外的事物。	有细分的分工，稳定、便捷，可靠，快速	随着DevOps概念提出工具大量涌现	运维规模扩大，业务运维SRE产生，保障业务平稳发展	云原生应用将基础运维交给云平台，让SRE更专注于业务可用性	使用云计算大量数据喂养的人工智能使得智能化成为可能
分工	op	SA, IDC, DBA	DevOps, IDC, DBA	SRE, DevOps, IDC, DBA	SRE, DevOps	DevOps, 云平台运维
运维能力	100os/人	500os/人	2000os/人	5000os/人	20000os/人	
业务规模	小型网站, 内部系统	小型公司业务系统	中型公司业务系统	大公司多事业部业务系统 (BAT)	云计算供应商和用户 (AWS, MS, Google)	

OP: 运维; IDC: (Iaas) 数据中心运维; DBA: 数据库管理员; SA: (PaaS) 系统运维;
DevOps: 应用研发平台运维; SRE: 站点稳定性工程师

图 11.11　智能运维的发展过程

1. 手工运维

在手工运维时期，运维人员也就是通常意义上的系统管理员或网管，运维工作大部分是手工完成的。运维人员负责的工作包括监控产品运行状态、产品性能指标、产品上线与变更服务等。而这也导致运维人员的数量以及单个运维人员的工作量都是随着产品的个数或者产品服务的用户规模呈线性增长的。这样的运维工作不但消耗了大量的人力资源，而且大部分运维工作都是低效重复，不能满足互联网需求与规模日新月异的发展。

2. 自动化运维

伴随着技术的更新，运维人员通过自动化的脚本来实现频繁出现的重复性运维工作，同时还可以监控整个系统，并产生大量的监控日志。这些脚本能够被重复调用和自动触发，并在一定程度上防止人工的误操作，这就是自动化运维。它能够极大地减少人力成本，提高运维的效率。自动化运维可以认为是一种基于行业领域知识和运维场景领域知识的专家系统。

3. 运维开发一体化

随着时代的进步，运维人员与产品开发人员被区分开来，并演化为单独的运维部门。这种模式使得不同公司能够分享自动化运维的工具和想法，互相借鉴，从而极大地推动了运维的发展。然而运维人员与产品开发人员的使命并不相同：产品开发人员的目标是尽快地实现系统的新功能并进行部署，从而让用户尽快地使用到新版本和新功能；而运维人员则希望尽可能少地产生异常和故障。但经过统计发现，占比很大的异常或故障都是由于配置变更或软件升级导致的。这样一来，运维人员本能地排斥产品开发团队部署配置变更或软件升级，二者的目标冲突降低了系统整体的效率。除此之外，因为运维人员不了解产品的实现细节，所以他们在发现问题后不能很好地找到故障的根本原因。为了解决这一矛盾，出现了 DevOps，其核心思想是开发运维一体化，也就是不再硬性地区分开发人员和运维人员。开发人员在代码中设置监控点，产生监控数据，系统在部署和运行过程中发生的异常由开发人员进行定位和分析。这种组织方式的优势非常明显：能够产生更加有效的监控数据，方便后期运维；同样，运维人员也是开发人员，在出现问题之后能够快速地找出原因。Google 的站点可靠性工程（Site Reliability Engineering，SRE）就是 DevOps 的一个实例。

4.　智能运维（Artificial Intelligence for IT Operations，AIOps）

相较于手动运维，自动化运维极大地提升了运维的效率，DevOps 提升了研发和运维的配合效率。然而当整个互联网系统的数据规模开始爆炸性增长和服务类型的复杂多样，基于人为指定规则的专家系统遇到了诸多瓶颈，其中很重要的一条是：必须由一个长期在一个行业从事运维的专家手动地将重复出现的、有迹可循的现象总结出来，并形成规则，才能完成自动化运维。然而，这种基于人为制定规则的方法并不能够解决大规模运维的问题。

不同于自动化运维依赖人工生成规则，智能运维强调由机器学习算法自动地从海量运维数据（包括事件本身以及运维人员的人工处理日志）中不断地学习、提炼并总结规则。即智能运维在自动化运维的基础上增加了一个基于机器学习的大脑，指挥着监测系统采集大脑决策所需的数据，做出分析、决策并指挥自动化脚本去执行大脑的决策，从而达到运维系统的整体目标。Gartner Report 预测 AIOps 的全球部署率将从 2017 年的 10%增加到 2020 年的 50%。

11.3.2　智能运维的内容

对规则的人工智能化，也就是 AIOps，是将人工总结运维规则的过程变为自动学习的过程，是对我们平时运维工作中长时间积累形成的自动化运维和监控等能力，将其规则配置部分，进行自学习的"去规则化"改造。其目的是由 AI 调度中枢管理的质量、成本、效率三者兼顾的无人值守运维，力争使运营系统的综合收益最大化。AIOps 的目标是利用大数据、机器学习和其他分析技术，通过预防预测、个性化和动态分析，直接和间接地增强 IT 业务的相关技术能力，以更高的质量、更合理的成本及更高的效率来维护产品或服务。

1.　AIOps 的团队角色

AIOps 作为一个团队，由不同角色组成，通常分为运维专家、数据科学家、智能运维研发工程师三类。

（1）运维工程师

特征：具有丰富的运维领域知识、熟悉较为复杂的运维问题、具备解决运维难题能力。

职责：运用机器帮助运维人员完成基础性和重复性的基层运维工作；人工处理机器不能处理好的运维难题；基于经验对于较为复杂的运维问题给出最终决策——不断训练机器。

（2）运维数据工程师

特征：具备编程、数学、统计学、数据可视化、机器学习等能力。

职责：致力于智能运维平台架构、模型标准、数据分析方法；不断应用最新的机器学习技术设计优化智能运维算法；监督智能运维系统性能并实施优化和改进。

（3）运维开发工程师

特征：良好的开发语言基础、大数据处理技术能力。

职责：数据采集、自动化处理、实现和运用算法等。

2. AIOps 的基本运维场景

AIOps 的基本运维场景有：质量保障、成本管理和效率提升，逐步构建智能化运维场景。质量保障分为异常检测、故障诊断、故障预测、故障自愈等基本场景；成本管理分为指标监控、异常检测、资源优化、容量规划、性能优化等基本场景；效率提升分为智能变更、聊天机器人等基本场景，如图 11.12 所示。

图 11.12　智能运维常见应用场景

三大方向的各阶段能力描述如表 11.3 所示。

表 11.3　　　　　　　　　　　　　　　三大方向的各阶段能力描述

	质量保障方向	效率提升方向	成本管理方向
第一阶段（尝试应用）	在这个阶段，没有成熟的单点应用，主要是手动运维、自动化运维和智能运维的尝试阶段，这个阶段可以聚焦于数据采集和可视化	在这个阶段，尝试在预测、变更、问答、决策领域使用人工智能的能力，但是并没有形成有效的单点应用，这个阶段可以聚焦于数据采集和可视化	在这个阶段，运维的成本管理方向还在尝试引入人工智能的能力，但是并没有成熟的单点应用，这个阶段可以聚焦于数据采集和可视化
第二阶段（单点应用）	在这个阶段，在一些单点应用的场景下，人工智能已经开始逐步发挥自己的能力，包括指标监控、磁盘、网络异常检测等	在这个阶段，在一些小的场景下，人工智能已经可以逐步发挥自己的能力，包括智能预测、智能变更、智能问答、智能决策	在这个阶段，在一些小的场景下，人工智能已经开始逐步发挥自己的能力，包括成本报表方向，资源优化，容量规划，性能优化等方向
第三阶段（串联应用）	在这个阶段，人工智能已经将第二阶段（单点应用）中的一些模块串联在一起，可以综合多个情况进行下一步的分析和操作，包括多维下钻分析找故障根因等方向	在这个阶段，人工智能已经将单点应用中的一些模块串联起来，可以结合多个情况进行下一步的分析和操作	在这个阶段，人工智能已经将单点应用中的一些模块串联在一起，可以以根据成本、资源、容量、性能的实际状况进行下一步的分析和操作
第四阶段（能力完备）	在这个阶段，人工智能已经基于故障的实际场景实现故障定位，然后进行故障自愈、智能调度的操作。比如根据版本质量分析推断是否需要版本回退，CDN 自动调度等	在这个阶段，人工智能能力完备，已经可以基于实际场景实现性能优化，然后进行预测、变更、问答、决策等操作	在这个阶段，人工智能的能力已经完备，能够实现基于成本和资源的实际场景实现成本的自主优化，然后进行智能改进的操作
第五阶段（终极AIOPS）	在这个阶段，人工参与的部分已经很少，从故障发现到诊断到自愈整个流程由智能大脑统一控制，并由自动化自主实施	在这个阶段，人工参与的成分已经很少，性能优化等整个流程由智能大脑统一控制，由自动化自主实施	在这个阶段，人工参与的成分已经很少，从成本报表方向、资源优化、容量规划、性能优化性等整个流程由智能大脑统一控制，由自动化自主实施

（1）质量保障方向

随着业务的发展，运维系统规模复杂度、变更频率不断增大，技术更新非常快，同时软件的规模、调用关系、变更频率也在逐渐增大。

在这样的背景下，需要 AIOps 提供精准的业务质量感知支撑用户体验优化，全面提升质量保障效率，如图 11.13 所示。

图 11.13　智能运维在质量保障方面的应用

（2）效率提升方向

随着业务的发展，运维系统的整体效率的提升就成为运维系统中非常重要的一环。在这样的背景下，增加人力并不能解决问题，还需要 AIOps 提供高质量、可维护的效率提升工具，如图 11.14 所示。

图 11.14　智能运维在效率提升方面的应用

（3）成本管理方向

当公司内部的业务日益增多的时候，如何在保障业务发展的同时控制成本、节省开支，是成本管理方向。成本是每个企业都很关注的问题，现在业界的资源利用率普遍偏低，平均资源使用率甚至不超过 20%。

AIOps 通过智能化的资源优化、容量管理、性能优化实现 IT 成本的态势感知，支撑成本规划与优化、提升成本管理效率，如图 11.15 所示。

图 11.15　智能运维在成本管理方面的应用

11.3.3　AIOps 的关键场景与技术

图 11.16 展示了智能运维涉及的关键场景和技术，包括大型分布式系统监控、分析、决策等。

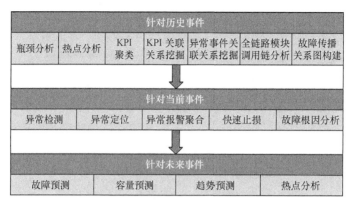

针对历史事件						
瓶颈分析	热点分析	KPI 聚类	KPI 关联关系挖掘	异常事件关联关系挖掘	全链路模块调用链分析	故障传播关系图构建

针对当前事件				
异常检测	异常定位	异常报警聚合	快速止损	故障根因分析

针对未来事件			
故障预测	容量预测	趋势预测	热点分析

图 11.16　智能运维的关键场景和技术

其中在针对历史事件的智能运维技术中：瓶颈分析是指发现制约互联网服务性能的硬件或软件瓶颈；热点分析指的是找到对于某项指标（如处理服务请求规模、出错日志）显著大于处于类似属性空间内其他设施的集群、网络设备、服务器等设施；KPI 曲线聚类是指对形状类似的曲线进行聚类；KPI 曲线关联挖掘针对两条曲线的变化趋势进行关联关系挖掘；KPI 曲线与报警之间的关联关系挖掘是针对一条 KPI 曲线的变化趋势与某种异常之间的关联关系进行挖掘；异常事件关联挖掘是指对异常事件之间进行关联关系挖掘；全链路模块调用链分析能够分析出软件模块之间的调用关系。故障传播关系图构建融合了上述后四种技术，推断出异常事件之间的故障传播关系，并作为故障根本因素分析的基础，解决微服务时代 KPI 异常之间的故障传播关系不断变化而无法通过先验知识静态设定的问题。通过以上技术，智能运维系统能够准确地复现并诊断历史事件。

针对当前事件：异常检测是指通过分析 KPI 曲线，发现互联网服务的软硬件中的异常行为，如访问延迟增大、网络设备故障、访问用户急剧减少等；异常定位在 KPI 被检测出异常之后被触发，在多维属性空间中快速定位导致异常的属性组合；快速止损是指对以往常见故障引发的异常报警建立"指纹"系统，用于快速比对新发生故障时的指纹，从而判断故障类型以便快速止损；异常报警聚合指的是根据异常报警的空间和时间特征，对它们进行聚类，并把聚类结果发送给运维人员，从而减少运维人员处理异常报警的工作负担；故障根因分析是指根据故障传播图快速找到当前 KPI 异常的根本触发原因；故障根因分析系统找出异常事件可能的根因以及故障传播链后，运维专家可以对根因分析的结果进行确定和标记，从而帮助机器学习算法更好地学习领域知识。这一系统最终达到的效果是当故障发生时，系统自动准确地推荐出故障根因，指导运维人员去修复或者系统自动采取修复措施。

1. KPI 瓶颈分析

如果想要保证向千万级甚至上亿级用户提供可靠、高效的服务，那么运维人员通常会使用一些关键性能指标来监测这些应用的服务性能。例如，一个应用服务在单位时间内被访问的次数（Page Views，PV）、单位时间交易量、应用性能和可靠性等。KPI 瓶颈分析的目标是在 KPI 不理想时分析系统的瓶颈。通常监控数据中的关键指标有许多属性，这些属性可能影响到关键指标，如图 11.17 所示。

在数据规模较大并不是很大的情况下，运维人员可以通过手动过滤和选择，这样能够发现影响关键性能指标的属性组合。然而，当某个关键指标有十几个属性，同时每个属性有上百亿条数据时，如何确定它们的属性是怎样影响关键性能指标的，将成为一个很大的挑战。此时，采用人工的方式去总结其中的规律是不现实的。因此，借助于机器学习算法来自动地挖掘数据背后的现象，定位系统的瓶颈成为其发展的方向。

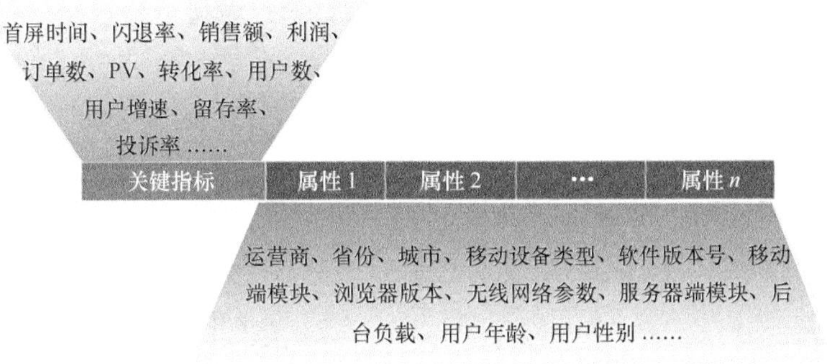

首屏时间、闪退率、销售额、利润、
订单数、PV、转化率、用户数、
用户增速、留存率、
投诉率……

关键指标	属性 1	属性 2	…	属性 n

运营商、省份、城市、移动设备类型、软件版本号、移动
端模块、浏览器版本、无线网络参数、服务器端模块、后
台负载、用户年龄、用户性别……

图 11.17　KPI 及影响因素

学术界在处理这一问题时已经提出了层次聚类、决策树、聚类树（CLTree）等方法。通过对数据预处理，可以把 KPI 分为两类："达标"和"不达标"，进而将 KPI 瓶颈分析问题转化为在多维属性空间中的有监督二分类问题。因为瓶颈分析问题要求结果具备可解释性，所以可以采用结果解释性较好的决策树算法。决策树算法较为通用，可以对于符合图 11.17 所示的各类数据进行瓶颈分析。

2. KPI 异常检测

异常检测是指对不符合预期模式的事件或观测值的识别。在线系统中响应延迟、性能减弱，甚至服务中断等均为异常表现，用户体验会受到很大影响。因此异常检测在保障稳定服务上格外重要。大多数上述智能运维的关键技术都依赖于 KPI 异常检测的结果，故而互联网服务智能运维的一个底层核心技术就是 KPI 异常检测。

当 KPI 呈现出突增、突降、抖动等异常时，通常意味着与其相关的应用发生了一些潜在的故障，例如：网络故障、服务器故障、配置错误、缺陷版本上线、网络过载、服务器过载、外部攻击等。所以如果想要提供高效和可靠的服务，就必须实时监测 KPI 以及时发现异常。而那些持续时间相对较短的 KPI 抖动也必须被准确检测到，以避免未来的经济损失。

图 11.18 所示为某搜索引擎一周内的 PV 数据，其中圆圈标注的为异常。

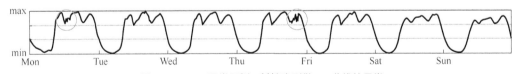

图 11.18　KPI 异常示例：某搜索引擎 PV 曲线的异常

在线系统随时会收到来自世界各地客户报告的各种各样的问题（Issue），每个问题可以用与之相关的属性来描述，例如用户类型（TenantType）、产品功能（ProductFeature）、操作系统（ClientOS）等，这些属性描述了问题发生的上下文。一般情况下，每天的问题报告数量比较稳定，然而有时特定的属性组合会导致报告数量的突发性增长，快速发现并解决这些问题会使用户满意度不会受到很大影响。

图 11.19 左侧展示了一个真实的突发事件，包含属性组合 Country= "India"，TenantType= "Edu"，Datacenter= "DC6" 的问题报告的数量从每天 70 猛增到超过 300，这个属性组合能够帮助运维工程师从纷繁复杂的原因中快速地定位到问题发生时的上下文。这个属性组合被称为有效组合（Effective Combination）。

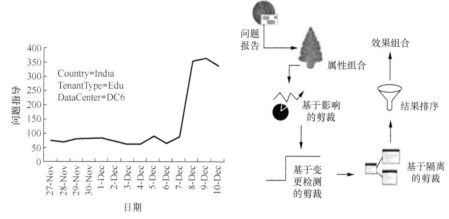

图 11.19　突发事件的检测过程

　　然而数量庞大的属性组合在大规模在线系统中为检测有效组合带来了挑战。例如，来自微软的专家提出一种能够高效地找到有效组合、降低系统的维护成本的方法。首先，需要从问题报告中整理出所有可能的属性组合，然后经过 3 次剪裁再对剩下的属性组合排序，最终找到造成问题突发增长的有效组合。

　　目前，学术界和工业界已经提出了一系列 KPI 异常检测算法。这些算法可以概括地分成：基于近似性的异常检测算法；基于窗口的异常检测算法，例如奇异谱变换（singular spectrum transform）；基于预测的异常检测算法，例如 Holt-Winters 方法、时序分解方法、线性回归方法、支持向量回归等；基于机器学习（集成学习）的异常检测算法等类别；基于分段的异常检测算法；基于隐式马尔科夫模型的异常检测算法。

　　3. 智能诊断

　　如果把异常检测比喻成一位患者出现胸闷、气短以及发烧的现象，那智能诊断的目标就是找到其背后的根本原因，是呼吸道感染，还是肺炎，抑或是其他更为严重的疾病？

　　对异常的诊断基于对系统运行时产生的大量监测数据的深入分析。在实践中遇到以下的问题：

- 如何在海量指标数据中定位到异常原因？
- 如何关联时序型的异常数据和文本类型的记录？

　　研究人员先后提出了用异构数据的关联分析方法来解决上述两种问题，在海量指标数据下的异常识别（Anomaly Detection）、自动诊断（Auto Diagnosis）系统，以及利用日志数据进行问题定位的日志诊断分析。

　　（1）异构数据关联分析

　　事件序列（Event Sequence）数据和时间序列（Time Series）数据是两类常见的系统数据，包含丰富的系统状态信息。CPU 使用率曲线就是一条典型的时间序列，而事件序列是用来记录系统正发生的事情，如当系统存储不足时，空间可能会记录下一系列 "Out of Memory" 事件。

　　图 11.20 表现了 CPU 使用率的时间序列和两个系统任务（CPU 密集型程序和磁盘密集型程序）之间的关系。

　　为了定位异常原因，运维人员通常从在线服务的 KPI 指标（如宕机时间）和系统运行指标（如 CPU 使用率）的相关性切入。监控数据以及系统状态之间的相关性分析在异常诊断中发挥着重要的作用。目前有很多关于时间序列数据和单一系统事件之间的相关性研究，然而由于连续型的时间序列和时序型的事件序列是异构的，传统的相关分析模型（如 Pearson correlation 和 Spearman correlation）效果并不理想。并且在大规模系统中，一件事件的发生并非只与某个时间点相关，而可能与一整段时间序列相关，而传统的相关性分析只能处理点对点的相关性。因此，可以将问题建模为双样本（two-sample）问题，再使用基于最近邻统计的方法来挖掘相关性，进而解决时间序列数据和事件序列数据的相关性问题。

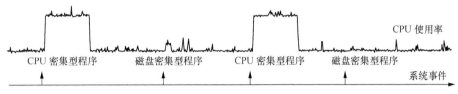

图 11.20　时间序列数据与事件序列数据

（2）日志分析

一台服务系统每天会产生 1PB 的日志数据，一旦出现问题，手工检查日志需要耗费大量的时间。而且在大规模在线系统中，一个问题修正后还可能会反复出现，因此在问题诊断时可能会做大量重复性劳动。日志数据的类型也极具多样性，但不是所有的日志信息在问题诊断时都同等重要。基于日志聚类的问题诊断方法可以解决上述问题。如图 11.21 所示，日志分析分为两个阶段，构造阶段和产品阶段。在构造阶段，从测试环境中收集日志数据，进行向量化（Log Vectorization）、分权重聚类后（Log Clustering），从每个集合中挑选一个代表性的日志，构造日志知识库（Knowledge Base）。在产品阶段，从大规模实际生产环境中收集日志，进行同样处理后与知识库中的日志进行核对。如果知识库中存储了这条日志，代表该问题之前已经过，只需采用以往的经验处理，如果没出现过，再进行手工检查。

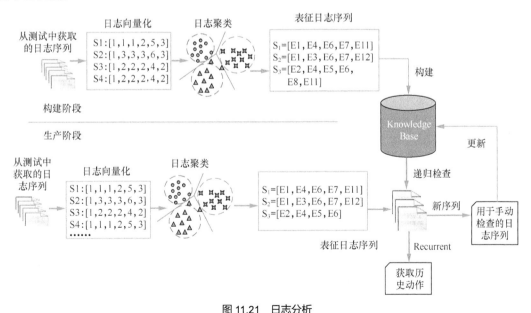

图 11.21　日志分析

（3）异常检测和自动诊断

异常检测和自动诊断（Anomaly Detection and Auto Diagnosis）目的在于解决海量指标数据下的

异常诊断。

图 11.22 表明在一段时间内出现两次服务异常，而在线系统从 CPU、内存、网络、系统日志、应用日志、传感器等采集了上千种系统运行指标（Metric），而且这些指标之间存在复杂的关系，单独研究问题和指标之间的相关性已经无法得出诊断结论，需要理解指标之间的相关性。

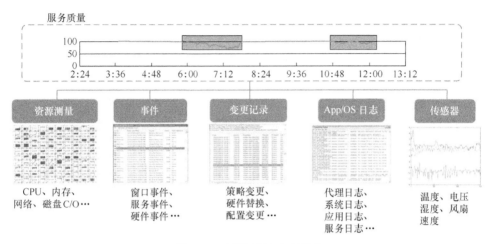

图 11.22　异常检测和自动诊断

异常检测和自动诊断系统基于这些指标数据构造出指标间的关系图，再根据贝叶斯网络估算条件概率，从而诊断出引起问题的主要指标。如图 11.23 所示。例如从 2017 年 3 月上线以来，微软的异常检测和自动诊断系统为 Azure 平台捕捉到数量可观的异常情况，并提供了有效的诊断信息。

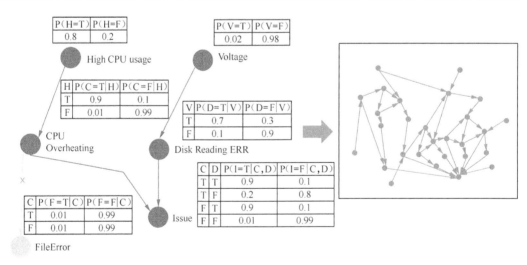

图 11.23　指标间的关系图

4. 自动修复

衡量在线系统可靠性以及保证用户满意度的重要指标之一是平均修复时间（Mean Time to Restore, MTTR）。如果想要减少 MTTR，通常做法是通过人工修复使得服务重新启动，再去挖掘并修复潜在的根本问题，因为后者比前者需要更多的时间。但是，人工修复的缺点也显而易见，其一是浪费时间，研究表明人工时间大约占用到 90% MTTR，其二是确定一个合适的修复方法需要很强的领域知识，并且很容易出错。由于大规模在线系统中的每台机器每天都会产生海量运行数据，人工修复必将获得更新换代。

自动产生修复建议的方法可以解决人工修复的问题。其主要思想是当一个新问题出现的时候，利用过去的诊断经验来为新问题提供合适的解决方案。图 11.24 展示了该策略的主要流程。

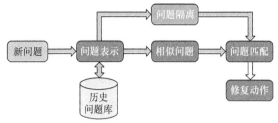

图 11.24 自动修复

首先，系统会根据问题的详细日志信息为其生成一个签名，并建立一个问题库记录过去已经解决过的问题，其中每个问题都有一些基本信息，如发生时间、地点（某集群，网络，或数据中心）、修复方案。其中，修复方案由一个三元组<verb, target, location>描述。verb 是采取的动作如重启；target 是指组件或服务，如数据库；location 是指问题影响到的机器及机器位置。当一个新问题出现时，系统会去问题库中寻找与其签名相似的问题，如果找到就可以根据相似问题的修复方案来修复，否则就单独人工处理。在生成签名的过程中，可以首先采用形式概念方法（Formal Concept Analysis）将高度相关的事件组合到一起，也就是一个"概表"，并基于信息衡量每个"概表"与相应的日志记录之间的相关性，再根据相关数据生成问题签名。

5. 事故管理

服务事故（Service Incident）是在系统实际运行中时而会发生某些系统故障，导致系统服务质量下降甚至服务中断。在过去的几年中，许多企业出现过服务事故，而这种事故会带来很大的经济损失，同时严重影响在消费者心中的形象。因此，事故管理（Incident Management）对于保证在线服务系统的服务质量很重要。

事故管理过程一般分为事故检测接收和记录、事故分类和升级分发、事故调查诊断、事故的解决和系统恢复等环节。事故管理的各个环节通常是通过分析从软件系统收集到的大量监测数据来进行的，这些监测数据包括系统运行过程中记录的详细日志、CPU 及其他系统部件的计数器、机器和进程以及服务程序产生的各种事件等不同来源的数据。这些监测数据通常包含大量能够反映系统运行状态和执行逻辑的信息，因此在绝大多数情况下能够为事故的诊断、分析和解决提供足够的支持。

许多企业目前开始采用软件解析的方法来解决在线系统中事故管理问题。例如，Microsoft 开发了一个称之为 Service Analysis Studio（SAS）的系统，该系统可以迅速处理、分析海量的系统监控数据，提高事故管理的效率和响应速度。SAS 包括如下分析方法：

- 诊断信息重用。SAS 中为每个事故案例创建指纹，同时定义两个案例间的相似度。当事故发生后，会查找是否存在相似的历史案例，并在之前相似案例的解决方案的基础上给当前事故提供参考解决方案；
- 缺陷组件定位。通过检测野点的方法，定位到个别运行状态反常的组件；
- 可疑信息挖掘。从大量数据中自动找出可能与当前服务事故相关联的信息，从而帮助定位事故发生的源头和推测事故发生的机理；
- 分析结果综合。为了使 SAS 易于被用户所理解和使用，从不同分析算法中得到的结果进行综合，综合的结果以一个报表的形式呈现出来以方便用户使用。

SAS 在 2011 年 6 月被 Microsoft 某在线产品部门所采用，并安装在全球的数据中心，用于大规模在线服务产品的事故管理，从 2012 年开始收集 SAS 的用户使用记录。通过分析半年的使用记录发现，工程师在处理大约 86% 的服务事故处理中使用了 SAS，并且 SAS 能够为大约 76% 的服务事故处理提供帮助。

6. 故障预测

相较于对已有故障的诊断和修复，更好的情况是在故障未发生前就将其获取并解决。比如，如果能提前预测出数据中心的节点故障情况，就可以提前做数据迁移和资源分配，从而保障系统的高可靠性。目前主动的异常管理已成为一种提高服务稳定性的有效方法，而故障预测是主动异常管理的关键技术。故障预测是指在互联网服务运行时，使用多种模型或方法分析服务当前的状态，并基于历史经验判断近期是否会发生故障。

故障预测的定义如图 11.25 展示。在当前时刻，根据一段时间内的测量数据，预测未来某一时间区间是否会发生故障。之所以预测未来某一时间区间的故障，是因为运维人员需要一段时间来应对即将发生的故障，例如，切换流量、替换设备等。

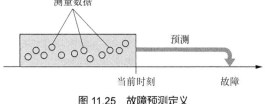

图 11.25 故障预测定义

目前，学术界和工业界已经提出了大量的故障预测方法。大致可分为以下几个类别：

- 征兆监测。通过一些故障对系统的异常状况来捕获它们，例如，异常的内存利用率、CPU 使用率、磁盘 I/O、系统中异常的功能调用等；
- 故障踪迹。其核心思想是从以往故障的发生特征上推断即将发生的故障。发生特征可以是故障的发生频率，也可以是故障的类型；
- 错误记录。错误事件日志往往是离散的分类数据，例如事件 ID、组件 ID、错误类型等。

从机器学习的角度看，现有方法是把故障预测抽象为二分类问题，使用分类模型如随机森林、SVM 做预测，并取得了相当好的效果。

但面对实际生产环境，这些"实验室成果"则相对捉襟见肘。首先，大规模复杂系统的故障原因多种多样，可能是由硬件或软件问题引起，分布在系统不同层级，也可能是多个组件共同作用产生的故障。数据特征也十分多样，包括数值型、类别型以及时间序列特征，简单模型已无法处理。其次，极度不平衡的正负样本为在线预测带来了极大的挑战。例如，健康节点（磁盘）被标记为负样本，故障节点（磁盘）为正样本，在磁盘故障预测中，Azure 每天的故障磁盘与健康磁盘的比例大约为 3:100000，预测结果会倾向于把所有磁盘都预测为健康，带来极低的召回率。而采样方法对在线预测也不适用，因为采样后的数据集无法代表真实情况，训练出的模型也会存在偏差。

故而一套标准的流程这样分析故障原因：挖掘系统日志，提取重要特征，并采用算法解决在线预测问题，得到预测样本的故障概率，把最可能出现故障的样本交给运维人员。

11.3.4 智能运维的展望

智能运维中常用的算法包括关联关系挖掘、隐式马尔科夫、蒙特卡洛树搜索、多示例学习、逻辑回归、聚类、随机森林、支持向量机、决策树、迁移学习、卷积神经网络等。在处理运维工作和人机界面时，自然语言处理和对话机器人也被广泛应用。智能运维系统在演进的过程中，不断采用越来越先进的机器学习算法。基于互联网的视频流媒体已经逐渐渗透到人们的日常生活中。

智能运维在众多行业领域都有很大需求。然而各个行业更多是闭门造车，在自己领域内寻找解决方案。同时，本行业内开发水平良莠不齐，往往对所处行业内的运维团队无法提出较高的需求，这些需求往往只停留在自动化运维的阶段。如果各行业领域能够在深入了解智能运维框架中关键技术的基础上，制定合适的智能运维目标，并投入适当的资源，是可以有效地推动智能运维在各自行业的发展。同时，在智能运维通用技术的基础上，各行业领域的科研工作者也可以在解决所处行业智能运维的一些特殊问题的同时，拓宽自身的科研领域。

在智能运维的框架下，运维工程师逐渐转型为大数据工程师，负责搭建大数据基础架构，开发和集成数据采集程序和自动化执行脚本，并高效地实现机器学习算法。同时，在面对所处行业的智能运维需求时，智能运维工程师可以在整个智能运维框架下跨行业寻找关键技术，从而能够更好地满足本行业的智能运维需求，达到事半功倍的效果。这种从普通工程师到大数据工程师（智能运维工程师）的职业技能转型对运维工程师是非常具有吸引力的。

机器学习和人工智能是智能运维的一把利剑。智能运维完美具备人工智能必备的全部要素：实际应用场景、大量数据、大量标注。智能运维几乎没有关键技术离不开机器学习算法；工业界不断产生海量运维日志；运维人员的工作就会产生大量的标注数据。因此，智能运维可以说是机器学习领域所需极大的天然资源库。作为人工智能的一个垂直方向，智能运维的理论也将取得长足的进步。除了互联网以外，智能运维在高性能计算、电信、金融、电力网络、物联网、医疗网络和设备、航空航天、军用设备及网络方面都有良好的应用前景。

大数据和人工智能为在线系统的运维方式提供了全新的思路和视角，使得运维在由人工进化到自动之后，又迎来新的跨越。除了互联网，在金融、物联网、医疗、通信等领域，智能运维也将表现出强烈的需求。

尽管机器学习在近年来得到了长足的发展，但其在智能运维领域内目前还面临着一些实际的挑战。首先，高质量的标注数据不足。由于运维的领域知识性较强，需要专业的运维工程师或专家参与标注才能取得高质量的标注数据，且该过程也耗费大量时间，故而业内积蓄一个高效的数据标注方案。其次，在线系统的大规模和复杂性本身就是一座难以翻越的高峰，哪怕总体样本量大，但异常种类少，类别不均衡。现有机器学习方法可以服务的场景与实际生产环境存在极大差距，这就要求运维人员既要有强大的知识装备，又有能够解决实际问题的技能。

11.4　实例：智能运维在大视频运维中的应用

11.4.1　背景介绍

视频业务随着移动互联网和宽带网络的快速发展，以广泛的受众、高频次的使用、较高的付费意愿，成为炙手可热的应用之一。越来越多的电信运营商将视频业务视为发展的新机遇，据用户视频报告的数据，35%的用户把视频观看体验作为选择视频服务的首要条件。因此，运维保障成为视频业务的关键。

当前视频业务发展已进入"大内容""大网络""大数据""大生态"的大视频时代。组网复杂，视频在多屏之间的无缝衔接、码率格式适配等需求对网络提出了更高的要求；业务形态多样，包括交互式网络电视（IPTV）、基于互联网应用服务（OTT）的 TV、移动视频等；数据多样性大大增加，需要从视频码流、终端播放器、内容分发网络（CDN）、业务平台、网络设备等各个环节获取数据，有结构化数据、半结构化数据和非结构化数据；数据实时性要求大大提高，传统网管采集数据的粒度是 5 min，而大视频业务要求秒级的数据采集和分析，数据量和计算量增加了百倍。

以上都对传统的运维模式和技术方案带来很大的挑战。怎样才能在大视频背景下客观评价和度量终端用户的体验质量，怎样才能去界定视频业务系统故障和网络故障，怎样才能快速诊断网络中的故障并提前发现网络隐患，怎样才能发掘视频业务运营和利润的增长点，这些都成为各大运营商对大视频业务运维的关注重点。

将原有运维技术手段和依托大数据及人工智能技术相结合，对大视频业务系统产生的各类信息进行汇聚、分析、统计、预测等，然后构建智能化的大视频运维系统，其系统架构如图 11.26 所示。

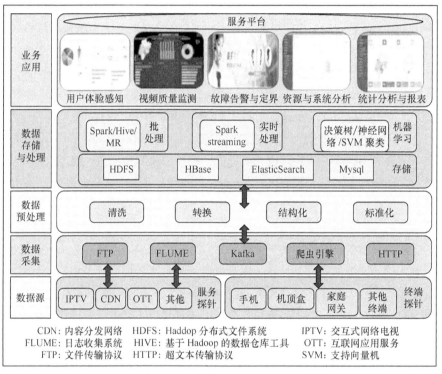

图 11.26　大视频运维系统架构

（1）大视频运维系统由以下几个部分组成。

① 数据源。数据源主要指大视频业务智能运维所需要采集的数据，包括接入网络的用户宽带信息和资源拓扑数据；CDN 的错误日志、告警、链路状态、码流信息等；终端的播放记录和关键绩效指标（KPI）数据；IPTV 业务账户、频道/节目信息等。

② 数据采集及预处理。数据采集层主要是文件传输协议（FTP）、Kafka、超文本传输协议（HTTP）等用于数据采集的组件；数据预处理是指对各种异构日志数据进行解析、转换、清洗、规约等操作，可以完成数据使用前的必要处理及数据质量保证。

③ 数据分析处理。数据分析处理主要包括离线批处理 MR 框架、流式计算处理框架 Spark、数据存储及检索引擎等、人工智能计算框架。业务组件包括数据实时分析、批处理、机器学习等模块。

数据实时处理主要是对于时效性要求较高的安全事件进行监测控制、异常检测与定位、可能引发严重故障的预警、对已知问题的实时智能决策等；批处理模块主要是对时效性要求不高的业务模块的处理及数据的离线分析，包含但不限于故障及异常的根源分析、故障及特定规则阈值的动态预测、事件的依赖分析及关联分析、异常及重要时序模式发现、多事件的自动分类等；机器学习模块包括离线的机器学习训练平台、算法框架和模型。

④ 业务应用层。业务应用层主要提供智能业务监测控制、端到端故障定界定位、用户体验感知、统计分析与报表等主要业务场景的分析及应用。

（2）大视频运维系统包括以下关键技术。

① 大数据技术。该技术可以构建基于大数据的处理平台，实现数据的采集、汇聚、建模、分析与呈现。

② 探针技术。该技术可以实现全网探针部署，包括机顶盒探针、直播源探针、CDN 探针、无线探针、固网视频探针等，通过探针技术实现全面的视频质量实时监测控制以及数据采集。

③ 视频质量分析指标。该指标以用户体验为依据建立视频质量评估体系，对视频清晰度、流畅度、卡顿等多项用户体验质量（QoE）指标进行分析。

④ 人工智能技术。机器学习本身有很多成熟的算法和系统，以及大量的优秀的开源工具。另外还需要 3 个方面的支持：数据、标注的数据和应用。大视频系统本身具有海量的日志，包括从网络、终端、业务系统多方面的数据，在大数据系统中做优化存储；标注的数据是指日常运维工作会产生标注的数据，如定位一次现网事件后，运维工程师会记录过程，这个过程会反馈到系统之中，反过来提升运维水平；应用指运维工程师是智能运维系统的用户，用户在使用过程中发现的问题可以对智能系统的优化起到积极反馈作用。

11.4.2 人工智能技术在大视频运维系统中的应用

1. 基于人工智能的端到端智能运维

传统业务系统的运维模式非常被动，一般故障发生后，运维与开发人员才开始进行人工故障的定位与修复。技术专家通过分析系统日志，依据事先制订的系统运行保障规则、策略和依赖模型，判断故障发生的原因并进行修复。这一过程工作量巨大，操作烦琐，代价高昂，容易出错，且很难满足持续、快速变化的复杂系统环境需求。尤其是大视频业务系统的故障定界、定位异常复杂且耗时耗力，这是因为大视频系统中网元众多且业务流程复杂，发现问题需要各个网元一起定位排查，对人员技能的要求很高。并且大视频系统对网络要求比较高，机顶盒经过光网络单元（ONU）、光线路终端（OLT）、宽带远程接入服务器（BRAS）、核心路由器（CR）等，从接入设备、承载设备到CDN 服务器，中间任何一个网络设备出现丢包、抖动等问题都会导致用户的观看体验受影响，对这种卡顿的分析也是一大困难。随着视频业务的快速发展和业务量不断增长，实现快速定位问题、降低运维门槛变成亟待解决的问题。

而端到端智能运维系统，就是利用大数据采集分析、人工智能与机器学习等技术，提升系统运维智能化能力，通过智能化的故障定位和根因分析机制，覆盖从被动式事后根源追溯到主动式事中实时监测控制及事前提前预判的各种业务场景，提供从数据收集分析、故障预判到定位以及故障自动修复的端到端保障能力。

面向实时的事中告警主要有异常监测、事件关联关系挖掘、异常告警、实时故障根因分析等；面向历史的事后追溯主要有历史故障根因分析、业务热点分、系统瓶颈分析析等；面向未来的事前预判主要有容量预测、故障预测、热点预测、趋势预测等。其中，事中告警和事前预判更多面向实时或准实时的运维故障检测、分析及预测，事后追溯更多面向离线、非实时的运维故障分析。

基于机器学习的智能运维技术在端到端的智能运维系统中有以下应用点。

（1）日志预处理模块

将半结构、非结构化的日志转换为结构化的事件对象是预处理的核心问题。当事件被定义为一种现实世界系统状态的体现，通常涉及系统状态的改变。实质上事件是时序的，并且经常通过日志的方式进行存储，例如，股票交易日志、业务事务日志、计算系统日志、传感器日志、HTTP 请求、数据库查询和网络流量数据等。捕获这些事件体现了随着时间变化的系统状态和系统行为以及它们之间的时序关系。

（2）日志离线分析模块

通过机器学习算法发现事件之间的关联和依赖关系是日志离线分析的核心问题。离线分析负责从历史日志数据中获得事件间关联性和依赖性知识并构建知识库。事件挖掘综合利用数据挖掘、机器学习、人工智能等相关技术去发现事件之间的隐藏模式、未来的趋势等关系。分析人员可以利用已发现的事件模式对未来事件的行为做预测，并且挖掘出的事件依赖关系也可以用于系统故障的诊断，帮助运维人员找出问题的根因，这样就能够解决问题。

（3）实时分析模块

实时分析模块的主要职责是实时处理新产生的日志数据，同时还要根据离线分析获得的知识模型所提供的信息，完成在线运维的管理操作。典型的实时分析技术包括：异常检测、故障根因分析、故障预判和问题决策等。

（4）智能故障定位及根源分析

模拟人工排查故障的流程之一是故障智能定位，通过对可疑的故障检查点进行逐一排查，采集各业务模块的告警、性能指标、错误和异常日志，组织生成故障定位的基础事件数据，针对故障现象配置对应的检查点及处理建议。

2. 基于人工智能的硬盘故障预测实例

CDN 故障硬盘的置换是目前大视频运维过程中所面临的很大一个难题。为了规避软硬件风险，提升数据中心管理效率，制订合理的数据备份迁移计划，业界各大主流 IT 企业均展开针对硬盘故障预测的研究工作。相关学术界认为：在此预测技术的支撑下，可以极大地提升服务/存储系统的整体可用性。之后将介绍一个基于机器学习实现的 CDN 硬盘故障预判的实例。

目前工业领域中硬盘驱动状态监测和故障预警技术的事实标准是自我监测分析和报告技术（SMART）。根据科学研究，硬盘的一些属性值，比如温度、读取错误率等，和硬盘是否发生故障有一定的关系。如果被检测的属性值超过预先设定的一个阈值，则会发出警报。但是硬盘制造商估计，这种基于阈值的算法只能取得 3%～10% 的故障预测准确率和低预警率。学术界和工业界则已经通过采用机器学习方法提升 SMART 硬盘故障预测精度，并取得一定成果，但受限于数据集规模，现有方法取得的预测模型效果距离预期尚有差距。近年来，在越来越多厂商的重视下，基于 SMART 巡检数据的硬盘故障预测研究得到大规模工业界数据集来应用于研究，体现在硬盘规模快速增长以及采样工作的正规化。在这些高质量、大规模数据的支撑下，基于 SMART 巡检数据的故障预测水平得到了显著提升。

在大视频运维中基于 SMART 数据进行硬盘故障预测，采用了基于旋转森林的集成预测模型方案，基本流程如图 11.27 所示。

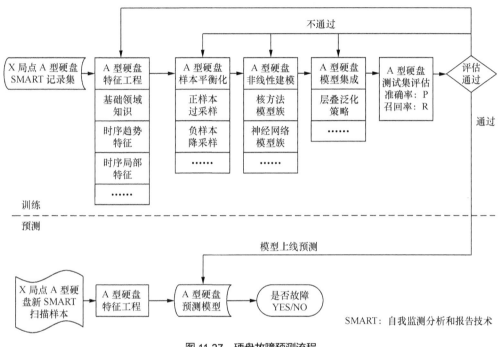

图 11.27 硬盘故障预测流程

3. 总结

在目前的信息通信技术（ICT）时代，对于运营商网络和业务系统的运维支撑，都需要加速与人工智能技术的落地实践，提供高度自动化和智能化的运维解决方案。人工智能、机器学习技术在大视频运维的智能化提升重点体现在运维模式从被动式事后分析转为积极主动预测、分析及决策。伴随着人工智能技术的加速发展，大视频运维与人工智能技术的结合会越来越紧密，大视频运维技术将朝着更加智能化的方向演进，实现更加自动化和精准的故障预测和排查，主动发现业务系统中的故障或薄弱环节并加以修复。在实现智能运维基础上，通过对视频业务使用者的行为分析、家庭及用户画像等一系列的建模分析，充分挖掘海量数据的价值，衍生出新的业务形态，实现智能化的运营系统，为运营商创造新的商机。

11.5 本章小结

智能运维是在 IT 运维领域对规则的 AI 化，即将人工总结运维规则的过程变为自动学习的过程。本章主要介绍云计算运维的相关内容，包括云服务环境的监控、云监控解决方案、以及智能运维。其中在智能运维中详细叙述了智能运维的历史、智能运维的内容和智能运维的展望。

11.6 复习材料

课内复习

1. 云监控的概念和特性是什么?
2. 云监控的结构包括哪些内容?
3. 什么是智能运维?
4. 智能运维包括哪些内容?
5. 主动监控和被动监控有什么区别?

课外思考

1. 智能运维一定需要大数据和机器学习技术的支持吗? 为什么?
2. 智能运维中的智能体现在什么地方?
3. 监控数据和智能运维的关系是什么?
4. 故障诊断和故障修复在智能运维的背景下是如何开展的?

动手实践

1. Ganglia 是 UC Berkeley 发起的一个开源集群监视项目,设计用于测量数以千计的节点。Ganglia 的核心包含 gmond、gmetad 及一个 Web 前端。主要是用来监控系统性能,如:CPU、内存、硬盘利用率、I/O 负载、网络流量情况等,通过曲线很容易见到每个节点的工作状态,对合理调整、分配系统资源,提高系统整体性能起到重要作用。

- 任务:通过 Ganglia 的官方网站下载并安装使用最新的软件,运行 Ganglia 自带的实例程序和演示项目。
- 任务:通过一个前面章节构建的实际系统,利用 Ganglia 采集实际的系统监控数据,并开展基本的智能运维活动,例如,异常检测、瓶颈分析等。

2. Nagios 是一款开源的计算机系统和网络监视工具,能有效监控 Windows、Linux 和 UNIX 的主机状态、交换机路由器等网络设置、打印机等。在系统或服务状态异常时发出邮件或短信报警第一时间通知网站运维人员,在状态恢复后发出正常的邮件或短信通知。

- 任务:通过 Nagios 的官方网站下载并安装使用最新的软件,运行 Nagios 自带的实例程序和演示项目。
- 任务:通过前面章节构建的实际系统,利用 Nagios 采集实际的系统监控数据,并开展基本的智能运维活动,例如,异常检测、瓶颈分析等。

论文研习

1. 阅读"论文阅读"部分的论文[52],深入理解时间序列分析在智能运维场景中的作用。
2. 阅读"论文阅读"部分的论文[54],深入理解深度学习技术在系统日志数据上解决异常检测问题的过程。

12

第 12 章　桌面云

　　桌面云作为云计算中应用广泛的服务类型之一，在政府、教育、医疗、能源、运营商等行业中有着广泛的应用。本章主要内容如下：12.1 节介绍桌面云概述，12.2 节介绍桌面云架构与关键技术，12.3 节介绍桌面云典型应用案例，12.4 节介绍基于 OpenStack 的桌面云实践。

12.1 桌面云概述

12.1.1 桌面云的发展历史

桌面云技术的诞生可以追溯到 20 世纪 70 年代，当时网络技术尚未诞生，IBM 公司的主机终端计算模式是当时唯一的多用户资源共享的方法，各种字符终端通过串行接口连接到大型主机，共同利用主机强大的运算和存储能力来工作。虽然大型机+终端的集中式计算模式下的多用户应用在网络维护、管理、安全等方面有较大优势，但大型机的价格昂贵、应用生态链缺失等不足都制约其大量普及。20 世纪 80 年代，微软和英特尔推出基于"Wintel 联盟"的个人计算机，由于个人计算机硬件兼容性强、应用软件兼容性好且应用生态链完备，因此很快获得较大的市场份额。然而随着 PC 应用的深入，其安全漏洞层出不穷、病毒入侵日益密集、应用程序日新月异、维护成本不断上升、数据泄露风险日增、IT 管理员疲于奔命……在市场需求的驱动下，很多公司开始尝试寻找一种可以结合两种技术优点的新的实现技术，真正在这一技术上有突破的是 Citrix 公司。

Citrix 公司在 1995 年推出基于 Windows NT 3.51 开发的多用户 NT 系统软件 WinFrame。WinFrame 实现了 UNIX 系统的管理维护优势，同时实现了网络系统易学、易用、易开发的特性，逐步被市场广泛认可。微软 1998 年购买了基于 Windows 的终端技术，并与 Citrix 公司签订为期 5 年的协议，双方将在开发新的 Windows 系统中进行合作，进一步提出了 WBT（Windows-Based Terminal，基于 Windows 的终端设备）的概念，并推出第一个支持 WBT 的网络操作系统——Windows NT 4.0 Terminal Server Edition，它的核心协议为 RDP（Remote Desktop Protocol，远程实面协议）。从此基于微软的 RDP 或 Citrix ICA 的终端技术模式的应用虚拟化进入高速发展阶段。

2006 年，服务器虚拟化领导厂商在 VMware Virtual Infrastructure 3（VI3）发布时，顺势向业界推出第一代桌面云解决方案——基于 VI3 的 VDI（Virtual Desktop Infrastructure，虚拟桌面基础架构）的解决方案，得到整个业界的广泛认可，该技术方案成功地解决了传统 PC 管理运维的难题。传统基于终端技术的厂商 Citrix、微软等业界巨头都开始投入大量人员研发，VDI 迅速驶入快车道。

伴随着管理效率以及用户体验的持续提升，用户的预期已从满足基础桌面办公向全场景桌面演进，桌面云传输协议以及 GPU 虚拟化技术成为演进方向之一。在这一变革浪潮中，Citrix、VMware 基于 NVIDIA 开普勒架构的 K1、K2 显卡成为桌面云获得 GPU 虚拟化能力的首选方案。另外，随着移动互联网的高速发展，来自 BYOD（Bring Your Own Device，自带设备办公）用户及应用场景的企业桌面和应用交付成为传统桌面云厂商向移动互联网演进的一个重要挑战，Citrix 和 VMware 分别通过收购 ZenPrise 和 Airwatch 快速完成 MDM（移动设备管理）、MAM（移动应用管理）等产品线的布局和转型。

伴随着桌面云发展的日渐深入，一种包含桌面、应用、数据、邮件、协作、IM 等生产力工具，能够无缝对接现有私有、公有、混合模式的桌面基础架构，能够一站式为用户提供面向未来的桌面、应用、数据交付服务，并始终确保用户体验的新一代工作空间成为市场新宠。Citrix 的 Citrix WorkSpace 和 VMware 的 VMware vCloud Air 套件均提供类似的功能，并且 VMware 还为桌面云管理员提供管理与交付新的超融合基础架构以及 Virtual SAN Ready Node 的单一视图。基于超融合基础架构的 HorizonNode 将通过 Cloud Control Plane 加以连接、管理与控制，并对运行于超融合基础架构设备及机架中的工作负载进行智能协调、交付、管理和监控，进一步优化整个桌面云方案的成本和用户体验。

桌面云发展路线图如图 12.1 所示。从桌面云的演进路线上来看，桌面云是一种基于服务器的计算模型，并且结合传统的瘦客户端的模型，让管理员与用户能够同时获得两种方式的优点：将所有桌面虚拟机在数据中心进行托管并统一管理，即在数据中心构建池化弹性易扩展的桌面基础架构；用户则通过任意终端均可访问桌面应用及服务。

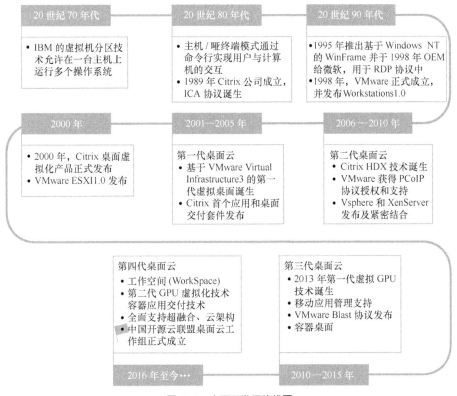

图 12.1　桌面云发展路线图

12.1.2　初识桌面云

1. 桌面云的相关定义

结合桌面云与云计算的特点，首先给出桌面云及其相关概念的定义。

桌面云（Desktop Cloud）：桌面云是一种通过网络将可伸缩的、弹性的共享物理或虚拟资源池按需供应和交付桌面的模式，桌面操作系统运行于共享物理或虚拟资源池，本质上是一种基于云计算的桌面交付模式。在该模式下，通过将计算机桌面进行虚拟化，把个人计算环境集中存储于数据中心，为用户提供按需分配、快速交付的桌面。用户使用终端设备通过网络访问该桌面。

虚拟桌面（Virtual Desktop）：一种基于虚拟化技术提供的桌面应用。用户使用终端设备进行交互操作，获得与传统个人计算机一致的用户体验。

桌面虚拟化（Desktop Virtualization）：一种基于服务器虚拟化，允许用户远程访问桌面并进行交互操作的技术。

瘦终端（Thin Client）：一种使用 ARM 处理器、定制的 Linux/Android 操作系统，可实现对远程桌面协议解码、显示和信息输入，为用户提供虚拟桌面交付的终端设备。

零终端（Zero Client）：一种无通用处理器、无本地硬盘、无通用操作系统的终端设备，该终端通过专用硬件协议处理芯片，实现远程桌面协议解码、显示和信息输入，为用户提供虚拟桌面交付。

胖终端（Thick Client）：一种具备通用处理器、本地硬盘、通用操作系统，并可安装虚拟桌面客户端软件的终端设备。例如：传统 PC 机和笔记本电脑。

移动终端（Mobile Client）：一种在移动环境中使用的计算机设备。例如：智能手机、平板电脑、笔记本电脑等。

2. 桌面云的部署方式

按照部署方式的不同，桌面云系统可以分为私有桌面云和公有桌面云，以及二者共存的混合桌面云。

私有桌面云是部署在企业或者组织内部的桌面云系统，具有部署简单、易于管理和数据交换速度快等优点。私有桌面云的服务对象一般为企业内部，通常用于企业自建。

公有桌面云的部署不同于私有桌面云，它的服务器端并不位于企业或者组织的网络中，而是位于桌面云提供商的数据中心。桌面云提供商负责运行和维护服务器集群，企业和组织的 IT 管理人员负责维护终端用户使用的虚拟桌面系统。服务提供商采用多租户技术，同时将多个企业和组织的服务器端运行在同一个数据中心，并将各个企业和组织的服务器端进行隔离以保证用户数据的安全性。凭借这种方式，企业和组织不再需要架设自己的服务器端，这可以为企业和组织节约投入在服务器端的大量资金。

企业用户可以将私有桌面云和公有桌面云进行组合运用，从而以混合桌面云的形态实现跨越多种云环境的无缝化终端用户体验，且保障私有和公有桌面云平台的新特性以及平台的互通性。

3. 桌面云的业务价值

桌面云在安全、管理、访问、成本方面相对于传统桌面都有很大的优势。

（1）安全性高

桌面云的所有计算和数据存储都在云端，客户端不保存用户的数据。在瘦客户端和云端通信时，传输的仅仅是位图的变化，并没有实际的用户数据传递到客户端，不需要担心服务器端传递过来的数据被窃取。还可以通过安全策略开放或者关闭 USB 端口、打印机端口等，并且 USB 端口分等级控制，保证连接在上面的扫描仪、智能卡等正常使用，大容量存储盘被禁止使用，既确保敏感数据不会通过 U 盘泄露，又保证业务的正常进行。

（2）集中化管理

桌面云采用云端集中部署的方式，可灵活配置、统一监控和调度、虚拟桌面可快速升级，简化用户侧的接入环境。应用软件可灵活定制、统一发布，免除用户自行安装和维护过程。

（3）访问灵活

用户可随时随地通过移动或固定网络访问，同时支持多种终端跨平台的接入方式，瘦客户机、零客户机、PC、手机、平板电脑等均可接入，同时还支持 iOS、Android 等多种系统平台。

（4）动态扩展

动态扩展包括资源池的资源动态扩展与用户虚拟资源的动态扩展。资源池的资源动态扩展，支持随着业务规模的扩大而动态地增加服务器与存储终端的投入。用户虚拟资源的动态扩展，支持按用户需求，动态调配 CPU、MEM、磁盘等资源，并支持在线或离线调配。

（5）节约成本

相比传统个人桌面而言，桌面云在整个生命周期里的管理、维护、能量消耗等方面的成本更低。桌面云在初期硬件上的投资是比较大的，因为需要购买新的服务器来运行桌面云，传统桌面的更新周期是 3 年，服务器的更新周期是 5 年，所以硬件上的成本基本相当，而其软成本大幅度节省，使得整体成本相对于传统桌面是有明显优势的。

12.2　桌面云架构与关键技术

桌面云的总体架构示意图如图 12.2 所示。

桌面云的客户端设备是指具备远程显示协议客户端功能的智能终端，通常包括专用的云终端和非专用的 PC 机、PAD、智能手机等。

云终端是指具备远程桌面协议客户端功能的专用计算机终端，泛指具备上述定义的瘦客户机、零客户机、一体机等设备。

图 12.2　桌面云架构示意图

12.2.1　传输协议

桌面云传输协议是决定用户体验的关键技术之一，用于与远程计算机系统进行用户交互。远程交互功能是通过从远程计算机传送图形显示数据给用户，同时将用户输入的命令传输到远程计算机，并且在远程计算机上回放来实现的。传输协议的效果是让用户感觉远程计算机系统上运行的桌面或应用似乎是在本地运行的。协议从架构上主要分为桌面外部及桌面内部协议。

桌面外部协议如图 12.3 所示，通常指协议客户端直接连接的对象为物理主机层，而虚拟化层通过特殊的显卡驱动方式将虚拟机内的变化信息传输给物理主机层，典型的桌面外部协议如 Spice、VNC 等，在局域网内，由于网络质量较好，通常能够获得较高质量的桌面体验。桌面外部协议的优点是能够覆盖虚拟桌面的全生命周期的输入输出过程，能够从虚拟桌面外部对虚拟桌面进行方便的管理和维护，即使是断网、蓝屏等极端状态，亦可从容应对；缺点是通常与主机平台"紧耦合"，在广域网应用时需要较高的带宽支撑才能保障流畅的体验。

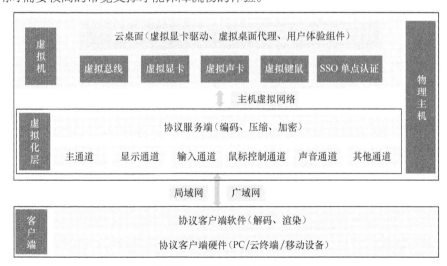

图 12.3　桌面云外部协议架构图

典型的桌面内部协议架构如图 12.4 所示，包括 Citrix ICA/HDX、VMware 的 PCOIP、微软的 RDP 等。优点是能够方便地跨平台，局域网表现与带内协议相当，广域网带宽不太充裕时依然可以实现流畅操作。缺点是对虚拟机网络以及虚拟机内的操作系统依赖程度高，虚拟机网络故障或操作系统服务未就绪，桌面将无法连接，蓝屏或网络故障只有管理员才能维护。

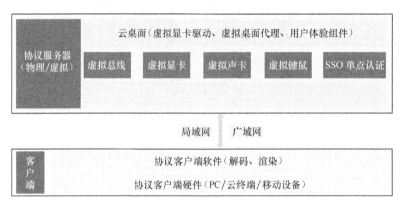

图 12.4　桌面云内部协议架构图

结合虚拟桌面内部协议和外部协议的优缺点，国内部分厂商采用了融合协议的方式，在客户端中默认集成两种协议，在配置时，同一套用户名密码等配置信息自动匹配到两种协议的配置文件中，在连接时，自动探测连接网络质量，自动选择最优的连接协议，从而获得最佳的用户使用体验。

桌面传输协议成为决定桌面云用户体验的关键性因素之一，主要的原因在于桌面云架构路径冗长，任何一个环节的延迟、阻塞都会造成用户体验的感知。目前国内外传输协议的技术关键点有以下几方面。

1. 传输算法优化

由于虚拟桌面传输协议的关键技术是将人机交互的界面和核心的计算分离开来，后台负责所有的计算，前端负责人机交互。要想把后台产生的桌面变化完整及时地投递到前端，需要处理两个问题，一是显示系统的数据传输，二是压缩解压缩处理及传输造成的延时。

首先，对于数据量大的数据传输问题，桌面云采用两种方法，一种方法基于增量更新画面的方法，也就是说界面刷新时只传输界面更新的部分，一般是通过传输不同的渲染指令来实现，它的本质是将操作系统级的渲染指令进行归类，去掉繁杂的渲染指令，归并为几种最简单的渲染指令集，通过传输这种渲染指令集来达到界面增量更新的目的。另一种是在每一种指令集内部采用压缩的方法，在后台对每一条指令内部选择合适的压缩方法进行压缩，经过传输，在前端先进行解码，然后再解析相应的指令，转化成相应的数据格式刷新到界面上。

其次，对于影响用户体验感知的延时问题，目前诸多厂商选择在画面质量、网络流量、压缩解压缩 CPU 资源占用之间进行一个权衡折中，这是最主要的优化方向，画面质量可以通过降低分辨率或调整画面质量到可接受的最差画面质量来实现，网络流量尽量调整在大众可接受的最大网络流量范围内，压缩解压缩 CPU 负载也同样需要选择合适的压缩算法，在资源占用与压缩比之间取得最佳平衡。

2. 复杂外设支持

在桌面云使用过程中，不同行业的应用场景有不同的外设需求，例如，金融、证券、保险、运营商、政务的营业厅通常需要对接大量的各种针式票据打印机、身份信息采集设备、或者密码键盘、SIM 卡读写器、签字手写屏、评价器等外置设备，经常会碰到设备无法识别，或者能够识别设备但应用程序无法识别或工作，或者功能不完整或效率低下等问题。通常各桌面云厂商会采用以下办法。

- 针对驱动程序兼容性不好问题，尝试驱动升级改造来支持复杂设备。
- 针对同一台服务器中的并发会话访问且多用户使用同一型号外设时，需要针对会话外设隔离问题定制开发会话隔离技术，确保用户与设备的隔离并发访问。
- 针对图像传输外设，通过修改云终端外设的驱动，使用云终端自身的处理能力进行图像处理，并将处理后的结果压缩传输到服务器，降低图像传输占用的带宽。

3. 视频的优化

桌面云使用场景中，视频播放是最基本的能力之一，桌面云视频播放有两种方式。

- 服务端渲染，即用虚拟机的 CPU 进行编解码、渲染后，发送到客户端进行显示，传输的是图像，这时主要消耗的是虚拟机的 CPU，如果多用户基于服务器端渲染，会造成单台主机视频播放的并发密度低。
- 客户端渲染，视频文件是经过分片、压缩、打包再通过传输协议传输到客户端，利用客户端的播放器程序进行播放，利用客户端本地的软件或硬件解码能力完成视频的解码和播放。此时服务器端虚拟机的 CPU 消耗基本可以忽略不计，提高了单台主机上虚拟机的视频并发密度。

4. 3D 应用优化

桌面云在 Office 办公场景能够满足绝大多数用户的需求，但是对图形性能要求较为苛刻的 AutoCAD、3D Max 类图形密集型用户，桌面云很难满足他们对图形和计算性能的需求。目前，各厂商的主要解决方案有以下技术路线。

- vGPU，通过软件模拟的虚拟 GPU 能有限增强现有桌面云的图形处理能力，如支持较低版本的 OpenGL 和 DirectX，同时保留云的特性，可实现跨主机迁移。
- sGPU，基于 GPU 虚拟化厂商提供的共享 GPU 能力，将物理 GPU 虚拟成多份具有完整 GPU 功能和指令集的 GPU，可满足绝大多数 2D 和 3D 图形密集型用户的需求。
- pGPU，直接透传物理 GPU 给单个虚拟机，获得完整的物理 GPU 的功能和指令集，可满足大型设计及极致苛刻的设计场景。

总之，在网络带宽未达理想状态的情况下，桌面云系统还无法真正带来与物理机相同的体验。普通办公已经非常流畅，丝毫感受不到网络延迟，相信随着技术的进步和网络带宽的进一步发展，桌面云系统也将越来越趋近于物理机体验。

12.2.2　服务层

桌面云服务层基本上是由桌面云管理平台提供的。桌面云管理平台是一个非常复杂的系统，它整合了计算、存储、网络、CPU 资源，以虚拟化技术为基础，通过远程桌面服务，面向用户交付易使用、易访问、易维护的云桌面。管理平台管理的对象有资源池、桌面池、云终端、应用软件等。每个对象会有自己的专有的管理元素，也会有共有的管理元素，如性能监控、告警、权限、日志等。桌面云管理平台的关键技术涉及以下几个领域。

1. 远程桌面发布服务

具备远程桌面发布服务是桌面云的核心特征，远程桌面发布服务是远程桌面协议在服务端的具体实现。远程桌面的发布一般有三种形式，一种是以多用户操作系统为基础，基于会话发布桌面，它具有低成本、易管理的特点；一种是以个人 VDI 模式发布桌面，它具有高度个性化、高性能及优秀的应用程序兼容性；一种是虚拟桌面池，它是虚拟化桌面架构的一个细分模式，在牺牲个性化的前提下降低成本，提高可管理性。三者的优势对比如图 12.5 所示。

图 12.5　远程桌面的发布形式对比

2. 资源的管控

资源池是云桌面生成、运行的基础，因此对它的管控是基本的要求。资源的管控包括三部分：管理、分配、调度。

资源的管理包括资源的发现、纳入管理、获取配置、失效后的删除等。资源的分配需要满足按需分配，即按照用户要求的资源规格从资源池中分配虚拟资源，构成要求的虚拟机。资源的调度是指可以设定一定的调度策略，如资源利用优化策略、负载均衡策略等，自动化地调配虚拟机到满足策略的主机上运行。

3. 桌面的管理

桌面是交付给用户的最终产品，因此对桌面的管理是云平台的关键技术。桌面的全生命周期，从创建、使用、调整到最后的销毁，全都纳入云平台管理功能的桌面管理中。同时，还涉及用户的管理：支持用户属于不同的部门、不同的组织，用户会以不同的方式登录桌面，以不同的方式使用桌面，甚至需要结合应用商城，向桌面推送指定的软件，并支持禁止桌面使用的黑名单软件。

4. 统一运维

桌面云系统管理的模块众多，如果每个模块都有各自专属的运维界面，管理员在管理时需要在众多模块界面中切换，记忆要求高、效率低下。若将所有运维界面集成到一个统一的平台中，实现轻松切换，高效率地查看各模块的运行状态，获取使用情况，有故障可以通过告警、日志快速定位，及时排查解决。

5. 数据分析

桌面云管理平台管理众多的资源，这些资源会产生大量的数据，如主机物理资源的使用率、存储空间的使用率、虚拟机读写的 IOPS、网络带宽等，以及用户的登录数据、用户的使用频率、资源的使用效率等。从这些数据中挖掘有用的信息，可以作为制作资源优化、资源扩容决策的依据。

12.2.3 资源层

在桌面云系统中，虚拟桌面与物理 PC 一样，拥有 CPU、内存、磁盘等资源，这些资源由资源层统一提供。资源层提供的资源包括物理资源和虚拟资源。

（1）物理资源是整个云桌面系统的载体，是虚拟化管理的对象，是虚拟资源切分的来源。物理资源包括服务器、存储服务器、磁盘阵列、交换机等各种硬件设备。

（2）虚拟资源是对物理资源整合并虚拟化后的资源，以一种共享池的形式展现，主要有计算资源池、存储资源池、网络资源池、GPU 资源池，统称资源池。

① 计算资源池，以一定数量的服务器做基础，集合这些服务器所有的 CPU 与内存，构成一个计算资源池。一个虚拟 CPU(VCPU)可以独占一个物理 CPU 核，也可以使用 CPU 超分配技术，由几个 VCPU 共享一个物理核。内存资源一般足量供应，保证虚拟机运行效果；也可以使用内存超分配技术，满足虚拟机对资源的需求。

② 存储资源池，即提供虚拟机镜像文件存放空间的资源池。桌面云基础架构存储来源主要包括：本地存储、直连 DAS 存储、共享的 NFS、iSCSI、FC 存储以及分布式、超融合形态的存储。所有这些存储，都可以整合成一个逻辑上的存储资源池，镜像空间的分配就从池中切分。配合磁盘瘦供给技术，即按用户实际使用的空间大小来分配镜像文件的大小，在一个存储资源池上，可以容纳比标称大小更多的虚拟机。

③ 网络资源池，目前主要是 VLAN 的分配与 IP 池的设置。虚拟机互相之间是隔离的，通过网络实现互联互通，虚拟机可以按照业务需要划分到不同的 VLAN 中去，实现同一 VLAN 的通信、不同 VLAN 的隔离。IP 池的设置，是配置一个 IP 资源池，新建虚拟机时可以从中申请 IP，也可以设置 DHCP 服务器来分配 IP。

桌面资源层的技术实现关系到桌面云系统的整体架构、性能、灵活性等多个重要层面，相关的技术一直是桌面云厂商研发的重点领域之一。

其中用到大多数的计算虚拟化、网络虚拟化、存储虚拟化等云计算的相关技术，本节不再赘述，只重点介绍 GPU 虚拟化技术，该内容在第 4 章中也有所涉及，这里进一步来看它在桌面云场景中的应用。

桌面云系统中使用的 Hypervisor 源于服务器虚拟化技术。服务器虚拟化对于 CPU、内存、网络、存储等都进行大量的优化，但是通常不需要直接进行图形界面的桌面交互，因此桌面云在很长一段时间内对于多媒体、3D 设计等应用场景无法满足用户的需求，制约桌面云的市场空间。

近年来桌面云厂商除了进一步优化远程桌面协议以改善用户体验，也开始重视 GPU 虚拟化技术来为虚拟机提供高性能的图形和 3D 性能。GPU 虚拟化是指让虚拟机能够利用物理 GPU 对图形和 3D 提供硬件加速特性，达到提高虚拟机用户体验并广泛支持 3D 软件的目的。实现 GPU 虚拟化主要有以下三种技术。

1. 软件共享 GPU

软件共享 GPU 技术以 VMware 和微软的 Hypervisor 产品为代表，是最早产品化的 GPU 虚拟化技术。软件共享 GPU 技术在虚拟机中配备一个特殊的虚拟显卡，该显卡的驱动能够支持特定的标准显卡硬件加速协议（如 DirectX）。虚拟机中运行的操作系统对该虚拟显卡发出硬件加速指令后，Hypervisor 将该指令进行转化并运行于物理 GPU 上。硬件加速协议返回的数据同样由 Hypervisor 进行转化并传输给虚拟机中运行的虚拟显卡。

软件共享 GPU 技术的出现使得虚拟机能够利用物理 GPU 的硬件加速能力，并开始支持传统虚拟显卡无法运行的 3D 软件。软件共享 GPU 技术的核心缺陷在于需要对硬件加速协议在虚拟机和物理GPU 之间进行转化。这种转化直接造成协议兼容性和性能两方面的问题。

2. 硬件虚拟 GPU

NVIDIA 和 AMD 都推出由硬件实现的 GPU 虚拟化技术。这种技术使用特殊的 GPU 芯片并配合Hypervisor 使虚拟机能够直接利用 GPU 的硬件加速功能。以 NVIDIA 的 Grid 显卡为例，该显卡能够将一个高性能的 GPU 虚拟化为多达 32 个 VGPU，供 32 个虚拟机同时使用。与软件共享 GPU 技术相比，该技术不需要对硬件加速协议进行转换，虚拟机可以直接与 VGPU 通信，因此其协议兼容性和性能都有大幅度的提高。

3. GPU 透传

GPU 透传技术是一种让虚拟机直接访问非虚拟化的普通物理 GPU 的技术。该技术将物理 GPU设备 1:1 地映射到虚拟机中，给虚拟机呈现一个在功能和性能上都和物理 GPU 一致的设备。由于对物理 GPU 无虚拟化功能的要求，能够使用普通显卡，在同等性能下平均每个用户的成本远低于支持硬件 GPU 虚拟化的显卡。此外，物理显卡还支持直接通过显示接口输出虚拟机的显示信号，使得虚拟机能够应用于某些对于桌面显示延迟要求极高或者显示效果要求很高的特殊场景。但是 GPU 透传技术要求每个虚拟机都配备一个物理 GPU，对于服务器的硬件支持有较高要求。

12.2.4 安全

桌面云作为云计算方案，已经在各行各业普遍应用。其体系化的安全设计，将帮助用户实现数据全局安全保障。

1. 桌面云安全架构

图 12.6 给出了一个桌面云安全架构的参考图。桌面云安全架构可以划分为三层，分别为：物理资源层、资源虚拟化层、桌面平台层。

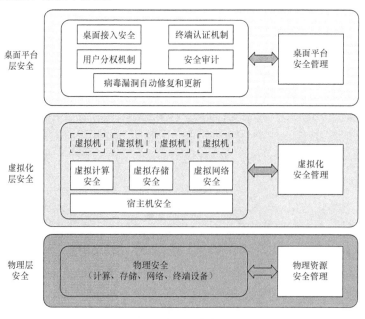

图 12.6　桌面云安全架构

（1）物理资源层安全

物理资源层为桌面云的运行提供所需要的物理资源，包括物理计算资源、物理存储资源、物理网络资源。物理资源层的安全涉及环境安全和物理设备安全（包括终端设备的物理安全、桌面云服务器的物理安全、存储设备安全和网络设备安全等），以及相对应的对物理资源层进行管理的物理安全管理。

（2）资源虚拟化层安全

资源虚拟化层为桌面云的运行提供所需要的虚拟资源，包括虚拟计算资源、虚拟存储资源、虚拟网络资源。资源虚拟化层的安全主要包括：宿主机安全（仅针对托管型 Hypervisor）、虚拟计算安全、虚拟存储安全和虚拟网络安全，以及相对应的对虚拟资源层进行管理的虚拟化安全管理。

（3）桌面平台层安全

桌面平台层为用户提供了一个安全的桌面平台以支持在资源虚拟化层上运行各种应用软件。桌面平台层的安全主要包括：桌面接入安全（其中包括终端设备接入虚拟桌面的远程桌面协议）以及相对应的对桌面云平台进行管理的桌面平台安全管理。

2. 桌面云安全保障功能

桌面云中基础的安全保障功能还包括：数据安全、网络安全、认证安全，这里主要对虚拟桌面的用户行为进行审计，以保证系统安全审计及虚拟化环境安全。

（1）桌面云的统一接入安全

通过统一的接入认证系统，实现用户认证前对用户网络的隔离，认证后只允许访问对应的虚拟桌面网络，避免非可信环境下用户随意接入的问题。通过网络准入，实现对用户的网络进行隔离和认证，以及用户单点登录。在经过网络认证后，才能够登录到用户的虚拟桌面，在保证安全性的同时，还可保证用户体验。

（2）终端认证机制

在远程访问客户端和虚拟机间提供 SSL 加密通道，确保数据传输的安全性，支持集中控制虚拟机或远程访问终端数据读写，支持对远程访问客户端进行健康检查，确保只有符合访问需求的访问设备才能够访问虚拟桌面，如远程访问客户端杀毒软件病毒库是否符合访问规定的版本，远程访问客户端上的系统补丁是否包含公司指定的版本，远程访问客户端 MAC 是否为指定的等。提供丰富的、细致的基于策略的应用程序访问控制，从而通过用户的身份标识和策略的设定来决定远程访问用户使用应用程序的行为和权限。

（3）用户体系的分权分域保护

虚拟桌面平台需要支持对不同用户账号、不同角色的权限管理，用户必须登录后才能使用系统。不同用户被赋予不同的虚拟桌面平台操作权限，应至少包括：指定虚拟机的创建、安装、运行、终止和删除等全生命周期管理权限，以及指定虚拟机运行状态控制权限，如启动、关闭虚拟机，还有指定虚拟机外部访问查看权限。每个虚拟机上的用户权限只限于本虚拟机之内，以保障系统平台的安全性。

（4）支持病毒漏洞自动修复和更新

支持联机在线自动查找、发现和报告虚拟桌面发布过程、管理系统和虚拟机操作系统存在的系统漏洞，以便及时进行更新和补丁安装，确保虚拟化驱动程序的更新和升级，保障硬件以最优速度运行，并减少漏洞利用和拒绝服务攻击的机会。补丁或升级支持从网络在线下载安装或从本地安装，并可以通过脚本或工具自动批量进行，还支持以在线和离线方式安装补丁或更新。

（5）桌面云安全审计

虚拟桌面的登录行为、操作行为等缺乏管控，难以审计。操作人员可以采用屏幕录像的方式进行记录，审计人员可以通过在服务器上查看审计记录来进行审计。这里的技术难点包括：筛查不必要的审计记录，对无效的数据进行剔除，节约存储空间；对审计图片进行高压缩率压缩，提高存储效率；使屏幕的图片信息能够做到可搜索、打标签等，解决审计人员面对一堆图像数据时的快速有效定位等。

12.2.5　桌面云面临的挑战

虽然桌面云发展形势大好，但是桌面云还有一些瓶颈问题有待解决，这些问题严重制约桌面云产业链的健康发展。

1. 性能体验

虚拟桌面的性能还不如物理桌面，应用有局限性。由于虚拟桌面是通过后台的虚拟机提供计算能力，再通过网络传输数据到前端展现，所以在性能上与传统的 PC 机相比，还是有一定差距的。虽然虚拟桌面现有的一些高级传输协议，应付一般的企业应用（如 Office、邮件、Web 应用、Flash 播放、视频播放、数据库/ERP 的管理等）都是没问题的，但如果想进行高负载的应用，如 3D 动画、高清视频处理等，虚拟桌面并不太适用。

2. 标准缺失

目前桌面云只有服务层的云计算有部分标准出台，也只解决了桌面云服务层的接口绑定等问题。在桌面云领域，基础、技术、服务质量等方面的标准都是缺失的。术语、参考架构等基础标准的缺失，使用户无法清晰地界定桌面云的范围，导致桌面云市场鱼龙混杂，客户无法正确地认识桌面云；技术标准的缺失使用户对桌面云技术参数没有对比，造成用户选择桌面云厂商没有相关标准可参考；质量标准的缺失导致用户无法界定和规范服务的可用性，无法确定衡量桌面云提供商服务可用性的关键指标。这些问题都严重影响着桌面云市场公平公正的竞争，严重制约着桌面云产业的发展。

3. 安全问题

安全包括数据的安全性、隐私问题、身份鉴别等。和传统应用不同，桌面云数据保存在云中，这对数据的访问控制、存储安全、传输安全和审计都带来了极大的挑战，另外桌面云实现了高度管控，如何保证终端用户的隐私，如何解决企业员工的排斥也是急需解决的问题之一。

4. 可用性问题

桌面虚拟化少不了应用虚拟化，而应用的执行是在后台的数据中心里，那么应用所产生的数据也就在数据中心，而不是在用户终端的存储设备上，如何保证在出现网络故障、服务器故障、软件异常等情况下服务的可用性，也成为桌面云急需解决的问题。

12.3　桌面云典型应用案例

从市场发展趋势来看，近几年桌面云市场发展相对较快，市场规模持续扩大。经过调研和统计，桌面云行业及应用场景主要如表 1.21 所示。

表 12.1   桌面云的应用场景

行业	应用场景	场景汇总
教育	电子图书馆（固定 / 可移动）、计算机教室、电子教室、云课堂、电子备课、移动教务、电子班牌、实训中心、区域桌面云	1. OA 办公场景 2. 业务前台场景 3. 电子教务 4. 3D 设计/研发 5. 培训教室 6. 双网隔离 7. 安全研发/设计 8. 政务公检法安全办公（三合一/UKey） 9. 呼叫中心 10. 生产车间 11. 移动办公/BYOD 12. 天网/监控大厅 13. 区域/城乡一体化桌面（政务/教育/公安/税务）
政府	政务前台业务、政务办公（三合一）、移动政务、培训中心、政务园区拎包入住桌面、双网隔离安全办公桌面	
军队	安全办公（双网隔离）、培训教室	
运营商	呼叫中心、营业厅前台、OA 办公、网管安全运维中心	
互联网	呼叫中心、OA 办公、安全研发	
制造业	3D 图形设计、OA 办公（财务、供应链、业务）、生产车间桌面	
能源	安全设计办公桌面（电力设计院）、安全办公桌面（电网）、安全准入业务桌面（石化行业）	
公检法	政务前台业务、安全办公（公检法安全 UKey）、培训中心、监控中心（天网）、警务站、	
企业	OA 办公、移动办公、BYOD、远程桌面、外包桌面、公共共享桌面	
医疗	基于 PAD 的移动诊疗、轮班诊疗办公用机、门诊治疗办公用机	

12.3.1 桌面云在政府中的应用

1. 背景

××监狱整体迁建项目是根据《××监狱布局调整总体方案》提出，并经政府批准的迁建项目。

新建监狱信息化整体项目的建设以实现信息集成为总体目标，全新开发总体架构基础平台及之上的四大子平台（安防、指挥、展示、业务）和分控管理平台，集合 SOA 架构、ESB 总线、云计算及桌面云、数据池、数据挖掘等先进技术，坚持"管用、实用和常用"原则，抓住新建机遇，着眼未来趋势，突出基础建设和整体解决方案，确保建设品质，并为后续发展留足空间。

2. 需求分析

传统 PC 办公桌面存在多种弊端，例如 PC 桌面对外设难以管控；数据本地存放造成安全隐患；易损坏，可靠性低；分散存储难以监控管理；高能耗、高排放，总体拥有成本高。鉴于以上原因，本项目期望通过借助桌面云技术，建设一套高度信息安全、高可靠、设备轻型化、绿色节能的办公桌面系统。

3. 解决方案

针对××监狱桌面云的高安全性、高效体验、高可靠性的应用需求，方案设计如下：借助于桌面云先天的安全架构，实现终端数据不落地，杜绝数据泄密风险，同时配合双网隔离云终端，实现在同一台主机上的内外网隔离，在确保安全的同时，提供无缝的内网高效切换体验。基于物理隔离的内外网桌面云基础架构平台，为平台的数据可靠性奠定了坚实的基础。整体架构图如图 12.7 所示。

桌面基础架构：运行内外网桌面云的基础架构，在设计上，内外网架构完全独立且物理隔离。桌面基础架构中包含身份认证服务、业务网络、终端接入网络、设备管理网络等。与其他业务网络逻辑隔离，确保基础架构的安全性和可靠性。

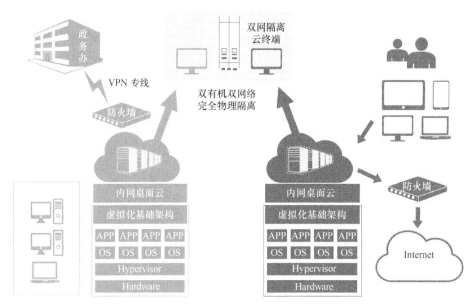

图 12.7　政府桌面云整体架构

业务网络：主要指桌面云运行的内网环境、外网环境，逻辑上隔离且相互不能通信。

客户端网络：客户端作为输入输出的汇集点，形态上一体，但物理上完全隔离，两套独立的硬件、软件子系统分别接入到相应的桌面业务平台中，可一键无缝切换，但完全物理隔离。

方案中双网隔离云终端自身安全架构设计很好地实现外网和内网的物理隔离，且支持内外网在确保安全的前提下无缝切换，保障了桌面云整体架构的安全性。

4. 方案价值

××监狱新一代基础架构桌面云平台的建成，为××监狱构建新一代高度信息安全、高可靠、设备轻型化、绿色节能的办公桌面系统提供了基础保障，提升了整体 IT 体系的运维管理能力和效率，同时满足××监狱内外网物理隔离、快速切换、客户端免维护且不驻留数据的业务需求。

12.3.2　桌面云在运营商中的应用

1. 背景

某运营商的营业厅覆盖范围很广，例如，在城市，分布在大街小巷，在农村，会在乡镇和村子设点。这些店面或大或小，从业人员或多或少，都需要配备业务计算机，每个店的需求量小，但总体的需求量大。而营业员的技术力量薄弱，计算机有故障不一定能够解决，影响业务办理，进而损害用户利益。在营业厅，还存在多种接入设备，如打印机、密码小键盘、二代身份证识别仪、叫号器、手写板等。营业厅配备的公用计算机由不同的操作人员登录使用，操作人员会根据个人偏好改变计算机设置，也会误删其他人的个人数据，因此，公用计算机既难以维护，也难以使用。

2. 需求分析

营业厅场景具有如下特点。

（1）营业厅覆盖范围广，密度低，很多分布在偏远地区。

（2）每个营业厅需求量小，总体的需求量大。

（3）具有密码小键盘、打印机、二代身份证识别仪、叫号器、手写板等各类丰富的外设。

（4）营业员需要自己专属的办公桌面环境，不与其他人冲突。

（5）快速的软件安装部署需求：大规模快速软件安装部署，减少维护工作量。

（6）故障需要快速解决，不影响用户体验。

3. 解决方案

运营商的桌面云解决方案整体架构如图 12.8 所示。

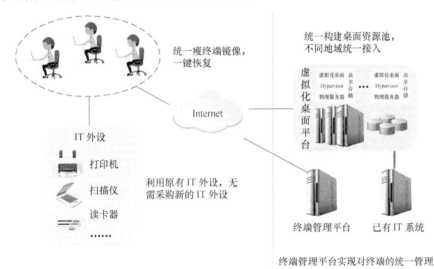

图 12.8　运营商桌面云解决方案整体架构

（1）建设基于服务器的云桌面资源池，可以满足总量的需求以及扩容的需求，可以对桌面进行统一的管理和维护。

（2）各个营业厅使用瘦客户机，通过网络接入，远程使用虚拟机，在服务端通过终端管理平台可以统一管理和维护终端；营业厅的瘦客户机可以公用，使用者用自己专属账号登录，有利于安全审计。

（3）各个营业员可分配专属的虚拟机，按需分配，并对虚拟机做个性化的设置；也可以分配共享的桌面，提高资源的利用率，减少投入。

（4）提供即插即用的外设重定向方案，通过在瘦客户机预置具备广泛兼容性的驱动插件，支持常见的串口、并口、USB 外设，并通过外设重定向技术，透传到虚拟机，可以在虚拟机上正常使用各种外设。

（5）虚拟机预装好各种业务软件，通过模板创建，统一部署实施，节省安装成本。

（6）虚拟机出故障，运维人员在后台可以快速排查，快速解决。

4. 方案价值

桌面云在该运营商中的应用价值主要体现在以下几点。

（1）节省成本。服务器、存储设备、交换机等硬件设备集中部署，集中制冷，节约能源。

（2）数据安全。数据集中在云端存放，瘦客户机本地不保存数据。营业员接入云桌面，要通过身份验证，可以采用 AD 认证或 UKey 认证的方式。营业员使用外设拷贝、记录日志，用于安全审计。

（3）随时随地接入。开通连接权限后，可以通过多种终端（如 PC、手机、PAD）随时随地登录云桌面办公。人员的调动不需要重新分配新计算机，云桌面专人专用，随时可以访问。

（4）运维便捷。远端的瘦客户机基本不会出问题，而硬件设备都集中在机房，出故障可以快速排查，并且有统一的运维管理门户，随时监控，告警可以通过邮件或短信通知，快速反应。而不像过去，营业厅分布在各个不同的地方，出问题需要专门去营业厅排查。

（5）软件的升级与管控方便。专门的业务软件可以安装到模板里，只安装一次，后面直接克隆使用。软件升级包可以在后台推送，静默安装，不影响用户体验，节省大量的人力。对于违禁软件，可以禁止安装。

12.3.3 桌面云在教育中的应用

1. 背景

婺源县共有中小学超过 100 所，学生人数总计 3 万人。列入桌面云一期的学校共 55 所，普通高中 3 所，职业高中 2 所，普通初中 7 所，小学 42 所，特殊学校 1 所，另有教学点 11 个。教师 PC 覆盖率不到 50%，"班班通"覆盖率不到 20%，学生计算机覆盖率不到 4%。同时偏远乡镇、村级学校计算机机房配备数量相对匮乏，且严重缺乏计算机维护人员，即使在配备计算机或机房的学校，使用期间计算机出现问题，如无人能维护，就只能闲置。偏远山区学校及学生无法享受县教育局以及中心城区学校的优质教学资源，无法确保教育公平，成为婺源县教育局面临的重要挑战。

2. 需求分析

通过对婺源是教育现状的分析，急需解决的关键挑战如下。

（1）因其独特的地理特征，偏远地区校区交通和通信基础条件的制约，严重滞后于县城教育信息化，需要化解教育资源的公平性问题。

（2）县教育局资源有限，日常疲于教学单位的信息化运维和管理，急需找到更高效的运维管理方式。

（3）偏远和贫困地区学校无专业 IT 人员，导致下发的计算机或机房大部分时间无法正常使用，处于闲置状态，需要解决零维护问题。

（4）县教育局资源门户上大量的优质教学资源无法及时高效地共享给全县所有师生。

（5）偏远山区的学生和教师，如何在第一时间共享到其他优秀教师的课件或共享资源。

3. 解决方案

针对婺源教育局的业务需求，提出的城乡一体化桌面云解决方案架构如图 12.9 所示。

具体包括以下几点。

（1）整个解决方案依托于婺源教育城域网。

（2）核心汇聚于网络：万兆核心、万兆汇聚、负载均衡。

（3）核心汇聚和服务器中心，双万兆网络至桌面云数据中心。

（4）网络：城域学校，独享光纤，点对点 1Gbit/s。

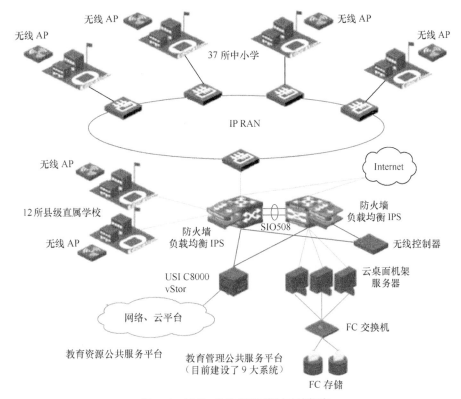

图 12.9 城乡一体化桌面云解决方案架构

（5）核心交换机 1：12 所学校，12×1Gbit/s，累计 12Gbit/s。

（6）核心交换机 2：37 所学校，累计 3.7Gbit/s，平均每校 100Mbit/s。

（7）环网：考虑二期建设千兆入校，目前环网未设立限速，平均测速可达 300Mbit/s。

4．方案价值

通过区域城乡一体化桌面云解决方案的建设，婺源县教育局已经建成可覆盖和支撑全县 3 万名师生的网络数据云计算中心和千兆到桌面的高速教育专网。该中心的建成以桌面云系统为核心载体，为当地教育资源的均衡化提供基础保障，并且解决了实施部署、数据安全、集中管理、统一运维等在传统信息化建设中存在的诸多弊端和问题，同时还为将来县域范围内对大数据的采集和应用提供了充分保证。

12.4 实践：基于 OpenStack 的桌面云

经过第 3 章的介绍，相信大家已经搭建了一个 OpenStack 的环境。本节介绍如何通过该平台实现桌面云。要实现桌面云的搭建，主要涉及两个关键步骤。

- 制作 Windows 操作系统的镜像，如 Windows XP、Windows 7、Windows Server 等，我们以 Windows 7 为例进行介绍。
- 安装远程访问协议并远程访问虚拟机，本节以 SPICE 为例进行介绍。

12.4.1　Windows 镜像的制作

OpenStack 的虚拟机是通过 Glance 镜像部署的，所以必须要做虚拟机的镜像，本节介绍 Windows 镜像的制作方法。

使用 virt-manager 来制作 Windows 镜像，使用 SPICE 协议进行连接，为了提高性能，安装优化性能的驱动。

1. 环境准备

安装 virt-manager：

```
yum install virt-manager qemu-kvm libvirt-daemon-kvm libvirt-daemon-config-network
systemctl enable libvirtd.service
systemctl start libvirtd.service
```

确认 kvm 模块已经加载：

```
[root@localhost 桌面] # lsmod |grep kvm
```

kvm_intel	148081	0
kvm	461126	1 kvm_intel

准备好 Windows 7 的 ISO，从 Fedora 网站下载 VirtIO 驱动。

可能遇到 KVM 内核未加载的问题，若创建虚拟机时显示如图 12.10 所示，则可能是 KVM 内核没有加载，若需要加载，可用如下命令手动加载 KVM：

```
modprobe  kvm
modprobe  kvm-intel
```

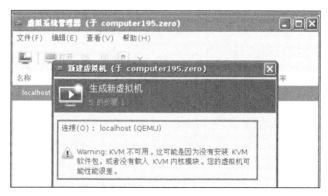

图 12.10　virt-manager 创建虚拟机图

2. 创建镜像文件

建议使用命令来创建镜像文件，实际占用的空间较小，命令如下：

```
qemu-img create -f qcow2 win7_x86.qcow2 20G
```

3. 制作镜像

打开 virt-manager，单击创建虚拟机，选择本地安装，选择 Windows 7 的 ISO 文件，如图 12.11 ~ 图 12.13 所示。

设置内存 2GB 和 CPU 为 2，选择存储，单击"浏览"按钮，选择刚才使用命令创建的卷，如图 12.14 所示。

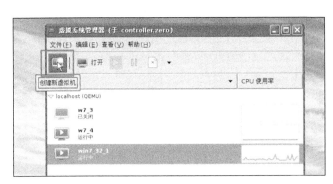
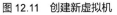

图 12.11　创建新虚拟机

图 12.12　选择安装引导方式

图 12.13　选择并加载 ISO

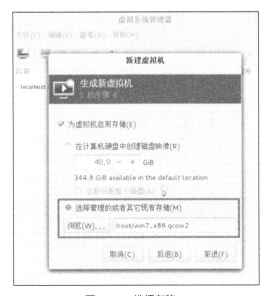

图 12.14　选择存储

　　输入名称，并选择安装前自定义配置，添加 VirtIO 驱动的 ISO，如图 12.15 所示。单击添加硬件，选择 virtio-win 的 ISO，如图 12.16 所示。

　　设置磁盘使用 VirtIO，网卡型号为 virtio，如图 12.17 和图 12.18 所示。

　　显示协议使用 Spice，显卡使用 QXL，如图 12.19 和图 12.20 所示。

　　注意：此处需要将"管理程序默认"改为"所有接口"。

　　单击"开始"按钮安装，如果显示如图 12.21 所示内容，则强制关闭虚拟机后，调整 BOOT 顺序，将有安装系统的 CDROM 调整到第一个位置，重新启动，如图 12.22 所示。

　　安装过程中，若找不到磁盘，则加载驱动，在光盘 viostor 下加载后继续安装，如图 12.23 所示。

341

图 12.15　输入名称及指定配置方式

图 12.16　添加硬件

图 12.17　设置磁盘

图 12.18　指定网卡型号

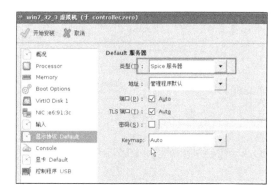

图 12.19　显示协议指定

图 12.20　指定显卡型号

图 12.21　安装提示

图 12.22 调整 BOOT 顺序

图 12.23 选择驱动程序

4. 安装驱动

首先从设备管理器安装网络驱动。Windows 系统安装成功后，打开设备管理器→找到网卡设备并双击→更新驱动程序→浏览计算机以查找驱动程序软件→选择 virtio-win 的 CDROM 位置→下一步→安装即可，如图 12.24 所示。

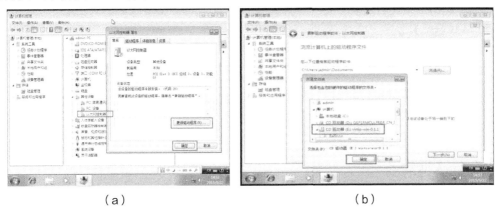

（a）　　　　　　　　　　　　　　　　（b）

图 12.24 安装网络驱动

安装后，网络即可使用，可以通过 FTP 等工具向虚拟机内复制文件。然后安装 spice-guest-tools。通过网络复制到虚拟机中，以管理员权限打开并安装，安装显卡等驱动。

至此，该镜像已经上传到系统管理平台的虚拟机镜像列表中。当然，用户还可以在镜像中安装一些常用的软件再制作成镜像。

12.4.2 配置 SPICE 实现远程访问

上一节介绍了如何制作虚拟机镜像，根据该虚拟机镜像可以自由创建虚拟机实例。本节将介绍如何通过一台安装了 SPICE 的主机访问虚拟机。

（1）SPICE 简介

SPICE 是红帽企业虚拟化桌面版的三大主要技术组件之一，具有自适应能力的远程提交协议，能够提供与物理桌面完全相同的最终用户体验。

它包含以下 3 个组件。

SPICE Driver：SPICE 驱动器，存在于每个虚拟桌面内的组件。

SPICE Device：SPICE 设备，存在于红帽企业虚拟化 Hypervisor 内的组件。

SPICE Client：SPICE 客户端，存在于设备终端上的组件，可以使瘦客户机或专用 PC 用于接入虚拟桌面。

（2）SPICE 配置

在上一节提到的 centos 物理机上安装 SPICE：

```
# yum install spice-protocol
# yum install spice-server
# systemctl stop iptables
# iptables -F
#setenfoce 0
```

（3）连接虚拟机

打开客户端，输入参数 spice://主机 IP:5900/，单击 Connect 即可登录。

或者在 Linux 终端中输入如下命令来登录：

```
# remote-viewer spice:// 主机IP:5900
```

至此，一个简单的桌面云环境就搭建完毕了。

12.5　本章小结

本章首先介绍了桌面云的相关概念、演变历史、部署模式、技术优势等知识，让读者对桌面云这一云计算的具体形态有了初步的认识，然后介绍了桌面云领域的关键技术，最后介绍了如何通过 OpenStack 实现桌面云的一个雏形，感兴趣的读者可以根据相关内容进行实际操作，体会桌面云是如何实现的。

12.6　复习材料

课内复习

1. 什么是桌面云？
2. 桌面云的架构包括哪些内容？
3. 桌面云的应用场景有哪些？

课外思考

1. GPU 虚拟化技术是桌面云发展的一个核心技术吗？为什么？
2. 桌面云中的安全隐患有哪些？怎么解决？

动手实践

在前面的章节中已经介绍并实践过 OpenStack 和 KVM 相关的内容。

- 任务：利用 OpenStack 和 KVM 搭建一套完整的桌面云系统。

论文研习

1. 阅读"论文阅读"部分的论文[57]，深入理解桌面云性能优化的方法。
2. 阅读"论文阅读"部分的论文[58]，深入理解桌面云用户交互体验的建模方法。
3. 阅读"论文阅读"部分的论文[59]，深入理解远程交互式渲染系统的核心技术挑战。

13

第 13 章　软件开发云

　　软件开发云是云计算领域近几年来的一个热门应用。本章以华为的软件开发云服务（DevCloud）为例介绍这一新兴应用。DevCloud 是集华为研发实践、前沿研发理念、先进研发工具为一体的一站式云端 DevOps 平台，为企业及开发者端到端的覆盖软件开发全生命周期的研发工具链服务，以提升软件交付的质量与效率。本章主要内容如下：13.1 节介绍软件开发云的概念，13.2 节介绍华为软件开发云服务，13.3 节介绍 DevCloud 技术方案，13.4 节通过 DevCloud 实战介绍软件开发云的实践。

13.1 软件开发云的概念

近年来，公有 IaaS 云快速发展，人们已经认识到云计算带来的强大敏捷性和低成本优势。在越来越多软件及服务的生产环境直接部署和运行在 IaaS 云上的同时，企业级用户也在积极尝试利用 IaaS 云服务改进自己的软件开发和测试体系。但是，由于发展路径问题，国内的公有云开发人员还是习惯以包年包月的方式使用 IaaS 云服务，并没有充分发挥出云计算弹性、灵活和按需服务的优势。随着国内 IaaS 云开始普遍提供 API，开发人员也必定会逐步体会到弹性云计算带来的具体优势，并逐步适应这种新模式。因此，使用云来加速开发测试正离国内开发人员越来越近，并将会被广泛接受。

13.1.1 传统软件开发中的挑战

软件开发的整个过程一般需要经过开发、测试、验收和生产四个阶段，同时也对应四个环境：开发环境、测试环境、验收环境和生产环境，即所谓的 DTAP。整个流程如图 13.1 所示。

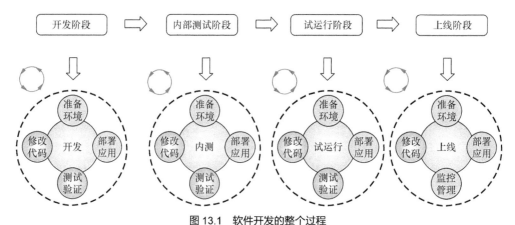

图 13.1 软件开发的整个过程

在这样一个复杂且冗长的流程中，会不断需要环境的准备以及应用程序的部署，其间涉及人员非常多，包括开发、测试和运维人员。面对这些挑战，传统的软件开发测试体系中普遍存在以下问题。

（1）获取基础设施（硬件、软件和网络等）非常困难，基础设施的交付周期也非常长。

由于采购基础设施多为一次性投入，且成本很大，企业做这样的决定会非常谨慎，除非是已经被市场验证的想法和产品，否则企业一般不会快速决定相关采购。即使决定采购，从下单到交付仍然是一个漫长的过程（常以月为单位计算）。所以，为了避免影响工程进度或者节省成本，通常多位开发测试人员（甚至多个产品团队）共用一套开发或者测试环境，然后为协调使用基础设施而邮件漫天飞。更为糟糕的是，很多好的想法和构思因为冗长的基础设置准备过程而错失市场机遇，甚至直接胎死腹中。

（2）部署和维护各种开发及测试环境令人头痛。

当我们有了足够的硬件资源来支持开发、测试后，另外一个问题又随之而生。如何管理、部署这么多环境？如何让这么多环境保持一致？例如，使用的 Linux 内核是一个版本吗？使用统一版本的 Python 吗？大家在不同的环境上是用一致的代码做测试吗？这些问题必然会影响整个团队的开发效率，最后的结果非常有可能还是大家会使用一个公共开发测试环境（这样又开始重新相互影响），或者经费充裕的公司会再招聘一个专职人员来维护这些环境。除了保持开发、测试环境之间一致性的维护工作外，保持开发、测试和生产环境一致性的工作同样具有挑战。某个配置有问题导致测试通过的代码在生产环境中不工作是常有的事情；某个新功能需要升级第三方依赖库，在测试环境做了升级而生产环境却忘了升级也可能发生。于是穷尽各种细节的环境描述的部署文档塞满公司内部的 Wiki 或者某个文档管理平台。这些文档基本上是在完成的那一刻就已经过时，这只会让后来的阅读者越看越糊涂。

（3）开发及测试环境无法完全复现生产环境的场景。

在实际运营中，生产环境总是承受最严酷的考验（如大流量的请求、频繁的攻击等），但是，由于成本和意识上的一些问题，在开发及测试环境中很难复现这些场景并进行预先的测试。而且很多问题（尤其是在分布式系统中）都是在规模达到一定程度后才会出现，通常开发及测试环境都很难模拟出生产环境的规模。

（4）人为地割裂 IT、开发、测试和运维部门。

这是在传统软件开发、测试体系中经常碰到的问题，也直接导致流程的冗长和信息沟通的不畅，尤其是在系统非常复杂时，让各个不同部门的人对整个系统有一致理解是非常不容易的事情。

由于上面这些普遍存在的问题，软件开发人员的生产效率受到极大影响。当然，人们也在思想层面和实践层面不断改进流程，最近几年盛行的 DevOps 思想得到了广泛的认同（第 11 章有详细的叙述）。DevOps 思想中最关键的点在于打破传统软件开发过程中的人为割裂和"残酷无情"的推动自动化流程。前者意味着用统一的方式管理整个 DTAP 流程和环境，后者则是通过可复用的自动化工具和脚本把整个流程和环境部署、维护的知识固化下来，变成可直接操作的行动。

13.1.2　云计算给软件开发带来的新可能

由于前面所述的各种挑战和问题以及 DevOps 思想被越来越广泛地认同，越来越多的公司开始行动起来改进既有的开发流程，各种贴着 DevOps 标签的辅助工具涌现出来，如图 13.2 所示。

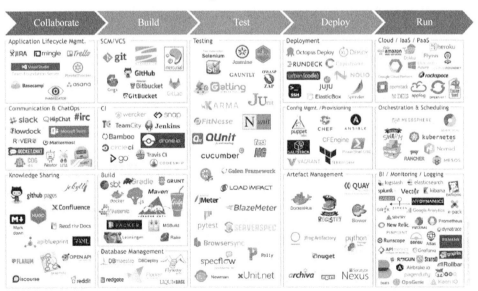

图 13.2　DevOps 工具链

但是，工程人员在获取基础设施方面的效率仍然无法令人满意，尤其在创业公司和中小企业里这个问题更为明显。幸好，云计算的到来极大地改变了这个现状。具体体现在以下几个方面。

（1）云计算提供了近乎无限量的基础设施资源，而且在任何时候都可以立即获得，例如，一个下午启动 2000 台云主机进行测试的真实场景。几乎没有公司可以一次批准采购 2000 台机器的预算，而且一个下午到位这么多服务器也基本是不可能的。另外，获取这些基础设施资源的过程是完全"自助"式的，不需要依赖任何专门的 IT 或者网络工程师。

（2）云计算提供了全新的基础设施资源成本模式，从原来的一次购买变成了按需付费，只需要为自己具体使用的基础设施资源量付费。在云计算时代，1000 台机器计算 1 个小时和让 1 台机器运行 1000 个小时的成本是相等的。

（3）云计算让基础设施资源"可编程"。在传统 IT 时代，基础设施资源总是显得冰冷、生硬，程序员拿它无可奈何。无论是要组建一个虚拟网络还是获取一个公网 IP，都需要申请流程，并且与运维人员协调。绝大部分公司为了简化管理成本或者出于安全考量，还会对基础设施的使用制订一堆或合理或不合理的规则制度，极大地限制了程序员的工作效率。在云时代，绝大部分公有或者私有 IaaS 云提供商都支持 API（还未提供 API 的提供商也都在准备之中）。程序员可以非常灵活地调用这些 API，使用标准的基础设施单元构建自己应用的基础设施架构。

（4）在解决了软件开发人员获取基础设施资源困难的问题的同时，云计算还带来了大量额外的好处。目前，主流的公有 IaaS 云服务商在提供基础设施云服务的同时，还会提供如数据库服务、监控服务、队列服务、通知服务等一系列常见组件。这些服务同样即插即用，按需付费，而且这些云服务都是由一流工程师开发，由富有经验的人员运维，经过了严酷的实际生产环境考验，开发人员可以信任它们。

13.1.3　云时代的软件开发

前面讨论了 DevOps 思想和 IaaS 平台各自的优势，而这两者恰恰又可以很好地结合以达到更好的效果，尤其是在帮助开发人员加速软件开发测试效率和缩短交付周期上非常有用。这种加速主要体现在以下几个方面。

（1）利用 IaaS 平台提高开发和测试人员获取基础设施的效率。在云时代，开发和测试人员可以在分钟级别，以非常低的成本获得想要的基础设施，而且这些基础设施还不需要投入人力、财力来维护。同时，由于基础设施获取的便捷性和低成本，让原来受限于基础设施而无法并行的事情现在得以完全并行展开。例如，每个开发人员都可以获得一个和生产环境完全一致的基础设施，开发和测试的工作也可以并行推进，各种不同想法也能并行得到快速验证。

（2）利用 DevOps 思想和可编程的 IaaS 资源融合软件开发的各个阶段，打破原来存在的人为割裂，加大整个流程的迭代速度。如前面所述，软件开发过程中一般包括开发、测试、验收和生产几个阶段，每个阶段都可以有自己独立的运行环境，而且每个阶段是由各自独立的人员来负责。在云时代，所有的基础设施和应用程序的运行环境都可以通过自动化流程一体化管理，且所有的部署、交付工作都是自动化完成。因为是一体化管理，各个环境的不一致性就能得到很好的控制，可以极大地避免环境问题导致的开发流程受阻。与此同时，开发人员可以利用 IaaS 公有云提供的大量低成本资源，更容易地在开发、测试和验收环境中模拟出更多原来只能在生产环境中出现的场景，如大规模的流量压力、大量用户同时在线等。这样可以更早发现系统的性能瓶颈以及设计和实现的缺陷。

（3）通过直接使用大量的通用云服务来减少工作量，加速软件上线周期。毫无疑问，通过直接复用 IaaS 服务商提供的如数据库服务、监控服务等服务，大大加速了开发和测试流程。当然，要想在开发和测试中利用好这些通用云服务，最好是把自己的开发测试体系和云紧密联系起来。

由于上面这些明显的优势，越来越多的开发团队已经开始用云计算结合 DevOps 的方式改进自己的开发体系。为了让开发人员更容易地使用云服务来支撑云环境下的开发测试，大量基于 IaaS 的 DevOps 工具也都把提升软件开发及测试效率作为一个重要的设计目标。

13.2　华为软件开发云服务

本节介绍一个具体的软件开发云的实践案例：华为软件开发云服务（DevCloud）。华为软件开发云服务是指在云端进行项目管理、配置管理、代码检查、编译构建、测试、部署、发布等的云计算平台，主要解决软件开发的环境设置并减少软件开发人力投入方面的成本，帮助初创企业、软件开发企业提升开发能力，规范开发流程，提高开发效率，这是云计算的成果，也是未来发展的趋势。

13.2.1　软件交付的趋势和挑战

在企业数字化转型中软件正扮演着越来越重要的角色，并孕育着巨大的市场机遇。2017 年，中国软件及信息服务产业规模达到 5.5 万亿元人民币，据工信部预测，2020 年中国软件及信息服务产业规模将达到 8 万亿元人民币。软件能力正成为一个国家、城市、企业最核心的竞争力之一，难以想象，一个不懂如何做好软件的企业如何在未来的竞争中获胜。

随着移动、社交、云计算、大数据、IoT、人工智能等众多新技术的快速发展，颠覆式创新和跨界竞争加剧，企业急需快速且持续的创新能力，传统研发能力越来越难以满足新型研发的要求，软件生产力正在六个方面发生巨大变革，如图 13.3 所示。

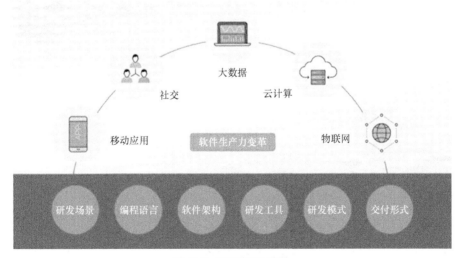

图 13.3　软件生产力变革

（1）研发场景。据业界预测，到 2025 年，80%的企业应用将运行在云中，100%的应用将在云中开发，软件的开发、测试、部署、运维都在云中进行。研发工具本身将服务化、云化，并将和华为云平台进行集成，简化软件部署、发布和运维的过程。

（2）编程语言。Go、Scala、R、Node.js、Python 等新型编程语言不断涌现，需要新型研发工具提供更加友好的支撑（如编码调试、代码静态分析、多语言并行构建、部署）。

（3）软件架构。云原生应用代表着分布式软件架构的演进方向——基于容器的微服务化架构，这对软件研发提出了新的要求。

（4）研发工具。研发工具朝着轻量化、服务化、云化、容器化、社交化、智能化等方向发展。

（5）研发模式。DevOps 成为继敏捷、精益之后被企业广泛接受的新型研发模式，软件服务化、云化对 DevOps 提出了更加强烈的诉求。

（6）交付形式。软件交付正在从包交付向工程化交付转变，随着容器技术的广泛应用，软件交付将逐步标准化，未来交付给客户的可能是很多的容器（Container）或者 Docker File，客户只要在自己的云平台上加载即可运行，不需要安装、部署和配置。

DevCloud 正是在这样的背景下应运而生，并迎合这些发展趋势而设计的。DevCloud 加速软件生产力变革，释放软件生产力，致力于为企业提供智能高效的研发平台，打造开放的云端研发生态，让企业轻资产运行，专注核心业务创新，为企业提供源源不断的研发动力。

13.2.2　初识 DevCloud

华为软件开发云服务（DevCloud）是一站式云端 DevOps 平台，覆盖软件开发全生命周期，支持微服务开发、移动应用开发、IoT 开发等主流研发场景。

华为在 30 多年的发展历程中，连续 15 年蝉联我国软件企业百强之首，一直致力于打造提质增效的研发能力平台，从 IPD-CMM 经历敏捷、持续交付等阶段，逐渐进入全云化研发阶段。华为打造了端到端的研发云平台，支持近 8 万人实现全球化高效协同开发。这些前沿研发能力和实践将逐步通过华为云 DevCloud 释放出来，服务全球软件开发者。

华为云 DevCloud 也是华为云上的一级服务板块，是华为云的云端 DevOps 解决方案，即开即用，随时随地在云上实现敏捷项目管理（Scrum 流程）、分布式代码托管平台（Git）、持续交付流水线（Pipeline）、代码检查、编译打包、测试、部署（虚拟机/容器）、发布等，让开发者快速而又轻松地开启云上开发之旅。

13.2.3　DevCloud 核心理念

1. 云上开发

开发、测试、部署、运维、监控、分析、反馈等一切研发活动都在云上进行，利用云的弹性伸缩能力进行并发加速，大幅提高研发活动的效率。

2. 持续交付/DevOps

全面承载持续交付和 DevOps 的先进研发模式，实现开发、测试、运维的跨地域协同和同步迭代，支撑运营数据驱动开发，快速交付，快速反馈；实现开发测试环境、类生产环境、生产环境的一致性，简化并实现软件部署的标准化。

3. 全生命周期

提供端到端的研发工具服务，实现全生命周期覆盖，并融入企业级敏捷和精益等先进研发理念。各个服务之间数据层打通，实现双向追溯，极大提高研发效率，简化使用复杂度。

4. 体验与乐趣

"90后"开发者逐步成为软件开发的主力，为了迎合开发者年轻化的趋势，华为云 DevCloud 在设计之初就非常重视产品体验，除了提质增效，还让软件开发者在软件开发之中体验到乐趣。城市剪影式进度展示、涂鸦式 DIY 卡片、触屏操作和拖曳支持等，都彰显了 DevCloud 设计的独特之处。

13.3 DevCloud 技术方案

13.3.1 DevCloud 总体架构

DevCloud 的架构设计遵从全面解耦原则，按软件开发业务边界拆分成八大核心工具服务，按横向领域拆分成微服务，并将服务之间的耦合降到最低；以八大软件开发工具服务为核心，全面服务化和组件化，引入新服务治理框架，所有服务接口可见、可控；服务逐步微服务化，可独立开发、构建、测试、发布、部署，解决方案可以灵活组合，满足多种应用场景。

DevCloud 的逻辑架构如图 13.4 所示。

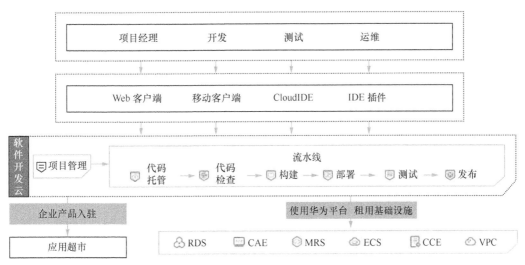

图 13.4 DevCloud 的逻辑架构

DevCloud 提供多种接入方式，如 App 移动端、Web 端、OpenAPI，可以随时随地进行软件交付；DevCloud 提供八大核心服务：项目管理、代码托管、代码检查、编译构建、流水线、测试、部署、发布，并支持把业务软件部署到开发环境、集成环境、生产环境等不同的研发与运营环境。

351

13.3.2 DevCloud 主要服务

1. 项目管理

项目管理（ProjectMan）为敏捷开发团队提供简单高效的项目管理能力，包含多项目管理、敏捷迭代、需求管理、缺陷跟踪、文档管理、看板、百科 Wiki、报表统计分析等功能。

2. 代码托管

代码托管（CodeHub）是面向软件开发者提供的基于 Git 的在线代码托管服务，包括代码克隆/下载/提交/推送/比较/合并/分支等。用户基于 Eclipse 开发，可以一键下载代码到本地，开发完毕一键推送到云端，实现线上线下协同开发。

代码托管服务采取更细粒度的权限管控和企业级安全防护策略，以确保用户代码的安全可靠，例如分支保护策略，防止分支被其他人提交或误删；IP 白名单控制访问区域；研发数据加密传输和存储；数据云端存储与异地备份等。

3. 代码检查

代码检查（CodeCheck）面向软件开发者提供代码质量分析服务，支持 Java、JavaScript、Web、CSS、C++、Android（Gradle）、PHP 和 C#等业界主流开发语言。

代码检查帮助用户精准定位代码缺陷，提供示例和修复建议，支持一键跳转到代码库在线修复；提供华为典型检查规则集，支持用户自定义检查规则集，灵活适配项目需求；一键执行代码检查，批量处理缺陷。

4. 编译构建

编译构建（CloudBuild）与代码托管无缝对接，为用户提供配置简单的混合语言构建平台，实现编译构建云端化，支撑企业实现持续交付，缩短交付周期，提升交付效率。

编译构建任务一键创建、配置和执行，实现获取代码、构建、打包等活动自动化，实时监控构建状态，更加快速、高效地进行云端编译构建。

5. 测试管理

测试管理（TestMan）是面向软件开发者提供的一体化测试管理云服务，覆盖测试需求、用例管理、缺陷管理，多维度评估产品质量，帮助用户高效管理测试活动，保障产品高质量交付。

6. 部署

部署服务（CloudDeploy）提供可视化、一键式部署服务，支持并行部署和流水线无缝集成，实现部署环境标准化和部署过程自动化。

7. 发布

发布管理（ReleaseMan）是面向软件开发者提供软件发布管理的云服务，提供软件仓库，软件发布，发布包下载、上传，发布包元数据管理等功能，通过安全可靠的软件仓库，实现软件包版本管理，提升发布质量和效率，实现产品持续发布。

8. 流水线

流水线（CloudPipeline）提供可视化、可定制的自动交付流水线，帮助企业缩短交付周期，提升交付效率。

华为云 DevCloud 服务特性的交付也采用了 DevOps 方式，因此用户可以访问华为云官网以随时了解 DevCloud 最新的服务特性。

13.4　实践：DevCloud 实战

13.4.1　DevCloud 登录

用户要登录 DevCloud，首先需要注册华为云账号，然后就可以使用 DevCloud 了。

1．注册

（1）进入华为云官网首页，单击页面右上角的"注册"。

（2）设置用户名、手机号、短信验证码、密码并勾选"我已阅读并同意《华为云用户协议》和《隐私保护》"，单击"同意协议并注册"。

（3）用户注册成功，如图 13.5 所示。

2．登录

注册完成就可以登录华为云 DevCloud 了，输入用户名、密码，单击"登录"按钮，如图 13.6 所示。

图 13.5　华为云 DevCloud 注册成功

图 13.6　华为云 DevCloud 登录界面

13.4.2　项目管理

在 DevCloud "首页"中，显示当前用户所参与的项目列表，单击项目选项卡可进入项目。

1．新建项目

单击 ⊕新建项目 弹出"创建项目"窗口，填写项目信息，单击"新建"按钮，完成一个项目的创建，如图 13.7 所示。系统默认给新建的项目创建 3 个迭代，每个迭代 4 周，可根据项目实际情况新建迭代或修改现有迭代。

华为云 DevCloud 对 DevOps 敏捷项目管理的支撑包括两种模型：标准 Scrum 流程和精简流程。精简流程适合小微型的团队和个人开发者，Scrum 流程适合小、中、大型团队。

2．新建工作项

在 DevCloud 中，以工作项为粒度细化整个项目，进行项目规划和需求分析，最终将工作项分配给具体人员，指定所属迭代、设置重要程度等基本信息。

图 13.7　创建项目界面

在"工作"→"backlog"中单击 ➕新建，弹出"新建工作项"窗口，填写工作项信息，单击"保存"按钮，完成工作项创建，如图 13.8 所示。

图 13.8　新建工作项界面

创建后的工作项可以根据实际情况修改状态、迭代、处理人等信息，在工作项的历史记录中可查看修改的信息；还可以在工作项的讨论区进行讨论，实现异地协同工作，如图 13.9 所示。

图 13.9　工作项讨论区和历史记录

3. 项目仪表盘

华为云 DevCloud 的仪表盘界面可以通过燃尽图表、统计报表等常用图表，查看需求交付进展，如图 13.10 所示。

迭代遗留缺陷报告呈现每个模块/服务的质量情况。可结合质量监控，对单个服务质量遗留严重及以上级别问题，或者总遗留 DI 值（遗留缺陷密度）> x 分，判定服务质量不达标，不允许发布。

图 13.10　项目仪表盘

13.4.3　代码托管

在进行开发工作的过程中，在华为软件开发服务的代码仓库中，新建一个云端代码仓库，然后通过本地 Git 端将代码与云端托管仓库同步，通过本地 IDE 进行开发。

前期的准备工作如图 13.11 所示。

图 13.11　项目仪表盘

1. 环境

（1）Git Bash 下载安装

Git Bash 客户端软件是本地 PC 使用 Git 必须安装的软件，如果本地没有安装，请到 Git 官网下载。安装成功以后，在开始菜单中会增加 Git Bash 选项。

（2）配置个人信息

安装完成，运行 Git Bash，在弹出终端页面按照以下操作进行个人配置。

```
$ git config --global user.name "您的名字"
$ git config --global user.email "您的邮箱"
```

（3）生成一对 SSH 密钥

运行 Git Bash，在弹出的终端中输入以下命令，回车后会提示输入一个密码，建议不输入，回车即可。

```
$ ssh-keygen -t rsa -C "您的email"
```

此时，会在~/.ssh 文件夹下生成一对密钥：公钥 id_rsa.pub 和私钥 id_rsa，私钥无须处理，保存在本机即可，公钥的内容需要复制到 DevCloud 中。

2. 云端

在华为云 DevCloud 的代码服务中需要创建一个代码仓库，用于存储云端代码，并将本地生成的 SSH 公钥添加到系统中，建立本地与云端的连接。

（1）新建空仓库

新仓库详细配置信息包括以下几点。

- 仓库名称。
- 描述信息（非必填）。
- "允许项目内开发人员访问仓库"（默认勾选）复选框。
- "允许生成 README 文件"复选框。
- "是否公开"选项。

新仓库的详细配置如图 13.12 所示，注意，不勾选"允许生成 README 文件"，这是为了新建一个空仓库。

图 13.12　新建仓库详细配置

（2）添加 SSH 密钥

粘贴复制的公钥字符串，添加"标题"，单击"新建"按钮完成 SSH 密钥添加，如图 13.13 所示。

3. 推送本地代码

（1）在代码根目录下运行 Git Bash 终端

将本地代码（本文以 Java 的 Web 项目代码为例）放在 D:\code\DevCloud，在 D:\code\DevCloud 文件夹空白处单击鼠标右键，选择"Git Bash Here"。

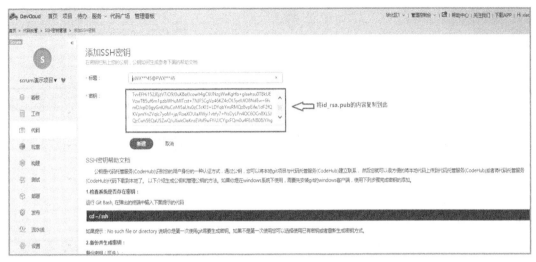

图 13.13　添加 SSH 密钥

（2）推送本地代码到云端

在当前 Git Bash 终端依次输入以下命令：

```
$ git init
$ git remote add origin "仓库地址"
$ git add
$ git commit -m "init project"
$ git branch -set-upstream-to=origin/master master
$ git pull --rebase
$ git push
```

华为云 DevCloud 提供的代码检查服务可在线进行代码静态检查、代码架构检查、代码安全检查、编码问题检查、质量评分、代码缺陷改进趋势分析，辅助用户管控代码质量。

（3）新建代码检查任务

新建代码检查任务，如图 13.14 所示，新任务详细配置信息包括以下几点。

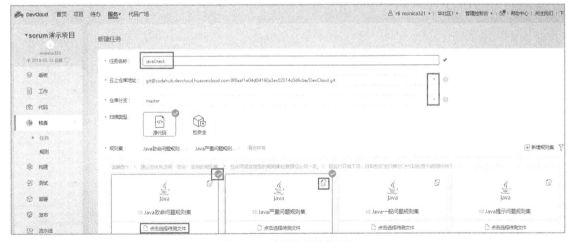

图 13.14　创建代码检查任务

- 输入检查名称。
- 在下拉列表框中选择仓库，在下拉列表框中选择分支，默认选择了 master 分支。

357

- 单击规则集，"对号"显示被选中的规则集。
- 单击规则集底部，选择待检查的目标文件夹，如果不选择，就是检查所有代码。

（4）查看检查结果

检查任务执行结束，生成详细的代码质量报告，用于评估代码质量，如图 13.15 所示。

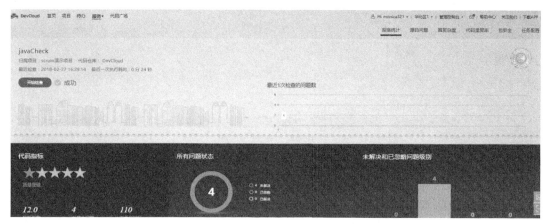

图 13.15　代码质量报告

13.4.4　构建

Java Web 项目需要进行编译构建，将源码编译成目标软件包，通过执行云端编译构建过程将程序打包，进行软件组件的归档发布管理，同时方便下阶段的部署环节直接调取云端构建包执行自动化部署。

1. 新建构建任务

新构建一个任务，如图 13.16 所示，新建构建任务配置如下。

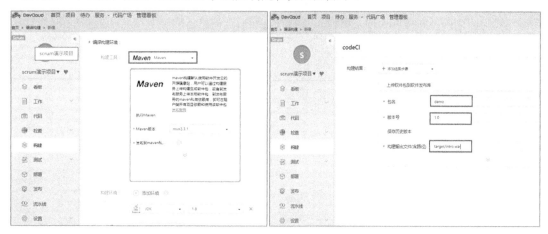

图 13.16　创建编译构建任务

- 任务名称 codeCI。
- 代码仓库选择 DevCloud，选中"自动构建"时，表示代码仓库提交后自动触发构建。
- 构建类型选择 Maven，其他保持默认。
- 增加构建结果，上传软件包到发布仓库。

- 按照图 13.16 所示输入 "包名" "版本号"。
- 归档修改成 target/intro.war（注意：intro.war 不要写错）。

2. 执行构建任务

进入构建任务，单击 "开始构建" 按钮，开始执行构建。构建过程中，工作空间会显示构建日志，检查构建过程和归档发布过程是否出现问题。成功后可以单击 "下载构建包" 下载本次构建生成的软件包，并查看构建历史，如图 13.17 所示。

图 13.17　执行编译构建任务

13.4.5　测试

测试管理（TestMan）是面向软件开发者提供的一体化测试解决方案，覆盖测试需求、用例管理、测试任务管理、缺陷管理等，可以多维度评估产品质量，帮助高效管理测试活动，保障产品高质量交付。

1. 测试计划

在项目规划阶段将整个项目细化成一个个具体的需求，这也是测试计划设计形成的过程，测试计划环节针对每个需求设计相应的测试用例。

2. 用例管理

用例管理页面可以对已经创建的测试用例进行管理，可以将用例关联到具体的需求或者针对需求设计测试用例，提交 bug 时能够直接将 bug 指定给需求负责人，实现需求—用例—缺陷的双向追溯，如图 13.18 所示。

图 13.18　用例管理

3. 测试总览

测试总览中展示整个项目的测试概览，包括需求覆盖率、缺陷、用例通过率、用例完成率、缺陷分布、用例进展、需求测试进度、成员用例进展和缺陷等，如图 13.19 所示。

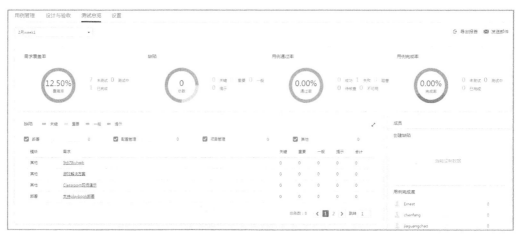

图 13.19　测试总览

13.4.6　发布

软件开发服务提供 3 种类型的发布仓库。

（1）Maven 私有依赖库，用于 Maven 类型构建过程中第三方依赖包的管理。

（2）开源镜像站，镜像了一些构建过程中的中央仓到后台，提升构建速度，体现云端构建的优势。

（3）软件发布库，作为生成的软件包的版本归档管理仓库，"构建"环节生成的软件包会上传到该仓库，"部署"环节用于部署的软件包也取自该仓库，如图 13.20 所示。

图 13.20　发布仓库

13.4.7　部署

当代码构建打包成功并归档到发布仓库后，可以进行部署工作，如果没有可以使用的云主机，略过"部署"服务。这里需要注意以下几点。

- 部署可以频繁、安全、可持续地进行。
- 部署的版本来自发布库。

- 使用相同的脚本、相同的部署方式对所有环境进行部署，确保一致性。
- 为了确保安全性和可用性，部署可以采用蓝绿部署、灰度部署等。

1. 新建部署任务

经过"基本信息"→"部署设置"→"配置主机"→"软件包选择"等操作完成部署任务的创建，如图 13.21 所示。

图 13.21　创建部署任务

2. 执行部署任务

执行编译构建任务，系统动态展示部署进程，当部署进程全部亮起绿灯，通过应用验证路径查看部署效果，如图 13.22 所示。

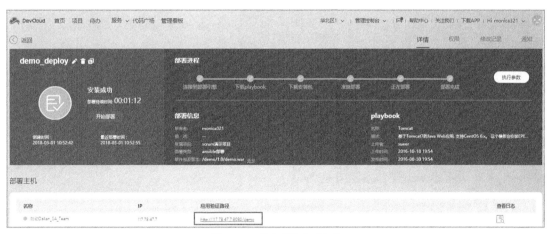

图 13.22　执行编译构建任务

3. 查看部署效果

本例是一个 Java Web 项目，部署之后是一个 Web 网站，通过单击应用验证路径可验证网站是否部署成功，如图 13.23 所示。

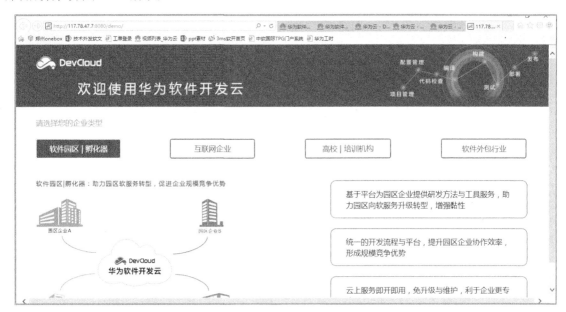

图 13.23　部署效果

13.4.8　流水线

流水线支持调度 DevOps 各环节服务以及子流水线，实现个人、模块、项目等多级流水线。

与传统敏捷模式强调 CI 持续构建不同的是，流水线融合了 DevOps 理念的新型敏捷模式，通过云端自动化地持续交付流水线，实现持续构建、持续部署（蓝绿部署、脚本自动下发、比对）、持续发布（灰度发布），将 Ops 端手工操作的时间缩短 80%，减少团队等待和修复手工错误带来的等待和浪费，全功能团队聚焦于业务分析、开发交付及运营上，显著提升效率和产品质量。

1. 新建流水线任务

可以灵活将代码检查任务、构建任务、部署任务、发布等 DevOps 端到端服务添加到流水线任务中，实现持续交付，如图 13.24 所示。

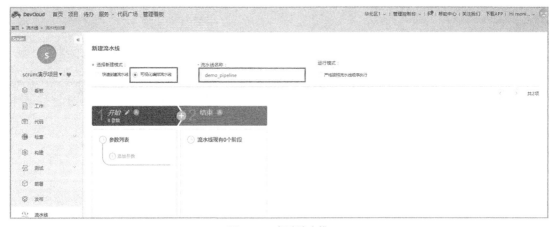

图 13.24　新建流水线

2. 执行流水线

执行流水线，动态展示流水线执行进度，当任务执行完成后，左上角显示执行结果"成功"，如图 13.25 所示。

图 13.25　执行流水线

3. 流水线定时执行

流水线任务支持定时执行设置，设置完成后流水线会按照设定的时间执行，如图 13.26 所示。

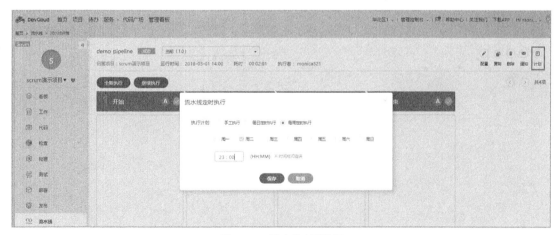

图 13.26　流水线定时执行

到此，已经完成了开发项目在华为软件开发云服务 Dev Cloud 上的端到端打通。

13.5　本章小结

本章以华为软件开发云服务（DevCloud）为例，介绍了软件开发云的相关概念、技术和实例。通过软件开发云，可以方便地让用户开展包括项目管理、代码托管、代码检查、编译构建、测试、部署、发布、流水线、Cloud IDE 等服务。

13.6 复习材料

课内复习

1. 什么是软件开发云?
2. 传统软件开发在云计算时代面临哪些挑战?
3. 华为 DevCloud 有哪些核心理念?
4. 华为 DevCloud 能提供哪些具体服务?

课外思考

1. 云计算给软件开发和软件工程带来了哪些新的可能?
2. 在云端开展软件研发的全流程是未来的趋势吗? 为什么?

动手实践

DevCloud 是华为公司推出的云上一站式软件实训平台,提供云上软件开发平台,提供项目管理、代码托管、CloudIDE、代码检查、编译构建等功能,为用户实训过程提供全云上开发环境支撑,无需额外准备软硬件实训环境。

- 任务: 在 DevCloud 上开通账户,熟悉该产品提供的各种功能,并利用 DevCloud 开展相关的项目实践。

论文研习

1. 阅读"论文阅读"部分的论文[60],深入理解云上软件测试的关键技术与未来方向。
2. 阅读"论文阅读"部分的论文[61],深入理解软件集成开发环境 IDE 在云计算时代面临的问题和挑战。

14

第 14 章　大数据与人工智能

　　人工智能算法、万物互联、超强计算推动云计算发生质变，进入以 ABC（AI、Big Data、Cloud Computing）融合为标志的 Cloud 2.0 时代。本章介绍目前另外两个热门领域：大数据与人工智能，以及云计算和它们之间的关系。本章主要内容如下：14.1 节和 14.2 节分别介绍大数据和人工智能，14.3 节介绍云计算、大数据和人工智能之间的关系。

14.1 初识大数据

14.1.1 大数据的发展背景

半个世纪以来，随着计算机技术全面融入社会生活，信息爆炸已经积累到了一个开始引发变革的程度。它不仅使世界充斥着比以往更多的信息，而且其增长速度也在加快。互联网（社交、搜索、电商）、移动互联网（微博）、物联网（传感器、智慧地球）、车联网、GPS、医学影像、安全监控、金融（银行、股市、保险）、电信（通话、短信）都在不断地产生着新数据。

根据计算，2006 年，个人用户才刚刚迈进 TB 时代，全球一共新产生了约 180EB 的数据；到 2011 年，这个数字就达到了 1.8ZB；而预计到 2020 年，整个世界的数据总量将会增长到 35.2ZB（1ZB=10 亿 TB）。最近两年产生的信息量是之前 30 年的总和，最近 10 年则远超人类之前所有累计信息量之和！

Data Never Sleeps 项目已经发布了第 5 个版本，它揭示了这个世界上的诸多信息服务每分钟能够产生多大的数据量，如图 14.1 所示。

从 2008 年开始，*Nature* 和 *Science* 等国际顶级学术刊物相继出版专刊来探讨对大数据的研究。2008 年 *Nature* 出版专刊 "Big Data"，从互联网技术、网络经济学、超级计算、环境科学、生物医药等多个方面介绍了海量数据带来的挑战。2011 年它还推出关于数据处理的专刊 "Dealing with data"，讨论了数据洪流（Data Deluge）所带来的挑战，其中特别指出，倘若能够更有效地组织和利用这些数据，人们将能更好地发挥科学技术对社会发展的巨大推动作用。2012 年 4 月，欧洲信息学与数学研究协会会刊 ERCIM News 出版了专刊 "Big

图 14.1 Data Never Sleeps 项目

Data"，讨论了大数据时代的数据管理、数据密集型研究的创新技术等问题，并介绍了欧洲科研机构开展的研究活动和取得的创新性进展。2012 年 3 月，美国公布了 "大数据研发计划"。该计划旨在提高和改进研究人员从海量和复杂的数据中获取知识的能力，进而加速美国在科学与工程领域前进的步伐。该计划还强调，大数据技术事关美国国家安全、科学和研究的步伐，将引发新一轮教育和学习的变革。

在这样的大背景下，我国于 2012 年 5 月在香山科学会议上组织了以 "大数据科学与工程——一门新兴的交叉学科？" 为主题的学术讨论会，来自国内外横跨 IT、经济、管理、社会、生物等多个不同学科领域的专家代表参会，并就大数据的理论与工程技术研究、应用方向以及大数据研究的组织方式与资源支持形式等重要问题进行了深入讨论。同年，国家重点基础研究发展计划（973 计划）专家顾问组在前期项目部署的基础上，将大数据基础研究列为信息科学领域 4 个战略研究主题之一。

2014 年，科技部基础研究司在北京组织召开 "大数据科学问题" 研讨会，围绕 973 计划对大数据研究布局、中国大数据发展战略、国外大数据研究框架与重点、大数据研究关键科学问题、重要研究内容和组织实施路线图等重大议题展开研讨。

2015 年 8 月，国务院发布《促进大数据发展行动纲要》（以下简称《纲要》），这是指导中国大数据发展的国家顶层设计和总体部署。《纲要》明确指出了大数据的重要意义，大数据要成为推动经济转型发展的新动力、重塑国家竞争优势的新机遇，以及提升政府治理能力的新途径。《纲要》的出台，进一步凸显大数据在提升政府治理能力、推动经济转型升级中的关键作用。"数据兴国" 和 "数据治国" 已上升为国家战略，将成为我国今后相当长时期的国策。未来，大数据将在稳增长、促改革、调结构、惠民生中发挥越来越重要的作用。

2016 年，我国正式发布《关于组织实施促进大数据发展重大工程的通知》（以下简称《通知》）。《通知》称，将重点支持大数据示范应用、共享开放、基础设施统筹发展，以及数据要素流通。《通知》提到的关键词还包括：大数据开放计划、大数据全民创新竞赛、公共数据共享开放平台体系、绿色数据中心和大数据交易等。

数据量的爆炸式增长不仅改变了人们的生活方式、企业的运营模式以及国家的整体战略，也改变了科学研究的基本范式。

图灵奖得主、关系型数据库的鼻祖吉姆·格雷（Jim Gray）在 2007 年加州山景城召开的 NRC-CSTB 大会上，发表了留给世人的最后一次演讲 "The Fourth Paradigm: Data-Intensive Scientific Discovery"，提出科学研究的第四类范式。其中的 "数据密集型" 就是现在我们所称的 "大数据"。吉姆总结出科学研究的范式共有四个：

- 几千年前，是经验科学，主要用来描述自然现象；
- 几百年前，是理论科学，使用模型或归纳法进行科学研究；
- 几十年前，是计算科学，主要模拟复杂的现象；
- 今天，是数据科学，统一于理论、实验和模拟。它的主要特征是：数据依靠信息设备收集或模拟产生，依靠软件处理，通过计算机进行存储，使用专用的数据管理和统计软件进行分析。

随着数据的爆炸性增长，计算机将不仅能做模拟仿真，还能进行分析总结，得出理论。数据密集范式理应从第三范式中分离出来，成为一个独特的科学研究范式。也就是说，过去由牛顿、爱因斯坦等科学家从事的工作，未来完全可以交由计算机来做。这种科学研究的方式，被称为第四范式：数据密集型科学。数据密集型科学由传统的假设驱动向基于科学数据进行探索的科学方法转变。传统的科学研究是先提出可能的理论，然后搜集数据，最后通过计算来验证。而基于大数据的第四范式，则是先有了大量的已知数据，然后通过计算得出之前未知的理论。

大数据时代最重大的转变，就是放弃对因果关系的渴求，取而代之的是关注相关关系。也就是说，只要知道 "是什么"，而不需要知道 "为什么"。这就颠覆了千百年来人类的思维惯例，也对人类的认知和与世界交流的方式提出了全新的挑战。因为人类总是会思考事物之间的因果联系，而对基于数据的相关性并不是那么敏感；相反，计算机则几乎无法自己理解因果，而对相关性分析极为擅长。这样我们就能理解了，第三范式是 "人脑 + 计算机（电脑）"，人脑是主角；而第四范式是 "计算机（电脑）+ 人脑"，计算机（电脑）是主角。进而引发了新一代人工智能技术的研究热潮。

367

14.1.2 大数据的定义

与很多新鲜事物一样，目前，业界对大数据还没有一个公认的完整定义。典型的代表性定义如下。

麦肯锡研究院将大数据定义为：所涉及的数据集规模已经超过了传统数据库软件获取、存储、管理和分析的能力。

维基百科给出的大数据定义为：数据量规模巨大到无法通过人工在合理时间内达到截取、管理、处理并整理成为人类所能解读的信息。

IBM 则用 4 个特征相结合来定义大数据：数量（Volume）、种类多样（Variety）、速度（Velocity）和真实（Veracity）。

国际数据公司（International Data Corporation，IDC）也提出了 4 个特征来定义大数据，但与 IBM 的定义不同的是，它将第 4 个特征由真实（Veracity）替换为价值（Value）。

上述定义都有一定的道理，特别是 4V 定义，非常方便记忆，目前已经被越来越多的人们接受。图 14.2 所示就是一种大数据的 4V 定义。但很多时候它也会带来一些误解。例如，大数据最明显的特征是体量大，但仅仅是大量的数据并不一定是大数据。

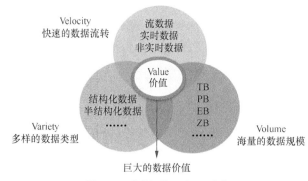

图 14.2 大数据的一种 4V 定义

大数据中的"大"究竟指什么？

其实，可以通过分析它的英文名称来帮助理解。英语课里常见的表示大的单词有两个：large 和 big，它们都是大的意思。那为什么大数据使用"big data"而不是"large data"呢？而且，在大数据的概念被提出之前，有很多关于大量数据方面的研究，如果你去看，会发现这些研究领域里面的很多文献中，往往采用 large 或者 vast（海量）这样的英文单词，而不是 big。例如，数据库领域著名的国际会议 VLDB（Very Large Data Bases），用的就是 large。

那么，big、large 和 vast 这三者之间到底有些什么差别呢？large 和 vast 比较容易理解，主要体现为程度上的差别，后者可以看成是 very large 的意思。而 big 和它们的区别在于，big 更强调的是相对大小的大，是抽象意义上的大；而 large 和 vast 常常用于形容体量的大小。比如，large table 常常表示一张尺寸非常大的桌子；而 big table 则表示这不是一张小的桌子，至于尺寸是否真的很大倒不一定，这种说法就是要强调相对很大了，是一种抽象的说法。

因此，如果仔细推敲 big data 的说法，就会发现这种提法还是非常准确的，它传递出来的最重要信息就是大数据是一种抽象的大。这是一种思维方式上的转变。现在的数据量比过去"大"了很多，量变带来质变，思维方式、方法论都应该与以往不同。

所以，前面关于大数据的一个常见定义就显得很有道理了："Big Data is data that is too large, complex and dynamic for any conventional data tools to capture, store, manage and analyze."从这个定义可以看出，这里的"大"就是一个相对概念，相对于传统数据工具无法捕获、存储、管理和分析的数据。再例如，在有大数据之前，计算机并不能很好地解决人工智能中的诸多问题，但如果我们换个思路，利用大数据，某些领域的难题（例如围棋）就可以得到突破性的解决了，其核心问题最终都变成了数据问题。

大数据到底有哪些关键与本质的特征，可总结如下四点：

- 多维度：特征维度多；
- 完备性：全面性，全局数据；
- 关联性：数据间的关联性；
- 不确定性：数据的真实性难以确定，噪声干扰严重。

（1）多维度

数据的多维度往往代表了一个事物的多种属性，很多时候也代表了人们看待一个事物的不同角度，这是大数据的本质特征之一。

例如，百度曾经发布过一个有趣的统计结果：中国十大"吃货"省市排行榜。百度在没有做任何问卷调查和深入研究的情况下，只是从"百度知道"的 7700 万条与吃有关的问题中，挖掘出一些结论，反而比很多的学术研究更能反映问题。百度了解的数据维度很多，不仅涉及食物的做法、吃法、成分、营养价值、价格、问题来源地、时间等显性维度，而且还藏着很多别人不太注意的隐含信息，例如，提问或回答者的终端设备、浏览器类型等。虽然这些信息看上去"杂乱无章"，但实际上正是这些杂乱无章的数据将原本看似无关的维度联系起来了。经过对这些信息的挖掘、加工和整理，就能得到很有意义的统计规律。而且，从这些信息中能够挖掘出的信息，远比想象中的要多。

（2）完备性

大数据的完备性，或者说全面性，代表了大数据的另外一个本质特征，而且在很多问题场景下是非常有效的。例如，Google 的机器翻译系统就是利用了大数据的完备性。它通过数据学到了不同语言之间长句子成分的对应，然后直接把一种语言翻译成另一种语言。前提条件就是使用的数据必须比较全面地覆盖中文、英文，以及其他各种语言的所有句子，然后通过机器学习，获得两种语言之间各种说法的翻译方法，也就是说具备两种语言之间翻译的完备性。目前，Google 是互联网数据的最大拥有者，随着人类活动与互联网的密不可分，Google 所能积累的大数据将会越来越完备，它的机器翻译系统也会越来越准确。

通常，数据的完备性往往难以获得，但是在大数据时代，至少在获得局部数据的完备性上，还是越来越有可能的。利用局部完备性，也可以有效地解决不少问题。

（3）关联性

大数据研究不同于传统的逻辑推理研究，它是对数量巨大的数据做统计性的搜索、比较、聚类、分类等分析归纳，因此继承了统计科学的一些特点。统计学关注数据的关联性或相关性，"关联性"是指两个或两个以上变量的取值之间存在某种规律性。"相关分析"的目的则是找出数据集里隐藏的相互关系网，一般用支持度、可信度、兴趣度等参数反映相关性。两个数据 A 和 B 有相关性，只能反映 A 和 B 在取值时相互有影响，并不是一定存在有 A 就一定有 B，或者反过来有 B 就一定有 A 的情况。严格地讲，统计学无法检验逻辑上的因果关系。例如，根据统计结果：可以说"吸烟的人群肺癌发病率会比不吸烟的人群高几倍"，但统计结果无法得出"吸烟致癌"的逻辑结论。统计学的相关性有时可能会产生把结果当成原因的错觉。例如，统计结果表明，下雨之前常见到燕子低飞，从时间先后看两者的关系可能得出燕子低飞是下雨的原因，而事实上，将要下雨才是燕子低飞的原因。

在大数据时代，数据之间的相关性在某种程度上取代了原来的因果关系，让我们可以从大量的数据中直接找到答案，即使不知道原因，这就是大数据的本质特征之一。

（4）不确定性

大数据的不确定性最根本的原因是我们所处的这个世界是不确定的，当然也有技术的不成熟、人为的失误等因素。总之，大数据往往不准确并充满噪声。即便如此，由于大数据具有体量大、维度多、关联性强等特征，使得大数据相对于传统数据有着很大的优势，使得我们能够用不确定的眼光看待世界，再用信息来消除这种不确定性。当然，提高大数据的质量，消除大数据的噪声是开发和利用大数据的一个永恒话题。

大数据的其他一些特征，主要包括以下几点：

- 体量大：4V 中的 Volume；
- 类型多：结构化、半结构化和非结构化；
- 来源广：数据来源广泛；
- 及时性：4V 中的 Velocity；
- 积累久：长期积累与存储；
- 在线性：随时能调用和计算；
- 价值密度低：大量数据中真正有价值的少；
- 最终价值大：最终带来的价值大。

14.1.3 大数据的技术

大数据的技术发展非常快，目前已经形成了一个围绕 Hadoop 和 Spark 的巨大生态群。

从 2006 年开始，Hadoop 已经有十多年的发展历史。"Hadoop 之父"道格·卡廷（Doug Cutting）主导的 Apache Nutch 项目是 Hadoop 软件的源头。该项目始于 2002 年，直到 2006 年，Hadoop 才逐渐形成一套完整而独立的软件。图 14.3 展示了 Hadoop 的发展历程。

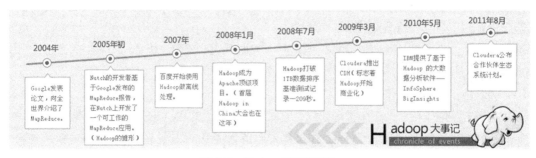

图 14.3　Hadoop 的发展历程

随着 Hadoop 以及 Spark 技术的快速成熟，大数据的基本技术路线已经开始清晰起来：围绕 Hadoop/Spark 构建整个面向大数据全生命周期的技术生态也逐渐完善。

总而言之，大数据技术有如下几点趋势：

- Hadoop、Spark 这类分布式处理系统已经成为大数据处理各环节的通用处理方法，并进一步构成生态圈；
- 结构化大数据与非结构化大数据处理平台将逐渐融合与统一，用户不必为每类数据单独构建大数据平台；
- MapReduce 将逐渐被 Spark 这类高性能内存计算模式取代，同时 Hadoop 的 HDFS 将继续向前发展，并将成为大数据存储的标准；
- 传统的 SQL 技术将在大数据时代继续发扬光大，在 SQL on Hadoop/Spark 的技术支持下，SQL 将成为大数据时代的"霸主"，同时，NoSQL 会起到辅助和补充作用；
- 以 SQL、Hadoop/Spark 为核心的大数据系统成为新一代数据仓库的关键技术，将挑战传统数据库市场，并将逐步代替传统的数据仓库。

目前，大数据技术架构已经基本成型，未来大数据计算和大数据分析技术将会是大数据技术发展的重中之重。计算模式的出现有力地推动了大数据技术和应用的发展，使其成为目前大数据处理最为成功、最广为接受的主流技术。然而，现实世界中的大数据处理问题复杂多样，难以有一种单一的计算模式能涵盖所有不同的大数据计算需求。在研究和实际应用中发现，由于 MapReduce 主要适合于进行大数据线下批处理，在面向低延迟和具有复杂数据关系和复杂计算的大数据问题时有很大的不适应性。因此，近年来学术界和业界在不断研究并推出多种不同的大数据计算模式。

大数据技术发展至今已经出现了多项新技术，图 14.4 基本涵盖了主要的新技术，这些技术可分为五层。

图 14.4　大数据软件栈（来源：星环科技）

- 分布式存储引擎层：主要包括分布式文件系统、分布式大表、搜索引擎、分布式缓存、消息队列和分布式协作服务。
- 资源管理框架层：YARN、Mesos 和 Kubernetes 三者之间存在类似于演变的关系，YARN 和 Mesos 都借鉴了 Google 的 Borg 和 Omega，未来基于容器技术的资源管理框架 Kubernetes 将有可能取代前两者。

- 通用计算引擎层：MapReduce 和 Tez 技术将逐渐退出舞台，Spark 将成为主流的通用计算引擎，目前一些主流企业的引擎已经全面采用 Spark 技术。
- 应用级引擎层：SQL 批处理、交互式分析、实时数据库、数据挖掘和机器学习、深度学习、图分析引擎、流处理引擎。其中，SQL 批处理是当前成熟度最高的引擎，具备逐渐取代传统关系型数据库的潜力。各公司都有优秀的产品，如 Cloudera Impala、Transwarp Inceptor。
- 分析管理工具层：主要包括 ETL 数据装载工具、Workflow 工作流开发工具、数据质量管理工具、可视化报表工具、机器学习建模工具、统计挖掘开发工具和资源管理工具。

这五层构成了如今的大数据技术软件栈。和前几年相比，分布式存储引擎层、资源管理框架层和通用计算引擎层逐渐趋于稳定，而应用级引擎层和分析管理工具层正处于蓬勃发展的态势，不断有大量的新引擎出现。

如今，大数据已经围绕 Hadoop 和 Spark 技术形成了一个巨大的生态圈，如图 14.5 所示，开源软件已经成为构建新一代信息化系统的基石。

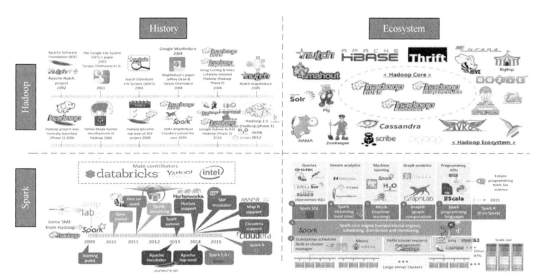

图 14.5　Hadoop 和 Spark 生态圈

14.2　初识人工智能

14.2.1　人工智能的历史及概念

人工智能始于 20 世纪 50 年代，至今大致可以分为三个发展阶段：第一阶段（20 世纪 50～80 年代）。在这一阶段人工智能刚诞生，基于抽象数学推理的可编程数字计算机已经出现，符号主义（Symbolism）快速发展，但由于很多事物不能形式化表达，导致建立的模型存在一定的局限性。此外，随着计算任务的复杂性不断增大，人工智能发展一度遇到瓶颈。第二阶段（20 世纪 80～90 年代末）。在这一阶段，专家系统得到快速发展，数学模型有重大突破，但由于专家系统在知识获取、推理能力等方面的不足，以及开发成本高等原因，导致人工智能的发展又一次进入低谷期。第三阶段（21 世纪初至今）。随着大数据的积聚、理论算法的革新、计算能力的提升，人工智能在很多应用领域都取得了突破性进展，迎来了又一个繁荣时期。人工智能具体的发展历程如图 14.6 所示。

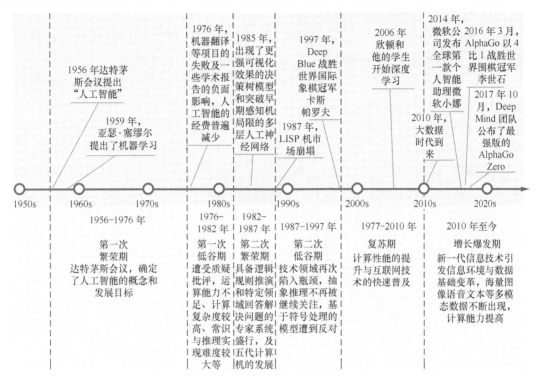

图 14.6 人工智能发展历史

长期以来，制造具有智能的机器一直是人类的梦想。早在 1950 年，图灵在《计算机器与智能》中就阐述了对人工智能的思考。他提出的图灵测试是机器智能的重要测量手段，后来还衍生出了视觉图灵测试等测量方法。1956 年，"人工智能"这个词首次出现在达特茅斯会议上，标志着其作为一个研究领域的正式诞生。60 多年来，人工智能发展潮起潮落，其基本思想可大致划分为四个流派：符号主义（Symbolism）、连接主义（Connectionism）、行为主义（Behaviourism）和统计主义（Statisticsism）。这四个流派从不同侧面抓住了人工智能的部分特征，在"制造"人工智能方面都取得了里程碑式的成就。

1959 年，亚瑟·塞缪尔（Arthur Samuel）首次提出了机器学习。机器学习将传统的制造智能演化为通过学习能力来获取智能，推动人工智能进入了第一次繁荣期。20 世纪 70 年代末期专家系统的出现，实现了人工智能从理论研究走向实际应用，从一般思维规律探索走向专门知识应用的重大突破，将人工智能的研究推向了新高潮。然而，机器学习的模型仍然是"人工"的，存在很大的局限性。随着专家系统应用的不断深入，专家系统自身存在的知识获取难、知识领域窄、推理能力弱、实用性差等问题逐步暴露。从 1976 年开始，人工智能的研究进入长达 6 年的低谷期。

20 世纪 80 年代中期，随着美国、日本等国立项支持人工智能研究，以及以知识工程为主导的机器学习方法的发展，具有更强可视化效果的决策树模型和突破早期感知机局限的多层人工神经网络的出现，人工智能又一次进入繁荣期。然而，当时的计算机难以模拟复杂度高及规模大的神经网络，依然存在一定的局限性。1987 年，由于 LISP 机市场崩塌，美国取消了人工智能预算，日本第五代计算机项目失败并退出市场，专家系统进展缓慢，人工智能又进入了低谷期。

1997 年，IBM 开发的深蓝（Deep Blue）计算机战胜国际象棋世界冠军卡斯帕罗夫。这是一次具有里程碑意义的成功，它代表了基于规则的人工智能的胜利。2006 年，在欣顿（Hinton）和他的学生的推动下，深度学习开始备受关注，对后来人工智能的发展产生了重大影响。从 2010 年开始，人工智能进入爆发式的发展阶段，大数据时代的到来，运算能力及机器学习算法方面的提高是其最主要的驱动力。人工智能快速发展，产业界也开始不断涌现出新的研发成果：2011 年，BM Waston 在综艺节目《危险边缘》中战胜了最高奖金得主和连胜纪录保持者；2012 年，谷歌大脑通过模仿人类大脑在没有人类指导的情况下，利用非监督深度学习方法从大量视频中成功学习到识别出一只猫；2014 年，微软公司推出了一款实时口译系统，可以模仿说话者的声音并保留其口音；同年，微软公司还发布了全球第一款个人智能助理微软小娜；同年，亚马逊发布了至今为止最成功的智能音箱产品 Echo 和个人助手 Alexa；2016 年，谷歌 AlphaGo 机器人在围棋比赛中击败了世界冠军李世石；2017 年，苹果公司在原来个人助理 Siri 的基础上推出了智能私人助理 Siri 和智能音响 HomePod。

目前，世界各国都开始重视人工智能的发展。2016 年 5 月，美国发表了《为人工智能的未来做好准备》的人工智能发展报告；同年，英国也启动对人工智能的研究，并发布《人工智能：未来决策制定的机遇和影响》的报告；法国在 2017 年 4 月制定了《国家人工智能战略》的报告；德国在 2017 年 5 月颁布全国第一部自动驾驶的法律；在我国，据不完全统计，2017 年运营的人工智能公司接近 400 家，行业巨头百度、腾讯、阿里巴巴等都不断在人工智能领域发力。从数量、投资等角度来看，自然语言处理、机器人、计算机视觉成为人工智能最为热门的三个产业方向。

人工智能作为一门前沿交叉学科，关于如何对其定义一直存有不同的观点，目前主流的观点有以下 4 种。《人工智能——一种现代方法》中将人工智能已有的一些定义分为四类，分别是：像人一样思考的系统、像人一样行动的系统、理性地思考的系统、理性地行动的系统。维基百科上定义"人工智能就是机器展现出的智能"，即只要是某种机器，具有某种或某些"智能"的特征或表现，都应该算作"人工智能"。大英百科全书则限定人工智能是数字计算机或者数字计算机控制的机器人在执行智能生物体才有的一些任务上的能力。百度百科则从研究范畴定义人工智能是"研究、开发用于模拟、延伸和扩展人的智能的理论、方法、技术及应用系统的一门新的技术科学"，将其视为计算机科学的一个分支，并指出其研究方向包括机器人、语音识别、图像识别、自然语言处理和专家系统等。

总结以上几种观点，可以认为：人工智能是利用数字计算机或者数字计算机控制的机器模拟、延伸和扩展人的智能，感知环境、获取知识并使用知识获得最佳结果的理论、方法、技术及应用系统。

人工智能的定义对人工智能学科的基本思想和内容做出了解释，即围绕智能活动而构造的人工系统。人工智能是知识的工程，是机器模仿人类利用知识完成一定行为的过程。根据人工智能是否能真正实现推理、思考和解决问题，可以将人工智能分为弱人工智能和强人工智能。

弱人工智能是指不能真正实现推理和解决问题的智能机器，这些机器表面看是智能的，但是并不真正拥有智能，也不会有自主意识。迄今为止的人工智能系统都还是实现特定功能的专用智能，而不是像人类智能那样能够不断适应复杂的新环境并不断涌现出新的功能，因此都还是弱人工智能。目前的主流研究仍然集中于弱人工智能，并取得了显著进步，如在语音识别、图像处理和物体分割、机器翻译等方面。

强人工智能是指真正能思维的智能机器，并且认为这样的机器是有知觉的和自我意识的，这类机器可分为类人（机器的思考和推理类似人的思维）与非类人（机器产生了和人完全不一样的知觉和意识，使用和人完全不一样的推理方式）两大类。从一般意义来说，达到人类水平的、能够自适应地应对外界环境挑战的、具有自我意识的人工智能称为"通用人工智能""强人工智能"或"类人智能"。强人工智能不仅在哲学上存在巨大争议，在技术上也具有极大的挑战性。目前"强人工智能"进展缓慢，美国私营部门的专家及国家科技委员会认为未来几十年内难以实现。

仅仅依靠符号主义、连接主义、行为主义和统计主义这四个流派的经典路线就能设计制造出强人工智能吗？其中一个主流看法是：即使有更高性能的计算平台和更大规模的大数据助力，也还只是量变，不是没有发生质变，而是人类对自身智能的认识还依然处在初级阶段，人类在没有真正理解智能机理之前，不可能制造出强人工智能。理解大脑产生智能的机理是脑科学研究的终极性问题，绝大多数脑科学专家都认为这是一个数百年乃至数千年甚至永远都解决不了的问题。

还有一条"新"路线可以通向强人工智能，称为"仿真主义"。这条新路线是先通过制造先进的大脑探测工具从结构上解析大脑，再利用工程技术手段构造出模仿大脑神经网络基元及结构的仿脑装置，最后通过环境刺激和交互训练仿真大脑实现类人智能。简言之，就是"先结构，后功能"。虽然这项工程也十分困难，但是涉及的工程技术问题有可能在数十年内解决，不像"理解大脑"这个科学问题那样遥不可及。

仿真主义可以说是继符号主义、连接主义、行为主义和统计主义四个流派之后的第五个流派，它不仅和前四个流派联系紧密，更是前四个流派通向强人工智能的关键一环。经典计算机通过数理逻辑的开关电路实现，可以作为逻辑推理等专用智能的实现载体，但强人工智能仅靠经典计算机不可能实现。如果要按仿真主义的路线"仿脑"，就必须设计制造全新的软硬件系统，也就是"类脑计算机"，或者更准确地称为"仿脑机"。"仿脑机"是"仿真工程"的标志性成果，也是"仿脑工程"通向强人工智能之路的重要里程碑。

14.2.2 人工智能的特征与参考框架

1. 人工智能的特征

人工智能的特征主要包括以下几点。

（1）由人类设计，为人类服务，本质为计算，基础为数据

从根本上说，人工智能系统必须以人为本。这些系统是人类设计出的机器，应该按照人类设定的程序逻辑或软件算法通过人类发明的芯片等硬件载体来运行或工作。通过对数据的采集、加工、处理、分析和挖掘，形成有价值的信息流和知识模型，来为人类提供延伸人类能力的服务，以此实现对人类期望的一些"智能行为"的模拟。在理想情况下，人工智能系统必须体现服务人类的特点，而不应该伤害人类，特别是不应该有目的性地做出伤害人类的行为。

（2）能感知环境，能产生反应，能与人交互，能与人互补

人工智能系统应能借助传感器等器件具备对外界环境（包括人类）进行感知的能力，可以像人一样通过视觉、听觉、嗅觉、触觉等接收来自环境的各种信息，并且能够对外界输入产生文字、语音、表情、动作（控制执行机构）等各种类型的反应。借助按钮、键盘、鼠标、屏幕、手势、体态、表情、力反馈、虚拟现实/增强现实等方式，人与机器间可以互动，使机器设备能够越来越"理解"人类乃至与人类共同协作、优势互补。如此以来，人工智能系统就能够帮助人类做人类不擅长、不喜欢但机器能够完成的工作，而人类则适合做更需要创造性、洞察力、想象力、灵活性、多变性乃至用心领悟或需要感情的一些工作。

（3）有适应特性，有学习能力，有演化迭代，有连接扩展

在理想情况下，人工智能系统应具有一定的自适应特性和学习能力，即具有一定的随环境、数据或任务变化而自适应调节参数或更新优化模型的能力。并且，能够在此基础上通过与云、端、人、物越来越广泛深入的数字化连接扩展，实现机器客体乃至人类主体的演化迭代，使得系统具有适应性、稳健性、灵活性、扩展性，可以应对不断变化的现实环境，从而使人工智能系统在各行各业产生丰富的应用。

2. 人工智能参考框架

目前，基于人工智能的发展状况和应用特征，从人工智能信息流动的角度出发，可以提出一种人工智能参考框架（见图 14.7），该参考框架力图搭建较为完整的人工智能主体框架，描述人工智能系统总体工作流程，不受具体应用所限，适用于通用的人工智能领域需求。

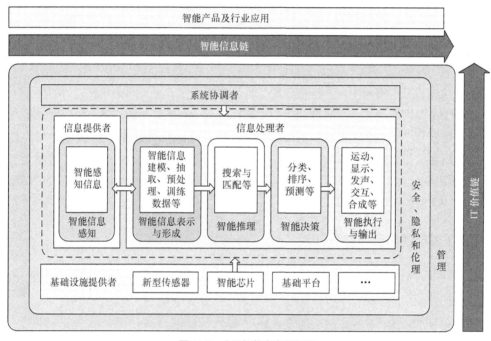

图 14.7　人工智能参考框架图

人工智能参考框架提供了基于"角色—活动—功能"的层级分类体系，从"智能信息链"（水平轴）和"IT 价值链"（垂直轴）两个维度阐述了人工智能系统框架。"智能信息链"反映了从智能信息感知、智能信息表示与形成、智能推理、智能决策，最后到智能执行与输出的一般过程。在这个过程中，智能信息是流动的载体，经历了"数据—信息—知识—智慧"的凝练过程。"IT 价值链"反映的是从人工智能的底层基础设施、信息（提供和处理技术实现）到系统的产业生态过程，体现了人工智能为信息技术产业带来的价值。人工智能系统主要由基础设施提供者、信息提供者、信息处理者和系统协调者四个角色组成。此外，人工智能系统还有其他非常重要的框架构件：安全、隐私、伦理和管理。

（1）基础设施提供者

基础设施提供者为人工智能系统提供计算能力支持，实现与外部世界的沟通，并通过基础平台实现支撑。计算能力由智能芯片（CPU、GPU、ASIC、FPGA 等硬件加速芯片以及其他智能芯片）等硬件系统开发商提供；与外部世界的沟通通过新型传感器制造商提供；基础平台包括分布式计算

框架提供商及网络提供商提供平台保障和支持，即包括云存储和计算、互联互通网络等。

（2）信息提供者

在人工智能领域，信息提供者是智能信息的来源。通过知识信息感知过程由数据提供商提供智能感知信息，包括原始数据资源和数据集。原始数据资源的感知涉及图形、图像、语音、文本的识别，还涉及传统设备的物联网数据，包括已有系统的业务数据以及力、位移、液位、温度、湿度等感知数据。

（3）信息处理者

人工智能领域中，信息处理者是指技术和服务提供商。信息处理者的主要活动包括智能信息表示与形成、智能推理、智能决策及智能执行与输出。智能信息处理者通常是算法工程师及技术服务提供商，通过计算框架、模型及通用技术（例如，一些深度学习框架和机器学习算法模型等功能）进行支撑。

智能信息的表示与形成是指为描述外围世界所做的一组约定，分阶段对智能信息进行符号化和形式化的智能信息建模、抽取、预处理和训练数据等。

智能信息推理是指在计算机或智能系统中，模拟人类的智能推理方式，依据推理控制策略，利用形式化的信息进行机器思维和求解问题的过程，搜索与匹配是其典型的功能。

智能信息决策是指智能信息经过推理后进行决策的过程，通常提供分类、排序、预测等功能。

智能执行与输出作为智能信息输出的环节，是对输入做出的响应，输出整个智能信息流动过程的结果，包括运动、显示、发声、交互、合成等功能。

（4）系统协调者

系统协调者提供人工智能系统必须满足的整体要求，包括政策、法律、资源和业务需求，以及为确保系统符合这些需求而进行的监控和审计活动。由于人工智能是多学科交叉领域，需要系统协调者定义和整合所需的应用活动，使其在人工智能领域的垂直系统中正常运行。系统协调者的功能之一是配置和管理人工智能参考框架中的其他角色来执行一个或多个功能，并维持人工智能系统的正常运行。

（5）安全、隐私和伦理

安全、隐私和伦理覆盖了人工智能领域的其他四个主要角色，对每个角色都有重要的影响。同时，安全、隐私和伦理处于管理角色的覆盖范围之内，与全部角色和活动都建立了相关联系。在安全、隐私和伦理模块，需要通过不同的安全措施和技术手段，构筑全方位、立体的安全防护体系，保护人工智能领域参与者的安全和隐私。

（6）管理

管理角色承担系统管理活动，包括软件调配、资源管理等工作，管理的功能是监视各种资源的运行状况，应对出现的性能或故障事件，使得各系统组件透明且可观。

（7）智能产品及行业应用

智能产品及行业应用指人工智能系统的产品和应用，是对人工智能整体解决方案的封装，将智能信息决策产品化，进而实现落地应用。主要的应用领域包括：智能制造、智能交通、智能家居、智能医疗和智能安防等。

14.2.3 人工智能的发展趋势

人工智能从早期的逻辑推理阶段，到专家系统/归纳学习，到机器学习阶段，再到现在的深度学习阶段,每个阶段都有技术突破,也创造过一系列泡沫。例如,在 2000 年左右第一轮互联网泡沫期,研究人员希望用 AI 让机器能够理解互联网,由此催生了 Semantic Web,目标是让机器能够自己理解信息并且实现机器间的自由沟通。随着 VR 技术的发展,又出现了一批 AI 驱动的虚拟人/虚拟助理,可以与人自由交谈,当时异常火爆的 Second Life 是这个阶段的典型代表。很多影视作品也从不同层面反映人工智能。例如,《黑客帝国》把机器智能想象到了极致,人完全沦为机器产生能源的电池,世界全部是由计算机创造和控制的;《人工智能》和《我,机器人》则给机器人赋予了感情,并因此引发新的革命。但是过去每一次技术进步并没有带来人们想象中的应用突破,原因是算法缺乏突破,更重要的原因是计算力不足和数据有限。人工智能技术的发展历程如图 14.8 所示。

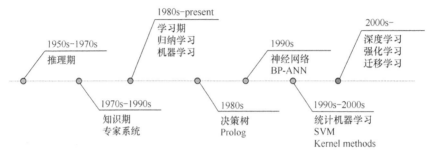

图 14.8   人工智能技术的发展历程

从 2006 年开始,大数据技术得到迅猛发展,从早期的分布式存储和计算系统(HDFS/Map Reduce,2006—2009 年),到 SQL on Hadoop (2010—2014 年是焦点阶段) 技术的逐渐成熟,已经解决了大规模数据的存储和统计问题。当大数据技术发展到 2015 年时,业界关注的焦点逐渐转向了机器学习,研究人员希望能够利用分布式计算能力来解决机器学习算法,尤其是神经网络算法,使之能够完成高密集的迭代计算,从而提高算法精度。从 2015 年开始,许多机器学习公司开始提供分布式机器学习的产品或服务。然而由于侧重点不同,计算框架也产生了分歧,Spark 擅长统计机器学习,而 Google 开源的单机版 Tensorflow 则擅长深度学习。同时,深度学习算法上的突破,使得过去多个相隔甚远的应用领域,包括计算机视觉、自然语言处理、语音交互、传统机器学习、机器人等,都能统一采用一类深度学习算法,并且能高效地得到处理,处理成果也轻易超过过去各自领域积累多年的算法。现在开源的人脸识别算法可以达到 98%的精度;使用深度学习算法,可以比较容易地在 ImageNet 的竞赛中得到前几名,这充分表明了深度学习算法已经成熟。表 14.1 展示了人工智能技术在不同领域中的应用情况。

表 14.1   人工智能技术的应用领域

技术类别	场景描述	应用领域
视频图像识别	人脸识别、车牌识别、动作识别等	主要用于安防和安保
	发票识别、财务报表识别等	主要用于影像数据结构化
	医疗影像分析	辅助诊断
自然语言理解	舆情分析、智能投研	预测性分析、风险分析
	聊天机器人、智能客服	自动化部分简单的客服应答
	文本数据结构化	自动化校对,减少人工审核

续表

技术类别	场景描述	应用领域
语音处理	机器翻译	……
	语言—文本转换	呼叫中心客户问题分析
机器学习和深度学习	精准营销	精准广告，交叉销售
	AI+CRM 客户全生命周期管理	提升客户体验，留住高净值客户，获取新客户
	市场/需求预测	预测销量、库存等
	反欺诈/实时风险分析	交易风险、经营风险分析
	智能投顾	根据宏观经济指标、各类事件信息做出预测
	智能运维、故障预测	根据设备/软件状态，预测故障发生
	监管审计	经营风险分析
机器人	自动驾驶、无人机	……

深度学习算法的特性，要求具有强大的计算能力和大量的样本数据，这两个特性也是深度学习算法得到广泛应用的两大阻力。在计算能力方面，解决计算能力的方案之一是采用分布式计算，由此诞生了十多种深度学习的计算框架，如 Tensorflow、Caffe、MxNet 等；方案之二，一些公司设计了专门的硬件，如 Google TPU，国内的地平线、深鉴科技、寒武纪等，有的公司则将深度学习算法写到 FPGA 中，还有的公司设计带特定指令集的处理器，来加速深度学习算法的运行。在样本数据方面，为了提高算法的精度，还需要大量的标注数据，因此，很多人工智能创业公司都雇佣或外包上百人的团队进行数据标注处理。对于大量样本数据的要求，虽说是障碍，但也是深度学习算法的一个巨大优势，因为只要增大数据量就可以提高算法精度，这是传统机器学习算法做不到的。因此，对拥有大量样本数据的公司来说，因其已经积累了多年的数据，很容易形成行业壁垒，其他公司，即使是大公司也很难进入与其竞争。

目前，AI 有以下三个发展趋势。

（1）AI 产品化（AI in Production）

AI 从一门科学转变成一个系统或产品，换一句话说，AI 需要产品化，也必将产品化。随着机器学习和深度学习算法的不断成熟，需要将 AI 打造成产品和系统，并在各个领域寻找杀手段应用（Killer Applications）。但是深度学习仍然面临着很大挑战，需要强大的计算能力（大量 CPU、GPU、FPGA/ASIC 的混合计算能力，以及分布式计算能力），需要大量样本和数据，甚至需要大量人工来制作样本（以传递知识给机器）。Google 的首席科学家杰夫·迪恩（Jeaf Dean）最近召集了一个新的会议——SysML（System and Machine Learning），重点是试图寻找计算系统和机器学习的结合点，找到机器学习系统的最佳实现方式，并开发新的机器学习算法。这个会议的第一个受邀演讲，介绍了如何通过编译器技术，将机器学习算法的算子编译到不同的后端（CPU、GPU、FPGA 等）上高效执行。这是区别于设计专有硬件的一个系统性方法，这个方法具备更好的灵活性，因此备受关注。

（2）全民 AI（AI for everyone）

机器学习工具需要更加易用化，更普及，让更多普通人能够使用。目前的一个重要趋势是使用深度学习技术来提升 AI 工具的智能化程度，包括自动建模、自动寻找最优参数、特征工程半自动化等，使整个机器学习过程更加智能化/自动化。现在所有的机器学习工具厂商都开始往这个方向努力，例如，DataRobot 一直在宣传自动建模（Auto-Modeling）的优势，Google 发布的 AutoML 让普通人也可以用这个工具来创建与计算机视觉相关的应用。

（3）无处不在的 AI（AI in everywhere）

AI 算法虽然是核心，但也只是整个系统的一部分，它本身不能形成独立的产品，更多地是需要将算法应用到各个应用领域中，赋能各个行业，以发挥算法的价值。目前，各个行业、领域，都在积极地尝试利用 AI 来赋能已有的产品或应用，以提高现有产品或服务的智能化水平。自动驾驶就是一个典型的使用 AI 提升汽车智能水平的例子。

14.3　云计算、大数据与人工智能的关系

技术前进的步伐永远不会停歇。从数年前诞生的具有颠覆意义的云计算，到后来无人不谈的大数据，再到最近热门的人工智能，创新且具有革命性意义的技术一浪接一浪地推动着 ICT 产业乃至整个社会迈向数字化、智能化时代。然而，不同于移动通信技术的替代性演进，云计算、大数据和人工智能之间并不是"谁取代谁"的竞争关系，而是"谁成就谁"的辅佐关系。云计算、大数据和人工智能，如同长江后浪推前浪一般涌现，"后浪"会在"前浪"的带领下走向成熟。图 14.9 所示为它们之间的关系。

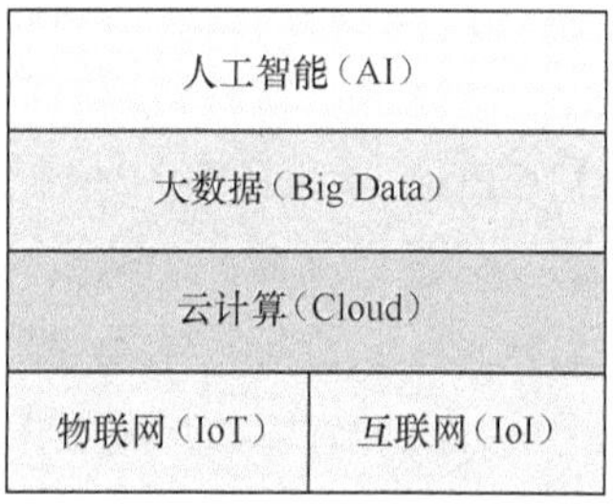

2006 年是云计算元年，第一个十年的主要成果是打造了基础设施和规模化的服务，又被称为 Cloud 1.0，从 IaaS、PaaS、SaaS，到容器 DaaS、FaaS 等。经历近十年的产业化，全球云计算的市场规模已超过 2000 亿美元，中国云计算市场规模达到 112 亿美元。

现在的 Cloud 2.0 是 ABC（AI+BigData+Cloud）的融合，是智能云和边缘计算等技术的融合，这个融合将为产业带来质变。ABC 三位一体融合正在逐渐改变商业模式，并深入影响每一个行业。它不仅会改造工业、能源、金融等传统行业，还会创造出智能家居、无人车、机器人等新的品类。ABC 催生出更多的场景、更多的数据、更好的算法和更强的计算能力，让更多的产业进入创新循环阶段，并且创新速度会越来越快。

图 14.9　云计算、大数据与人工智能

大数据事实上从属于云计算，是云计算的应用。没有云计算，大数据就是空中楼阁。2011 年，大数据出现在 Gartner 的新型技术成熟度曲线中第一阶段的技术触发期；2013 年，当云计算进入泡沫幻灭期之后，大数据才步入了期望膨胀期；2014 年，大数据迅速进入了泡沫幻灭期，并开始与云计算齐头并进。今天，我们已经很难将大数据与云计算割裂开来，大数据需要云计算的支撑，云计算为大数据提供不可或缺的平台。但值得注意的是，大数据也成就了云计算，没有了大数据的云计算将会变得无的放矢。

14.3.1　云计算与大数据的融合

规模日益巨大的数据以及数量逐渐众多的用户，迫使越来越多的服务必须由处理节点分布在不同机器上的数据中心提供。在笔记本电脑上执行程序时，我们需要为每个程序指定执行 CPU，指定可用的内存或缓存，操作系统则在底层进行复杂的资源管理任务。同样地，数据中心在提供服务时，也会涉及资源分配与管理问题。以前这些服务基本依靠人力实现，但是人工的速度很缓慢且不可靠，

往往成为快速开发与快速应用部署的瓶颈。因此，为数据中心开发出高效可靠的操作系统——Data Center Operation System（DCOS）必定是未来的发展趋势。第 9 章中也有过具体阐述。

与传统操作系统类似，DCOS 从上至下应该具有三层结构（见图 14.10）：上层的平台服务，中间层的操作系统内置服务，底层的操作系统内核。结构如下所示：

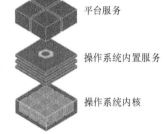

- 平台服务负责按照需求动态地创建分布式服务（如 HDFS、HBase 等），部署传统应用；
- 操作系统内置服务提供 DCOS 的必备功能，例如，集群扩容减配、服务发现、流量计费等；
- 操作系统内核负责管理存储器、文件、外设和资源，便于创建和部署容器、虚拟机或集群等物理资源。

图 14.10　DCOS 的层次结构

近年来云计算的不断发展带动着 DCOS 逐渐走向成熟。对容器概念的定义解决了在虚拟机中运行 Hadoop 集群的 I/O 瓶颈，随后出现的 Docker 技术简化了容器的应用部署。而 Kubernetes 更是方便了分布式集群应用在容器上的部署，并且，它还提供了基础分布式服务。同期诞生的 Mesosphere 则可以同时满足传统应用和大数据应用的快速部署和基础服务的需求。

借助这些技术，目前涌现了很多 DCOS 的实现方案，主要有两种流派。一种是让 Hadoop 的应用可以在 Mesosphere 资源框架上运行。但是，这个方案有两个弱点：首先，通用性差，所有的大数据和数据库的框架都需要定制和改造，无法标准化；其次，隔离性太弱。另一种是使用 Kubernetes + Docker 的方式，使所有应用容器化，由 Kubernetes 提供资源调度和多租户管理，因此更加标准化，便于统一化部署和运维。关于数据中心操作系统、容器技术等，在前面的章节中已经有过详细的介绍。

14.3.2　云计算与人工智能的融合

AI 的兴起，是云计算、大数据演进和成熟的必然结果。AI 的核心不仅仅是算法，更是学习，尤其是在大数据环境下充分发挥大数据碎片化认知的优势，降低认知难度，最终实现"数据有价值"的人工智能。做个形象的比喻，如果说云计算是大数据的土壤，那么大数据就是 AI 生长所需要的水分和肥料，而 AI 就是最终在云计算和大数据的呵护下盛开的花朵。AI 作为一个交叉学科始于 20 世纪 50 年代，除了离不开计算机、模式识别技术外，还涉及复杂的脑科学、认知科学乃至哲学等诸多领域，但它自诞生后一直处于缓慢前行的状态，直到遇见了云计算和大数据才出现了质的飞跃。

目前，AI 产业已经迎来了发展的黄金时代。一方面，AI 产业前行的技术驱动力十分强劲，例如，并行化处理技术、大规模数据收集与存储技术等日渐成熟且易用；另一方面，产业生态链不断完善。伴随着"GPU 深度学习"在 2011 年到 2012 年引爆 AI 的应用和场景，国内外的产业巨头也开始布局 AI 领域，全力储备 AI 人才和团队，从而有效地加快了 AI 产业化进程。

伴随着彼此间的相互作用与影响，注定要创造出新世界的"ABC 三剑客"，彼此之间的分工变得越来越明确，各自扮演的角色也越来越专业。云计算聚焦在 IT 基础设施上，负责搭建起资源能够动态调配的"哪里需要到哪里去"的新型舞台；大数据关注于计算能力和存储能力的提升，负责让演出能够以更低的成本和更高的效率去完成；AI 则是舞台上的表演者，最终呈献给人们精彩的节目——更高级、更智能化的应用。可以预见的是，在云计算和大数据的有力支撑下，AI 的未来必然是一场光彩夺目的大戏，值得人们期待；而云计算和大数据则会老当益壮，在万物互联的时代持久地散发出独特的魅力。

人工智能是依靠海量数据归纳学习而产生的，而海量数据的处理离不开云计算。早年的冯·诺依曼体系的串行结构使得计算机无法满足人工智能对硬件的要求，而近年来云计算具备的大规模并行和分布式计算能力至少部分解决了这个问题，使得人工智能往前迈进了一大步。

在云计算环境下，所有的计算资源都能够动态地从硬件基础架构上增减，通过弹性扩展伸缩以适应工作任务的需求。云计算基础架构的本质是通过整合和共享动态的硬件设备供应来实现 IT 投资的利用率最大化，这就使得使用云计算的单位成本大大降低，同时也非常有利于人工智能的商业化运营。

另外，值得特别指出的是，近年来基于 GPU（图形处理器）的云计算异军突起，以远超 CPU 的并行计算能力获得业界瞩目。现在不仅谷歌、Netflix 用 GPU 来搭建人工智能的神经网络，Facebook、Amazon、Salesforce 都拥有了基于 GPU 的云计算能力，国内的科大讯飞也采用 GPU 集群支持语音识别技术。

GPU 的这一优势被发现后，迅速承载起比之前的图形处理更为重要的使命：被用于人工智能的神经网络，使得神经网络能容纳上亿个节点间的连接。传统的 CPU 集群需要数周才能计算出拥有 1 亿个节点的神经网络的级联可能性，而一个 GPU 集群在一天内就可完成同一任务，效率得到了极大的提升。另外，随着 GPU 大规模生产带来的价格下降，使其更能得到广泛的商业化应用。

因此，之前的云计算和移动互联网的结合只是云计算的起步阶段，就好比一个人有了手和脚以及对外界有了触觉和感应，下一步一定是脑和手脚的结合，也就是云计算和 AI 的结合。

微软、谷歌已经开始在这方面努力。谷歌将允许其云平台上的用户使用其两款人工智能软件：一款可以提取文本内容的含义，另一款可以将语音内容转化成文本。两款程序都使用了"机器学习"。微软目前提供超过 20 项这样的"认知服务"，如分析图像服务，又被称为计算机视觉和语言的理解能力。类似选择的云交付服务变得越来越多。

国内外的云计算基础设施也会随着企业客户对云计算加 AI 的需求变化，开始在服务形态和技术架构方面有所调整，以推出更多 AI 的功能模块。到那时，云计算的行业生态将会再度变化，它真正的潜力也会爆发出来。

14.4　本章小结

移动互联网的热潮已经延续了十多年，科技世界的面貌因为智能手机的出现而发生了翻天覆地的变化。但是，伴随着时间的推移和技术创新的快速演进，我们将从云计算与移动互联网相结合进入云计算和大数据与人工智能相结合的时代。本章首先介绍了什么是大数据和人工智能，然后介绍了云计算、大数据和人工智能之间的关系。

14.5　复习材料

课内复习

1. 什么是大数据？

2. 大数据的主要特征有哪些？

3. 什么是强人工智能与弱人工智能？

4. 新一代人工智能的特征有哪些？

课外思考

1. 云计算、大数据和人工智能的关系是什么？

2. 新一代（云计算和大数据背景下）的人工智能和传统人工智能的主要区别是什么？

3. 数据上云和人工智能上云是趋势吗？为什么？

4. 是否应该发展强人工智能？强人工智能会对人类的未来产生怎样的影响？

动手实践

1. TensorFlow 是 Google 开源的一款人工智能学习系统。为什么叫这个名字呢？Tensor 的意思是张量，代表 N 维数组；Flow 的意思是流，代表基于数据流图的计算。把 N 维数组从流图的一端流动到另一端的过程，就是人工智能神经网络进行分析和处理的过程。TensorFlow 已经成为目前最流行的深度学习框架，在图形分类、音频处理、推荐系统和自然语言处理等场景下都有丰富的应用。

- 任务：通过 TensorFlow 的官方网站下载并安装使用最新的软件，运行 TensorFlow 自带的实例程序和演示项目。
- 任务：在 Docker 容器中部署 TensorFlow 软件，并体会这种 AI 上云的方式。

2. Spark 是加州大学伯克利分校 AMP 实验室（Algorithms, Machines, and People Lab）开发的一种通用内存并行计算框架。Spark 在 2013 年 6 月进入 Apache 成为孵化项目，8 个月后成为 Apache 顶级项目。Spark 以其先进的设计理念迅速成为 Apache 社区的热门项目，围绕着 Spark 又推出了 Spark SQL、Spark Streaming、MLlib 和 GraphX 等组件，也就是 BDAS（伯克利数据分析栈），这些组件逐渐形成大数据处理一站式解决平台。

- 任务：通过 Spark 的官方网站下载并安装使用最新的软件，运行 Spark 自带的实例程序和演示项目。
- 任务：在 Docker 容器中部署 Spark 软件，并体会这种大数据分析上云的方式。

论文研习

1. 阅读"论文阅读"部分的论文[63]，深入理解人工智能的关键技术与未来发展方向。

2. 阅读"论文阅读"部分的论文[64]，深入理解内存计算所面临的问题和挑战。

3. 阅读"论文阅读"部分的论文[68]，深入理解 TensorFlow 的架构与工作原理。

附录 《云计算原理与实践》配套实验课程方案简介

大数据技术强调理论与实践相结合，为帮助读者更好掌握本书相关知识要点，并提升应用能力，华为技术有限公司组织资深专家，针对本书内容开发了独立的配套实验课程，具体内容如下。详情请联系华为公司或发送邮件至 haina@huawei.com 咨询。

实验项目	实验内容	课时
华为云平台搭建	服务器连接与网络互联	2
	服务器 BIOS 设置与 RAID 设置	2
	CNA 安装	2
	VRM 安装	2
	接入主机、创建集群、创建 DVS	2
	创建虚拟机及其操作	2
华为云平台服务发布	安装 ALLINONE 版本	2
	安装 TOP-LOCAL 版本	2
	安装 VSAM 并导入 VSA 模板	2
	资源接入	2
	云平台服务的发布	2
华为桌面云系统部署	制作 Windows Service 虚拟机模板	1
	安装 ITA/GaussDB/HDC/WI/Licence	1
	部署 AD/DNS/DHCP 服务	2
	安装 vAG/vLB	1
	桌面云 FusionAccess 系统初始配置	1
	制作桌面云模板	2
	发放云桌面	1
	登录云桌面	1

参 考 文 献

［1］ Al-Fares, Mohammad, Alexander Loukissas, Amin Vahdat. A scalable, commodity data center network architecture. ACM SIGCOMM Computer Communication Review, 2008, 38(4): 63-74.

［2］ Antony Rowstron, Peter Druschel. Peer-to-Peer Systems. Communication of the ACM, 2010, 53(10): 72-82.

［3］ Armando Fox, David Patterson. SaaS 软件工程：云计算时代的敏捷开发. 北京：清华大学出版社, 2015.

［4］ B Saha, H Shah, S Seth, et al. Apache Tez: A Unifying Framework for Modeling and Building Data Processing Applications. Proceedings of the 2015 ACM SIGMOD International Conference on Management of Data. New York：ACM, 2015.

［5］ Ben Rady. Serverless 架构：无服务器单页应用开发. 北京：电子工业出版社, 2017.

［6］ Brendan Gregg. 性能之巅：洞悉系统、企业与云计算. 北京：电子工业出版社, 2015.

［7］ Ceph 中国社区. Ceph 分布式存储实战. 北京：机械工业出版社, 2016.

［8］ Dong Guo, Wei Wang, Jingxuan Zhang, et al. Cloudware: An Emerging Software Paradigm for Cloud Computing. Proceedings of the 8th Asia-Pacific Symposium on Internetware. New York：ACM, 2016.

［9］ George Coulouris, Jean Dollimore, Tim Kindberg, et al. Distributed Systems：Concepts and Design. 5th ed . London：Addison Wesley Longman, 2011.

［10］ Guo, Chuanxiong. Dcell:a scalable and fault-tolerant network structure for data centers. ACM SIGCOMM Computer Communication Review, 2008, 38(4): 75-86.

［11］ H Hu, Y Wen, TS Chua, X Li. Toward Scalable Systems for Big Data Analytics. IEEE Access, 2017, 2(1): 652-687.

［12］ H Yin, A Chauhan, A Gates, et al. Major Technical Advancements in Apache Hive. Proceedings of the 2014 ACM SIGMOD International Conference on Management of Data . New York：ACM, 2014.

［13］ Jain, Raj, Subharthi Paul. Network virtualization and software defined networking for cloud computing: a survey. IEEE Communications Magazine, 2013, 51(11): 24-31.

［14］ Kai Hwang, Geoffrey C. Fox, Jack J. Dongarra. 云计算与分布式系统：从并行处理到物联网. 北京：机械工业出版社, 2013.

［15］ Leader-us. 架构解密：从分布式到微服务. 北京：电子工业出版社, 2017.

［16］ M Zaharia, RS Xin, P Wendell, et al. Apache Spark: A Unified Engine for Big Data Processing. Communications of the ACM, 2016, 59 (11): 56-65.

［17］ N Mckeown, T Anderson, H Balakrishnan, et al. OpenFlow: Enabling Innovation in Campus Networks. ACM SIGCOMM Computer Communication Review, 2008, 38(2): 69-74.

［18］ Nunes, Bruno Astuto. A survey of software-defined networking: Past, present, and future of programmable networks. IEEE Communications Surveys & Tutorials, 2014, 16(3): 1617-1634.

［19］ Paul Barham, Boris Dragovic, Keir Fraser, et al. Xen and the Art of Virtualization. ACM SIGOPS

Operating Systems Review，2003，37(5): 164-177.

［20］R Buyya，S Venugopal. A Gentle Introduction to Grid Computing and Technologies. Csi Communications，2005，29(1)．

［21］Rajkumar Buyya，Christian Vecchiola. Mastering Cloud Computing. Amsterdam：Elsevier，2013.

［22］Remzi H. Arpaci-Dusseau，Andrea C.，et al. Operating Systems: Three Easy Pieces. Arpaci-Dusseau Books，2016.

［23］Sam Newman. 微服务设计. 北京：人民邮电出版社，2016.

［24］Thomas Nadeau D, Ken Gray. 软件定义网络：SDN 与 OpenFlow 解析. 北京：人民邮电出版社，2014.

［25］Urs Hoelzle，Luiz Andre Barroso. The Datacenter as a Computer . 2nd ed. Williston：Morgan and Claypool，2013.

［26］V. K. Cody Bumgardner. OpenStack 实战. 北京：人民邮电出版社，2017.

［27］Valadarsky，Asaf. Xpander: Towards optimal-performance datacenters. Proceedings of the 12th International on Conference on emerging Networking EXperiments and Technologies. New York：ACM，2016.

［28］Ying-DarLin，Ren-HungHwang，FredBaker. 计算机网络：一种开源的设计实现方法. 北京：机械工业出版社，2014.

［29］YN Silva，I Almeida，M Queiroz. SQL: From Traditional Databases to Big Data. ACM Technical Symposium on Computing Science Education. New York：ACM，2016.

［30］Zhang Y，Guo K，Ren J，et al. Transparent Computing: A Promising Network Computing Paradigm. Computing in Science & Engineering，2016，19(1):7-20.

［31］白晓颖，邢春晓. 区块链在数字社会的应用，2017，13(5): 36-43.

［32］陈熹. 软件定义数据中心：技术与实践. 北京：机械工业出版社，2015.

［33］储雅，马廷淮，赵立成. 云计算资源调度：策略与算法. 计算机科学，2013，40(11): 8-13.

［34］崔勇，任奎，唐俊. 云计算中数据安全挑战与研究进展. 中国计算机学会通讯，2016，5.

［35］冯朝胜，秦志光，袁丁. 云数据安全存储技术. 计算机学报，2015，38(1): 150-163.

［36］冯登国，张敏. 云计算安全研究. 软件学报，2011，22(1):71-83.

［37］傅颖勋，罗圣美，舒继武. 安全云存储系统与关键技术综述. 计算机研究与发展，2013，50(1): 136-145.

［38］顾炯炯. 云计算架构技术与实践. 2 版. 北京：清华大学出版社，2016.

［39］华为软件开发云服务：https://devcloud.huaweicloud.com

［40］姜凯. 桌面虚拟化实战宝典. 北京：电子工业出版社，2014.

［41］栗蔚，郭雪. 开源治理白皮书. 北京：中国信息通信研究院，2018.

［42］柳伟卫. 分布式系统常用技术及案例分析. 北京：电子工业出版社，2017.

［43］卢誉声. 分布式实时处理系统：原理、架构与实现. 北京：机械工业出版社，2016.

［44］陆思奇，王绍峰. 全同态加密函数库调试分析. 密码学报，2017，4(1): 16-28.

［45］梅宏，郭耀. 面向网构软件的操作系统：发展及现状. 科技导报，2016，34(14): 33-41.

［46］梅宏，郭耀. 面向网络的操作系统：现状和挑战. 中国科学：信息科学，2013，43 (3): 303-321.

［47］梅宏，黄罡，曹东刚. 从软件研究者的视角认识"软件定义". 中国计算机学会通讯，2015，11(1): 68-71.

［48］梅宏，周明辉. 开源对软件人才培养带来的挑战，计算机教育，2017，1: 2-5.

［49］裴丹，张圣林，裴昶华. 基于机器学习的智能运维. 中国计算机学会通讯，2017，13(12): 68-72.

［50］戚正伟，陈榕，张献涛. 新型硬件虚拟化. 中国计算机学会通讯，2017，13(6): 11-17.

［51］任永杰，单海涛. KVM 虚拟化技术：实战与原理解析. 北京：机械工业出版社，2013.

［52］荣国平，张贺，邵栋. DevOps：原理、方法与实践. 北京：机械工业出版社，2017.

［53］邵奇峰，金澈清. 区块链技术：架构及进展. 计算机学报，2017(Online).

［54］施巍松. 边缘计算. 北京：科学出版社，2018.

［55］十二要素应用宣言：https://www.12factor.net/

［56］屠要峰，吉锋，文韬. 机器学习在大视频运维中的应用. 中兴通讯技术，2017，23(4): 2-8.

［57］托马斯·厄尔. 云计算设计模式. 北京：机械工业出版社，2016.

［58］王伟，胡长武. 一种面向云构软件的云操作系统. 计算机科学，2017，44(11): 33-40.

［59］杨传辉. 大规模分布式存储系统：原理解析与架构实战. 北京：机械工业出版社，2013.

［60］王伟，刘伟，崔海波. 基于云件服务的新一代大数据工程实训平台. 计算机教育，2018(4): 162-166.

［61］王伟. 计算机科学前沿技术. 北京：清华大学出版社，2012.

［62］网易云基础服务架构团队. 云原生应用架构实践. 北京：电子工业出版社，2017.

［63］熊劲，潘锋烽. 文件系统的发展脉络. 中国计算机学会通讯，2012: 8(2): 60-68.

［64］虚拟化与云计算小组. 云计算实践之道：战略蓝图与技术架构. 北京：电子工业出版社，2011.

［65］姚宏宇，田溯宁. 云计算：大数据时代的系统工程（修订版）. 北京：电子工业出版社，2016.

［66］叶毓睿，雷迎春，李炫辉，等. 软件定义存储：原理、实践与生态. 北京：机械工业出版社，2016.

［67］郁莲，邓恩艳. 区块链技术. 中国计算机学会通讯，2017，13(5): 10-15.

［68］浙江大学 SEL 实验室. Docker：容器与容器云. 2 版. 北京：人民邮电出版社，2016.

［69］中国开源云联盟桌面云工作组. 中国桌面云标准化白皮书（V1.0）. 北京：中国开源云联盟，2016.

［70］朱进之. 智慧的云计算：物联网的平台. 2 版. 北京：电子工业出版社，2011.

［71］朱民，涂碧波. 虚拟化软件栈安全研究. 计算机学报，2017，40(2): 481-504.

［72］邹恒明. 云计算之道. 北京：清华大学出版社，2013.

论 文 阅 读

阅读大量经典论文是深入学习一个领域的好途径。本部分给出编者根据每个章节内容总结出的相关领域经典论文，方便大家进一步深入学习。

预备知识

[1] S. Keshav, How to Read a Paper. ACM SIGCOMM Computer Communication Review, 2013, 37(3): 83-84.

[2] Philip W. L. Fong, Reading a Computer Science Research Paper. ACM SIGCSE Bulletin, 2009, 41(2): 138-140.

[3] 施巍松. Foundations of Computer Systems Research（计算机系统研究基础·英文版）. 北京：高等教育出版社, 2010.

第 1 章　云计算概述

[4] Michael Armbrust, Armando Fox, Rean Griffith, et al. A View of Cloud Computing, Communications of the ACM, 2010, 53(4): 50-58.

[5] M Armbrust, A Fox, R Griffith, et al. Above the Clouds: A Berkeley View of Cloud Computing. EECS Department University of California Berkeley , 2009 , 53 (4) :50-58.

[6] PM Mell. The NIST Definition of Cloud. National Institute of Standards & Technology, 2011, 53 (6) :50-50.

第 2 章　分布式计算

[7] W. Vogels, Eventually consistent, Communications of the ACM, 2009, 52(1): 40-44.

[8] Antony Rowstron, Peter Druschel. Peer-to-Peer Systems. Communication of the ACM, 2010, 53(10): 72-82.

[9] R Buyya, S Venugopal. A Gentle Introduction to Grid Computing and Technologies. Csi Communications, 2005 , 29 (1) .

[10] D Thain, T Tannenbaum, M Livny. Distributed Computing in Practice The Condor Experience. Concurrency and Computation: Practice & Experience, 2005 , 17 (2-4) :323-356.

[11] JC Corbett,J Dean, M Epstein, et al. Spanner: Google's Globally Distributed Database. ACM Transactions on Computer Systems, 2013 , 31 (3) :8.

[12] Y Zhang, K Guo, J Ren, et al. Transparent Computing: A Promising Network Computing Paradigm. Computing in Science & Engineering , 2016 , 19 (1) :7-20.

第 3 章　云计算架构

[13] Y Jararweh, M Al-Ayyoub, A Darabseh, et al. Software defined cloud: Survey, system and evaluation.

Future Generation Computer Systems, 2016 , 58 (3): 56-74.

［14］LA Barroso,J Dean , U Holzle ,et al. Web Search for a Planet The Google Cluster Architecture. IEEE Micro, 2003, 23 (2) :22-28.

［15］D Nurmi , R Wolski , C Grzegorczyk ,et al. The Eucalyptus Open-source Cloud-computing System. Cluster Computing and the Grid, 2009.

［16］D Weerasiri , MC Barukh , B Benatallah ,et al. A Taxonomy and Survey of Cloud Resource Orchestration Techniques. ACM Computing Surveys, 2017, 50(2): 26.

［17］Luiz André Barroso, Jimmy Clidaras, Urs Hölzle. The Datacenter as a Computer: An Introduction to the Design of Warehouse-Scale Machines . 2nd ed. Williston：Morgan & Claypool Publishers, 2013.

第 4 章　虚拟化技术

［18］M Pearce, S Zeadally, R Hunt. Virtualization: Issues, Security Threats, and Solutions. ACM Computing Surveys , 2013 , 45 (2): 1-39.

［19］Paul Barham, Boris Dragovic, Keir Fraser, et al. Xen and the Art of Virtualization. ACM SIGOPS Operating Systems Review, 2003, 37(5): 164-177.

［20］D. J. Scott. Unikernels: The Rise of the Virtual Library Operating System. Communications of the ACM, 2014, 11(11): 61-69.

［21］S Hendrickson , S Sturdevant, T Harter, et al. Serverless: Computation with OpenLambda, USENIX Conference on Hot Topics in Cloud Computing. 2016 :33-39.

［22］Z Kozhirbayev, R.O. Sinnott. A performance comparison of container-based technologies for the Cloud. Future Generation Computer Systems, 2017, 68(3): 175-182.

第 5 章　分布式存储

［23］S Ghemawat, H Gobioff, ST Leung. The Google File System. ACM symposium on Operating systems principles, 2003, 37(5): 29-43.

［24］SA Weil, SA Brandt, EL Miller,et al. Ceph: A Scalable, High-Performance Distributed File System. Symposium on Operating systems design and implementation ,2006, 307-320.

［25］G Decandia , D Hastorun , M Jampani , et al. Dynamo: Amazon's Highly Available Key-value Store. ACM SIGOPS Symposium on Operating Systems Principles, 2007 , 41 (6): 205-220.

［26］B Calder, J Wang, A Ogus, et al. Windows Azure Storage: A Highly Available Cloud Storage Service with Strong Consistency. ACM Symposium on Operating Systems Principles, 2011: 143-157.

［27］J Shafer , S Rixner , AL Cox. The Hadoop Distributed Filesystem: Balancing Portability and Performance. Performance Analysis of Systems & Software (ISPASS), 2010, 122-133.

［28］Y Mansouri, A Toosi, R Buyya. Data Storage Management in Cloud Environments: Taxonomy, Survey, and Future Directions. ACM Computing Surveys, 2017, 50(6): 1-51.

［29］R Liu , R Liu, R Liu, et al. Slacker: Fast Distribution with Lazy Docker Containers. Usenix Conference on File and Storage Technologies, 2016, 181-195.

第 6 章 云计算网络

[30] N Mckeown, T Anderson, H Balakrishnan, et al. OpenFlow: Enabling Innovation in Campus Networks. ACM SIGCOMM Computer Communication Review, 2008, 38(2): 69-74.

[31] F Hu, Q Hao, K Bao. A Survey on Software-Defined Network and OpenFlow From Concept to Implementation. Communications Surveys & Tutorials IEEE, 2014, 16(4): 2181-2206.

[32] A Singh, J Ong, A Agarwal, et al. Jupiter Rising: A Decade of Clos Topologies and Centralized Control in Google's Datacenter Network. ACM Conference on Special Interest Group on Data Communication, 2015, 45(4): 183-197.

[33] J SON, R BUYYA. A Taxonomy of SDN-enabled Cloud Computing. ACM Computing Surveys, 2017: 31.

[34] A Greenberg, JR Hamilton, N Jain, et al. VL2 A Scalable and Flexible Data Center Network. Communications of the ACM, 2011, 54(3): 95-104.

第 7 章 云计算安全

[35] Craig Gentry. Computing arbitrary functions of encrypted data. Communications of the ACM, 2010, 53(3): 97-105.

[36] Jun Tang, Yong Cui, et al. Ensuring Security and Privacy Preservation for Cloud Data Services. ACM Computing Surveys, 2016, 49(1): 1-49.

[37] CA Ardagna, R Asal, E Damiani, et al. From Security to Assurance in the Cloud: A Survey. ACM Computing Surveys, 2015, 48(1): 2.

[38] S Arnautov, B Trach, F Gregor, et al. SCONE: Secure Linux Containers with Intel SGX. USENIX Symposium on Operating Systems Design and Implementation, 2016.

[39] A Baumann, M Peinado, G Hunt, et al. Shielding Applications from an Untrusted Cloud with Haven. ACM Transactions on Computer Systems, 2014, 33(3): 1-26.

第 8 章 云原生应用的开发

[40] C Qu, RN Calheiros, R Buyya. Auto-scaling Web Applications in Clouds: A Taxonomy and Survey. ACM Computing Surveys, 2017, 9(4): 39.

[41] C Fehling, F Leymann, R Retter, et al. An Architectural Pattern Language of Cloud-based Applications. Conference on Pattern Languages of Programs, 2011: 2.

[42] E. Silva, D. Lucrédio. Software Engineering for the Cloud: a Research Roadmap. Proceedings of 26th Brazilian Symposium on Software Engineering (SBES), 2012.

第 9 章 云操作系统

[43] ZN Chen, K Chen, JL Jiang, et al. Evolution of Cloud Operating System From Technology to Ecosystem. Journal of Computer Science and Technology, 2017, 32(2): 224-241.

[44] B Hindman, A Konwinski, M Zaharia, et al. Mesos: A Platform for Fine-Grained Resource Sharing in

the Data Center. USENIX conference on Networked systems design and implementation, 2011, 295-308.

[45] V Atlidakis, J Andrus, R Geambasu, et al. POSIX Abstractions in Modern Operating Systems: The Old, the New, and the Missing. European Conference on Computer Systems, 2016.

[46] DE Porter, S Boyd-Wickizer, J Howell, et al. Rethinking the Library OS from the Top Down. ACM SIGARCH Computer Architecture News, 2011, 39 (1): 291-304.

[47] D Weerasiri, M C Barukh, et al. A Taxonomy and Survey of Cloud Resource Orchestration Techniques. ACM Computing Surveys, 2017, 50(2): 26.

第 10 章　云端软件

[48] D Guo, W Wang, J Zhang, et al. Cloudware: an emerging software paradigm for cloud computing. Asia-pacific Symposium on Internetware, 2016, 1-10.

[49] B. Chen, H. Hsu, Y. Huang. Bringing Desktop Applications to the Web. IT Professional, 2016, 18(1): 34-40.

[50] W Cai , R Shea , CY Huang , et al. A Survey on Cloud Gaming: Future of Computer Games. IEEE Access, 2017, 4: 7605-7620.

第 11 章　云计算运维

[51] BH Sigelman, LA Barroso , M Burrows, et al. Dapper: a Large-Scale Distributed Systems Tracing Infrastructure. Google Technical Report dapper-2010-1, 2010.

[52] N Laptev, S Amizadeh, I Flint. Generic and scalable framework for automated time-series anomaly detection. ACM SIGKDD International Conference on Knowledge Discovery and Data Mining, 2015, 1939-1947.

[53] B Arzani, S Ciraci, BT Loo, et al. Taking the Blame Game out of Data Centers Operations with NetPoirot. ACM SIGCOMM Conference, 2016，440-453.

[54] M Du , F Li , G Zheng , V Srikumar. DeepLog: Anomaly Detection and Diagnosis from System Logs through Deep Learning. ACM SIGSAC Conference on Computer and Communications Security, 2017,1285-1298.

[55] R Potharaju, N Jain, C Nita-Rotaru, Juggling the Jigsaw: Towards Automated Problem Inference from Network Trouble Tickets, USENIX Association 10th USENIX Symposium on Networked Systems Design and Implementation (NSDI '13), 2013, 127-142.

[56] T Chen, R Bahsoon. Survey and Taxonomy of Self-Aware and Self-Adaptive Autoscaling Systems in the Cloud. ACM Computing Surveys, 2019, 51(3) .

第 12 章　桌面云

[57] S Jaffer , P Kedia , S Bansal. Improving Remote Desktopping through Adaptive Record/Replay. ACM SIGPLAN/SIGOPS International Conference on Virtual Execution Environments, 2015, 50(7): 161-172]

［58］SJ Yang, J Nieh, N Novik. Measuring thin-client performance using slow-motion benchmarking. ACM Transactions on Computer Systems, 2003, 21(1): 87-115.

［59］S Shi , CH Hsu. A Survey of Interactive Remote Rendering Systems. ACM Computing Surveys, 2015 , 47 (4) :57.

第 13 章　软件开发云

［60］L R. Kalliosaari, O Taipale, K Smolander. Testing in the Cloud: Exploring the Practice. IEEE Software , 2012 , 29 (2) :46-51.

［61］L. C. L. Kats, R. G. Vogelij, et al. Software development environments on the web: a research agenda. Proceedings of the ACM international symposium on New ideas, new paradigms, and reflections on programming and software,2012, 99-116.

［62］S Yau, H An. Software Engineering Meets Services and Cloud Computing. Computer, 2011, 44(10): 47-53.

第 14 章　大数据与人工智能

［63］I Stoica , D Song , RA Popa, et al. A Berkeley View of Systems Challenges for AI. Technical Report, https://arxiv. org/pdf/1712. 05855. pdf.

［64］H Zhang , G Chen , BC Ooi, et al. In-Memory Big Data Management and Processing: A Survey. IEEE Transactions on Knowledge and Data Engineering, 2015 , 27 (7) :1920-1948.

［65］M Abadi, A Agarwal, P Barham, et al. TensorFlow: A System for Large-Scale Machine Learning. In Proceedings of the 12th USENIX Symposium on Operating Systems Design and Implementation, 2016, 265-283.

［66］M Zaharia, RS Xin, P Wendell, et al. Apache Spark: A Unified Engine for Big Data Processing. Communications of the ACM, 2016, 59 (11): 56-65.